Python

The Quick Python Book 3rd Edition

技術者們練功!

Naomi Ceder 著

施威銘研究室 監修．張耀鴻 譯

感謝您購買旗標書，
記得到旗標網站
www.flag.com.tw
更多的加值內容等著您…

- FB 官方粉絲專頁：旗標知識講堂
- 旗標「線上購買」專區：您不用出門就可選購旗標書！
- 如您對本書內容有不明瞭或建議改進之處，請連上旗標網站，點選首頁的 聯絡我們 專區。

若需線上即時詢問問題，可點選旗標官方粉絲專頁留言詢問，小編客服隨時待命，盡速回覆。

若是寄信聯絡旗標客服 emaill，我們收到您的訊息後，將由專業客服人員為您解答。

我們所提供的售後服務範圍僅限於書籍本身或內容表達不清楚的地方，至於軟硬體的問題，請直接連絡廠商。

學生團體　訂購專線：(02)2396-3257 轉 362
　　　　　傳真專線：(02)2321-2545

經銷商　服務專線：(02)2396-3257 轉 331
　　　　將派專人拜訪
　　　　傳真專線：(02)2321-2545

國家圖書館出版品預行編目資料

Python 技術者們 - 練功！老手帶路教你精通正宗 Python 程式 / Python 軟體基金會主席 Naomi Ceder 著，張耀鴻 譯，施威銘研究室 監修

臺北市：旗標，2019.09 面；公分

ISBN 978-986-312-591-4(平裝)

1. Python(電腦程式語言)

312.32P97　　108003700

作　　者／Python 軟體基金會主席 Naomi Ceder
監　　修／施威銘研究室
翻譯著作人／旗標科技股份有限公司
發 行 所／旗標科技股份有限公司
　　　　　台北市杭州南路一段15-1號19樓
電　　話／(02)2396-3257(代表號)
傳　　真／(02)2321-2545
劃撥帳號／1332727-9
帳　　戶／旗標科技股份有限公司
監　　督／陳彥發
執行企劃／邱裕雄
執行編輯／邱裕雄
美術編輯／陳慧如
封面設計／薛詩盈
校　　對／邱裕雄・陳彥發・留學成

新台幣售價：780 元

西元 2024 年 1 月 初版 7 刷

行政院新聞局核准登記-局版台業字第 4512 號

ISBN 978-986-312-591-4

推薦序

FOREWORD

本書作者 Naome Ceder 是我的同儕也是好友，我已經認識她好幾年了。她在 Python 社群中享有盛名，不僅是位專業的開發人員，也稱職地扮演好心靈導師和社群領導者的角色。這樣一位睿智的前輩，聽她的準沒錯！

這可不是我的一家之言，Naomi 在擔任老師的時候，實際上幫助不少人札實學好 Python，Python 社群中有許多人（包含我自己在內），都從她那裡獲得不少助益。正因為有如此豐富的指導經驗，她也十分清楚對於 Python 新手 (Pythonistas) 來說，在學習會遇到哪些問題，又該注意哪些細節，這些寶貴的經驗談，都完完整整的收錄於本書之中。

Python 最為人所知的就是「內建電池」的程式語言，意思是：由豐富的 Python 模組所組成的生態系，足以涵蓋你在各種領域上的所有需求。說到這，你應該已經迫不及待想趕緊體驗這個強大、易學而且正在蓬勃發展的程式語言。

本書的英文書名 The Quick Python Book，其中的 "Quick" 正好反映了作者簡潔的教學風格，你將可以很快地體驗到 Python 的美妙之處，同時也會幫你札實打好 Python 基礎。更重要的，你也將大大拓展學習的視野和背景知識，在使用 Python 遇到問題時，具備獨立解決問題或找尋解答的能力。

總而言之，這本書的內容充分展現了 Python 的精神：「美優於醜，簡勝於繁，易讀為上」，這就是 **Pythonic** ！

Nicholas Tollervey
Python 軟體基金會會員

作者序

PREFACE

我使用 Python 編寫程式已有 16 年了，這是我使用過最久的程式語言。這些年來，我使用 Python 進行系統管理、Web 應用程序、資料庫管理和數據分析，但最重要的是，我常常用 Python 來幫助自己更清晰地思考問題。

我一直希望能遇到其他更快，更酷，更吸引人的程式語言，但是這一直沒有發生。我認為有兩個原因，首先，雖然出現了其他程式語言，但沒有一種程式語言能像 Python 一樣有效地幫助我完成所需的工作，這麼多年以來，隨著我對 Python 的使用經驗越久，對它的理解也越多，我就越感到自己程式的品質不斷地提高和成熟。

第二個讓我離不開的原因是 Python 社群，這是我所見過的最熱情，包容，活躍和友好的社群之一，囊括了全球各國的科學家，統計學家，Web 開發人員，系統管理人員和數據學家。和這個社群的成員一起工作真是一種榮幸，我鼓勵每個人都加入這個 Python 的大家庭。

寫這本書是一段旅程，Python 3 從最早的 3.1 到現在版本已經有了很大的發展，人們使用 Python 的方式也日新月異。我期許自己能保持上一版的好品質，並且更新加入 Python 的最新功能，希望這本書能夠給予讀者有用且即時的知識。

對我而言，這本書的目的是讓讀者都能學會 Python 3（我認為這是迄今為止最好最強大的 Python 版本），並且分享我在 Python 程式設計中得到的積極經驗。預祝您的學習旅途愉快如我。

感謝

ACKNOWLEDGMENTS

首先要感謝 LaunchBooks 的 David Fugate 鼓勵我撰寫本書，並全力提供支持和建議，他是我最好的經紀人和摯友。我還要感謝 Manning 的 Michael Stephens 提出了編寫本書第三版的建議，並支持我努力使它與前兩個版本的書一樣好。同樣要感謝 Manning 的相關工作人員，特別感謝 Marjan Bace 的支持、Christina Taylor 在寫作階段提供指導、Janet Vail 讓本書順利製作、Kathy Simpson 的協助編輯、以及 Elizabeth Martin 的細心校對。

同樣的，衷心感謝許多評論家所提供的見解和回饋，這些都給了我極大的幫助，其中包括本書的技術校對 Andre Filipe de Assuncao e Brito，以及 Aaron Jensen、Al Norman、Brooks Isoldi、Carlos Fernandez Manzano、Christos Paisios、Eros Pedrini、Felipe Esteban Vildoso Castillo、Giuliano Latini、Ian Stirk、Negmat Mullodzhanov、Rick Oller、Robert Trausmuth、Ruslan Vidert、Shobha Iyer、及 William E. Wheeler。

我還要感謝第一版的作者 Daryl Harms 和 Kenneth MacDonald，是他們寫出了這本大獲好評的作品，並成為長期熱賣的暢銷書，也為我提供了更新第二版和現在出第三版的機會。我希望這個版本能延續前二個版本的成功和長期熱賣。

另外也要感謝 Nicholas Tollervey 為此版本撰寫序言及推薦，以及我們多年的友誼和他為 Python 社群所做的一切貢獻。最後則要感謝全球的 Python 社群，長期以來提供的各種程式碼、知識、友誼和歡樂，謝謝你們！我的朋友們。還要感謝我的小犬 Aeryn，它忠實地陪伴我，並在我工作期間讓我保持開朗的心情。

一如既往，最重要的是要感謝我的妻子 Becky，她鼓勵我撰寫本書，並在寫作期間提供無條件的支持，因為有妳，我才能毫無後顧之憂地全心全力完成此書。

目錄

CONTENTS

第 1 篇　初始篇

第 1 章　關於 Python

第 2 章　開發環境安裝與設定

第 3 章　執行與測試 Python 程式

第 2 篇　基礎篇

第 4 章　絕對的基礎

第 5 章　Python 基本資料結構：list、tuple、set

第 6 章 字串 string

第 7 章　字典

第 8 章　流程控制

第 9 章　函式

第 10 章　模組、命名空間與名稱搜尋規則

第 11 章　Python 程式檔

第 12 章　使用檔案系統

第 13 章　檔案讀寫

第 14 章 例外處理

第 3 篇　進階篇

第 15 章　類別與物件導向程式設計

第 16 章　常規表達式 regular expression

第 17 章 物件的型別與特殊 method

第 18 章 套件

第 19 章　使用 Python 函式庫

第 4 篇　實戰篇

第 20 章　基本的檔案整理

第 21 章　處理純文字、CSV、Excel 資料檔

第 22 章 網路爬蟲 - 使用 requests 和 Beautiful Soup

第 23 章 存取 SQLite、Redis 和 MongoDB 資料庫

第 24 章　用 pandas 和 matplotlib 進行資料分析

本書範例、LAB 解答、附錄電子書、Bonus 請至以下網站下載：

http://www.flag.com.tw/bk/t/f9749

第 1 篇

初始篇

本篇首先為您介紹 Python 的優點，接著會說明安裝 Python 開發環境的步驟，最後則介紹如何在這個開發環境下撰寫與測試 Python 程式。

若您已經有 Python 開發環境，想馬上開始學習 Python，可以先跳過本篇，直接進入第 4 章

Chapter 01

關於 Python

本章涵蓋

- Python 簡介
- Python 的優勢
- Python 表現不佳的地方
- 為什麼要學習 Python 3

本書的專屬網頁

由於 Python 及相關的工具、套件經常在更新，因此本書特別設立一個專屬網頁，隨時提供讀者關於本書的更新資訊：

www.flag.com.tw/bk/t/f9749

網頁中除了更新資訊外，也會提供本書的範例程式及 Bouns 下載，以及各章的相關參考連結，以方便讀者直接點選使用，省去輸入網址的麻煩。

1.1 Python 簡介

Python 是由荷蘭程式設計師 Guido van Rossum 於 1989 年所創建，由於他是英國電視短劇 Monty Python's Flying Circus（蒙提・派森的飛行馬戲團）的愛好者，因此選中 Python（大蟒蛇）做為新語言的名稱，而在 Python 的官網 (www.python.org) 中也是以蟒蛇圖案做為標誌：

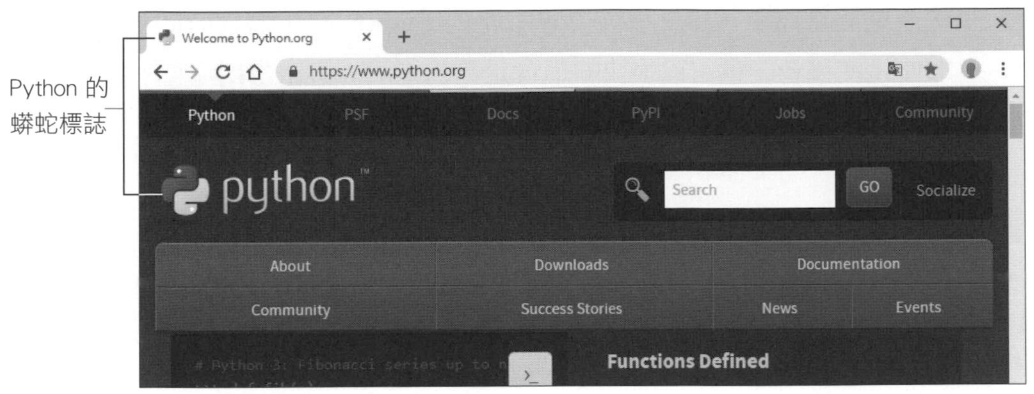

1.2 Python 的優勢

目前可用的程式語言有數百種，從 C 和 C++ 這類成熟的語言，到 Ruby、Lua 這些較新穎的選擇，乃至於像 Java 這種企業界的最愛，要挑選適當的語言來學習並不容易。雖然沒有一種語言足以應付各種需求，我認為 Python 是一個不錯的選擇。全世界有成千上萬的程式設計師使用 Python，而且人數每年都在增加。以下，我們來看看 Python 有什麼優勢。

Python 容易學習

熟悉傳統語言的程式設計師會發現 Python 學起來很容易，Python 不僅包含了所有大家耳熟能詳的迴圈、條件判斷等語法，而且很多程式用 Python 來寫會比較容易。其中幾個原因列舉如下：

- 資料型別取決於物件，而非變數，變數可被賦予任意資料型別的物件，在同一 list 中也可以包含許多不同型別的物件。這也意味型別轉換通常是不必要的，而程式碼也不會受到預先宣告型別的桎梏。
- Python 附帶了大量的標準函式庫，透過函式庫的呼叫，只需 2~3 行就能寫出一個下載網頁的程式！

- 語法規則非常簡單，雖然要成為專家級的 Python 高手需要時間和努力，但即使是初學者，也可以很快的學會足夠的 Python 語法來撰寫有用的程式。

本章提到的 list 是 Python 的資料結構，請先將其想像為一個類似陣列的結構。

Python 非常適合快速的程式開發，與 C 或 Java 比較，用 Python 撰寫類似的程式往往只需要五分之一的時間，而程式碼的行數也只要 C 程式碼的五分之一，即可達到同樣的效果。當然這取決於具體的應用，對一個用簡單 for 迴圈執行整數運算的小程式而言，產能上的增益會比較少。然而對實際應用的場合而言，產能就可能會有很顯著的提升。

Python 善於表達

Python 是一種非常善於表達的語言，這裡所謂的「善於表達」(Expressive)，是說一行 Python 程式碼跟大多數語言相較之下能夠完成更多的工作量。表達力強的語言有顯而易見的優點：需要寫的程式碼行數越少，完成專案的速度就越快。程式碼的行數越少，程式的維護和測試就越容易。

我們以兩個變數 var1 和 var2 的值互換為例，來說明 Python 的表達能力如何簡化程式碼。如果用 Java 來寫，需要以下三行程式碼和一個額外的變數：

```
int temp = var1;
var1 = var2;
var2 = temp;
```

雖然這個過程並不是很複雜，然而就算是有經驗的程式設計人員，也要花一點額外的時間來看這三行程式才能理解其目的。

相較之下，同樣的互換改用 Python 只需一行程式碼，而且很明顯就可以看出您的目的就是要把兩個變數的值互換：

```
var2,var1 = var1,var2
```

當然這只是一個非常簡單的例子，不過在 Python 當中到處都能找到像這樣的優點。

Python 可讀性佳

Python 的另一個優點是它易於閱讀，您可能認為程式語言只需要給電腦讀就好，但您的程式碼也必須讓人看懂：無論誰要為這些程式除錯（很可能是您）、誰要維護這些程式碼（可能也是您），以及將來誰可能想要修改這些程式碼。在這些情況下，程式碼越容易閱讀和理解越好。

程式碼越容易理解，就越容易除錯、維護和修改。Python 在這部分主要的優勢是利用縮排。Python 對於程式區塊的縮排相當堅持，這點與大多數的語言截然不同。雖然這讓有些人感到奇怪，但它的好處是您的程式碼總是以一種非常容易閱讀的格式呈現。

以下是兩個簡短的程式，一個是用 Perl 撰寫，另一個則是用 Python，其目的是將兩個長度一樣的數字 list 成對相加後產生一個新的 list。我認為 Python 程式比 Perl 更具可讀性；它不但在視覺上更清晰，而且包含較少令人費解的符號：

```
# Perl版本
sub pairwise_sum {
    my($arg1, $arg2) = @_;
    my @result;
    for(0 .. $#$arg1) {
        push(@result, $arg1->[$_] + $arg2->[$_]);
    }
    return(\@result);
}
```

```
# Python 版本
def pairwise_sum(list1, list2):
    result = []
    for i in range(len(list1)):
        result.append(list1[i] + list2[i])
    return result
```

這兩段程式碼做的事情都一樣，但 Python 程式碼在可讀性方面勝出。當然，Perl 還可以用其他的方式來寫，其中有一些會更簡潔，但在我看來那些更簡潔的方法仍然比上面的 Perl 程式還難閱讀。

Python用縮排加上簡短有意義的英文單字，來取代傳統程式語言常用的符號與算符，所以才能具備良好的可讀性。

Python 具有完整的內建函式庫

Python 完整的內建函式庫是它的另一個優點，當 Python 安裝完成時，就已經具備所有實務工作所需要的函式庫，包含用於處理電子郵件、網頁、資料庫、作業系統呼叫、使用者圖形介面 (Graphical User Interface, GUI) 等函式模組，完全不用再安裝。

例如，只要兩行 Python 程式碼就可以撰寫一個網頁伺服器，用來共享資料夾中的檔案：

```
import http.server
http.server.test(HandlerClass=http.server.SimpleHTTPRequestHandler)
```

Python 已經內建『開箱即用』的函式庫，足以處理網路連線和 HTTP 通訊協定，無需再另行安裝。

Python 是跨平台語言

Python 也是一種優秀的跨平台語言。Python 可在許多平台上執行：包括 Windows、Mac、Linux、UNIX 等。因為它是一種解譯式 (亦稱直譯式) 的語言，相同的程式碼在任何有 Python 解譯器 (亦稱直譯器) 的平台上皆可執行，而幾乎目前所有的平台都有一個 Python 解譯器。甚至還有能夠在 Java（Jython）和 .NET（IronPython）上執行的 Python 版本，這提供了更多可執行 Python 的平台。

Python 是開放原始碼

Python 一直以來都是在開放原始碼的模式之下開發，您可以自由下載和安裝幾乎任何版本的 Python，並用來開發商用或個人的應用程式軟體。

與其他商業專屬軟體不同，Python 原始程式碼能自由取得，如果有需要的話，您可以自己（或僱用別人幫您）進入程式碼去修改、改進和擴充。

您不僅可以自由使用和修改 Python，還能夠（並且鼓勵）為其做出貢獻和改進。根據每個人的具體情況、興趣和技能，這些貢獻可以是在財務方面，例如捐款給 Python 軟體基金會（Python Software Foundation, PSF），也可以參與特殊興趣小組（Special Interest Groups, SIG），為 Python 核心或其中任何輔助模組的發行版提供測試和回饋，或者將您或您公司為 Python 開發的功能貢獻給社群。貢獻的程度取決於您，但如果您有能力回饋，絕對要考慮這樣做。Python 正在創造一些意義非凡的價值，而您有機會可以參與其中。

Python 已被廣泛使用於商務用途

有些人可能會擔心 Python 不是由微軟那樣的商業公司所開發，可能會缺乏支援，而且害怕面對付費客戶時不具說服力，因此仍然持懷疑的態度。

其實許多像 Google、Instagram、Rackspace、Honeywell、Industrial Light & Magic（喬治・盧卡斯為拍攝星際大戰專門建立的特效公司）…等知名的公司，已經在他們的關鍵業務中使用了 Python。這些公司都明白 Python 的本質：非常穩定、可靠且有活躍和知識淵博的使用者社群作為強大的後盾。即使是最困難的 Python 問題，都能在 Python 網路群組或論壇上獲得比大多數電話技術客服還要快的、免費的、和正確的解答。

Python 是進入 AI 機器學習領域的基石

目前知名的 AI 機器學習相關函式庫，例如 TensorFlow、Keras、Pytorch，幾乎都是以 Python 作為主要的程式語言，所以在進入 AI 機器學習領域之前，先學好 Python 可說是必備的要求。

1.3 Python 表現不佳的地方

儘管 Python 有許多優點，但是沒有一種程式語言可以完成所有的事情，因此 Python 並不是一個能滿足您所有需求的完美解決方案。要確定 Python 是否適合您，您需要瞭解 Python 有哪些做得不是很好的地方。

Python 並不是最快的語言

Python 的一個可能的缺點是它的執行速度，它並不是一種完全編譯（fully compiled）的語言。相反地，Python 的原始碼會先被編譯成位元碼（bytecode）形式，然後再由 Python 解譯器來執行。有些時候，例如使用正規表示法 (regular expression) 進行字串解析時，Python 具有高效能的表現，跟 C 語言所寫的程式一樣快或者更快。然而，大多數時候使用 Python 程式比 C 語言寫的程式慢。

但是換一個角度想，現代的計算機具有相當強大的計算能力，以至於對絕大多數應用程式而言，程式的速度可以用硬體來提昇，反而瓶頸是在於開發速度，而 Python 程式通常可以更快地被寫出來。此外，Python 可以很容易地使用 C 或 C++ 所撰寫的模組來擴充，這些模組可用來取代 Python 程式中速度慢的部分。

買新機器可以解決的都不是問題，專案延誤太久或寫不出來才是問題

Python 的函式庫不是最多的

雖然 Python 附帶了很棒的內建函式庫，而且還有更多的函式庫可供擴充，但是比起其他語言，Python 在這部分並沒有佔上風。像 C、Java 和 Perl 這樣的語言可以找到更多的函式庫，在某些情況下可提供 Python 所沒有的解決方案，或者在 Python 可能只有一個選擇的情況下，其他語言卻可提供多種選擇。然而，這些情況往往是在比較專業的方面，而無論是以 Python 本身還是透過 C 和其他語言中現有的函式庫，Python 都很容易擴展。對於幾乎所有常見的問題，Python 函式庫的支援都非常出色。

Python 在編譯時不會檢查變數型別

Python 的變數不像有些語言那樣是當作容器來使用，Python 的變數反而更像是參照 (reference) 到物件的**標籤**。這意味著雖然這些物件本身具有型別，但參照到它們的變數卻不必受到該特定型別的約束。以下的例子說明一個名為 x 的變數在程式中某一行是參照到字串，而另一行卻參照到整數 (當然這不是好習慣，若非必要儘量不要這樣做)：

```
>>> x = "2"
>>> print(x)
'2'      ◄── x 變數目前是字串型別
>>> x = 2
>>> print(x)
2        ◄── x 變數目前是整數型別
```

Python 的型別不跟變數聯結而是跟物件聯結的事實，意味著解譯器無法幫您覺察到變數型別錯誤的問題。如果您想讓變數 count 保存一個整數，就算您指定字串 "two" 給它，Python 也不會報錯。傳統的程式設計師認為這是一個缺點，因為您損失了一個對程式碼額外檢查的機會。但是這樣的錯誤通常不難發現，而 Python 的例外異常機制讓 "處理型別錯誤" 這件事變得相對容易，大多數 Python 程式設計師認為動態型別靈活性帶來的優點超越了其缺點。

Python 在行動裝置方面並沒有太多的支援

在過去的十年中，手持設備的數量和種類已經呈爆炸式的增長，智慧型手機、平板電腦、平板手機、Chromebook 等等無處不在。Python 在這個領域的表現並不理想，雖然也做得到，但在行動設備上執行 Python 往往並不是那麼容易，而使用 Python 編寫和發行商業 apps 也存在著一些問題。

Python 不能充份的利用多核處理器

多核處理器無處不在，在許多情況下性能顯著提高。但由於 Python 的全域解譯器鎖(Global Interpreter Lock, GIL)限制同時只能有一個執行緒在執行，因此 Python 的標準實作並不是為了使用多核處理器而設計的。更多 GIL 相關資訊，請參閱 https://wiki.python.org/moin/GlobalInterpreterLock 的說明，或者搜尋查看 David Beazley、Larry Hastings 與其他人的貼文和視頻。雖然還是有很多方法可以用 Python 來跑並行程序，但是若您想要一個馬上可用的解決方案，Python 可能不適合您。

1.4 為什麼要學習 Python 3?

為什麼要學 Python 3？其他書或是文件可能會列舉很多理由，但是本書給您一個最直接的答案：**Python 2 會於 2020 年 1 月 1 日停止更新與維護！（小編：主席講的 ...**㊞**）**所以 Python 3 是未來主流的 Python 版本。

Python 已經存在了很多年，並且已經發展了很長一段時間。本書的第一版是根據 Python 1.5.2 所寫，而 Python 2 在過去幾年以來一直是主導的版本，目前則逐漸以 Python 3 為主，這本書是針對 Python 3 所寫。

值得注意的是 Python 3 之前被戲稱為 Python 3000，因為它是 Python 歷史上第一個破壞向後兼容性的 Python 版本。這意味著為早期版本所編寫的 Python 程式碼可能無法一字不改的在 Python 3 上執行。例如在早期版本的 Python 中，print 的參數不需要使用小括號 ()：

```
print "hello"
```

而 Python 3 的 print 是一個函式而且需要加上括號：:

```
print("hello")
```

您可能會這麼想 :『如果這樣會導致舊的程式碼無法執行，那麼為什麼要改呢？』儘管 Python 3 的更改破壞了與舊程式碼的相容性，但這些更改相當小並且讓這個語言變得更好，它們使語言更加一致，更易讀，而且更加明確。Python 3 並沒有大幅度的把語言重寫，這是一個經過深思熟慮的演變。

自從 Python 3 發表以來，將函式庫移植到 Python 3 一直都很穩定，到目前為止，許多最受歡迎的函式庫都已經支援 Python 3。事實上，根據 Python 3 Readiness（http://py3readiness.org）的調查，360 個最受歡迎的函式庫已經全數支援 Python 3。如果您需要的函式庫尚未轉換，或者您正維護以 Python 2 為基礎所建立的程式碼，那麼當然只能使用 Python 2。但是，如果您正開始要學習 Python 或開始一個新專案，那麼毫無疑問，請使用 Python 3。

小編補充： AI 領域常用的 TensorFlow 甚至只支援 Python 3，不支援 Python 2。

Chapter 02

開發環境安裝與設定

本章涵蓋

○ Python 開發環境的安裝

○ 設定 Visual Studio Code (VS Code)

本章將帶領您下載安裝 Python，並熟悉 Python 開發環境。本文撰寫時，Python 3.7 是最新版，未來新版本推出時可能會有不同的安裝或操作步驟，**旗標**公司特別針對中文版讀者提供最新版本的線上文件 http://www.flag.com.tw/bk/t/python，您可以取得目前最新版本的安裝與操作步驟。

2.1 安裝 Python 開發環境

在開始撰寫 Python 程式之前，要先建置 Python 的開發環境，包括 Python 的解譯器、內建函式庫、以及相關的檔案和環境設定等。如果要使用 Python 官方提供的開發環境，可連至官網 www.python.org，點選功能表中的 Downloads 來下載及安裝最新版本。

不過官方所提供的開發環境以及內附的程式編輯軟體 IDLE 都較為陽春，因此本書將使用功能較完整的「Anaconda 整合開發套件」做為開發環境。

請先連到 Anaconda 官網 www.anaconda.com，然後依底下步驟進行安裝：

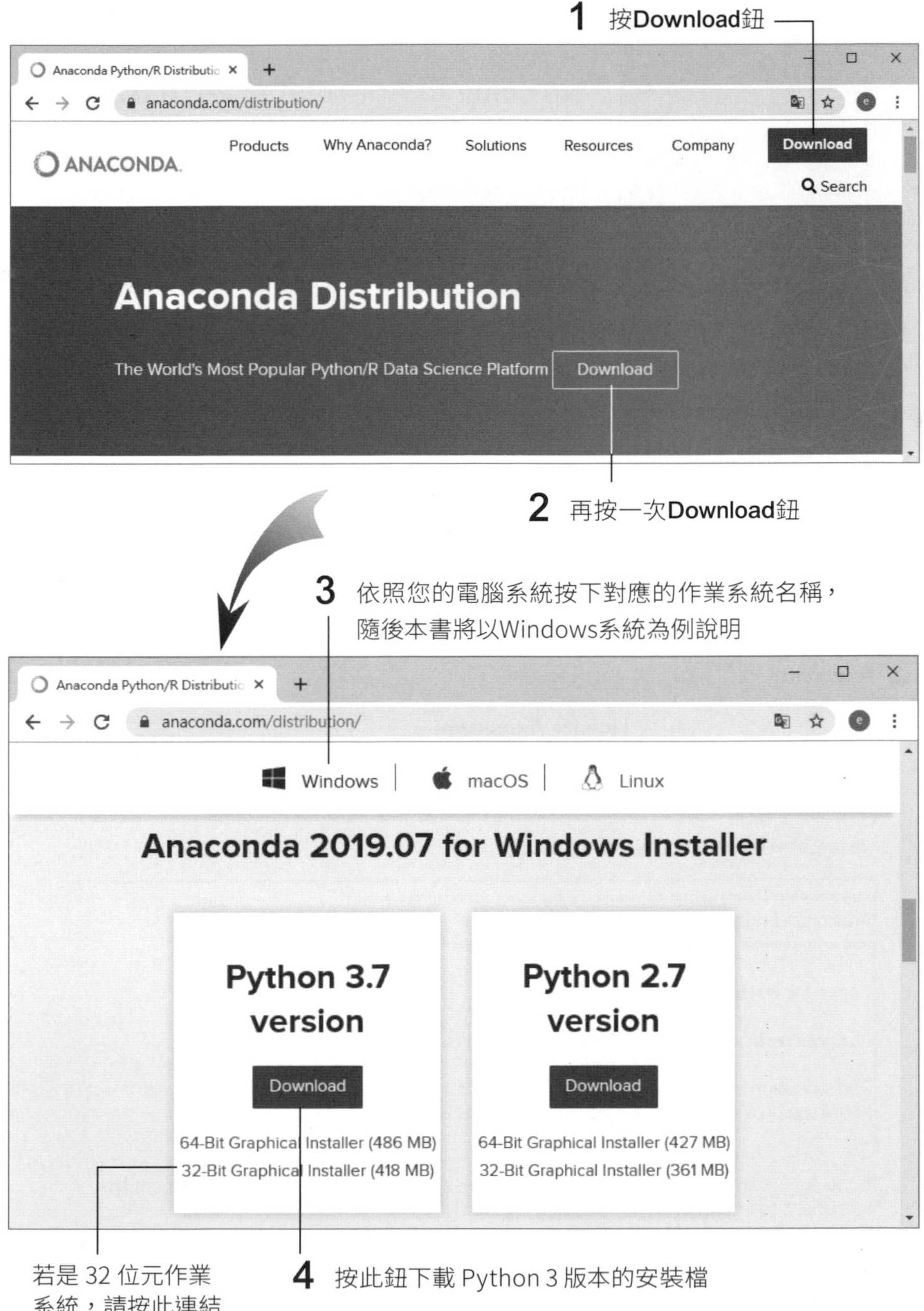

下載完畢後，請雙按剛下載的檔案(筆者安裝時為 Anaconda3-2019.07-Windows-x86_64.exe)，開始進行安裝：

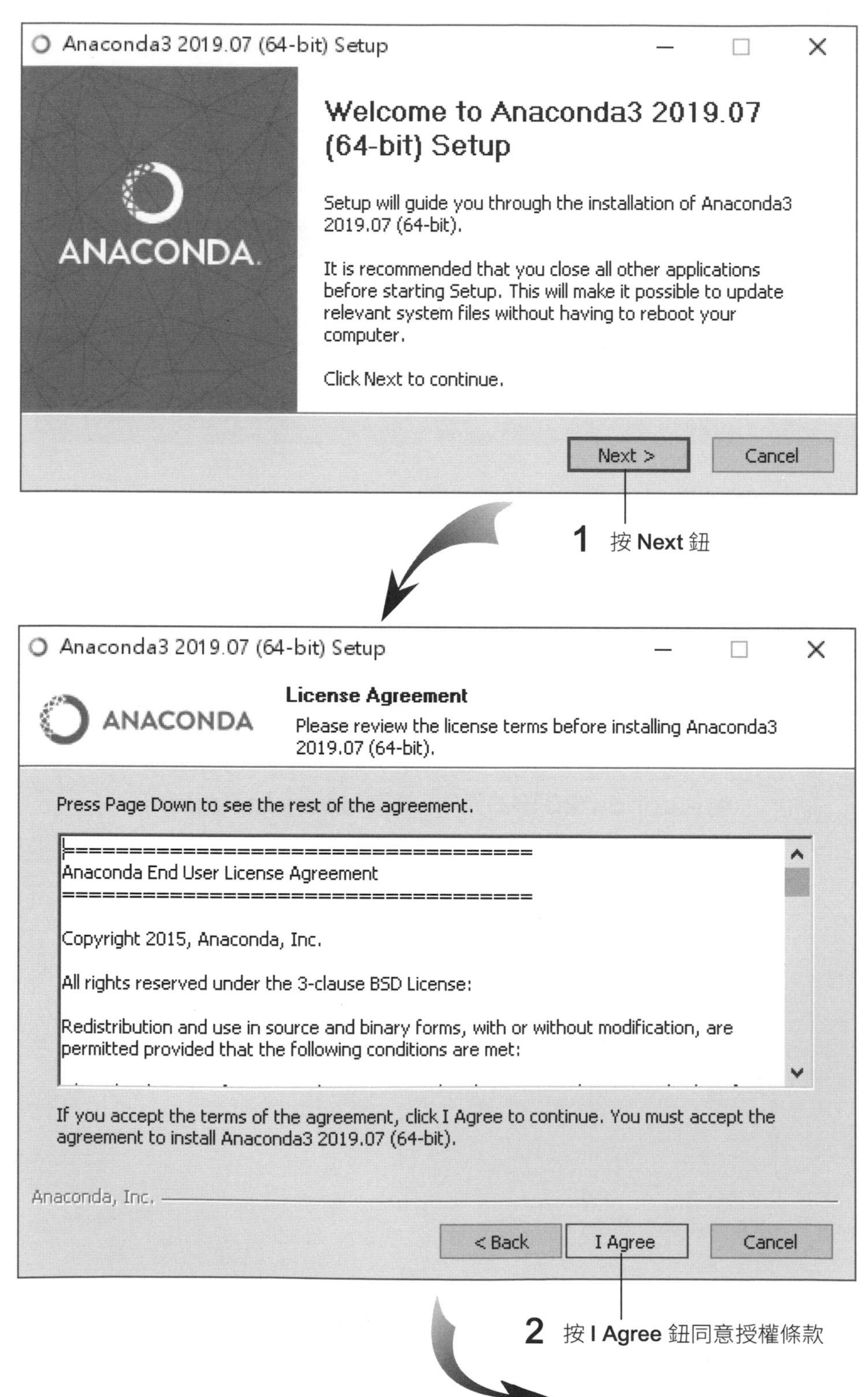
Anaconda3 2019.07 (64-bit) Setup
ANACONDA.
Welcome to Anaconda3 2019.07 (64-bit) Setup
Setup will guide you through the installation of Anaconda3 2019.07 (64-bit).
It is recommended that you close all other applications before starting Setup. This will make it possible to update relevant system files without having to reboot your computer.
Click Next to continue.
Next >
Cancel
1 按 Next 鈕
Anaconda3 2019.07 (64-bit) Setup
ANACONDA
License Agreement
Please review the license terms before installing Anaconda3 2019.07 (64-bit).
Press Page Down to see the rest of the agreement.
Anaconda End User License Agreement
Copyright 2015, Anaconda, Inc.
All rights reserved under the 3-clause BSD License:
Redistribution and use in source and binary forms, with or without modification, are permitted provided that the following conditions are met:
If you accept the terms of the agreement, click I Agree to continue. You must accept the agreement to install Anaconda3 2019.07 (64-bit).
Anaconda, Inc.
< Back
I Agree
Cancel
2 按 I Agree 鈕同意授權條款

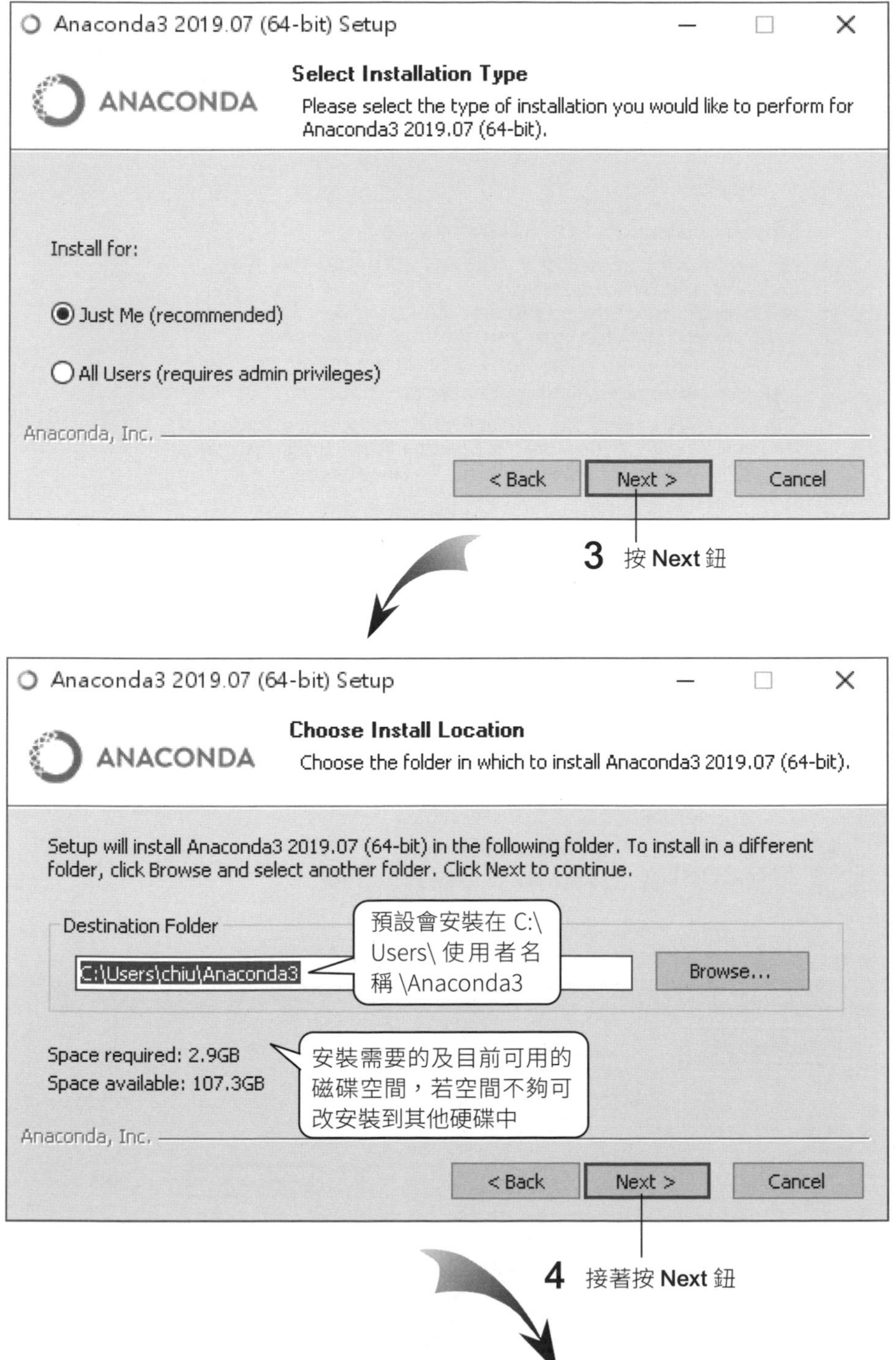
Anaconda3 2019.07 (64-bit) Setup
Select Installation Type
ANACONDA
Please select the type of installation you would like to perform for Anaconda3 2019.07 (64-bit).
Install for:
Just Me (recommended)
All Users (requires admin privileges)
Anaconda, Inc.
< Back
Next >
Cancel
3 按 Next 鈕
Anaconda3 2019.07 (64-bit) Setup
Choose Install Location
ANACONDA
Choose the folder in which to install Anaconda3 2019.07 (64-bit).
Setup will install Anaconda3 2019.07 (64-bit) in the following folder. To install in a different folder, click Browse and select another folder. Click Next to continue.
Destination Folder
C:\Users\chiu\Anaconda3
預設會安裝在 C:\Users\ 使用者名稱 \Anaconda3
Browse...
Space required: 2.9GB
Space available: 107.3GB
安裝需要的及目前可用的磁碟空間，若空間不夠可改安裝到其他硬碟中
Anaconda, Inc.
< Back
Next >
Cancel
4 接著按 Next 鈕

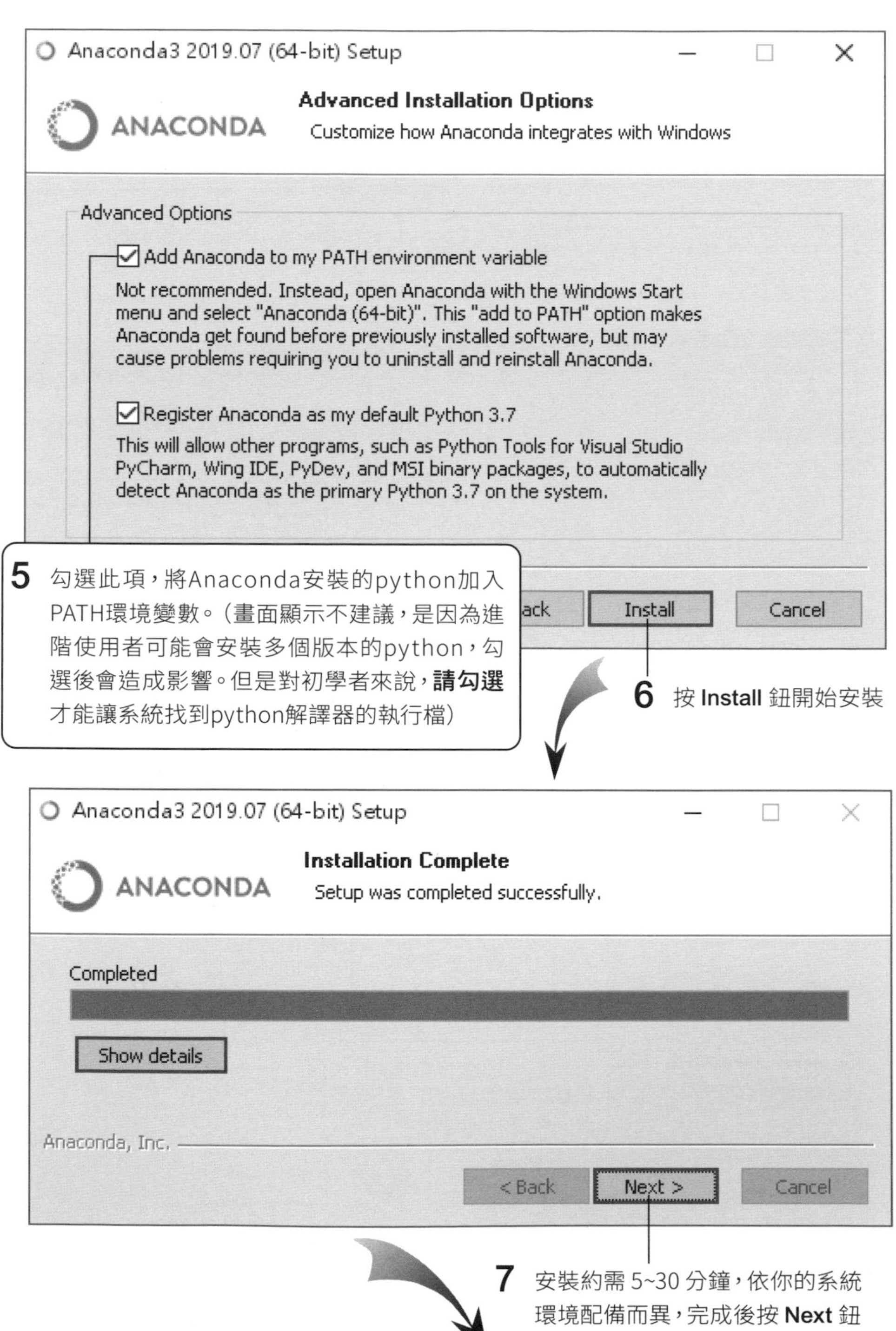
Anaconda3 2019.07 (64-bit) Setup
ANACONDA
Advanced Installation Options
Customize how Anaconda integrates with Windows
Advanced Options
Add Anaconda to my PATH environment variable
Not recommended. Instead, open Anaconda with the Windows Start menu and select "Anaconda (64-bit)". This "add to PATH" option makes Anaconda get found before previously installed software, but may cause problems requiring you to uninstall and reinstall Anaconda.
Register Anaconda as my default Python 3.7
This will allow other programs, such as Python Tools for Visual Studio PyCharm, Wing IDE, PyDev, and MSI binary packages, to automatically detect Anaconda as the primary Python 3.7 on the system.
ack
Install
Cancel
5 勾選此項，將Anaconda安裝的python加入PATH環境變數。(畫面顯示不建議，是因為進階使用者可能會安裝多個版本的python，勾選後會造成影響。但是對初學者來說，**請勾選**才能讓系統找到python解譯器的執行檔)
6 按 **Install** 鈕開始安裝
Anaconda3 2019.07 (64-bit) Setup
ANACONDA
Installation Complete
Setup was completed successfully.
Completed
Show details
Anaconda, Inc.
< Back
Next >
Cancel
7 安裝約需 5~30 分鐘，依你的系統環境配備而異，完成後按 **Next** 鈕

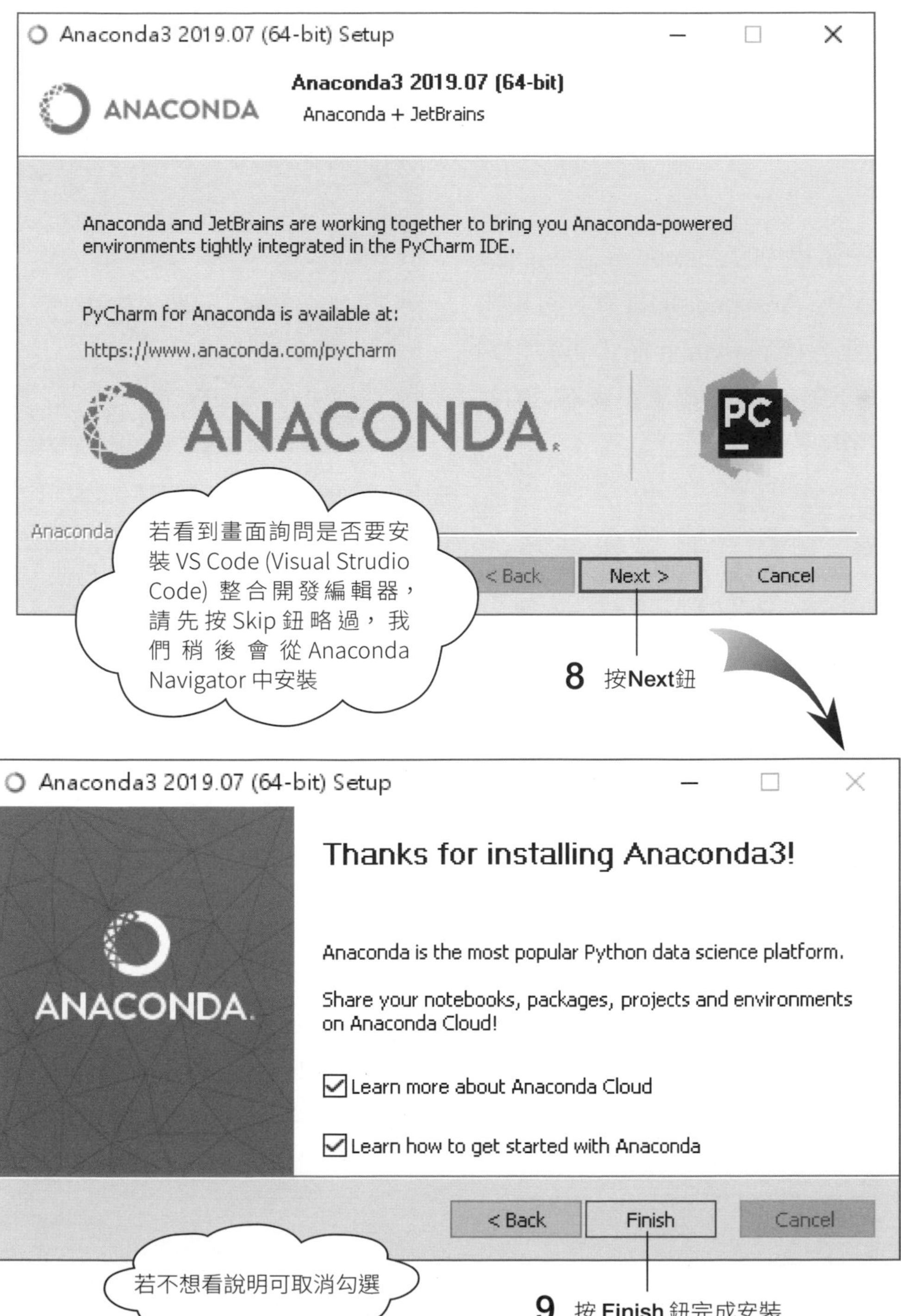
Anaconda3 2019.07 (64-bit) Setup
Anaconda3 2019.07 (64-bit)
Anaconda + JetBrains
Anaconda and JetBrains are working together to bring you Anaconda-powered environments tightly integrated in the PyCharm IDE.
PyCharm for Anaconda is available at:
https://www.anaconda.com/pycharm
ANACONDA
< Back
Next >
Cancel
若看到畫面詢問是否要安裝 VS Code (Visual Strudio Code) 整合開發編輯器，請先按 Skip 鈕略過，我們稍後會從 Anaconda Navigator 中安裝
8 按Next鈕
Anaconda3 2019.07 (64-bit) Setup
Thanks for installing Anaconda3!
Anaconda is the most popular Python data science platform.
Share your notebooks, packages, projects and environments on Anaconda Cloud!
Learn more about Anaconda Cloud
Learn how to get started with Anaconda
< Back
Finish
Cancel
若不想看說明可取消勾選
9 按 Finish 鈕完成安裝

安裝完畢後，可在 Windows 的**開始功能表中**看到 Anaconda 的選單命令如右：

選單中的 Anaconda Navigator 程式是 Anaconda 的總管，可用來管理各種與 Python 程式開發相關的軟體、套件，以及多個不同的執行環境。

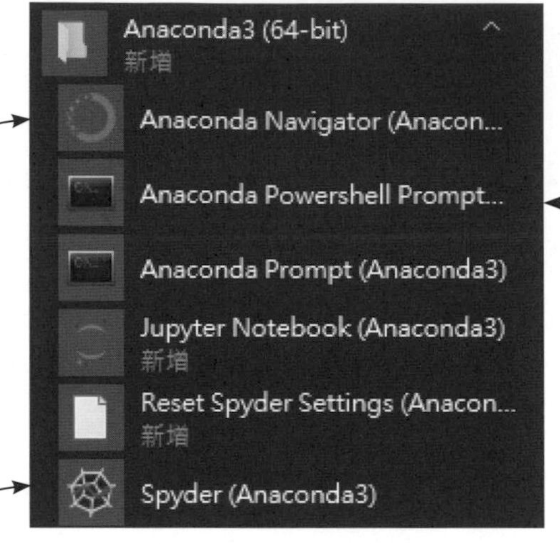

Anaconda 預設使用的程式編輯器是 Spyder，但除非你的電腦夠快，且是使用 SSD，否則 Spyder 的啟動時間常常超過 3～5 分鐘，這樣的速度在使用上會造成諸多不便，所以本書改用目前業界廣泛採用的 VS Code（Visual Studio Code），這是**微軟**公司所推出的整合開發編輯器。

請從開始功能表中執行 Anaconda Navigator，然後如下安裝 VS Code：

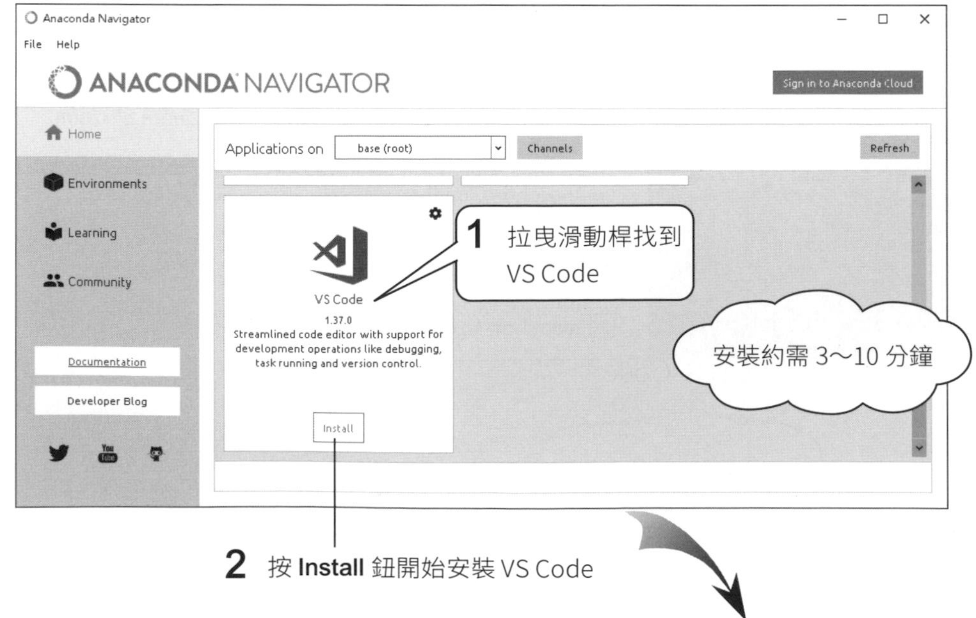

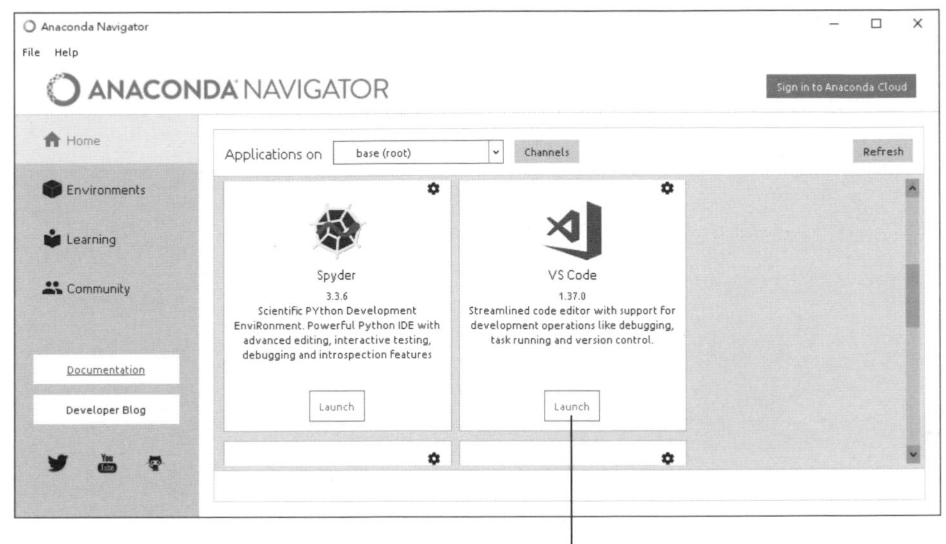

3 安裝完畢後，VS Code 的按鈕會從 Install 變成Launch，並且圖示會向上或向左移動，請拉曳滑動桿找到後按 **Launch** 鈕即可啟動

第一次啟動 VS Code 之後，VS Code 會自動出現在工作列上，以後就不必再經由 Anaconda，而可以直接由工作列來執行 VS Code 了！

TIPS 若您電腦的工作列看不到 VS Code，也可從 Windows 開始功能表中執行『**Visual Studio Code/Visual Studio Code**』命令來啟動 VS Code。

2.2 設定 Python 開發環境

請依照上節的說明安裝並啟動 VS Code 整合開發編輯器 (Integrated Development Environment，簡稱 IDE)，若您是第一次啟動 VS Code，請依照本節說明設定 VS Code。

設定佈景顏色

請如下操作設定佈景顏色：

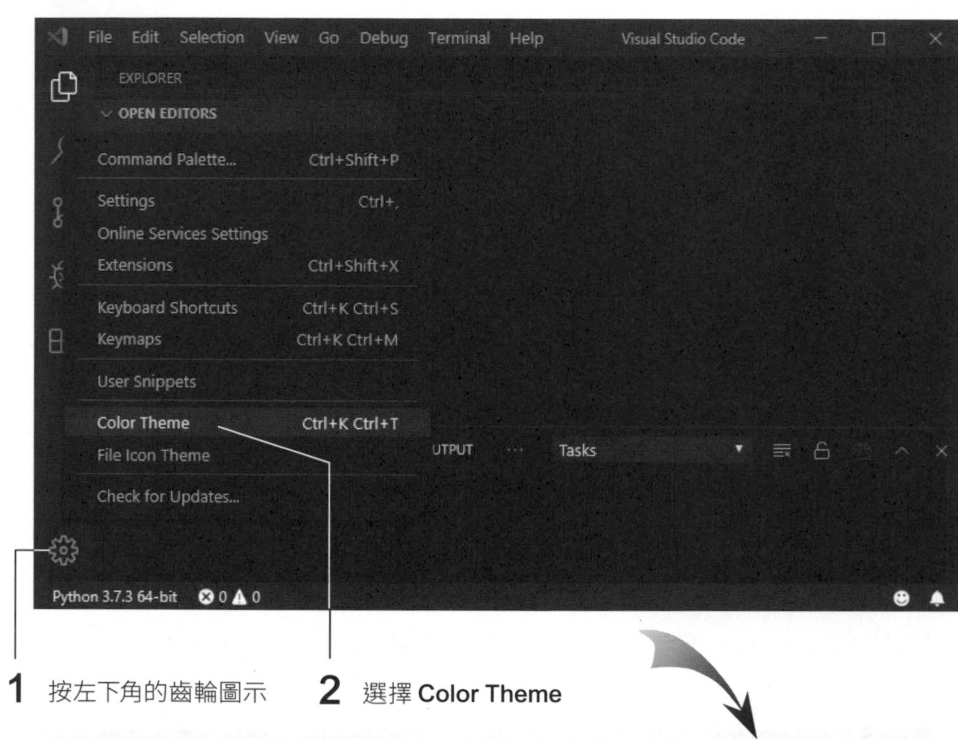

1 按左下角的齒輪圖示　2 選擇 **Color Theme**

安裝中文介面

VS Code 預設是英文介面，不過我們可以安裝繁體中文延伸模組，即可改為中文介面：

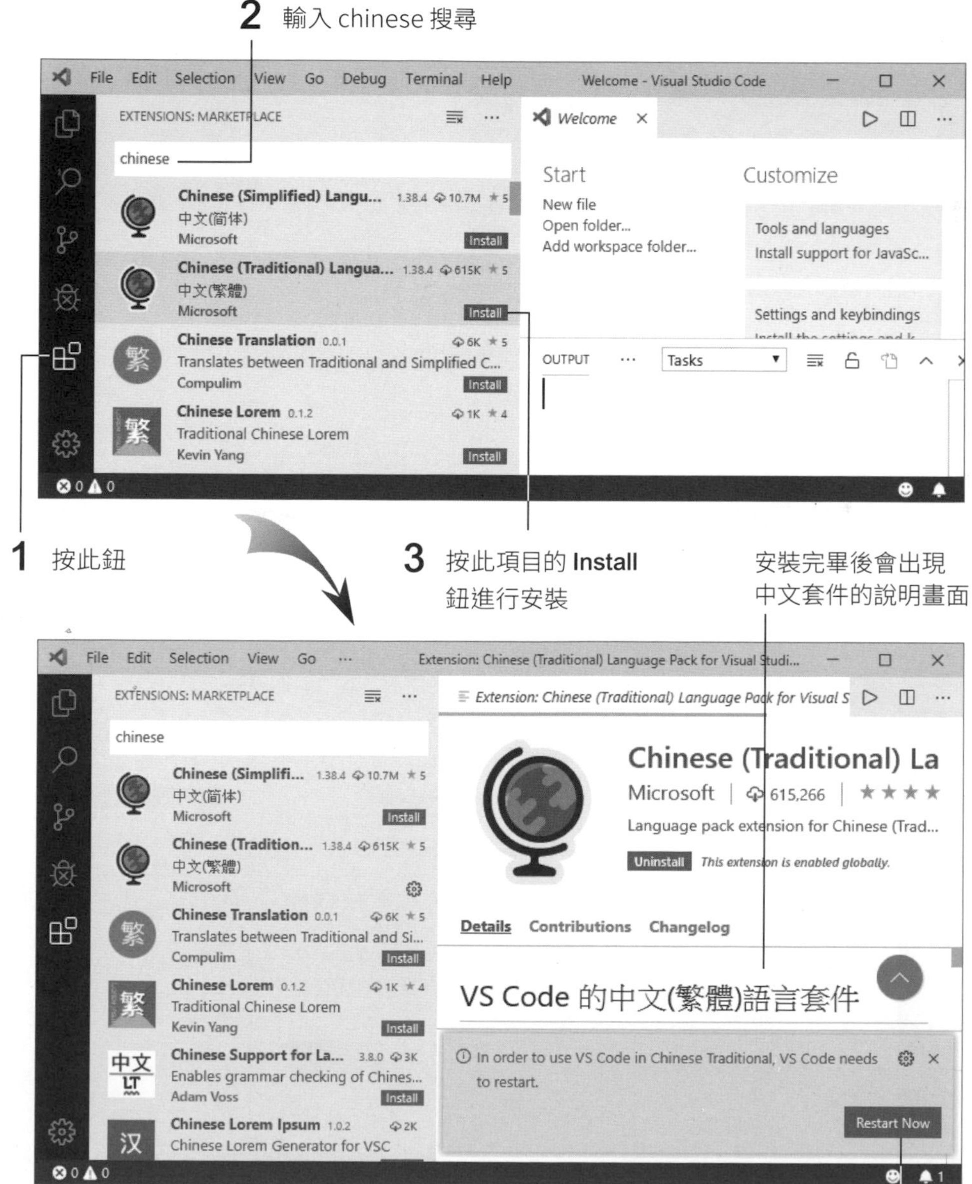

設定預設程式語言

請如下操作以設定 VS Code 的預設程式語言：

VS Code 支援很多種程式語言，上面我們設定 VS Code 以 Python 做為預設的程式語言 (Default Language)，這樣開啟新檔案寫程式時，VS Code 才知道我們寫的是 Python 程式，便會自動用不同顏色來標示關鍵字，而且還會自動顯示函式的可用參數：

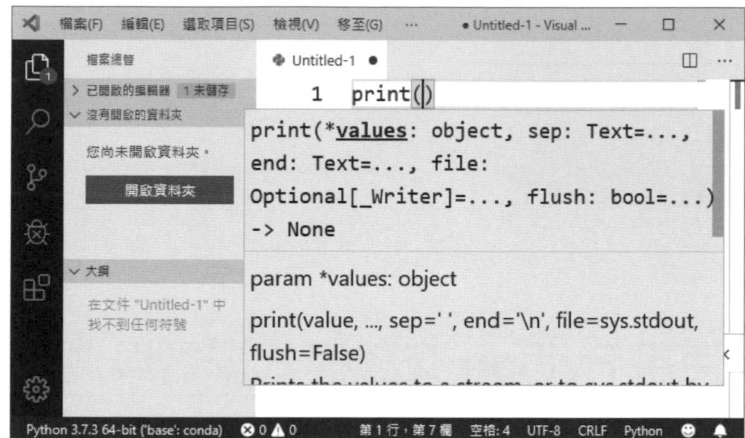

Chapter 03

執行與測試 Python 程式

本章涵蓋

- ○ 在交談模式學習、測試 Python 程式
- ○ 撰寫與執行 Python 程式

3.1 使用 Python 交談模式學習與測試程式

交談模式（也可稱為互動模式，Interactive Mode）是 Python 提供的一個程式執行與測試介面，在交談模式輸入一行程式碼（code）後 Python 就會立刻執行並予回應。所以交談模式非常適合用來作為程式的學習與測試，我們只要輸入 Python 程式碼，就可以立刻看到執行結果是否正確。

本書第 4～7 章都會使用交談模式來學習 Python，這樣初學者輸入程式碼後立刻就可以看到執行結果，若程式正確可立刻獲得成就感，如果錯了也能加深印象，增強學習效果！

> 本書後面章節只要在程式前面看到 >>>，便表示該範例可以使用交談模式來測試。

3.1.1 在 VS Code 使用交談模式

我們已經在第 2 章安裝了 VS Code 整合開發編輯器，請依照第 2 章的說明開啟 VS Code，然後如下操作即可在 VS Code 中啟動 Python 交談模式，這樣就可以到**終端機**窗格輸入 Python 程式碼了：

1 點選**終端機**進入**終端機**窗格（若目前看不到**終端機**窗格的話，請執行選單的『檢視/終端機』指令，或按 Ctrl + ` ）

若您的系統有安裝 PowerShell，這邊會顯示 PowerShell，若未安裝則會顯示一般的 Windows 命令列訊息

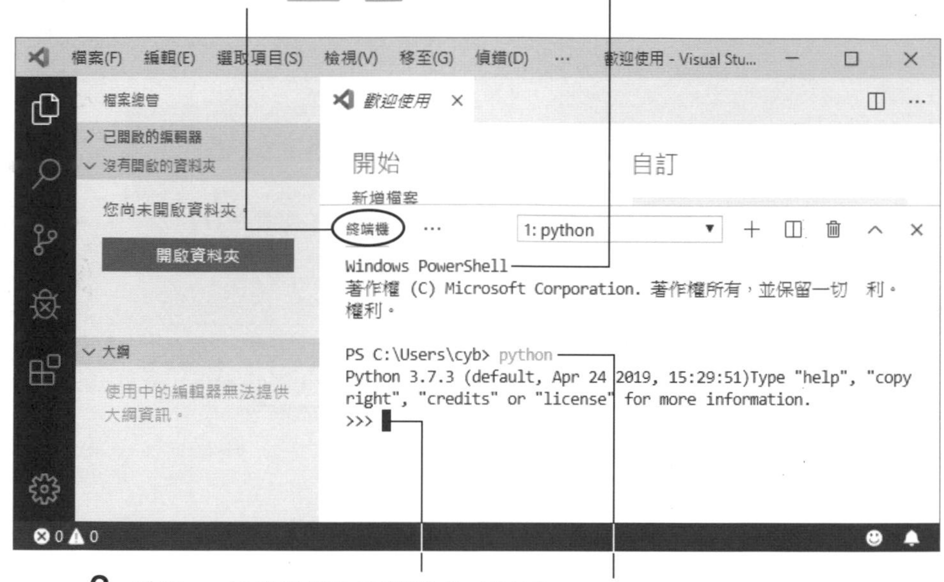

3 看到>>>便代表進入交談模式，請在此輸入程式碼後按 Enter 即可執行與測試

2 輸入"python"

若您看到『Warning: This Python interpreter is in a conda environment, but the environment has not been activated.』這個訊息不用擔心，請依照 3.2 節的說明執行一次 Python 程式後就不會再看到了。

3.1.2 在 Spyder 使用交談模式

Spyder 是很適合用來學習 Python 的編輯器，不過它的缺點就是啟動的速度慢（依照小編實測，非 SSD 固態硬碟的電腦啟動常常會超過 3～5 分鐘，若是有 SSD 的電腦則可在 3～10 秒內啟動）。若您的電腦較新，並且裝有 SSD 的話，那使用 Spyder 會很方便。如果您要使用 Spyder 做為開發環境，請從 Windows 開始功能表中執行『**Anaconda3/Spyder** 』指令開啟 Spyder，然後如下操作即可在 Spyder 中使用交談模式：

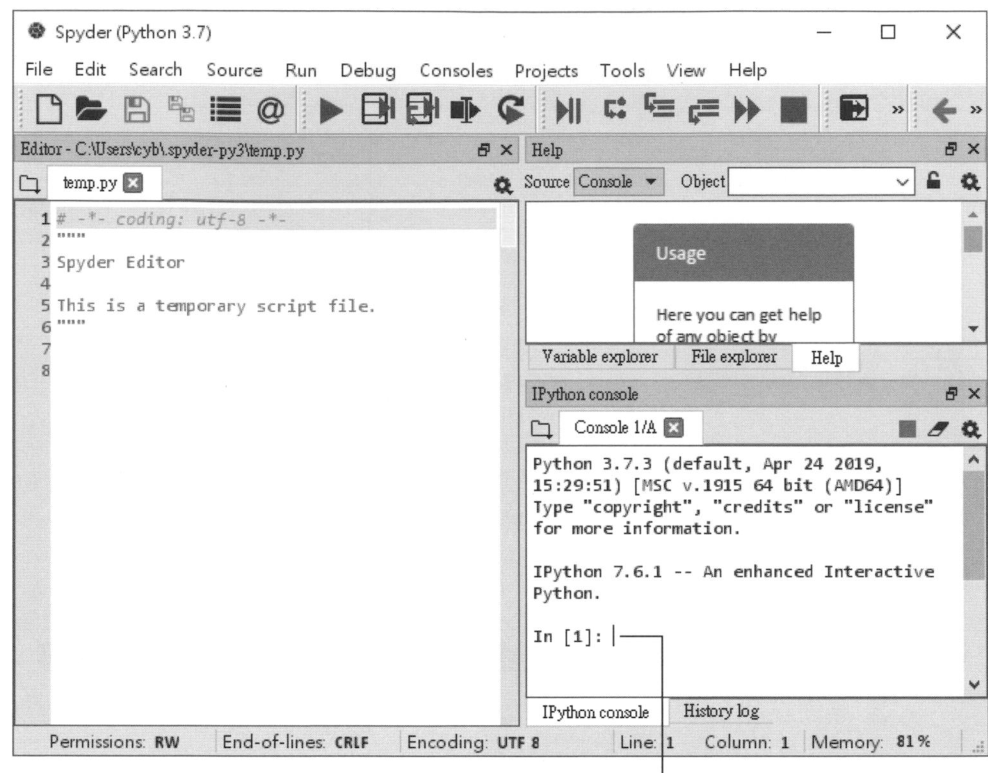

在右下角的窗格找到 In，請在此輸入程式碼後按 Enter 即可執行與測試，執行結果會以 Out[] 呈現

除了以上兩種在編輯器啟動交談模式的方式以外，若您臨時需要測試 Python 程式，但是不想要開啟編輯器的話，也可以從 Windows 開始功能表中執行『**Anaconda3/Anaconda Prompt**』，開啟文字模式介面再輸入 "python"，亦可進入交談模式。

3.1.3 交談模式下使用方向鍵來修改程式碼

在交談模式下，如果要重複輸入或修改之前的程式碼，可以如下使用方向鍵：

- ↑、↓ 鍵：前後瀏覽取回之前輸入過的程式碼。
- ←、→ 鍵：移動到欲更改的位置修改程式碼。

3.2 撰寫與執行 Python 程式檔

雖然交談模式適合學習與測試程式之用，若要撰寫比較長、比較完整的程式，那麼還是需要有編輯器以便於輸入，然後將程式碼儲存在程式檔中再執行。

我們已經在第 2 章安裝了 VS Code，請依照第 2 章的說明開啟 VS Code，然後如下操作：

1 執行選單的『**檔案/新增檔案**』指令，或用滑鼠點按在終端機視窗之外的地方，再按 Ctrl + N 開啟新檔案

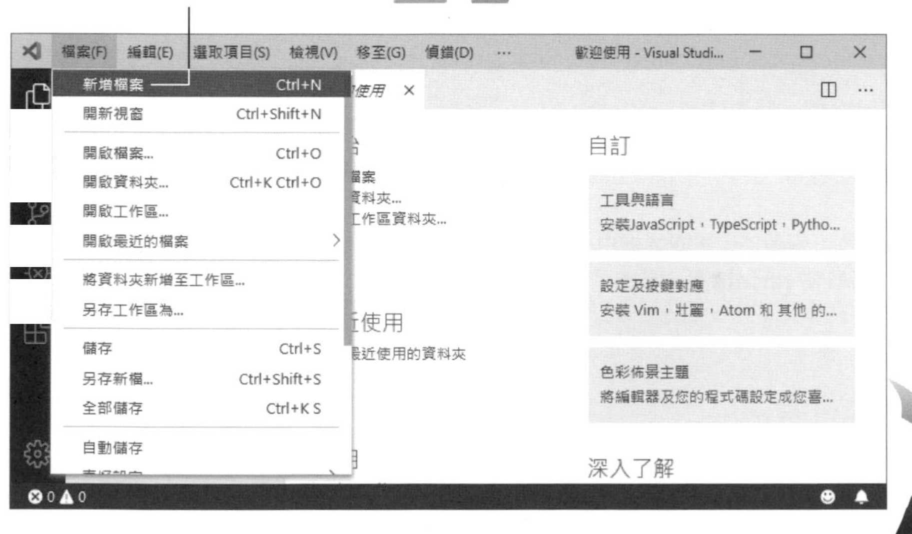

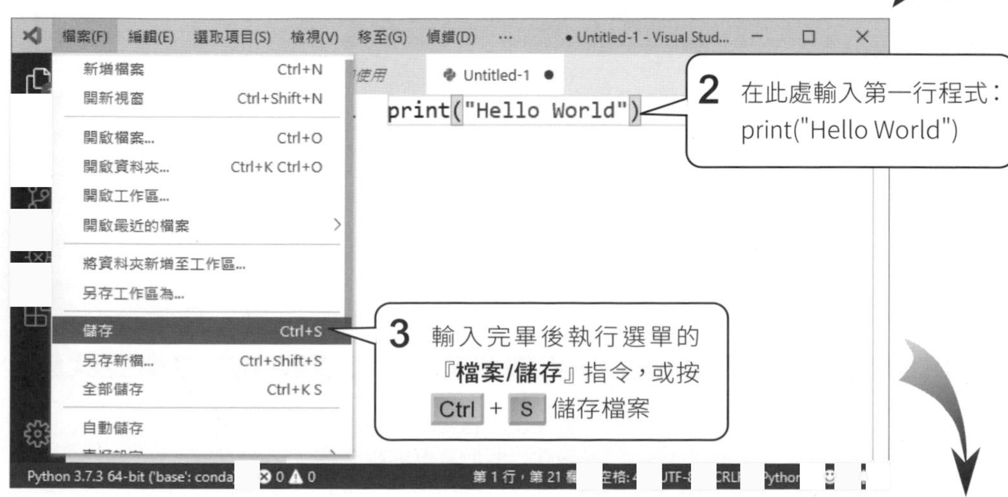

4 在編輯區空白處按滑鼠右鈕

5 執行選單的『**在終端機中執行Python檔案**』指令

VS Code 會開啟**終端機**窗格來執行 Python 程式

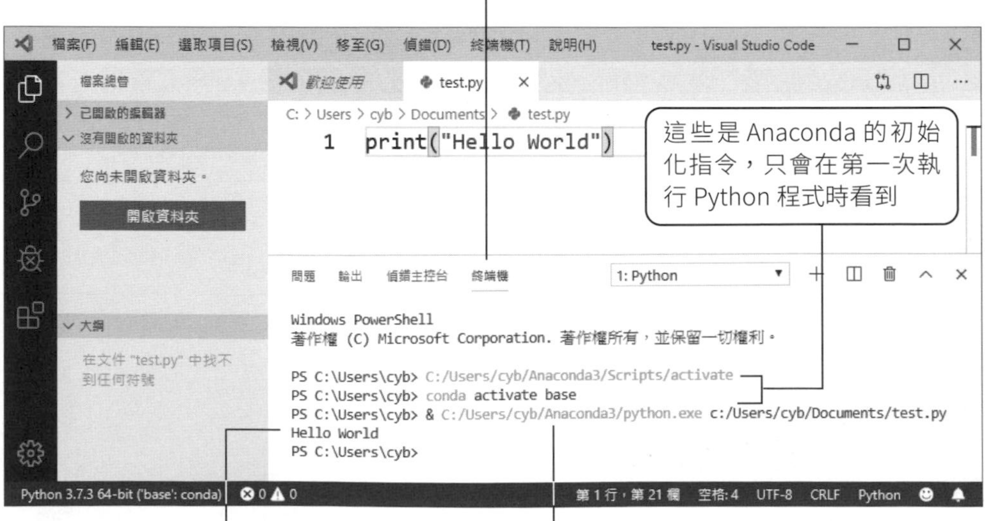

此處會顯示程式的執行結果

VS Code 自動呼叫 Python 解譯器來執行我們寫好的程式檔

我們已經撰寫了第一支 Python 程式，日後若您想要開啟之前寫的程式檔或本書範例檔，請執行選單的『**檔案 / 開啟檔案**』指令，或按 Ctrl + O，即可開啟 Python 檔案來執行。

小編補充　讓 VS Code 的執行結果更簡潔

VS Code 使用終端機來執行 Python 程式檔的時候，您會在終端機看到初始化指令與 Python 解釋器指令，若您不希望看到這串指令的執行細節，只想簡單地看到 Python 程式檔的執行結果，可以透過 Code Runner 延伸模組來達成。請先如下安裝與設定 Code Runner 延伸模組：

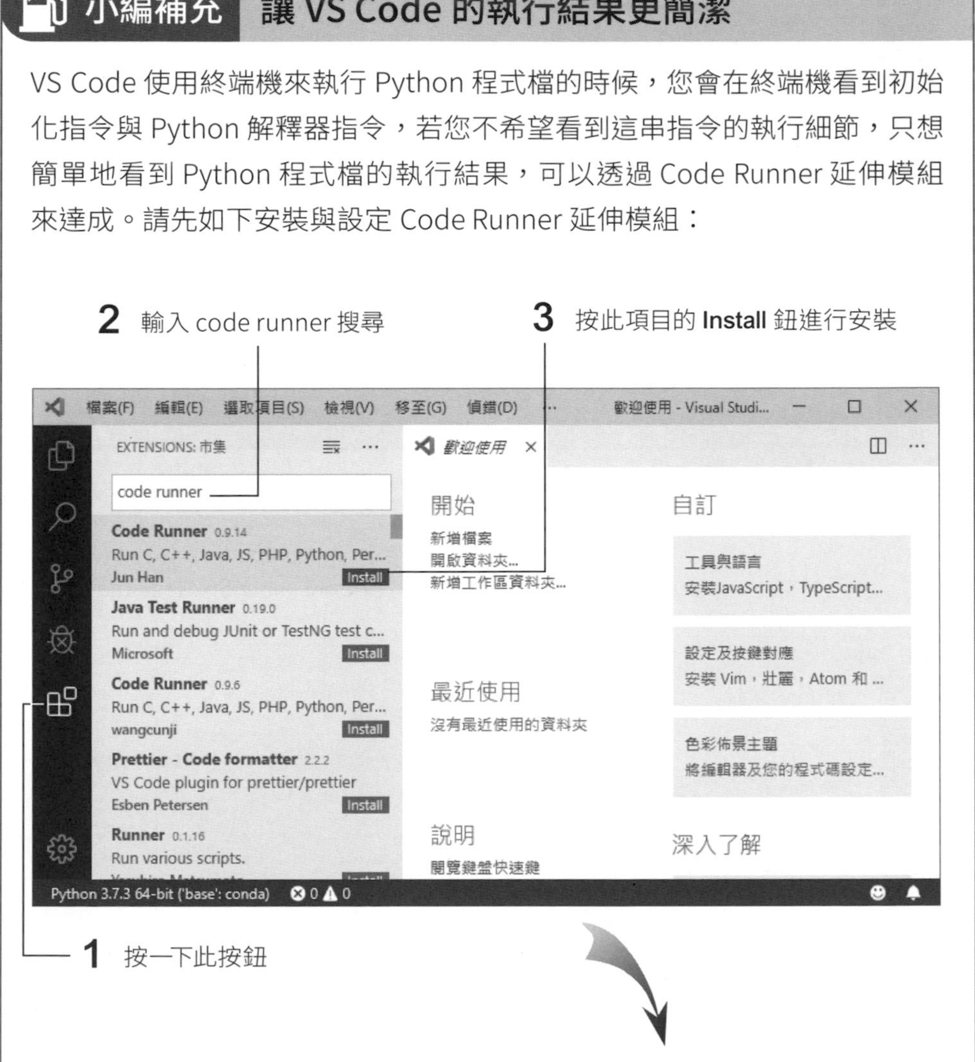

▶接下頁

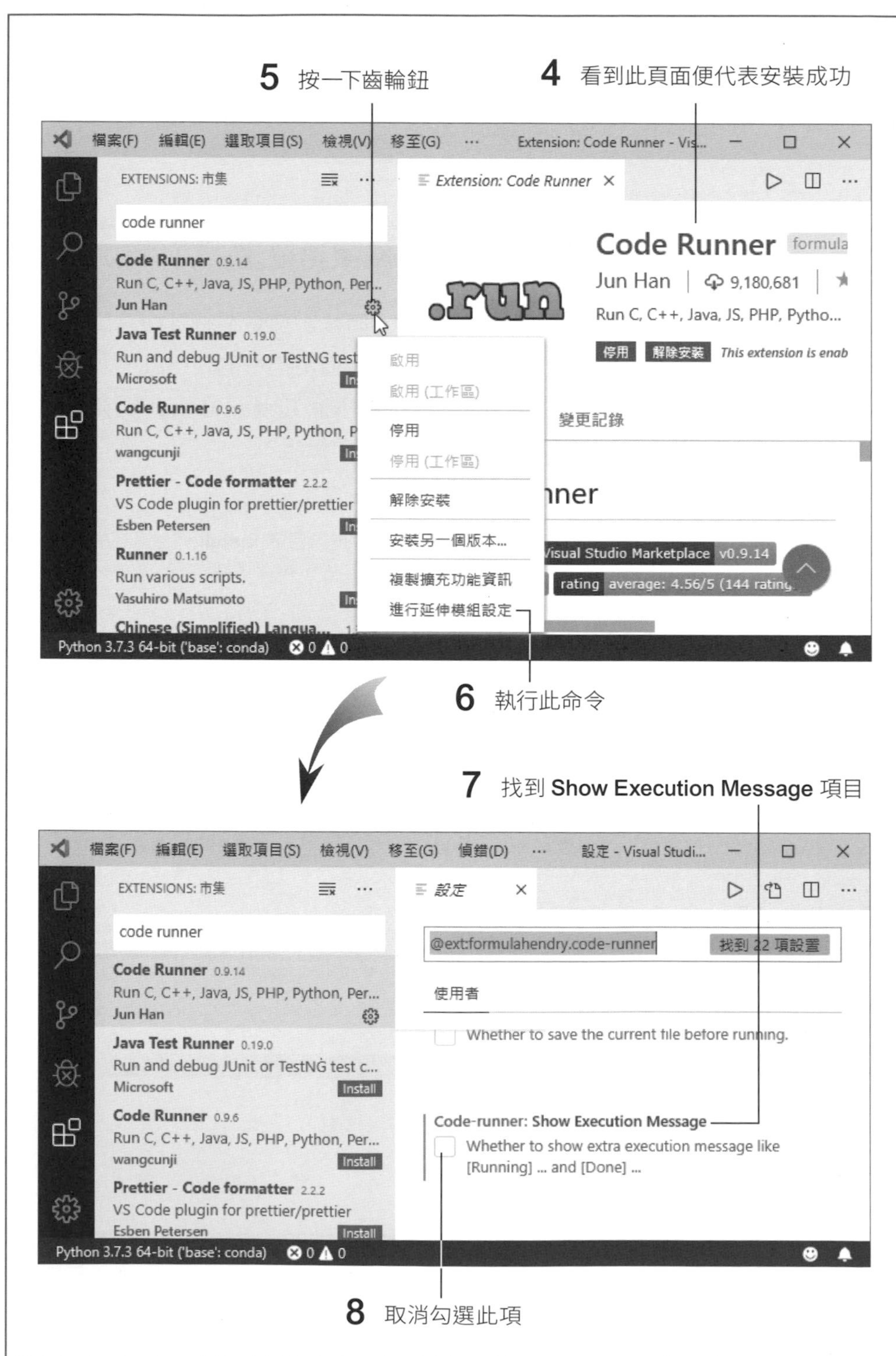

5 按一下齒輪鈕
4 看到此頁面便代表安裝成功
檔案(F) 編輯(E) 選取項目(S) 檢視(V) 移至(G) ··· Extension: Code Runner - Vis...
EXTENSIONS: 市集
Extension: Code Runner
code runner
Code Runner 0.9.14
Run C, C++, Java, JS, PHP, Python, Per...
Jun Han
Code Runner formula
Jun Han | 9,180,681
Run C, C++, Java, JS, PHP, Pytho...
停用 解除安裝 This extension is enab
Java Test Runner 0.19.0
Run and debug JUnit or TestNG test
Microsoft
啟用
啟用 (工作區)
停用
停用 (工作區)
解除安裝
安裝另一個版本...
複製擴充功能資訊
進行延伸模組設定
變更記錄
Code Runner 0.9.6
wangcunji
Prettier - Code formatter 2.2.2
VS Code plugin for prettier/prettier
Esben Petersen
Runner 0.1.16
Run various scripts.
Yasuhiro Matsumoto
Visual Studio Marketplace v0.9.14
rating average: 4.56/5 (144 rating
Python 3.7.3 64-bit ('base': conda)
6 執行此命令
7 找到 Show Execution Message 項目
檔案(F) 編輯(E) 選取項目(S) 檢視(V) 移至(G) 偵錯(D) ··· 設定 - Visual Studi...
設定
@ext:formulahendry.code-runner
找到 22 項設置
使用者
Whether to save the current file before running.
Code-runner: Show Execution Message
Whether to show extra execution message like [Running] ... and [Done] ...
Run and debug JUnit or TestNG test c...
Install
8 取消勾選此項

▶接下頁

安裝與設定 Code Runner 延伸模組完畢後，日後請如下執行 Python 程式檔：

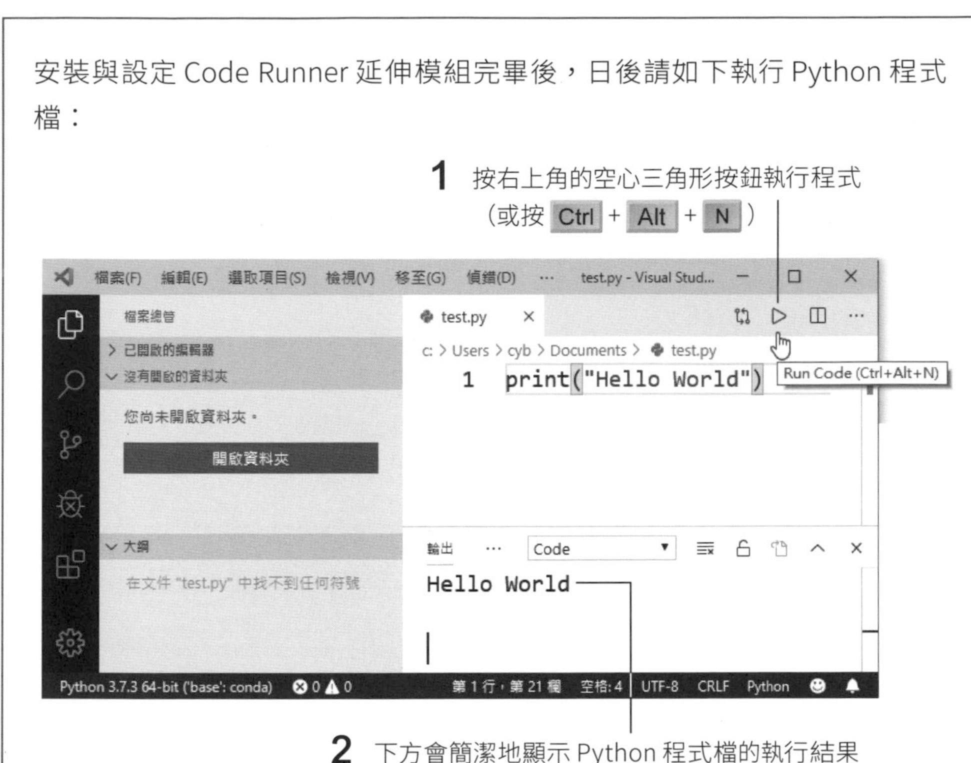

MEMO

第 2 篇

基礎篇

接下來的章節將介紹 Python 不可或缺的基本知識。從 Python 程式基礎開始，一直到 Python 的內建資料型別和流程控制，以及函式的定義和模組的使用。

本篇的後半段將轉而介紹如何撰寫獨立的 Python 程式、檔案操作、錯誤處理。

Chapter 04

絶對的基礎

本章涵蓋

- 縮排及區塊結構
- 標示註解
- 變數的參照 (reference)
- 用 del 刪除變數
- 用 print() 輸出變數內容
- 運算式求值
- 基本資料型別與 None
- 用 input() 取得使用者的輸入
- 正確的 Python 風格與命名慣例

老手帶路 專欄

- Python 的縮排原則
- Python 中的變數：是水桶還是標籤？
- 一行不要超過 80 格位置與超長字串
- Python 的除法特性
- 避免使用 from <module> import *

很多人學了 Python 卻抓不到它的精髓，這往往是 Python 有許多特異於傳統程式語言之處，新手如果只學語法根本無法體會；而對於學過 C 或 Java 的人，也往往因為過去的經驗，反而無法理解 Python 的巧妙與優雅！本書針對此問題，在許多重要關鍵上特別點出 Python 的竅門，而且也特別新增了 老手帶路 專欄與 小編補充： ，增強內容的豐富與緊湊度。略過這些補充資料並不影響學習，但你可以隨時回頭閱讀，會有更多體會！

本章介紹 Python 絕對基礎的知識，包含：如何使用敘述和運算式、如何取得使用者輸入的數字或字串、程式碼中如何標示註解等等。首先討論 Python 的區塊結構及其程式碼的構成，這是 Python 和其他程式語言不同的特色。

為了舉例所需，本章會出現多次 if 判斷以及 for、while 迴圈的語法，您不需要細究這些程式碼，這些語法會在後面章節再詳細說明。

4.1 縮排及區塊結構

Python 的程式敘述是以行作為單位，一行就是一個敘述，不像 C、Java 程式語言那樣必須以分號作為程式敘述的結束符號。

Python 使用空格和縮排來區分區塊結構（區塊結構包含：迴圈的主體、條件式 if-else 子句的程式碼等等），這點跟其他程式語言大不同，多數語言使用像是大括號之類的符號來區隔程式區塊。以下是計算 9 階乘的 C 程式碼，計算結果會被放在變數 r 中：

```
/* 以下是 C 程式碼 */
int n, r;
n = 9;
r = 1;
while  (n > 0) {
    r *= n;
    n--;
}
```

其中大括號劃分出 while 迴圈主體的界限，也就是指出每次重複迴圈時應該要執行哪些程式碼。但它也可以這樣寫：

```
/* 以下是任意縮排的 C 程式碼 */
    int n, r;
        n = 9;
        r = 1;
    while (n > 0) {
r *=  n;
n--;
}
```

即使該程式碼讀起來很吃力，但是仍然可以正確執行。以下是同樣的程式用 Python 來寫：

```
# 這是 Python 程式碼
n = 9
r = 1
while n > 0:
    r = r * n    ←── Python 也支援類似 C 的語法：r *= n
    n = n - 1    ←── Python 也支援類似 C 的語法：n -= 1
```

Python 不使用大括號來標示程式碼區塊，而是使用縮排。上述程式碼的最後兩行是 while 迴圈的主體，因為它們緊跟在 while 敘述之後，並且比 while 敘述多縮排了一個層次，因此 Python 解譯器會把它們當成 while 迴圈內的程式區塊。如果這兩行程式碼沒有縮排，將不會成為 while 迴圈的一部分。

8.5 節會再深入討論如何在一行放入多個敘述、一個敘述拆成多行，以及縮排可能會遇到的錯誤。

老手帶路　Python 的縮排原則

Python 允許我們用任意數量的空格或定位字元（Tab）來縮排，只要同一區塊中的縮排都一樣就好。不過建議使用 4 個空格來縮排，這也是 Python 官方建議的用法。

如果有多層區塊，內層區塊要用更深的縮排：

```
if 判斷:
    for 迴圈A:
        程式區塊A
    for 迴圈B:
        程式區塊B
```

同一層的區塊必須使用相同的縮排，所以上述 for 迴圈 A 若改以 2 個空格縮排，則 for 迴圈 B 也必須用 2 個空格縮排。

請特別注意 Tab 與空白字元屬於不同縮排，有些編輯器中 Tab 字元看起來就像是 4 個空格，若您不小心混用了 Tab 與空格作為縮排，可能一時會看不出來，此時若執行程式會出現「IndentationError: unindent does not

▶接下頁

match any outer indentation level」錯誤。此訊息，表示程式中同層級的縮排不一致，請檢查看看是否混用了 Tab 與空格。

至於不同區塊的內部縮排，則可以各自為政，所以上例的程式碼也可以如下改寫：

```
if 判斷:
```

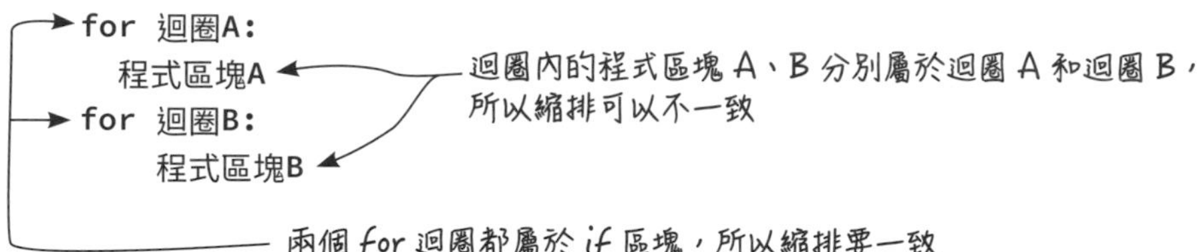
for 迴圈A:
程式區塊A
for 迴圈B:
程式區塊B
迴圈內的程式區塊 A、B 分別屬於迴圈 A 和迴圈 B，所以縮排可以不一致
兩個 for 迴圈都屬於 if 區塊，所以縮排要一致

不過我們並不建議以上的作法，為了維持程式的可讀性，同一層次的區塊仍然建議使用相同的縮排。

使用縮排而不用大括號來安排程式結構，可能剛開始會讓人覺得不習慣，但是有很多好處：

- 不會有大括號多寫或少寫的情況，也永遠不需要翻找程式碼，到好幾十行遠去尋找與上方相匹配的大括號。
- 程式碼視覺上的結構反映了它的真實結構，只需用肉眼看就可以輕鬆掌握程式碼的框架。
- Python 撰寫風格大多是統一的。換句話說，您不會遇到某些人為了偷懶或自己獨特想法而寫出讓人看了會抓狂的程式碼，而每個人的程式碼看起來都非常像是您自己的風格。

小編補充 大括號的配對迷宮

以下是簡單的 Java 語言程式碼，用來印出九九乘法表。若是撰寫者沒有做好縮排，您可能要花點功夫找到最後三個大括號所配對的另外一邊括號，才能找出迴圈所包含的程式。

▶接下頁

```
public class JVA108{
public static void main(String[] args) {
for(int i = 1 ; i< 10 ; i++){
for(int j = 1 ; j <10 ; j++)
System.out.print(""+i+"*"+j+"="+(i*j)+"\t");
System.out.println(); ←── 找一找這行屬於哪一個迴圈
}}}
```

當程式碼越長，就會讓這個大括號迷宮越複雜，程式撰寫者要算好配對以免多寫或少寫大括號，程式閱讀者則要自己配對來找出區塊包含哪些程式碼。

若是以 Python 來撰寫的話，其程式如下：

```
for i in range(1, 10):
    for j in range(1, 10):
        print(f'{j}x{i}={j*i:2d}', end='  ') ←── 這行屬於第2個迴圈
    print() ←── 這行屬於第1個迴圈
```

在區塊縮排的強制性規範之下，我們可以很清楚地看出兩個 print() 分別屬於不同迴圈，不論是誰寫的，上面程式碼的風格都不會相差太大。

區塊縮排是 Python 的特色，就像寫作文規定段落另起一行並空兩格一樣，區塊縮排可以讓 Python 程式碼更加簡潔易讀，維持一定基本的易讀性。

您可能已經有縮排的習慣，不論寫什麼程式都會使用縮排來區分區塊，因此這對您來說不是一個很大的轉變。一些程式編輯器或整合開發環境（Integrated Development Environment, IDE），例如 PyCharm、VIM 和 VS Code 等，絕大多數也都已經提供了自動縮排的功能。

不過有個小問題：在 Python 的 >>> 交談模式下，如果命令提示符號和所輸入的程式敘述之間有一個（或多個）空格，那麼 Python 直譯器會認為這是縮排，因而傳回一則「意外縮排」（SyntaxError: unexpected indent）的語法錯誤訊息，此時請刪除程式前面的空白便可以修正錯誤。

```
                多了一個空格會出現 unexpected indent
>>>  a=2
  File "<stdin>", line 1
    a=2
    ^
IndentationError: unexpected indent
```

但在 IPython 環境下並不會發生錯誤。

```
In[1]: a=2  ←── 前頭多一個空格，在 IPython 中並不會出現錯誤訊息
```

4.2 註解

在大多數情況下，Python 格式中 # 符號後面的任何內容都是註解，並且被解譯器所忽略。但如果是字串中的 #，則它只被當成是該字串中的一個字元：

```
# 設定 x 變數的值為 5
x = 5
x = 3 # 現在 x 變數值等於 3
x = "# This is not a comment" ←── 此行的 # 只是字串中的一個字元
```

請養成經常添加註解的好習慣，用註解來註記程式運作的目的與重點，以方便未來自己或維護程式的人容易看懂。

4.3 變數及其設定 assignment

Python 中最常用的是設定 (或稱指派) 變數的敘述，它與您在其他語言中所看到的語法非常接近。以下程式碼會建立變數 x 並將數值 5 指派給 x：

```
x = 5
```

Python 與許多其他程式語言不同的是無需事先宣告變數型別，首次指定一個值給變數時，該變數就會自動被建立。

在 C 和許多其他語言中，變數只能儲存與它們所宣告時的型別一樣的值。但是 Python 不同，你可以指派任何型別的物件給 Python 變數，以下是完全合法的 Python 程式碼：

```
>>> x = "Hello"   ← 建立字串物件 "Hello"，讓變數 x 參照到該物件
>>> print(x)
Hello
>>> x = 5   ← 建立整數物件 5，讓變數 x 改參照到該物件
>>> x
5
```

小編補充　交談模式與 print()

本書中若看到程式前面有 >>>，便表示是在 Python 交談模式中（或稱互動模式，interactive mode）執行與測試，關於如何啟動交談模式，請參見第 3 章。

前面範例用到的 print() 是 Python 內建函式 (function)，本書 6.12 節會詳細說明這個函式的用法，目前只要知道其用途就是將物件或是程式執行結果顯示到螢幕上。

不過在交談模式中，使用者輸入的物件以及程式執行結果都會自動顯示在螢幕上，所以前面範例倒數第二行雖然只輸入 x，但是其效果與 print(x) 一樣會顯示變數 x 的內容，本書之後會經常在交談模式中以這種方式來顯示物件的內容。

請注意，自動顯示是交談模式才會有的效果，若是執行 Python 程式檔時就不會自動顯示了，所以程式檔中就需要使用 print() 來輸出結果。

上例中，變數 x 一開始參照（reference）到字串物件 "Hello"，然後再改參照到整數物件 5。所以 Python 變數的型別是依其所參照的物件而定，參照到什麼型別的物件上，它就是什麼型別！

當然，這個特性可能被濫用，如果同一個變數名稱一下子參照到數字，一下子參照到字串，到最後根本搞不清楚這個變數到底參照哪一個物件，這樣的程式碼會讓人混淆並難以理解。

老手帶路　Python 中的變數：是水桶還是標籤？

「變數」這個名詞在 Python 中容易被誤解；若叫做「標籤」或「名牌」會更精準。但是，似乎每個人或多或少都在用「變數」這個名詞，無論怎麼稱呼它，您都應該知道它在 Python 中是如何運作的。

一個常見但不太精確的說法是把變數比喻成一個水桶，可以儲存一個值的容器，對於許多程式語言來說這是合理的 (例如 C 語言)。

以 a=1 來舉例，在 C 語言中的運作如右圖：

但是，在 Python 中，變數並不像水桶，而是參照 (reference) 到某個物件的標籤。例如 a=1 在 Python 中的運作如下圖：

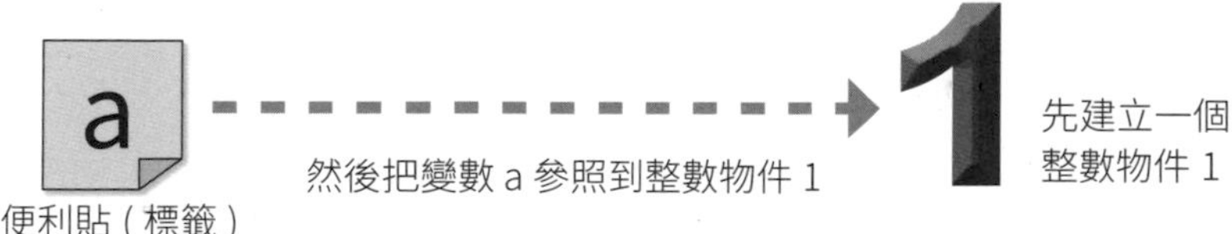

任意數量的標籤 (變數) 都可以參照到同一個物件，當該物件發生更改時，所有這些變數所參照的值也同時被更改了：

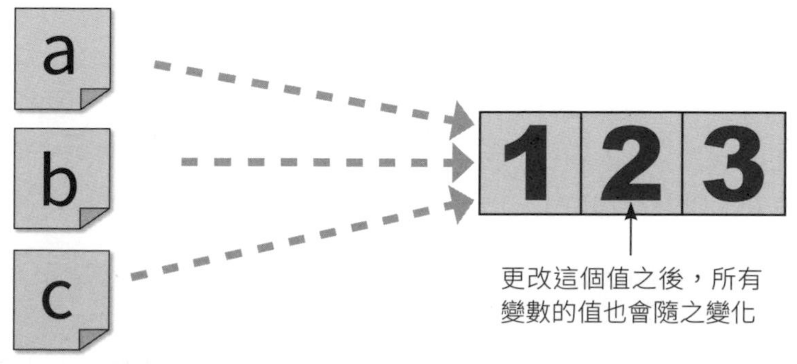

以下用簡單的程式碼來表達上述的變化：

▶接下頁

```
>>> a = [1, 2, 3]
>>> b = a
>>> c = a
>>> b[1] = 5
>>> print(a, b, c)
[1, 5, 3] [1, 5, 3] [1, 5, 3]
```
← 只更改了 b 的一個元素，a 和 c 都被更動了

> [1, 2, 3] 是 Python 的 list 資料結構，類似其他程式語言中的陣列，關於 list 的詳細說明，請參見第 5 章。

如果您把 Python 變數視為水桶，則不應該出現此結果。水桶的內容應該是各自獨立的，改變 b 水桶的內容怎麼會同時改變另外兩個呢？但是，如果變數只是貼到物件上的標籤，因為所有三個標籤都是參照到同一個物件，所以透過 b 標籤更改這個物件的內容後，接下來不論是透過哪一個標籤，所看到的值都會是更改後的新內容。

如果 Python 變數所參照的是不可改變的物件，當我們想要更改變數的值時，因為其物件不可改變，所以 Python 會依照新的值來建立一個新物件，然後將變數改參照到這個新物件：

```
>>> a = 1          ← 建立整數物件 1，讓變數 a 參照到該物件
>>> b = a          ← b 一開始會參照到 a 所參照的整數物件 1
>>> c = b
>>> b = 5          ← 建立新的整數物件 5，然後將 b 改參照到此物件
>>> print(a, b, c)
1 5 1
```

在上述例子中，到第三行為止 a、b 和 c 都參照到同一個不可變的整數物件，該物件的值是 1。第四行 b = 5，把 b 改為參照到整數物件 5，但並沒有更改 a 或 c 所參照的物件 1。

當變數參照的物件不能改變時，您可能感受不到 Python 變數是標籤而不是水桶。但是無論如何，請記得 Python 變數是標籤這樣的說法。

▶接下頁

當變數參照的是可變物件，修改變數會直接更改該物件；若變數參照的是不可變物件，則修改變數會建立一個新物件。**這個觀念請務必記得**，後面我們還會用到。

Python 的變數是一個名稱並非一個容器，所以等號（=）並不是把一個值存入變數中。再次強調，變數只是一個標籤不能儲存數值或資料！不過，為了方便表達，我們往往會把 a=xx 說成是『把 xx 設給變數 a』、『把 xx 賦值給變數 a』、『把 xx 儲存到變數 a』、『把變數 a 的值設為 xx』、『把變數 a 指向 xx 物件』... 等等，指的都是把 a 這個變數做為 xx 物件的標籤名稱，所以當您看到本書說明 Python 程式時提到：『把 xx 指派給變數 a』，請理解它的意思就是『用變數 a 作為物件 xx 的標籤名稱』。

小編補充 Everything is an Object

C、Java 等傳統程式語言所帶給人的印象中，物件 (Object) 是一種複雜的結構，屬於進階的語法，初學者很難搞懂。但是在 Python 中，Everything is an Object (所有的事物都是物件)，不論數字、字串、函式 ... 等都是物件，所以從本書最基礎的章節開始就會一直提到物件。但是請不用擔心，除非是要自行建立物件，否則物件在 Python 中一點都不複雜，反而是相當自然的，及早從簡單的觀念一點一點的學習，就好像從小時候就耳濡目染的學一種語言，絕對比長大以後再學容易多了！

Python 的變數名稱有區分大小寫，可以包含任何英文字母、數字以及底線 _，但必須以字母或底線開頭。有關建立 Python 特有風格的變數名稱說明，請參見第 4.10 節。

> 底線 _ 開頭或結尾的變數名稱在 Python 中通常會有特殊用途，建議目前為變數取名時，先不要以底線來開頭或結尾。

變數建立後可以用 del 敘述刪除它，刪除後若嘗試存取該變數的內容會導致錯誤：

```
>>> x = 5
>>> print(x)
5
>>> del x
>>> print(x)
Traceback (most recent call last):
  File "<stdin>", line 1, in <module>
NameError: name 'x' is not defined
>>>
```

在這裡，您第一次看到 Traceback（回溯）訊息，Traceback 的意思就是追溯程式呼叫的歷程。當程式執行時若出現錯誤，將會顯示 Traceback 訊息。

Traceback 訊息最後一行告訴您檢測到了什麼錯誤，在這個例子中是 x 的名稱錯誤（NameError）。刪除了 x 之後，x 就不再是有效的變數名稱，所以會發生錯誤。

Traceback 訊息會顯示錯誤是在呼叫哪一個函式時發生，並且會顯示錯誤發生在哪一行。上述例子中，Traceback 訊息顯示「line 1, in <module>」，這是因為在交談模式下僅傳送了 1 行給解譯器。

第 14 章將更詳細地描述這種機制。在 Python 標準函式庫的說明文件（docs.python.org/3/library/exceptions.html），記載了所有錯誤的完整列表以及發生的原因，您可以依照您看到的錯誤類型（例如 NameError）在文件中搜尋到相關說明。

4.4 運算式

Python 支援算術和運算式；大多數讀者都會熟悉這些表達方式。以下程式碼計算 3 和 5 的平均值，並將結果保留在變數 z 中：

```
x = 3
y = 5
z = (x + y) / 2
```

請注意，即使運算式所有數值都是整數，運算結果並不一定是整數，除法（從 Python 3 開始）會傳回一個浮點數，因此小數部分不會被截斷。如果您希望用傳統的整數除法傳回小於商數的最大整數，可以用 // 算符來計算：

```
>>> 3 / 2
1.5
>>> 3 // 2
1
>>> -1 // 2
-1
```

-1 除以 2 等於 -0.5，而小於 -0.5 的最大整數為 -1。注意！不是四捨五入喔！

數學四則運算的優先順序標準規則適用於 Python 運算式，如果您在 (x + y) / 2 省略了括號，寫成 x + y / 2，則 Python 會依照四則運算先乘除後加減的順序，計算 x + (y / 2) 的結果。

運算式除了用於數值以外，字串、布林值和許多其他型別的物件都可以用運算式來處理，本書後續使用到它們時，會再詳細說明。

動手試一試：變數與運算式

- 建立一些變數，試試看在變數名稱中加一個空格、減號或其他特殊符號時會發生什麼？
- 試著計算一些複雜的運算式，例如 x = 2 + 4 * 5 - 6 / 3。
- 在較長的運算式中隨意插入成對的括號，查看有括號與沒括號所計算出的結果有何變化。

4.5 字串

您已經看到 Python 與大多數其他程式語言一樣，用雙引號來表示字串。以下這一行程式用 x 做為字串 "Hello, World" 的變數名：

```
x = "Hello, World"
```

反斜線可用於轉義字元（或稱脫逸序列，Escape sequence），以賦予它們特殊的含義，\n 表示換行符號，\t 表示 Tab 字元，\\ 表示一個正常的反斜線字元，\" 則是一個普通的雙引號字元，而不是字串的開始或結束符號：

```
x = "\t這個字串的開頭是一個\"tab\"字元."
x = "這個字串包含一個反斜線（\\）字元."
```

在 Python 中可以用單引號取代雙引號，以下兩行的結果是一樣的：

```
x = "Hello, World"
x = 'Hello, World'
```

唯一的區別是在單引號的字串中可以直接帶雙引號，不需要用 \" 來代表一個雙引號字元，而在雙引號字串中可以直接帶單引號，不需要用 \' 來代表一個單引號的字元：

```
x = 'You can leave the " alone'
x = "Don't need a backslash"
x = 'Can\'t get by without a backslash'
x = "Backslash your \" character!"
```

可直接在字串中用雙引號或單引號字元

您不能跨行將字串拆成多行，以下程式碼無法正常執作：

```
x = "This is a misguided attempt to
put a newline into a string without using backslash-n"
```

但是 Python 提供了三引號字串，可以讓您建立跨行字串，而且字串中間可以帶單引號和雙引號而不需要反斜線：

```
x = """Starting and ending a string with triple " characters
permits embedded newlines, and the use of " and ' without
backslashes"""
```

現在，兩個 """ 之間是一整個字串（包含換行字元），您也可以使用三重單引號 ''' 來達到同樣的效果。Python 提供了豐富的字串相關功能，第 6 章將專門討論該主題。

✪ 老手帶路　程式敘述過長的缺點與長字串的建立

Python 官方文件建議：程式每行敘述的結尾（請注意不是總字數）不要超過第 80 個字元位置。

這是一個在其他程式語言很少見的要求，可以算是 Python 程式語言的一個特性。目前幾乎所有支援 Python 的編輯器，都提供了在第 80 個字的位置畫一條分界線的功能，讓 Python 程式設計師可以注意不要超過：

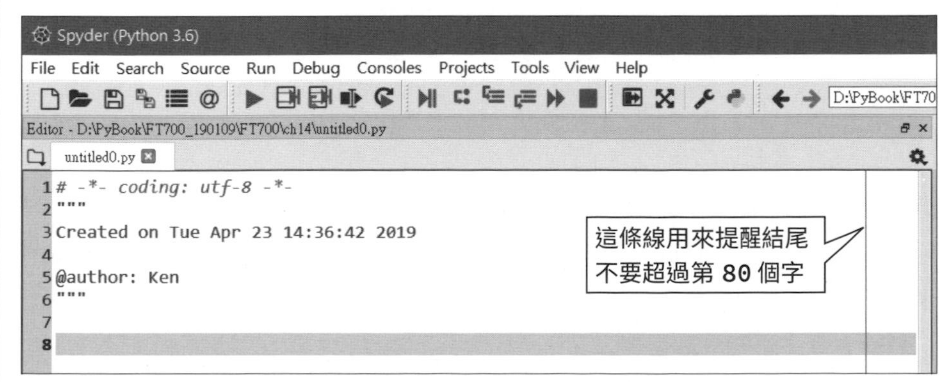

雖然不是強制性的規定，但是大多數的 Python 程式設計師仍會遵循此原則，這是因為程式敘述過長會有以下的缺點：

▶接下頁

- ❑ 程式敘述過長的話，閱讀或編輯程式需要用滑鼠左右拉曳視窗滑桿不方便；若是設定視窗自動折行，則會破壞 Python 區塊縮排的視覺架構。
- ❑ 如果是過長的運算式導致程式敘述過長，因為長運算式會導致程式可讀性差並且較難維護，所以應該將長運算式拆開改為多行。
- ❑ 在 Python 強制性的區塊縮排規定下，若是有過多層次的 if 判斷或迴圈，很容易會導致程式敘述的結尾超過第 80 個字。越多層次的 if 判斷或迴圈代表越複雜的邏輯分支，會讓程式更容易出現 bug，80 個字正好可以用來提醒您層次是否過多，一旦超過時，您應該考慮重新規劃程式流程。

不過在寫程式時，可能會遇到需要建立長字串的狀況，此時應該如何在 80 個字的原則下建立長字串呢？首先您可以使用本節介紹過的 """：

```
if a == b:
    long_string = """Lorem ipsum dolor sit amet, consectetur
adipisicing elit, sed do eiusmod tempor incididunt ut labore
et dolore magna aliqua."""
```

""" 的缺點是會將換行字元也包含進來，同時也會破壞區塊縮排的視覺架構。

為了避免 """ 的缺點，您可以使用 \ 號來定義長字串：

```
long_string = "Lorem ipsum dolor sit amet, consectetur " \
              "adipisicing elit, sed do eiusmod tempor " \
              "incididunt ut labore et dolore magna aliqua."
```

請注意 \ 後面必須立刻換行，中間不能有空格或任何字元。雖然 Python 敘述是以行為單位，但是 \ 加上換行字元會讓換行字元失效，所以對 Python 來說這 3 行仍然會視為一行。

Python 會將括號內的敘述視為一行，然後多個空白相隔的字串也會自動連接起來 (參見 6-2 節)，所以您也可以使用以下方法建立長字串：

```
long_string = (
    "Lorem ipsum dolor sit amet, consectetur adipisicing "
    "elit, sed do eiusmod tempor incididunt ut labore et "
    "dolore magna aliqua.")
```

4.6 數字

您可能已經熟悉其他語言的標準數值運算，所以本書不會以單獨的章節來介紹 Python 的一般數值運算。本節介紹 Python 在數值方面獨特的功能，並且也列出了可用的數值運算函式。

Python 提供了四種數字類型：整數、浮點數、複數和布林值：

- 整數以 0、-11、+33、123456 等方式表示，並且整數位數並無上限，僅受機器資源的限制。
- 浮點數可以用小數點或科學記法寫成：3.14、-2e-8、2.718281828。這些值的精度由底層機器控制，但通常等於 C 語言中的 double（64 位）型別。
- 複數可能用到的機會較少，將在本節後面單獨討論。
- 布林值只有 True 或 False，其行為與 1 和 0 完全相同。

數值運算跟 C 語言很像，涉及兩個整數的運算通常會產生一個整數，但除法（/）運算結果為浮點數。如果使用 // 除法符號，則結果為小於商數的最大整數。以下的例子說明涉及浮點數的運算結果會是浮點數：

```
>>> 5 + 2 - 3 * 2
1
>>> 5 / 2 # 除法 (/) 運算結果為浮點數
2.5
>>> 5 / 2.0
2.5
>>> 5 // 2 # 使用 // 除法的結果為小於商數的最大整數
2
>>> 5.0 // 2 # 5.0 是浮點數，所以運算結果變成浮點數
2.0
>>> 30000000000 # 很多程式語言中這個數值通常會超出整數型別的範圍
30000000000
>>> 30000000000 * 3
90000000000
>>> 30000000000 * 3.0 # 3.0 是浮點數，所以運算結果是浮點數
90000000000.0
```

```
>>> 2.0e-8 # 用科學計數法表示一個浮點數
2e-08
>>> 3000000 * 3000000
9000000000000
>>> int (200.2)
200
>>> int (2e2)      ❶
200
>>> float (200)
200.0
```

以上標示 ❶ 的這些程式碼為型別之間的強制轉換，int() 會截斷浮點數的小數部份，將其轉為整數；float() 則是將整數轉為浮點數。

Python 中的數字和 C 或 Java 相較之下有兩個優點：整數可以任意大小，而且兩個整數的除法結果為浮點數。

老手帶路　Python 的除法特性

在 Python 語言中，除法比較符合非程式設計師的直覺反應，當我們寫下 3/2 時，Python 計算結果是 1.5，符合一般人的預期。若是在 C 或 Java 語言，則必須寫 3.0/2 才能得到 1.5。

另外這樣的特點也能讓 Python 除法不會因為除數與被除數的型別改變而出現不同的結果，舉例來說，不論 x 變數為 3 或 3.0，x/2 的結果永遠都是 1.5。前面我們已經提到，Python 中變數可以隨時更改其參照的物件型別，所以這個除法特性，更能保證 Python 程式不會因為變數型別而有不可預測的結果。

從 Python 的區塊縮排與除法特性，能看到可預測性和一致性的語法是 Python 的設計哲學。

4.6.1 內建的數值函式

Python 提供以下與數字相關的內建函式作為其核心的一部分：

```
abs, divmod, float, hex, int, max, min, oct, pow, round
```

相關細節，請參閱說明文件 docs.python.org/3/library/functions.html。

4.6.2 進階的數值函式

更進階的數值函式，例如三角函數（sin、cos…）和雙曲函數（sinh、cosh…）的函式，以及一些有用的常數，並未內建於 Python 中，而是由 math 的標準模組所提供。本書第 10 章會詳細解釋模組的用法，目前只需知道要使用這些進階的數學函式，必須先在 Python 程式的開頭，或在互動模式中輸入以下敘述：

```
from math import *
```

math 模組提供以下函式和常數：

```
acos, asin, atan, atan2, ceil, cos, cosh, e, exp, fabs, floor,
fmod, frexp, hypot, ldexp, log, log10, mod, pi, pow, sin, sinh,
sqrt, tan, tanh
```

相關細節，請參閱說明文件 docs.python.org/3/library/math.html。

4.6.3 數值計算

由於速度上的限制，Python 核心並不適合密集的數值計算。但功能強大的 Python 延伸套件 NumPy 提供了許多進階數值運算的高效能實作。

NumPy 的重點是陣列運算，包括多維矩陣和更進階的函式，例如迴歸分析等，您可以在 www.scipy.org 找到 NumPy，或者參考旗標公司出版的『NumPy 高速運算徹底解說』一書。

4.6.4 複數

Python 用「nj」來代表複數的虛部（imaginary part），其中 n 可以是整數或浮點數，而 j 是虛數單位的符號，其值等於 -1 的平方根（$j=\sqrt{-1}$），例如：

```
>>> 3+2j
(3+2j)
```

請注意，Python 會用括號來顯示複數的運算結果，表示是單一物件的值：

```
>>> 3 + 2j - (4+4j)
(-1-2j)  ←—— 用括號表示 -1-2j 是單一個物件
>>> (1+2j) * (3+4j)
(-5+10j)
>>> 1j * 1j
(-1+0j)
```

其中 j * j 會得到 -1，但這個 -1 仍然會被 Python 當成是複數物件（即 -1+0j ），複數永遠不會自動轉換為等價的實數或整數物件，但是您可以透過 real 和 imag 屬性來取得複數的實部與虛部：

```
>>> z = (3+5j)
>>> z.real
3.0
>>> z.imag
5.0
```

請注意，複數的實部和虛部都會以浮點數呈現。

4.6.5 進階的複數函式

math 模組中的函式不支援複數，理由是大多數使用者希望計算 -1 的平方根結果會產生一個錯誤，而不是 1j 這種答案！如果要進行複數運算可改用 cmath 模組中類似的函式：

```
acos, acosh, asin, asinh, atan, atanh, cos, cosh, e, exp, log,
log10, pi, sin, sinh, sqrt, tan, tanh.
```

您可能會注意到這些函式與前面介紹的 math 模組函式有相同的名稱，若要在程式碼中明確指出這些函式為 cmath 內的複數函式，並且避免與 math 模組中同名函式衝突，最好的方式就是如下匯入 cmath 模組：

```
import cmath
```

然後明白指出要引用 cmath 套件中的函式：

```
>>> import cmath
>>> cmath.sqrt(-1)   ← 明確指定要引用 cmath 套件中的 sqrt() 函式
1j
```

老手帶路　避免使用 from <module> import *

如果您用 from math import * 形式先匯入 math 模組，然後再用 from cmath import * 匯入 cmath 模組，則 cmath 中的函式會覆蓋掉 math 模組的同名函式：

```
>>> from math import *
>>> sqrt(-1)
Traceback (most recent call last):
  File "<pyshell>", line 1, in <module>
ValueError: math domain error
>>> from cmath import *
>>> sqrt(-1)   ← sqrt() 函式被 cmath 模組覆蓋
1j
```

▶接下頁

上述例子中，cmath 模組中的 sqrt() 函式會覆蓋先前匯入的 math 模組 sqrt() 函式，所以一樣的程式敘述，卻會產生不一樣的結果。對於閱讀這段程式碼的人，則要花費額外的功夫來確認 sqrt() 函式目前到底屬於哪一個模組。

除了有部份模組已經明確地設計就是要用這種形式的匯入，否則最好避免以 from <module> import * 形式匯入模組。

有關如何使用模組和模組名稱的更多詳細資訊，請參見第 10 章。

動手試一試：體驗字串、數字和數學模組

- 建立一些字串和數字變數（整數、浮點數、和複數）。體驗一下把它們應用在跨型別的運算中會發生什麼事。例如，您可不可以將字串乘以整數、或是可不可以將字串乘以浮點數或複數？
- 接下來匯入 math 模組並嘗試一些功能，然後匯入 cmath 模組並執行相同的運算。

4.7 None 值

除了字串和數字等標準型別之外，Python 還有一個特殊的基本資料型別：None。顧名思義，None 用於表示空值（類似其他程式語言中的 null 值）。它在 Python 中經常出現，例如 Python 函式若無傳回值，這意味著在預設情況下它會傳回 None。

None 在 Python 程式中也可以當做佔位符號（place holder），用來標明資料結構中某一個欄位目前尚未有具體的值，意即先保留該位置，之後再填值。整個 Python 系統中只有一個 None 物件（所有對 None 的參照都指向同一物件），而用算符 == 進行比較時，None 也只相等於其自身。

```
>>> None == False
False
>>> None == 0
False
>>> None == None   ← None 只等於自己
True
>>> False == 0
True
```

4.8 用 input() 取得使用者的輸入

您可以使用 input() 函式取得使用者的輸入，input() 可以帶入提示字串參數用來顯示要給使用者的提示：

```
>>> name = input("Name? ")    ← 帶入提示字串
Name? Jane                    ← 從鍵盤 key 入
>>> print(name)
Jane
```

這是取得使用者輸入的一種相當簡單的方法，要注意的是使用者輸入的資料是字串型別，若要把它當作數字來使用，則必須使用 int() 或 float() 函式進行轉換：

```
>>> age = int(input("Age? "))   ← 把輸入從字串轉換為整數
Age? 28                         ← key 入 28
>>> print(age+1)
29
```

動手試一試：取得使用者輸入

- 依照前述的程式碼，用 input() 函式獲取字串和整數輸入。
- 若呼叫 input() 輸入整數之後不使用 int() 做型別轉換會有什麼影響？
- 您可以修改程式碼來接受像是 28.5 這樣的浮點數嗎？
- 如果您故意輸入錯誤資料型別的值會怎麼樣？譬如說 input() 在期待整數輸入時卻輸入浮點數，或期待數字輸入時卻輸入字串，反之亦然。

4.9 內建算符

Python 內建算符除了加、減、乘、除等常用運算，也有比較複雜的各種算符，例如用於位元位移，bitwise 邏輯運算等算符。大多數這些算符不只是 Python 獨有的，也常見於其他程式語言，因此，我不會在正文中解釋它們。您可以在 docs.python.org/3/reference/lexical_analysis.html#operators 找到 Python 內建算符的完整列表。

4.10 基本 Python 風格與命名慣例

Python 對程式碼寫作風格的限制相對較少，但有一個明顯的例外就是要求使用縮排將程式碼組織成區塊。即使如此，也沒有強制一定要用哪個縮排字元（空格與 Tab 都可以）或縮排字元的數量。但是，Python 有一些建議的程式撰寫風格慣例，記載於 PEP 8（Python Enhancement Proposal）中，PEP 8 摘錄於附錄 A，也可以從 www.python.org/dev/peps/pep-0008/ 網頁上取得。表 4.1 提供了一系列 Python 式的慣例，為了完全吸收 Python 式的風格，請定期重讀 PEP 8。

表 4.1　Python 的命名慣例

情況	建議	範例
模組 / 套件名稱	短名詞 , 全部小寫 , 必要時才使用底線 (_)	imp, sys
函式名稱	全部小寫 , 為增加可讀性可使用底線	foo(), my_func()
變數名稱	全部小寫 , 為增加可讀性可使用底線	my_var
類別名稱	每一個英文單字的第一個字母大寫	MyClass
常數名稱	全部大寫，單字與單字之間加底線	PI, TAX_RATE
縮排	每個級別為 4 個空格，不使用 Tab	
比較	無需用 == 寫出比較結果是 True 或 False	if my_var: if not my_var:

我強烈建議讀者遵循 PEP 8 的慣例。因為它們是明智的選擇並且經過時間考驗的，能夠使其他 Python 程式設計師更容易理解您的程式碼。

> Python 之父 Guido van Rossum 的一個重要見解是：『閱讀程式碼的頻率遠高於撰寫』，所以 PEP 8 旨在提高程式碼的可讀性，使得不同人寫的 Python 程式碼都能保持一致性的風格，以便於閱讀與維護。

小編補充　底線開頭或結尾的名稱

本章 4.3 節提到，底線開頭或結尾的名稱在 Python 中有特殊用途，本書後面章節會詳細說明這些特殊用途的名稱，這邊我們先為您條列出這些特殊名稱，請您在為變數或函式命名時，記得避開這些特殊名稱。

前單底線	_var	模組的私有變數或函式，用 * 號匯入模組時無法匯入以 _ 底線開頭的名稱 (參見第 10 章) 類別或物件的私有變數或 method，這是約定成俗的慣例用法，類別或物件外部仍然可以存取 (參見第 15 章)
前雙底線	__var	類別或物件的私有變數或 method，會被 Python 改名，所以類別或物件外部無法直接用原本名稱存取 (參見第 15 章)
前後雙底線	__var__	保留給 Python 內部使用的名稱，您自己的變數或函式名稱請避免使用這種形式 (參見第 17 章)
後單底線	var_	避免與 Python 關鍵字衝突，例如您很想要用 print 這個名稱，但是 print() 是 Python 的內建函式，為了避免發生衝突，可取名為 print_
純底線	_	暫時性或不重要的資料，類似免洗變數用完就丟 (參見第 5 章)

快速檢查：Python 式風格

以下哪個變數和函式名稱不是好的 Python 式風格？為什麼？

```
Bar(), varName, VERYLONGVARNAME, foobar, longvarname,
foo_bar(), really_very_long_var_name
```

重點整理

- Python 使用縮排來區分區塊結構，官方建議使用 4 個空格縮排。
- Python 的變數是標籤的概念，變數是參照到物件的名稱。
- 字串與數字都是 Python 的內建資料型別，其中數字型別有 4 種類型：整數、浮點數、複數和布林值。
- Python 還有一個特殊的基本資料型別：None，用於表示空值
- 您可以用 input() 函式取得使用者的輸入。
- 底線開頭或結尾的名稱在 Python 中有特殊用途，本書後面章節會詳細說明，目前為變數命名時請先避開這些特殊名稱。

Chapter 05

Python 基本資料結構：list、tuple、set

本章涵蓋

- ○ 建立和使用 list
- ○ 修改 list
- ○ 排序 list
- ○ 常用的 list 操作
- ○ 處理多層 list 和深層副本
- ○ 建立和使用 tuple
- ○ 建立和使用 set

老手帶路 專欄

- ○ 為什麼 Python 的切片索引要有頭無尾？
- ○ 自動打包與自動解包的功用
- ○ 您寫的程式夠 Pythonic 嗎？

本章，我們將討論主要的 Python 資料結構：list（串列）、tuple（元組）。和 set（集合），我們會在第 7 章介紹 dict（字典）。首先，list 可能會讓你聯想到許多程式語言中的陣列，但不要因此被限制了，Python 的 list 比普通陣列更靈活、更強大。而 tuple 就像是無法修改的 list，你可以將它們視為受限制的 list，我們將討論什麼情況會需要這種受限的資料型別。本章大部分的內容都在討論 list，因為如果你能理解 list，那麼幾乎就能理解 tuple。

本章還討論了一個較新的 Python 集合型別：set，當問題的重點在於判斷一群資料中是否含有某個物件，而不著重其出現的順序時，使用 set 型別會很方便。

5.1 list（串列）

Python 的 list （串列）與 Java、C 或其他語言中的陣列非常類似，它是由有順序的元素 (element) 所彙集而成。你可以用 [ ] 括號來建立 list，list 內的元素必須以逗號分隔，如下所示：

```
# 建立3個元素的list，並且命名為 x
x = [1, 2, 3]
```

請注意，和其他程式語言不同，你不必事先宣告 list 元素的型別或 list 的大小，list 會根據需要自動變大或變小。

Python 的陣列

Python 也有類似 C 語言的陣列 (array) 模組，相關的使用資訊可以在 Python 函式庫參考文件 (docs.python.org/3/library/array.html) 中找到，筆者建議只有在真正需要提高效能時才使用它。如果需要數值計算，應考慮使用 4.6.3 節所提到的 NumPy，相關資訊可在 www.scipy.org 上找到。

Python 的 list 與其他程式語言的 list 或陣列不同的是：它可以包含不同型別的元素，也就是說，list 元素可以是任何 Python 物件，以下是一個包含不同型別元素的 list：

```
# 建立 list，包含數字、字串，和另一個list.
x = [2, "two", [1, 2, 3]]
```

len(): 取得 list 元素的個數

len() 應該是 list 最常用的函式，它會傳回 list 的元素個數：

```
>>> x = [2, "two", [1, 2, 3]]
>>> len(x)
3
```

共 3 個元素

請注意，len() 函式計算個數時，只計算 list 第一層的元素個數，不會將 list 下一層的元素也列入計算，如上例中，list 的最後一個元素也是 list，但是 len(x) 計算的結果是 3，並不會計算第二層 list 的元素個數。

動手試一試：len()

用 len() 計算以下各個 list 的元素個數，會傳回什麼？

1. [0]
2. []
3. [[1, 3, [4, 5], 6], 7]

5.2 list 的索引與切片

了解 list 索引的運作方式將會讓您寫 Python 程式時更加得心應手，所以請務必把本節看完！

list 的索引 (index)

從 Python 的 list 中取得元素值的方式與 C 語言類似，都是使用索引 [n] 來取值。Python 的索引是從 0 開始計數，索引值 0 傳回 list 的第 0 個元素，索引值 1 傳回第 1 個元素，依此類推。請看以下的例子：

```
>>> x = ["first", "second", "third", "fourth"]
>>> x[0]
'first'
>>> x[2]
'third'
```

Python 的索引如果是負數，則表示從 list 尾端開始計數，其中 -1 是 list 中的最後一個位置，-2 是倒數第二個位置，依此類推。延續使用上例中的 list x，你可以執行以下操作：

```
>>> a = x[-1]
>>> a
'fourth'
>>> x[-2]
'third'
```

當我們只需要取得一個元素時，通常將索引視為指向 list 中某特定元素的位置即可，不過對於更進階的操作，把 list 索引視為指到「元素之間」的位置則更為正確。在 ["first", "second", "third", "fourth"] 中，索引可以視為如下表所示的概念：

索引指到元素之間

x = [		"first",		"second",		"third",		"fourth"		]
索引值為正	0		1		2		3			
索引值為負	-4		-3		-2		-1			

list 的切片 (slicing)

當你只提取一個元素時上面的概念就無關緊要，但是提取多個元素時就很重要。Python 可以一次指定 list 中多個元素，稱為切片 (slicing)。用 [index1:index2] 可以指定 index1 到 index2 之間（不包括 index2）的元素，這時上圖的說明就能顯現其效用了。這裡有些例子：

```
>>> x = ["first", "second", "third", "fourth"]
>>> x[0:3]
['first', 'second', 'third']  ← 參考上圖，0 和 3 之間就是 "first"、"second"、"third"
>>> x[1:3]
['second', 'third']  ← 1 和 3 之間就是"second"、"third"
>>> x[1:-1]
['second', 'third']  ← 1 和倒數第 1 索引之間的元素
>>> x[-2:-1]  ← 倒數第 2 和倒數第 1 之間的元素
['third']
```

請注意在 list 的切片中，如果第二個索引的位置在第一個索引之前，會傳回一個空 list：

```
>>> x[-1:2]
[]
```

將 list 切片時，也可以省略 index1 或 index2。省略 index1 表示「從 list 的開頭」，而省略 index2 表示「到 list 的最尾端」：

```
>>> x[:3]  ←— 切最開頭的 3 份
['first', 'second', 'third']
>>> x[2:]  ←— 前 2 份不要，然後切到最後
['third', 'fourth']
```

如果切片時兩個索引都省略，會產生一個從原 list 的開頭到結尾的新 list，也就是複製整個 list。當你想要在不影響原 list 的情況下產生一個副本來修改內容時，這個技術會非常有用：

```
>>> y = x[:]  ←— 複製整個 x 產生新的 list，然後命名為 y
>>> y[0] = '1 st'  ←— 改一下 y 的內容
>>> y
['1 st', 'second', 'third', 'fourth']
>>> x
['first', 'second', 'third', 'fourth']  ←— 修改 y 不會影響 x
>>> y = x  ←— 重新設定 y 參照到 x 所參照的 list 物件
>>> y[0] = '1 st'  ←— 改一下 y 的內容
>>> x
['1 st', 'second', 'third', 'fourth']  ←— 修改 y 會影響 x
```

請注意！最後 3 次操作是說：當 x、y 都參照到同一個 list 時，更改 list 內容時，x、y 都同時會看到所做的更改。

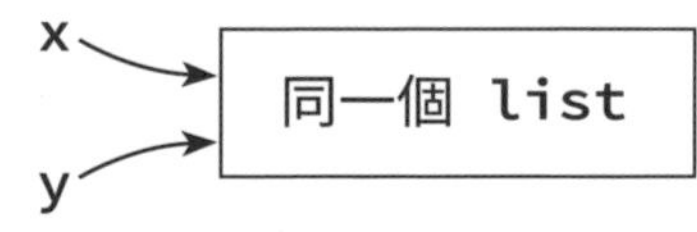

動手試一試：list 切片與索引

▨ 結合 len() 函式和 list 切片，如何在事先不知道 list 大小的情況下，取得該 list 的後面一半？請進行實驗以確認你的解決方案是否有效。

老手帶路　為什麼 Python 的切片索引要有頭無尾？

[m:n] 可以切出由 m 到 n 但不包含 n 的片段，您可以用『有頭無尾』來記憶這樣的特性。

也許您會有疑惑，為什麼 Python 切片索引要用有頭無尾的設計呢？因為這樣設計的話，[m:n] 的切片長度就直接是 n-m (只限 m、n 為 0 或正數的情況下)，不需要像國小的種樹問題一樣去想需要加 1 減 1。

另外，假設您需要從索引 2 開始切出 3 個元素，只要用 [2:2+3] 這樣直覺的寫法就可以了。真正寫程式時，切片開頭與長度可能是變動的，此時程式碼中的切片也會非常直覺易懂：

```
>>> x = [0, 1, 2, 3, 4, 5]
>>> start = 2
>>> length = 3
>>> x[start:start+length]
[2, 3, 4]
```

若切片索引不是有頭無尾，而是包含頭尾，上面例子中的切片就得改成 x[start:start+length-1]，計算 [m:n] 的切片長度則要改成 n-m+1，一下加 1 一下減 1，一個不小心弄錯了，程式的 bug 也就這樣出現了！

更改 list 的元素

list 索引除了可以取得元素值外，也可以更改其值，以下例子會改變索引指定的元素值：

```
>>> x = [1, 2, 3, 4]
>>> x[1] = "two"  ←—— 把位於索引 1 的元素值改為"Two"
>>> x
[1, 'two', 3, 4]
```

切片表示法也可以在這裡使用，像 a[m:n] = b 這樣的寫法，會導致 list a 的 m 和 n 之間（不包括 n）所有元素被 list b 中的元素替換。

```
>>> x = [0, 1, 2, 3]
>>> x[1:3] = ["one", "two"]
>>> x
[0, 'one', 'two', 3]
```

用 a[m:n] = b 替換元素時，b 的元素個數不一定要等於 n 到 m 之間的元素數，可以更多也可以更少，在這種情況下 a 的長度會被更改，如下所示：

```
>>> x = [0, 1, 2, 3]
>>> x [1:3] = ["one", "two", "three"]
>>> x
[0, 'one', 'two', 'three', 3]
>>> x[0:4] = ["a", "b"]
>>> x
['a', 'b', 3]
```

您可以利用這樣的技巧，直接將多個值附加在 list 最後面，或者插入到 list 最前面，甚至直接刪除多個元素：

```
>>> x = [1, 2, 3, 4]
>>> x[len(x):] = [5, 6, 7]  ←—— 於 list 最後面附加多個值
>>> x
[1, 2, 3, 4, 5, 6, 7]
>>> x[:0] = [-1, 0]  ←—— 於 list 最前面插入多個值
>>> x
[-1, 0, 1, 2, 3, 4, 5, 6, 7]
>>> x[1:-1] = []  ←—— 移除 list 中多個元素
>>> x
[-1, 7]
```

5-3 list 常用的方法(method)與操作

小編補充： 底下我們將使用 list 物件的**方法(method)** 來操作 list。什麼是方法呢？如果我們把物件想成實體的物品，則方法(method) 就是操作該物品的動作。就類似我們說話時會以主詞搭配動詞來成句，用 Python 寫程式也是一樣，Python 程式是以『物件』(object) 為主導，而物件會有『方法』(method)，這邊的物件就像是句子的主詞，方法類似動詞，請參見下面的比較表格：

寫作文章	寫 Python 程式	
車子	car	← car 物件
車子向前進	car.go()	← car 物件的 go 方法

關於物件(object)和方法(method)我們在第 15 章還會更詳細的說明。

小編再補充： 這裡的『方法』是一個專有名詞，但容易和普通名詞的『方法』搞混，所以本書會視狀況交互使用『方法』或 method 這兩個詞，尤其是容易混淆的時候，就使用 method。

附加 list 的元素：append() 方法與 extend() 方法

我們常需要將單一個元素附加到 list 的尾端，這可以呼叫 list 物件的 append() 方法來完成：

```
>>> x = [1, 2, 3]
>>> x.append("four")
>>> x
[1, 2, 3, 'four']
```

如果你嘗試用 append() 將一個 list 附加到另一個 list，則可能會出現一個問題；所附加的 list 會被視為主 list 的一個元素，變成多層的 list：

```
>>> x = [1, 2, 3, 4]
>>> y = [5, 6, 7]
>>> x.append(y)
>>> x
[1, 2, 3, 4, [5, 6, 7]]
```

被當成一個元素

若您想要將 y 串列裡面的所有元素附加到 x 串列最後面，請用 extend() 方法：

```
>>> x = [1, 2, 3, 4]
>>> y = [5, 6, 7]
>>> x.extend(y)
>>> x
[1, 2, 3, 4, 5, 6, 7]
```

插入 list 的元素：insert() 方法

insert() 方法可在兩個元素之間或 list 的最前端插入新的元素。insert() 帶有兩個參數，第一個參數是新元素應插入的索引位置，第二個參數是新元素本身：

```
>>> x = [1, 2, 3]
>>> x.insert(2, "hello")
>>> print(x)
[1, 2, 'hello', 3]
>>> x.insert(0, "start")
>>> print(x)
['start', 1, 2, 'hello', 3]
```

insert() 的插入點如同 5.2 節所述的，list 索引是位於元素之間的概念，但為了方便記憶，還是單純地將 list.insert(n, 新元素) 視為在 list 的**第 n 個元素之前**插入新元素。insert() 只是一種簡便的 method，用 insert() 所能完成的操作也可以透過切片賦值來完成；也就是說，當 n 是非負時，list.insert(n, 新元素) 與 list[n:n] = [新元素] 是具有相同的效果，但是用 insert() 會使程式碼更具可讀性。另外 insert() 也可以處理負的索引值：

```
>>> x = [1, 2, 3]
>>> x.insert(-1, "hello")
>>> print(x)
[1, 2, 'hello', 3]
```

刪除元素：del

del 敘述是刪除 list 元素或切片的首選。雖然 del 的功能沒有像索引切片那麼強大，但它通常更容易記住並且更容易閱讀：

```
>>> x = ['a', 2, 'c', 7, 9, 11]
>>> del x[1]
>>> x
['a', 'c', 7, 9, 11]
>>> del x[:2]
>>> x
[7, 9, 11]
```

通常，del list[n] 與 list[n:n+1] = [] 的作用相同，而 del list[m:n] 與 list[m:n] = [] 的作用也一樣。不過和用 insert() 一樣，用 del 會使程式碼更具可讀性。**編註：** del 不是 list 的 method，而是關鍵字層次的 Python 指令。它不只能刪除 list 的元素，任何有名稱的 Python 物件它都能刪除。

在 list 中找到指定值並刪除之：remove()

list 的 remove() 方法會在 list 中找到**第一個**內容跟指定值相同的元素，並從 list 中刪除該元素：

```
>>> x = [1, 2, 3, 4, 3, 5]
>>> x.remove(3)
>>> x
[1, 2, 4, 3, 5]
>>> x.remove(3)
>>> x
[1, 2, 4, 5]
```

```
>>> x.remove(3)
Traceback (innermost last):
  File "<stdin>", line 1, in ?
ValueError: list.remove(x): x not in list
```

如果 remove() 無法找到要刪除的元素，則會引發錯誤。你可以用 Python 的例外處理功能來處理這個錯誤（參見第 14 章），或者也可以在嘗試刪除之前，使用 in 來檢查 list 中是否存在該元素來避免此問題（參見 5.5.1 節）。

反轉 list 的元素：reverse()

reverse() 是比較特殊的 method，它能夠很有效率地將一個 list 的順序反轉：

```
>>> x = [1, 3, 5, 6, 7]
>>> x.reverse()
>>> x
[7, 6, 5, 3, 1]
```

動手試一試：修改 list

- 假設一個 list 中有 10 個元素，如何將最後三個元素從 list 尾端移動到開頭，並保持它們原來的順序呢？

5.4 list 的排序

list 可以使用 sort() 方法來排序：

```
>>> x = [3, 8, 4, 0, 2, 1]
>>> x.sort()
>>> x
[0, 1, 2, 3, 4, 8]
```

sort() 為原地排序（in-place sort），也就是會改變原本的 list 內容。要在不更改原來 list 元素順序的情況下進行排序有兩個選項：你可以使用第 5.4.2 節中討論的 sorted() 函式 (會傳回一個排序好的新 list)，或者複製 list 再對副本進行排序：

```
>>> x = [2, 4, 1, 3]
>>> y = x[:]
>>> y.sort()
>>> y
[1, 2, 3, 4]
>>> x
[2, 4, 1, 3]
```

若 list 內的元素是字串，sort() 方法會依照字母順序進行排序（字母小寫大於大寫，'a' < 'z'，先比較第一個字母，若相同則比較後續字母）：

```
>>> x = ["Life", "is", "Enchanting"]
>>> x.sort()
>>> x
['Enchanting', 'Life', 'is']
```

使用 sort() 方法排序時有一點需要注意：list 中的所有元素之間必須是可以比較的型別，這意味著在包含數字和字串的 list 上使用 sort() 會引發錯誤：

```
>>> x = [1, 2, 'hello', 3]
>>> x.sort()
Traceback (most recent call last):
  File "<stdin>", line 1, in <module>
TypeError: '<' not supported between instances of 'str' and 'int'
```

若 list 的元素是 list 也可以進行排序：

```
>>> x = [[3, 5], [2, 9], [2, 3], [4, 1], [3, 2]]
>>> x.sort()
>>> x
[[2, 3], [2, 9], [3, 2], [3, 5], [4, 1]]
```

上例中，sort() 會先排序子 list 的第一個元素，若相同者再排序第二個元素。

sort() 預設是遞增排序，它有一個選用的 (optional) reverse 參數，當 reverse = True 時，它會以遞減的順序來排序。

```
>>> x = [0, 1, 2]
>>> x.sort(reverse=True)
>>> x
[2, 1, 0]
```

5.4.1 自定義排序

預設情況下，sort() 使用內建的 Python 比較函式來排定順序，對於大多數應用而言已經足夠，但你也可以用自行定義的方式來對 list 排序。

> 自行定義排序方式需要先定義一個比較函式，本書第 9 章才會提到如何定義函式，所以您不需要細究本節所使用的函式定義語法。

假設有一個由英文單字組成的 list，您希望依照每個單字中的字元個數多寡來排序，而不是 Python 內建的字母順序排序，為此，必須先撰寫一個比較字串長度的函式如下：

```
def compare_num_of_chars(string1):
    return len(string1)
```

> len(字串) 會傳回字串的字元個數，有關字串的操作將在第 6 章中進行更全面的討論。

這個比較函式只有短短一行，它將會回傳字串的長度（也就是字元個數）。

定義比較函式後，接下來只要利用 key 參數把它傳給 sort() 方法即可，因為函式也是 Python 物件，所以函式也可以像任何其他 Python 物件一樣的傳遞。以下程式，說明了預設排序和自定義排序之間的區別：

```
>>> def compare_num_of_chars(string1):
        return len(string1)

>>> word_list = ['Python', 'is', 'better', 'than', 'C']

>>> word_list.sort()  ←—— 預設是依照字母順序來排列
>>> print(word_list)
['C', 'Python', 'better', 'is', 'than']  ←—— 大寫排前面
>>> word_list = ['Python', 'is', 'better', 'than', 'C']
>>> word_list.sort(key=compare_num_of_chars)  ←—— 用自訂的比較函式讓
>>> print(word_list)                                sort() 排序
['C', 'is', 'than', 'Python', 'better']
```

第一個 list 按英文字典中的順序排序（大寫字母在小寫之前），第二個 list 則會按照字元個數遞增排序。

自定義排序非常有用，但其速度可能比預設排序慢，所以若您的應用場合非常注重效能時需要注意此影響。通常這種影響是很小的，但是如果比較函式特別複雜，則影響可能超過預期，特別是對於涉及數十萬或數百萬個元素的排序時。

如果您只是希望以遞減方式排序，而不是預設的遞增排序。在這種情況下你不用自定義排序函式，最好的方式是將 sort() 的 reverse 參數設為 True。如果由於某種原因您不想這樣做，那麼最好對 list 進行正常排序，然後使用 reverse() 方法來反轉結果。使用標準排序再加上反轉操作，仍然會比自定義排序快得多。

5.4.2 sorted() 函式

Python 還有一個內建的 sorted() 函式，與 list 的 sort() 方法差別在於 sort() 方法會直接修改原本的 list(就地排序)，而 sorted() 函式則不會更改原本的 list 而是傳回一個新的已排好序的 list。sorted() 函式跟 sort() 方法一樣也可使用 key 和 reverse 參數：

```
>>> x = [4, 2, 1, 3]
>>> y = sorted(x)
>>> y
[1, 2, 3, 4]
>>> z = sorted(x, reverse=True)
>>> z
[4, 3, 2, 1]
>>> x
[4, 2, 1, 3]  ←— x 本身不會被修改
```

list 有內建的 sort() 方法來自我排序，但本章後面介紹的 tuple 或 set，以及第 7 章介紹的字典等資料結構，都沒有 sort() 方法可用，這些資料結構就必須使用 sorted() 函式來進行排序。

小編補充 sort() 方法與 sorted() 函式

下表列出了 sort() 方法與 sorted() 函式的差別：

	sort()	sorted()
使用方式	list.sort()	sorted(list)
排序方式	直接修改原本 list (就地排序)	不修改原本 list，傳回一個新的已排好序的 list

您可能會覺得奇怪？有了 sort() 方法為什麼還需要一個 sorted() 函式？二者有什麼差別呢？其實**方法就是函式**，只不過它是型別 (類別，參見第 15 章) 專有的函式。例如 list 這種可修改的型別，Python 就特別設計了一個 list 專有的 sort() 方法用來將其排序，並將 list 直接改成排序後的樣子。但是像 tuple、string 是不可修改的型別，set 與字典 (3.6 版之前) 是無序的型別，這些都不能就地排序，所以就設計了一個 sorted() 函式來讓它們使用 (list 要用也可以)。因此，函式一般是通用性較廣的，方法是專屬於某型別或物件的。我們在第 9 章和 15 章將深入介紹 Python 的函式 (function) 和方法 (method)。

動手試一試：list 排序

- 假設有一個 list，其中每個元素也是一個 list：[[1,2,3]，[2,1,3]，[4,0,1]]。如果你想按照每個 list 元素中的第二個元素的大小進行排序，得到的結果為 [[4,0,1]，[2,1,3]，[1,2,3]]，如何寫比較函式當作 key 參數來傳給 sort() 方法？

5.5 其他常用的 list 操作

本節將介紹其他幾種很有用的 list 操作。

5.5.1 使用 in 算符測試 list 的某個元素值是否存在

使用 in 算符可以很容易地測試 list 中是否有某個值存在，該算符傳回布林值。你也可以反過來使用 not in 算符：

```
>>> 3 in [1, 3, 4, 5]
True
>>> 3 not in [1, 3, 4, 5]
False
>>> 3 in ["one", "two", "three"]
False
>>> 3 not in ["one", "two", "three"]
True
```

5.5.2 使用 + 算符來串聯 list

要把兩個 list 串聯起來建立一個新的 list，可使用 + 算符，參與該運算的 list 將保持不變：

```
>>> z = [1, 2, 3] + [4, 5]
>>> z
[1, 2, 3, 4, 5]
```

5.5.3 使用 * 算符將 list 初始化

使用 * 算符可創造一個特定大小的 list，並將該 list 初始化為特定值，這是一種常用的操作，用於處理已提前知道大小的大型 list。雖然 list 可以隨時用 append() 添加元素並根據需要自動擴展 list，但在程式一開始就用 * 把 list 正確大小調整好，可以提高效率，避免 list 大小變動時會產生記憶體重新分配的額外負擔：

```
>>> z = [None] * 4
>>> z
[None, None, None, None]
```

當 * 以這種方式與 list 一起使用時，* 稱為 list 乘法算符 (list multiplication operator)，它會將 list 複製指定的次數，並且把所有複製品連接起來形成一個新 list，這是 Python 用於定義已知大小的 list 的標準作法。

上例使用 None 作為佔位符號（place holder）來產生 list，您也可以使用任何 list 搭配 * 來產生特定大小的 list：

```
>>> z = [3, 1] * 2
>>> z
[3, 1, 3, 1]
```

5.5.4 使用 min() 和 max() 函式來找出最小和最大的元素

你可以用 Python 內建的 min() 和 max() 函式來找出 list 中最小和最大的元素。min() 和 max() 函式主要用於數值 list，不過也適用於任何型別的 list。但如果 list 中的元素無法互相比較大小 (例如：數字和字串)，嘗試找出最大或最小的元素將會導致錯誤：

```
>>> min([3, 7, 0, -2, 11])
-2
>>> max([4, "Hello", [1, 2]])
Traceback (most recent call last):
  File "<pyshell#58>", line 1, in <module>
    max([4, "Hello",[1, 2]])
TypeError: '>' not supported between instances of 'str' and 'int'
```

5.5.5 用 index() 找出元素在 list 的索引值

如果要找出 list 中的某個元素在哪個索引位置（而不是只想知道該元素是否在 list 中），可使用 index() method，index() 會在 list 中搜尋指定的元素值，並傳回該 list 元素的索引值：

```
>>> x = [1, 3, "five", 7, -2]
>>> x.index(7)
3
>>> x.index(5)
Traceback (innermost last):
  File "<stdin>", line 1, in ?
ValueError: 5 is not in list
```

如以上程式碼所示，嘗試尋找 list 中不存在的元素會引發錯誤。由於 remove() 也可能發生類似的錯誤，因此可用與 remove() 相同的方式處理此錯誤（也就是在使用 index() 之前先以 in 測試元素是否在 list 中）。

5.5.6 用 count() 找出特定值在 list 中出現了幾次

count() 方法會搜尋 list 中指定的元素值，但它傳回在 list 中找到該元素的次數，而不是索引資訊：

```
>>> x = [1, 2, 2, 3, 5, 2, 5]
>>> x.count(2)
3
```

```
>>> x.count(5)
2
>>> x.count(4)
0
```

5.5.7 list 操作總結

您可以看到 list 是非常強大的資料結構，其方便性與靈活性遠遠超出一般傳統的陣列。list 操作在 Python 程式中非常重要，我們將它列於表 5.1 以便於參考。

表 5.1　list 操作

list 操作	說明	範例
[ ]	建立一個空 list	x = [ ]
len()	傳回 list 長度	len(x)
append()	在 list 後面添加一個元素	x.append('y')
extend()	在 list 後面添加另一個 list 內所有值	x.extend(['a', 'b'])
insert()	在 list 指定位置之前插入一個元素	x.insert(0, 'y')
del	刪除 list 元素或切片	del(x[0])
remove()	搜尋 list 並刪除指定值	x.remove('y')
reverse()	將 list 順序反轉	x.reverse()
sort()	將 list 原地排序	x.sort()
sorted()	將 list 排序後傳回一個新 list	sorted(x)
+	把兩個 list 串接變成新 list	x1 + x2
*	複製 list	x = ['y'] * 3
min()	傳回 list 中最小的元素	min(x)
max()	傳回 list 中最大的元素	max(x)
index()	傳回某個值在 list 中的索引位置	x.index('y')
count()	計算 list 中出現某個值的次數	x.count('y')
sum()	求出 list 中所有（可相加的）項目總和	sum(x)
in	傳回某個項目是否在 list 中	'y' in x

熟悉這些 list 操作將會讓你寫起 Python 程式來更加得心應手。

動手試一試：list 操作

- len([[1,2]] * 3) 的結果是什麼？
- 使用 in 算符和 list 的 index() 方法有什麼不同？
- 下列何者會引發例外錯誤？
  1. min(["a", "b", "c"])
  2. max([1, 2, "three"])
  3. [1, 2, 3].count("one")
- 假設有一個 list，寫一個程式安全地移除其中一個項目，必須先檢查要移除的值是否在 list 中。
- 改寫以上程式，僅移除多次出現在 list 中的項目。

5.6 多層 list 和深層拷貝 (deepcopy)

本節介紹另一個進階主題：多層 list （或稱為巢狀 list，Nested list)，建議初學者可以先略過這一節，之後有需要再回來看。

多層 list 的應用之一是用來表示數學中的二維矩陣，這些矩陣的元素可以利用二維索引來存取。多層 list 的用法如下：

```
>>> m = [[0, 1, 2], [10, 11, 12], [20, 21, 22]]
>>> m[0]
[0, 1, 2]
>>> m[0][1]
1
>>> m[2]
[20, 21, 22]
>>> m[2][2]
22
```

這種機制可以擴展到任意維度。

存取多層 list 的方式大致如上，但是您偶爾還是會遇到一些存取上的問題；特別是某個元素參照到物件、如何（或能否）修改這些參照到的物件，舉例說明如下：

```
>>> nested = [0]
>>> original = [nested, 1]
>>> original
[[0], 1]
```

圖 5.1 為本例初始狀態的示意圖，用 nested 變數或 original 變數都可以改變第二層 list 中的值：

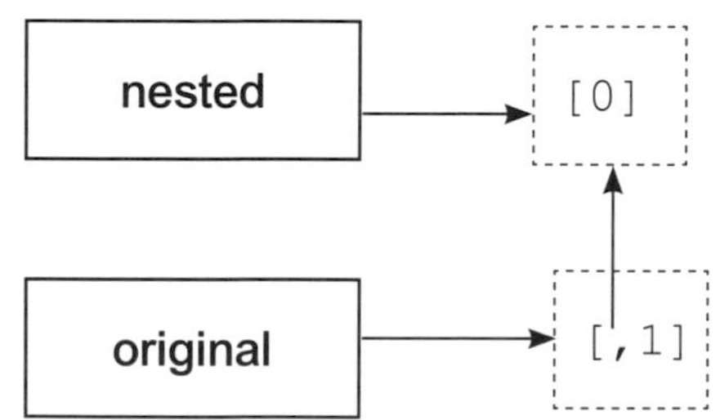

圖 5.1 list 的第 0 個元素參照到另一個 list

```
>>> nested[0] = 'zero'
>>> original
[['zero'], 1]
>>> original[0][0] = 0
>>> nested
[0]
>>> original
[[0], 1]
```

但是如果把 nested 改設定為另一個 list，則它們之間的連結會被破壞，如圖 5.2 所示：

```
>>> nested = [2]
>>> original
[[0], 1]
```

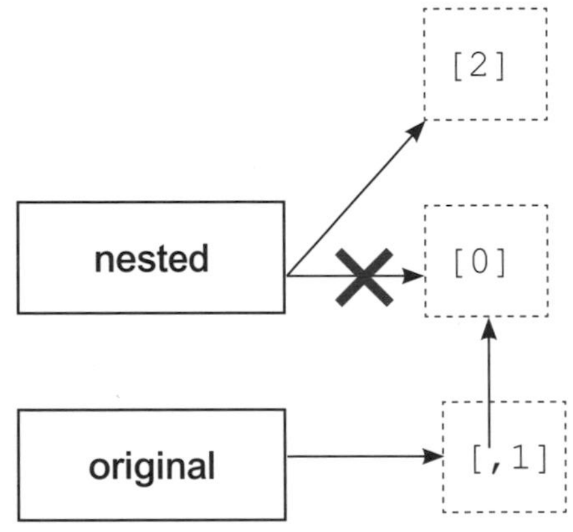

圖 5.2 original 的第 0 個元素仍然是 list，但 nested 變數卻參照到另一個 list。

深層拷貝：deepcopy()

前面提到利用整個切片（即 x[:]）可複製 list，或者也可以用 + 或 * 算符（例如 x + [] 或 x * 1）來複製 list。以上這三個運算都建立了所謂的 list 淺層拷貝（shallow copy），這也滿足了大部分情況的需求。但是如果 list 中還有第二層以上的 list 時，你可能需要進行深層拷貝 (deep copy)，這時候你可以使用 copy 模組中的 deepcopy 函式來執行這項操作：

```
>>> original = [[0], 1]
>>> shallow = original[:]
>>> import copy  ← 要先載入 copy 模組
>>> deep = copy.deepcopy(original)  ← 才能用 deepcopy
```
（這是指 copy 模組的 deepcopy() 函式，而不是 copy 物件的 deepcopy 方法）

目前的狀態請參見圖 5.3：

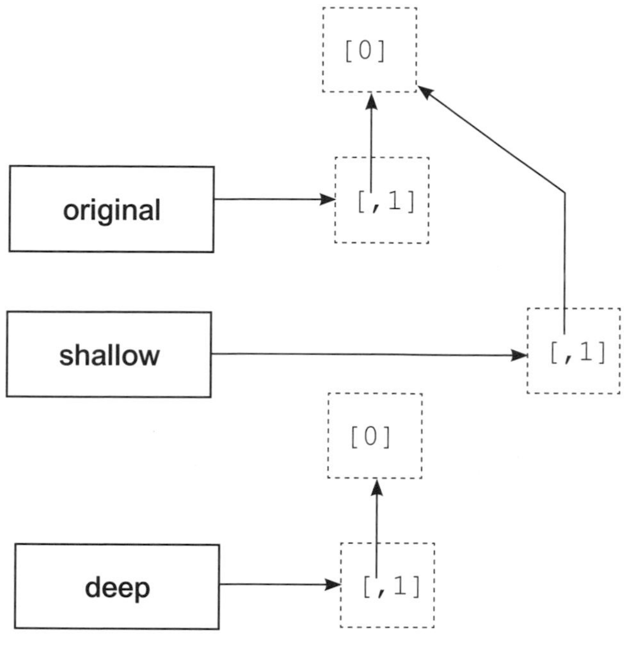

圖 5.3　淺層拷貝不會將第二層以上的 list 複製一份，而是參照到原 list。

original 或 shallow 變數所指向的 list 中的第二層 list 是同一個，若透過其中一個變數更改第二層 list 的值，也會影響到另一個：

```
>>> shallow[1] = 2
>>> shallow
[[0], 2]
>>> original
[[0], 1]
>>> shallow[0][0] = 'zero'
>>> original
[['zero'], 1]
```

深層拷貝則是獨立於原始 list，更改 deep 的 list 對 original 的 list 不會有任何影響：

```
>>> deep[0][0] = 5
>>> deep
[[5], 1]
>>> original
[['zero'], 1]
```

這個特性同樣適用於多層 list 中任何可變的物件(例如第 7 章介紹的字典)。

看過了 list 可以執行哪些操作之後，接下來該是看看 tuple 能做什麼的時候了。

動手試一試：複製 list

- 假設你有以下 list：x = [[1,2,3]，[4,5,6]，[7,8,9]]，寫一個程式來取得該 list 的拷貝 y，而改變 y 的元素不會有改變到 x 內容的副作用。

5.7 tuple

tuple 是與 list 非常類似的資料結構，但是它們只能被建立，而不能被修改，所以您可以將 tuple 視為無法更改內容的 list。

即然 tuple 非常像 list，那 Python 為什麼要多此一舉設立 tuple 這種資料結構呢？原因是 tuple 扮演著重要的角色，而這個角色無法有效地以 list 來取代，例如字典中的鍵即是一例。

5.7.1 tuple 基礎

建立 tuple 與建立 list 類似，不過 list 是由 [ ] 將元素括起來，而 tuple 則是由 ( ) 將元素括起來。以下敘述建立了一個具有三個元素的 tuple：

```
>>> x = ('a', 'b', 'c')
```

建立 tuple 後，使用起來像 list 一樣，讓人很容易忘記 tuple 和 list 是不同的資料型別：

```
>>> x[2]
'c'
>>> x[1:]
('b', 'c')
>>> len(x)
3
>>> max(x)
'c'
>>> min(x)
'a'
>>> 5 in x
False
>>> 5 not in x
True
```

list 與 tuple 中的元素是依照順序排列的，像這種有順序的資料結構在 Python 中稱為序列 (sequence) 型別，凡是序列型別都是用 [n] 做索引 (index) 來指定第 n 個位置的元素。所以請注意，tuple 雖然使用 ( ) 來建立，但是取值時請使用 [ ]。

tuple 和 list 之間的主要區別在於 tuple 是不可變的型別，嘗試修改 tuple 會顯示錯誤訊息，該訊息說明 Python 並不支援 tuple 的賦值 (assign) 動作：

```
>>> x[2] = 'd'
Traceback (most recent call last):
  File "<stdin>", line 1, in <module>
TypeError: 'tuple' object does not support item assignment
```

和 list 相同，您可以使用切片取值，或者使用 + 和 * 算符以現有 tuple 建立新的 tuple：

```
>>> x[:2]
('a', 'b')
>>> x + x
('a', 'b', 'c', 'a', 'b', 'c')
>>> x * 2
('a', 'b', 'c', 'a', 'b', 'c')
>>> x + (1, 2)
('a', 'b', 'c', 1, 2)
```

tuple 本身無法修改，但如果其元素是任何可變物件（例如 list 或第 7 章介紹的字典），則這些物件仍然可以做更動，不過包含可變物件的 tuple 則不能當作字典的鍵（key）。

5.7.2 單一元素的 tuple 需要加上逗號

使用 tuple 時有一個語法上的小地方要留意：因為用於表示 list 的中括號在 Python 沒有其他用途，所以很明顯 [ ] 便表示空 list，[8] 則表示包含一個元素的 list，其元素值為 8。但用於表示 tuple 的 ( ) 括號卻並非如此，( ) 括號還可用於表示運算式中運算的優先性，因此若在 Python 程式中寫 (x + y)，意思是說要把 x 和 y 相加然後放入單一元素的 tuple，或者是用括號來強制運算式 x+y 要優先執行呢？

為了解決以上的困擾，對於單一元素的 tuple，Python 要求 tuple 中的元素後面要跟著逗號，以消除歧義。零元素（空）的 tuple 沒有這個問題，一組空的括號一定是一個 tuple，因為除此之外沒有其他意義：

```
>>> x = 3
>>> y = 4
>>> (x + y)    ← 將 x 與 y 相加
7
>>> (x + y,)   ← 因為有逗號，所以結果會產生單一元素的 tuple
(7,)
>>> ()         ← 產生空的 tuple
()
```

5.7.3 tuple 的自動解包、自動打包

為了方便起見，Python 允許元素是變數的 tuple 出現在 = 號的左側，在這種情況下，tuple 中的變數會從 = 號右側的 tuple 接收相對應的值。以下是一個簡單的例子：

```
>>> (one, two, three, four) = (1, 2, 3, 4)  ← 同時指定 4 個變數的值
>>> one
1
>>> two
2
```

這個例子可以用更簡單的方式來寫：

```
>>> one, two, three, four = 1, 2, 3, 4  ← 同時指定 4 個變數的值
```

一行程式碼就能取代以下四行程式碼：

```
>>> one = 1
>>> two = 2
>>> three = 3
>>> four = 4
```

上面多重指定變數值的例子中，Python 會自動將 = 號右側以逗號分隔的資料打包 (packing) 成 tuple，然後在指定給等號左側的變數時，則會自動解包 (unpacking) 資料，然後一一分配指定給各個變數：

```
one, two, three, four = 1, 2, 3, 4
                  ↓ 打包 (packing)
one, two, three, four = (1, 2, 3, 4)
                        解包 (unpacking)
```

這個技巧用於交換變數的值非常方便。在 Python 中不必這麼寫：

```
temp = var1
var1 = var2
var2 = temp
```

只要用一行簡單的程式即可：

```
var1, var2 = var2, var1
```

老手帶路　自動打包與自動解包的功用

Python 會將所有逗號分隔的資料自動打包為 tuple：

```
>>> 1, 2, 3
(1, 2, 3)
>>> 1,
(1,)
```

至於自動解包功能則不只適用於 tuple，只要是序列型別 (例如 list 或第 6 章介紹的字串)，都可以在多重指定變數值時自動解包：

```
>>> v1, v2, v3 = [1, 2, 3]
>>> v1
1
>>> v1, v2, v3 = "abc"
>>> v1
'a'
```

自動打包與自動解包除了可以用在多重變數設定或交換變數以外，也能用於函式的回傳值。假設有一個會回傳使用者資料的函式如下：

```
def get_user_info(id):
    #用id編號從資料庫取得使用者資料
    return name, age, email
```

▶接下頁

乍看之下，這個函式會一次傳回 3 個值，實際上 Python 自動將其打包為一個 tuple 物件，所以其實傳回值還是只有一個。

我們可以用以下程式碼來接收上述函式的傳回值，此時則會自動解包，將值分配指定給各個變數：

```
name, age, email = get_user_info(id)
```

在 C、Java 等其他程式語言中，函式只能有一個傳回值，若需要傳回多個值，只能將這些值放在陣列或物件傳回。所以自動打包與自動解包的功能，讓 Python 程式更加清楚簡潔，甚至可以說是更加『優雅』。

多重指定變數值時，兩邊的數量要一樣，否則會產生錯誤：

```
>>> one, two, three = 1, 2, 3, 4
Traceback (most recent call last):
  File "<pyshell>", line 1, in <module>
ValueError: too many values to unpack (expected 3)
>>> one, two, three, four = 1, 2, 3
Traceback (most recent call last):
  File "<pyshell>", line 1, in <module>
ValueError: not enough values to unpack (expected 4, got 3)
```

為了解決以上問題，Python 3 具有加強的自動解包功能，允許標有 * 號的元素吸收多餘的元素，讓自動解包功能使用起來更為方便。舉例說明如下：

```
>>> x = (1, 2, 3, 4)
>>> a, b, *c = x
>>> a, b, c
(1, 2, [3, 4])
>>> a, *b, c = x
>>> a, b, c
(1, [2, 3], 4)
>>> *a, b, c = x
```

```
>>> a, b, c
([1, 2], 3, 4)
>>> a, b, c, d, *e = x
>>> a, b, c, d, e
(1, 2, 3, 4, [])
```

請注意，加 * 號標記的元素將所有多餘的項目當作 list 來接收，如果沒有多餘元素，則加 * 號標記的元素將接收到空 list。

若您只需要接收資料中的某幾筆，很多 Python 的程式老手習慣用以下方式來接收：

```
>>> x = [1, 2, 3, 4, 5]
>>> a, b, *_ = x   ◄—— 用*_來接收多餘、不感興趣的資料
```

上面的 _ 符號只是一個類似佔位符號（place holder）用途的變數，因為我們對第 3 個變數收到的資料不感興趣，不會去使用它，所以用 _ 符號當作變數名就不用再去想如何取名，類似免洗變數用完就丟的感覺。

除了讓 Python 自動打包與解包以外，您也可以使用 tuple 與 list 的語法來進行資料的手動打包與解包：

```
>>> [a, b] = [1, 2]        ┐
>>> [c, d] = 3, 4          │
>>> [e, f] = (5, 6)        │ 手動打包/解包來設定變數
>>> (g, h) = 7, 8          │
>>> i, j = [9, 10]         │
>>> k, l = (11, 12)        ┘
>>> a
1
>>> [b, c, d]
[2, 3, 4]
>>> (e, f, g)
(5, 6, 7)
>>> h, i, j, k, l
(8, 9, 10, 11, 12)
```

5.7.4 list 與 tuple 的轉換

使用 list() 函式可以將 tuple 轉換為 list，該函式的參數可以是任何序列型別的資料，並產生一個與原始序列具有相同元素的新 list。而 tuple() 函式會進行類似的操作，只不過會產生新的 tuple 而非 list：

```
>>> list((1, 2, 3, 4))
[1, 2, 3, 4]
>>> tuple([1, 2, 3, 4])
(1, 2, 3, 4)
```

有個有趣的地方順便一提，list() 也可以很方便地把字串分解為字元：

```
>>> list("Hello")
['H', 'e', 'l', 'l', 'o']
```

可以運用這個小技巧的原因在於 list() 和 tuple() 函式適用於任何 Python 序列型別，而字串就是一個字元序列（字串將在第 6 章中詳細討論）。

動手試一試：tuple

- 解釋為什麼不能對 tuple x=(1,2,3,4) 進行以下操作？

  x.append(1)

  x[1] = "hello"

  del x[2]

- 假設有一個 tuple x=(3,1,4,2)，如何將 x 排序？

★老手帶路　您寫的 Python 程式夠 Pythonic 嗎？

Python 社群流行著一個形容詞：『Pythonic』，Pythonic 的意思是『很 Python』、『夠 Python』，類似我們形容咖啡廳裝潢很文青一樣，大家在討論程式時，常常會有『這樣不 Pythonic』、『這個程式的 Pythonic 寫法是…』的說法。

從第 4 章基礎語法，到本章的基本資料結構，短短兩章我們已經看到很多其他程式語言不常看到的 Python 語法特性，這些特性背後都有其意義，例如：區塊縮排的目的在清楚整齊的結構；切片有頭無尾為的是讓程式易懂好寫；自動打包與解包則可以讓程式簡潔。

因此所謂的 Pythonic，就是善用這些 Python 的語言特性來寫出清楚、易懂、簡潔、流利的程式碼。若沒有去瞭解這些特性的意義，只是學會 Python 語法，然後還是繼續用其他程式語言的思維來寫程式，就會寫出難懂、拖泥帶水的程式碼，這樣就『不 Pythonic』。

例如本章提到的變數交換，若您還是採取一般傳統寫法就『不 Pythonic』了：

```
temp = a
a = b
b = temp
```

變數交換直接使用 a, b = b, a 才是 Pythonic。又例如其他程式語言的函式只允許一個傳回值，所以會很容易寫出以下不 Pythonic 的程式：

```
info = get_user_info(id)
print("姓名", info[0])
print("年齡", info[1])
```

程式閱讀者完全看不出 info[0] 與 info[1] 是什麼資料，只能透過後面的程式碼來猜測；而程式撰寫者要自己記得 info[0] 是姓名、info[1] 是年齡，若不小心記錯了，就會寫出錯誤的程式。若是善用 Python 自動打包與解包的功能，如下直接將資料指定給有意義的變數，這樣的寫法清楚明確才 Pythonic：

```
name, age = get_user_info(id)
```

▶接下頁

```
print("姓名", name)
print("年齡", age)
```

第 8 章會介紹的 if 判斷式若用下面的傳統寫法也是不 Pythonic：

```
if b > 10 and b <= a and a <= 20:
    pass
```

改成這樣小學生都看得懂才 Pythonic：

```
if 10 < b <= a <= 20:
    pass
```

既然 Python 支援多個資料一起比較大小的語法，就應該善用這個特性來寫出流利的程式碼，不要再以傳統思維用 and 來串接。另外下面判斷式也不 Pythonic：

```
if cmd == "dir" or cmd == "cd" or cmd == "pwd" or cmd ==
"echo":
    pass
```

改成以下寫法才 Pythonic：

```
if cmd in ("dir", "cd", "pwd", "echo"):
    pass
```

不一定簡短就是好，若不清楚或不好懂也屬於不 Pythonic，例如以下計算標準差的程式碼：

```
math.sqrt(sum(pow(x-(sum(data) / len(data)),2) for x in data) /
len(data))
```

下面寫法雖然程式碼比較長，但是卻比較清楚易懂，這樣才 Pythonic：

```
mean = sum(data) / len(data)
variance = sum(pow(x-mean,2) for x in data) / len(data)
std = math.sqrt(variance)
```

其實夠不夠 Pythonic 是一個主觀的看法，並沒有一個客觀的數據來比較，但是我們用 Python 寫程式時，仍然應該常常檢視程式碼是否夠簡潔、夠清楚，是否有善用 Python 的特性或內建函式，這樣自然而然就能寫出 Pythonic 的 Python 程式。

5.8 set (集合)

set（集合）是由無序的資料所組成，它不像 list、tuple 中的資料是有順序的，set 中重複的資料會被自動刪除，所以 set 主要用於當你想知道一群資料中是否存在某個物件，以及想要保持各元素的唯一性時。

與字典的鍵（key）一樣（請參見第 7 章），set 中的元素必須是不可變的資料型別。這意味著整數、浮點數、字串、和 tuple 皆可為 set 的元素，但 list、字典、和 set 本身則不行。

5.8.1 set 的操作

除了如前述應用於 list、tuple 的操作（例如 in、len()、和第 8 章介紹的 for 迴圈走訪）之外，集合還有幾個特點與操作如下：

```
>>> x = {1, 2, 1, 2, 1, 2}  ← 將資料以逗號分隔放在 { } 括號中即可建立集合
>>> x
{1, 2}  ← 集合中重複的資料會被自動刪除
>>> x = set([1, 2, 3, 1, 3, 5])  ← 也可以使用 set() 函式來把一個序列型別
>>> x                               (例如 list 或 tuple) 轉換成無序的 set
{1, 2, 3, 5}
>>> x.add(6)  ← 可以用 add() 函式來添加 set 中的元素
>>> x
{1, 2, 3, 5, 6}
>>> x.remove(5)  ← 用 remove() 函式可以移除 set 中的元素
>>> x
{1, 2, 3, 6}
>>> 1 in x  ← 關鍵字 in 可用於檢查物件是否位於 set 中
True
>>> 4 in x
False
>>> y = set([1, 7, 8, 9])
>>> x | y  ← 可以用 | 來求出兩個 set 的聯集，相當於邏輯中的 OR
{1, 2, 3, 6, 7, 8, 9}
>>> x & y  ← & 可求得兩 set 的交集，相當於邏輯中的 AND
{1}
>>> x ^ y  ← ^ 能找到它們的對稱差 (Symmetric Difference) 集，
{2, 3, 6, 7, 8, 9}  也就是由只屬於其中一個 set 而且不屬於另一個 set
                    的元素所成的集合，相當於邏輯中的 XOR
```

> 請注意，由於 set 中的元素是沒有順序的，所以不可以用索引 [n] 或切片的方式來存取，同時也不支援「與順序有關」的 + 及 * 操作。

以上範例並未列出完整的 set 操作，但足以讓你了解 set 的工作原理。有關更多訊息，請參閱 Python 官方文件（docs.python.org/3/library/stdtypes.html#set-types-set-frozenset）。

5.8.2 frozenset

前面提到 set 的元素必須是不可變的型別，但 set 本身又是可變的型別，所以它們不能當作另一個 set 的元素。為了解決這種情況，Python 提供了 frozenset 型別，它就像一個 set，但在建立後無法更改。因為 frozenset 為不可變型別，因此可以是其他 set 的元素：

```
>>> x = set([1, 2, 3, 1, 3, 5])
>>> z = frozenset(x)
>>> z
frozenset({1, 2, 3, 5})
>>> z.add(6)
Traceback (most recent call last):
  File "<pyshell#79>", line 1, in <module>
    z.add(6)
AttributeError: 'frozenset' object has no attribute 'add'
>>> x.add(z)
>>> x
{1, 2, 3, 5, frozenset({1, 2, 3, 5})}
```

不具有 'add' 這種動作

可以當作另一個 set 的元素

動手試一試：set

▨ 如果用以下 list 建立一個 set，該 set 將包含多少個元素？

[1, 2, 5, 1, 0, 2, 3, 1, 1, (1, 2, 3)]

LAB 5

在本 LAB 的任務是從檔案中讀取一組溫度資料（希思羅機場 1948 年至 2016 年的每月最高溫度），然後找到一些基本資訊：最高和最低溫度、平均溫度、以及溫度的中位數（將所有溫度排序後最中間的那個數值）。溫度資料位於本章原始碼目錄中的 lab_05.txt 檔案中，因為目前還沒有介紹過如何讀取檔案，所以在這裡提供了將檔案讀入 list 的程式碼：

```
temperatures = []
with open('lab_05.txt') as infile:
    for row in infile:
        temperatures.append(int(row.strip())
```

你可以使用 max()、min()、sum()、len() 和 sort() 函式 (或方法) 來找到最高和最低溫度、平均值、及中位數。

※ 請至旗標網站：www.flag.com.tw/bk/t/f9749 下載程式碼。

LAB 5：延伸練習

找出溫度 list 中有多少個不同的溫度值。

重點整理

	有序	無序
可變更 (mutable)	list	set
不可變更 (immutable)	tuple	

	適用度	呼叫方式
函式 (function)	比較通用的	函式()、模組.函式()
方法 (method)	類別專屬的	物件.方法()

- 善用 Python 的資料結構
- 要熟習 list 的切片操作
- list 的操作列表請參見 5.5.7 節
- 多層 list 如果要完整複製需要使用 deepcopy
- tuple 的打包與解包未來很有用
- 培養 Python 的好習慣

Chapter 06

字串 string

本章涵蓋

- 將字串視為字元的序列
- 基本的字串操作
- 特殊字元和轉義字元
- 字串的 method、函式與操作
- 將物件轉換為字串：repr() 與 str()
- 格式化字串 format()、% 和 f-string
- 使用 bytes 物件
- print() 的一些用法

老手帶路 專欄

- 使用格式化字串的優點

從使用者輸入、檔案名稱、到文字的加工等等，字串處理是程式設計中常見的苦差事，不過 Python 內建了強大的工具來處理和格式化字串，讓我們可以輕鬆完成字串處理的工作，本章就讓我們來討論 Python 中的字串處理相關的操作。

6.1 字串為字元序列 (sequence)

上一章我們提到，list 與 tuple 中的元素是依照順序排列的，像這種有順序的資料結構在 Python 中稱為序列（sequence）型別。而字串是由字元依照順序排列組成的，所以在 Python 中，字串也是一種序列型別。

Python 序列型別都可用索引 [n] 來指定元素位置，或者用 [n:m] 來切片，所以這意味著您可使用索引或切片從字串中取得字元和新字串（**編註：**因為字串是不可更改的物件，所以從字串取出或修改的內容都會存放於一新字串中）：

```
>>> x = "Hello"
>>> x[0]
'H'
>>> x[-1]
'o'
>>> x[1:]
'ello'
```

字串切片的用途之一是將換行符號從字串尾端刪除（通常是剛剛從檔案中讀到的一行文字）：

```
>>> x = "Goodbye\n"
>>> x = x[:-1]
>>> x
'Goodbye'
```

編註： 這是一個全新的字串，而不是原本的"Goodbye\n"拿掉'\n'哦！

這段程式碼只是一個例子，其實 Python 字串有其他更好的方式來刪除不需要的字元，但是這個例子可以讓我們瞭解字串切片的用途。

您還可以用 len() 函式來計算字串中的字元個數，用法就跟計算 list 中的元素個數一樣：

```
>>> len("Goodbye")
7
```

但請不要將字串當成字元的 list，字串和 list 之間最顯著的區別是：**字串不能被直接修改**，這是一個基本的 Python 限制，主要是基於效率考量而強制實施。試圖直接更改字串內容的敘述都會導致錯誤，例如 string.append('c') 或 string[0] ='H' 之類。所以在前一個範例中我們要刪除字串尾端的換行符號，其實是拷貝原字串的切片來建立**新字串**，而不是直接修改原字串。後面我們將介紹的字串修改函式及方法 (method)，也都是透過建立新字串來修改的。

6.2 基本的字串操作

需要連接多個字串時，最簡單（可能也是最常見）的方式是用字串連接算符 +：

```
>>> x = "Hello " + "World"
>>> x
'Hello World'
```

Python 會自動將多個空白相隔的字串連接在一起：

```
>>> x = "Hello "   "World"
>>> x
'Hello World'
```

字串還可以使用乘法算符 *，雖然不常見但有時要初始化建立新字串時會很有用：

```
>>> 8 * "x"
'xxxxxxxx'
```

6.3 特殊字元和轉義字元

前面您已看過一些 Python 字串中的轉義字元：\n 表示換行字元、\t 表示 Tab 字元，這些以反斜線開頭的特殊字元被稱為轉義字元（或稱脫逸序列，Escape sequence）。轉義字元通常用於表示鍵盤打不出來，或者會造成語法錯誤的特殊字元，本節詳細介紹轉義字元、以及其他特殊字元相關的主題。

6.3.1 基本轉義字元

下表 6.1 列出 Python 常用的轉義字元，這些轉義字元也適用於本章最後介紹的 bytes 物件。

表 6.1 轉義字元列表

轉義字元	代表字元
\'	單引號 (')
\"	雙引號 (")
\\	反斜線 (\)
\a	發出嗶聲 (Bell)
\b	倒退鍵 (Backspace)
\f	換頁
\n	換行
\r	歸位符號 (Carriage Return)
\t	定位符號 (Tab)
\v	垂直定位符號 (Vertical Tab)

除了上表之外，ASCII 字元集裡面還定義了許多特殊字元，這些字元需藉由數值形式的轉義字元來表示，下一節將會說明。

6.3.2 數值 (八進位和十六進位) 以及 Unicode 轉義字元

您可以使用八進位或十六進位數值形式的轉義字元來表示任何 ASCII 字元，八進位轉義字元是以反斜線後面跟著三個數字來定義：\nnn，nnn 是一個八進位的數值。十六進位轉義字元則是由 \x 後面跟著十六進位數值：\xnn，nn 是一個十六進位的數值。例如，字元 m 的 ASCII 十進位值是 109，這個數值的八進位值為 155，十六進位值為 6D，所以以下都可以表示字元 m：

```
>>> 'm'
'm'
>>> '\155'  ←— 八進位轉義字元
'm'
>>> '\x6D'  ←— 十六進位轉義字元
'm'
>>> '\x6d'  ←— 大小寫皆可
'm'
```

同樣的方式也可以用於上節介紹的轉義字元。例如，換行符號 \n 的八進位值為 012 且十六進位值為 0A：

```
>>> '\n'
'\n'
>>> '\012'
'\n'
>>> '\x0A'
'\n'
```

由於 Python 3 中所有的字串都是 Unicode 字串，所以它們幾乎可以包含任何語言中的任一個字元。儘管對 Unicode 系統的討論遠遠超出了本書的範圍，但以下範例簡單說明如何透過前述的十六進位數值或 Unicode 名稱來表示任何 Unicode 字元：

```
>>> unicode_a ='\N{LATIN SMALL LETTER A}'  ←— 透過 Unicode 名稱表示 Unicode 字元
>>> unicode_a  ←— Unicode 字元集包括常見的 ASCII 字元
'a'
>>> unicode_a_with_acute = '\N{LATIN SMALL LETTER A WITH ACUTE}'
>>> unicode_a_with_acute
'á'
>>> "\u00E1"  ←— 透過 \u 後面跟著 4 碼16進位數字表示 Unicode 字元
'á'
```

6.3.3 用 print() 函式輸出帶有轉義字元的字串

以下是一個由 a 後面跟著一個換行符號 \n、一個定位符號 \t、和一個 b 所組成的字串，在 Python 交談模式下直接輸出此字串，以及用 print() 函式輸出此字串會有不同的結果：

```
>>> 'a\n\tb'
'a\n\tb'
>>> print('a\n\tb')
a
	b
```

在第一種情況下，字串會以原形式呈現，而第二個情況，因為這個字串被 print() 函式輸出到終端機，在終端機中會依照換行符號和定位符號的意義來進行換行與定位，所以您會看到不同的結果。

通常 print() 函式會自動在字串尾端添加換行符號，有時字串已經帶有換行符號了，您可能不希望 print() 函式自動添加換行符號而導致兩次換行，此時可以將 print() 函式的 end 參數設定為空白，即可讓 print() 函式不附加換行符號：

```
>>> print("abc\n")
abc  } 兩次換行

>>> print("abc\n", end="")
abc  } 一次換行
>>>
```

6.4 字串常用的 method 與函式

大多數 Python 字串的 method 都是內建的 (built-in)，因此所有字串物件都可以直接使用這些 method。此外， string 模組還包含一些有用的常數，有關模組的詳細用法，我們會在第 10 章討論。

在本節中，您只需要記住大多數字串 method 是透過在字串物件後面添加一個點(.)來操作：

```
字串名稱.method()
```

例如 x.upper()。因為字串是不可變的，所以字串的 method 會回傳一個新的字串，而不是更改原本的字串。

以下將從最有用和最常用的字串操作開始介紹，在本節的最後，我還會簡單說明字串相關的常數。但本章並未詳細說明所有的字串 method，有關字串處理的完整 method 說明，可參閱 Python 文件 (docs.python.org/3/library/stdtypes.html#string-methods)。

6.4.1 用 split() 和 join() 切割與連接字串

任何處理字串的人肯定會發現 split() 和 join() 簡直是無價之寶。它們的功能剛好相反：split() 會將字串切割為字串 list，而 join() 則是將字串 list 連接形成一個新字串。join() 的語法是：

```
str.join(sequence)  ← sequence 是字串序列
```

使用 + 來連接字串很有用，但在連接大量字串時的效率會變差，因為每次應用 + 連接字串時，都會建立一個新的字串物件。例如前述 "Hello " + "World" 範例會產生三個字串物件："Hello "、"World"、"Hello World"，產生第三個字串後，前面二個會立即被丟棄。所以用 + 連接大量字串時，會產生大量無用的字串物件。

若是改用 join() 就不會有這個問題了，以下用空格 " " 來將字串 list 連接成新字串：

這裡是空一格哦！

```
>>> " ".join(["join", "puts", "spaces", "between", "elements"])
'join puts spaces between elements'
```

只要更改 join() 前面的字串物件，便可以用任何文字來連接成新的字串，以下示範如何用 "::" 來連接新字串：

用這個把它們連起來

要連接的字串

```
>>> "::".join(["Separated", "with", "colons"])
'Separated::with::colons'
```

您甚至可以用空字串 "" 來連接 list 中的元素：

```
>>> "".join(["Separated", "by", "nothing"])
'Separatedbynothing'
```

split() 會將字串切割為字串 list，其預設會以空白字元 (whitespace) 來切割字串，但您也可以透過參數來告訴 split() 要如何切割字串。split() 的語法是：

```
str.split(separator, max)
```

separator 為分割符號，預設為空白
max 指定分割的次數

一般來說，Python 的空白字元包含空格、換行、定位等字元，後面會再詳述哪些字元屬於空白字元。

```
>>> x = "You\t\t can have tabs\t\n \t and newlines \n\n mixed in"
>>> x.split()
['You', 'can', 'have', 'tabs', 'and', 'newlines', 'mixed', 'in']
>>> x = "Mississippi"
>>> x.split("ss")
['Mi', 'i', 'ippi']
```

用 "ss" 來切割字串

您可以透過 split() 的第二個參數來指定應切割幾次，如果指定要分割 n 次，則 split() 會產生一個有 n+1 個子字串的 list，或者直到所有字串都解析完畢。這裡有些例子：

```
>>> x = 'a b c d'
>>> x.split(' ', 1)
['a', 'b c d']
>>> x.split(' ', 2)
['a', 'b', 'c d']
>>> x.split(' ', 9)
['a', 'b', 'c', 'd']
```

如果要使用 split() 預設的空白來切割字串，但是也想要指定 split() 的第二個參數，可以在第一個參數放上 None：

```
>>> x = 'a\nb c d'
>>> x.split(' ', 2)
['a\nb', 'c', 'd']
>>> x.split(None, 2)
['a', 'b', 'c d']
```

第一個參數使用預設值

第二個參數設為2

我通常用 split() 和 join() 來處理其他程式所產生的文字檔，如果依照常用的標準格式來處理或建立文字檔的話，最好是選擇 Python 標準函式庫中的 csv 和 json 模組 (將在第 21、22 章介紹)。

動手試一試 : split() 和 join()

- 如何使用 split() 和 join() 將字串 x 中的所有空格改為 "-" 號，例如將 "this is a test" 改成 "this-is-a-test"

6.4.2 用 int() 和 float() 函式將字串轉換為數字

您可以使用 int() 和 float() 函式將字串分別轉換為整數或浮點數，如果它們傳遞的字串無法解譯為指定型別的數字，則會引發 ValueError 例外，第 14 章會針對例外處理進一步說明。

int() 有一個第二參數 (選用 optional)，可以用來指定要用二進位或十六進位…等基底來解譯輸入字串：

```
>>> float('123.456')
123.456
>>> float('xxyy')
Traceback (innermost last):
  File "<stdin>", line 1, in ?
ValueError: could not convert string to float: 'xxyy'
>>> int('3333')
3333
>>> int('123.456')  ←── 整數中不能有小數點
Traceback (innermost last):
  File "<stdin>", line 1, in ?
ValueError: invalid literal for int() with base 10: '123.456'
>>> int('10000', 8)  ←── 把'10000'用 8 進位基底來解釋成 10 進位整數
4096
>>> int('101', 2)  ←── 把'101'用 2 進位基底解釋成 10 進位整數
5
>>> int('ff', 16)
255
>>> int('123456', 6)  ←── '123456'無法用 6 進位基底來解釋
Traceback (innermost last):
  File "<stdin>", line 1, in ?
ValueError: invalid literal for int() with base 6: '123456'
```

您有沒有發現最後一次錯誤的原因？我要求將字串解譯成 6 進位的數字，但數字 6 永遠不會出現在 6 進位的數字中。不容易發現吧！

動手試一試：字串轉換為數字

▨ 下列何者不能轉換成數字，為什麼？

1. int('a1')
2. int('12G', 16)
3. float("12345678901234567890")
4. int("12*2")

6.4.3 用 strip()、lstrip()、rstrip() 移除多餘的空白

strip()、lstrip() 與 rstrip() 是三個非常簡單又有用的函式。strip() 會刪除字串開頭或結尾處的任何空白，lstrip() 和 rstrip() 則是分別會刪除在字串左邊和右邊的空白：

```
>>> x = " Hello, World\t\t "
>>> x.strip()
'Hello, World'
>>> x.lstrip()      ←—— 去除左邊的空白
'Hello, World\t\t '
>>> x.rstrip()      ←—— 去除右邊的空白
' Hello, World'
```

在此範例中，定位符號被視為空白，實際的含義可能因作業系統而異，但您可以透過存取 string.whitespace 常數找到被 Python 視為是空白的字元，在我的 Windows 系統上，Python 傳回以下內容：

```
>>> import string
>>> string.whitespace
' \t\n\r\x0b\x0c'
>>> " \t\n\r\v\f"
' \t\n\r\x0b\x0c'
```

上面 \x0b 與 \x0c 字元分別是印表機垂直定位符號和換頁符號，空格字元就直接以空一格來表示。最好不要試圖改變這些空白字元的值來影響 strip() 等函式的運作方式，因為這樣可能會產生無法預期的結果。

但是您可以把要刪除的字元放在參數中，來指定哪些字元要被 strip()、lstrip() 與 rstrip() 移除：

```
>>> x = "www.python.org"
>>> x.strip("w")         ←—— 移除所有 w 字元
'.python.org'
>>> x.strip("gor")       ←—— 移除所有 g、o、r 字元
'www.python.'
>>> x.strip(".gorw")  ←—— 移除所有.、g、o、r、w 字元
'python'
```

請注意，無論出現的順序為何，strip() 會刪除參數中所有的字元。

這些函式最常用來快速清理剛讀入的字串，例如當您從檔案中一行一行讀取資料時（將於第 13 章討論），這種技術特別有用，因為 Python 讀取一整行的資料時，會包括尾隨的換行符號（如果有的話），若我們不需要這些尾隨的換行符號，用 rstrip() 是最便捷方式。

動手試一試：strip

- 如果字串 x 等於 "(name, date),\n"，下列何者將傳回包含 "name, date" 的字串？

  1. x.rstrip("),")
  2. x.strip("),\n")
  3. x.strip("\n)(,")

6.4.4 isdigit()、isalpha()、islower()、isupper() 和字串相關常數

Python 還有幾種有用的 method 可以用來檢查字串的各種形式，例如它是由數字還是字母所組成，還是全部為大寫或小寫：

```
>>> x = "123"
>>> x.isdigit()  ←—— 字串是否由數字組成
True
>>> x.isalpha()  ←—— 字串是否由英文字母組成
False
>>> x = "MM"
>>> x.islower()  ←—— 字串是否全部小寫
False
>>> x.isupper()  ←—— 字串是否全部大寫
True
```

最後，字串模組定義了一些有用的常數，前面已經介紹過的 string.whitespace 定義了 Python 視為空白的字元，其他常數表列如下：

- string.digits 是字串 '0123456789'
- string.hexdigits 包括 string.digits 中的所有字元，以及十六進位數字中所使用的額外字元 'abcdefABCDEF'
- string.octdigits 只包含八進制數字中有使用到的數字 '01234567'
- string.ascii_lowercase 包含所有小寫 ASCII 字母
- string.ascii_uppercase 包含所有 ASCII 大寫字母
- string.ascii_letters 包 含 string.ascii_lowercase 和 string.ascii_uppercase 中的所有字元

您可能想修改這些常數來更改程式的行為，Python 也確實允許您這麼做，但請注意，這其實是個餿主意！

6.5 字串的搜尋

Python 提供了幾種搜尋字串的簡單方法，我們將於本節說明。

6.5.1 in 算符

前面提到字串是由字元組成的序列型別，所以您可以使用 in 算符來進行字串搜尋：

```
>>> x = "The string"
>>> "str" in x
True
>>> "sTr" in x
False
>>> "e s" in x
True
```

6.5.2 find()、rfind()、index()、rindex()

find()、rfind()、index()、和 rindex() 可以用來搜尋字串中的特定文字，以下將詳細介紹 find()，然後再說明其他 method 與 find() 的不同之處。

find()

使用 find() method 時必須把想要搜尋的文字當作參數傳給它，如果找得到的話，會傳回要搜尋文字第一個字元所在的索引位置，若找不到則會傳回 -1：

```
>>> x = "Mississippi"
>>> x.find("is")
1
>>> x.find("zz")
-1
```

您也可以使用 find(string, start, end) 這樣的語法，start 與 end 為非必要參數，這兩個參數都必須是整數，start 參數代表要從字串的哪一個索引位址開始搜尋，end 參數則表示要從字串的哪一個索引位址**之前**停止搜尋：

```
>>> x = "Mississippi"
>>> x.find("s")
2
>>> x.find("s",2)
2
>>> x.find("s",4)
5
>>> x.find("s",4,5)
-1
>>> x.find("ss", 3)
5
>>> x.find("ss", 0, 3)
-1
```

rfind()

rfind() 與 find() 幾乎一樣，但方向是相反的：從字串的結尾向開頭進行搜尋，因此會傳回要搜尋文字最後出現的索引位置：

```
>>> x = "Mississippi"
>>> x.rfind("ss")
5    ←── 倒數第 5
```

rfind() 與 find() 相同也可以使用 start 或 end 參數（這兩個為非必要參數），其含義與 find() 相同。

index() 和 rindex()

index() 和 rindex() 分別與 find() 和 rfind() 相同，但是當 index() 或 rindex() 找不到文字時，不會傳回 -1 而是會引發 ValueError 例外錯誤，在您看完第 14 章之後就會明白這究竟是什麼意思。

另一種搜尋字串的方式：re 模組

re 模組採用常規表達式 (regular expression)，以更靈活的方式進行字串搜尋。re 所搜尋的是字串樣式，而不是搜尋單一固定文字。例如，您可以用常規表達式來搜尋完全由數字所組成的字串。

既然 re 在稍後會有更完整的討論，為什麼現在要先提到它呢？根據我的經驗，許多字串搜尋的用法並不恰當。您本來可以受益於更強大的搜尋機制，但卻不知道它的存在，因此您甚至不會想要去找更好的搜尋方式 (也許您有一個涉及字串的緊急專案，而且沒有時間閱讀這整本書)。即使基本的字串搜尋便足以完成您的任務，但是您仍應知道 Python 中還有一個更強大的替代方案：re。

6.5.3 count()

字串物件還有一個 count() method，可以統計特定文字在字串中出現了幾次。count() 與前四個函式的用法相同，但傳回指定文字在字串中出現的次數：

```
>>> x = "Mississippi"
>>> x.count("ss")
2
```

6.5.4 startswith()、endswith()

您還可以用 startswith() 和 endswith() 來搜尋字串，這兩個 method 分別搜尋字串是否以特定文字開頭或結尾，依結果傳回 True 或 False：

```
>>> x = "Mississippi"
>>> x.startswith("Miss")
True
>>> x.startswith("Mist")
False
>>> x.endswith("pi")
True
>>> x.endswith("p")
False
```

startswith() 和 endswith() 一次可以搜尋多筆文字，只要將多筆文字用 tuple 的形式傳入即可，它們就會檢查 tuple 中的所有文字，如果找到其中任何一筆文字，則傳回 True：

```
>>> x.endswith(("i", "u"))  ← 字串是否以"i"或"u"結尾
True
```

startswith() 和 endswith() 對於簡單搜尋非常有用，您可以用來檢查字串是否以特定文字開頭或結尾。

動手試一試：字串搜尋

- 如果您想檢查某一行是否以 "rejected" 結尾，您會使用什麼 method？有沒有其他方式可以得到相同的結果？

6.6 字串的修改

前面提到字串是不可變的資料型別，但字串物件有幾個 method 可以對該字串進行操作，然後傳回一個修改後的新字串，這與直接修改有相同的效果，也滿足了大部分的需求。

6.6.1 replace()

您可以使用 replace() 把字串中的某些文字（第一個參數）替換成新文字（第二個參數），此 method 還有第三個參數可選用（有關詳細資訊，請參閱 Python 文件）：

```
>>> x = "Mississippi"
>>> x.replace("ss", "+++")
'Mi+++i+++ippi'
```

與字串搜尋功能一樣，您也可以考慮使用 re 模組，該模組有更強大的字串替換方法。

6.6.2 maketrans()、translate()

字串的 maketrans() 搭配 translate() 可以將字串中的字元轉換為不同的字元。雖然很少使用，但這些功能可以在必要時簡化您的程式。

假設您正在開發一個程式，能夠將一種電腦語言的字串表達式轉換為另一種電腦語言。第一種語言使用 ~ 表示邏輯上的 NOT，而第二種語言使用 !；第一種語言使用 ^ 表示邏輯上的 AND，第二種語言使用 &；第一種語言使用括號 ()，而第二種語言使用方括號 [ ]。所以您需要將所有 ~ 改為 !、所有 ^ 改為 &、所有 (改為 [、以及所有) 改為]。雖然可以透過多次呼叫 replace() 來達成此目的，但更簡單、更有效的方法如下：

```
>>> x = "~x ^ (y % z)"
>>> table = x.maketrans("~^()", "!&[]")
>>> x.translate(table)
'!x & [y % z]'
```

第二行使用 maketrans() 把兩個字串參數組成一個轉換表。這兩個參數必須包含相同數目的字元以便對應，例如該表中第一個參數的第 n 個字元時，可以對應第二個參數的第 n 個字元。所以第二行所產生的轉換表如右：

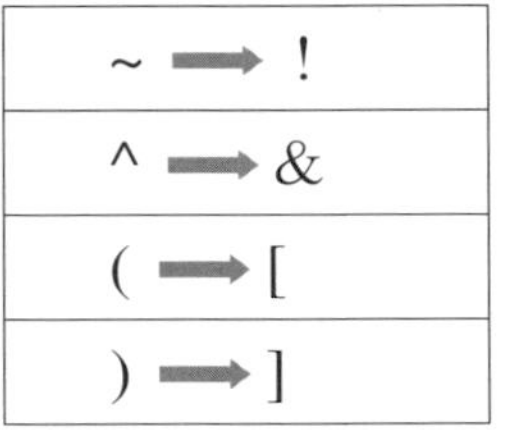

接下來 maketrans() 所產生的表格被傳給 translate()，然後 translate() 就會搜尋其字串物件中的每個字元，並且依照上述轉換表來替換字元，然後回傳轉換後的新字串。

translate() 可以帶入第三個非必要的參數，此參數可以指定哪些字元應從字串中刪除。有關詳細資訊，請參閱 Python 文件。

6.6.3 lower()、upper()、capitalize()、title()、swapcase()、expandtabs()

以下幾個字串 method 負責執行各種字串修改的任務：

lower()：將字串中的所有字母轉換為小寫

upper()：將所有字母轉換為大寫

- capitalize()：將字串的第一個字元改成大寫
- title()：將字串中所有單字的第一個字母都改成大寫
- swapcase()：將字串中的所有大寫字母改為小寫，而所有小寫字母改為大寫
- expandtabs()：會以指定數目的空格替換字串中的定位符號。

6.6.4 ljust()、rjust()、center()、zfill()

以下字串 method 會用特定文字來填充字串：

- ljust()、rjust()、及 center() 用空格填充字串，以便向左、向右、及置中對齊某個欄位寬度。
- zfill() 會在數值字串的左邊補零以達到指定的長度。

有關這些 method 的詳細資訊，請參閱 Python 文件。

6.6.5 透過 list 來修改字串

由於字串是不可變的物件，所以您無法和修改 list 一樣的直接修改字串。雖然前面提到的 method 都可以藉由產生新字串的形式來達成字串修改，但有時候您會希望可以直接修改原本字串。此時可將字串轉換為字元 list，即可進行任何您想要的操作，最後再將結果轉換回字串：

```
>>> text = "Hello, World"
>>> wordList = list(text)

>>> wordList[6:] = []              ← 移除逗點之後所有字元
>>> wordList.reverse()             ← 將字元順序反轉
>>> text = "".join(wordList)       ← 以無空格方式合併
>>> print(text)
,olleH
```

您還可以用內建 tuple() 函式將字串轉換為字元 tuple，接著再用 "".join() 將其重新轉換為字串。

這種方式不宜過度使用，因為執行過程中會不斷地建立和刪除字串物件，這是處理成本相對昂貴的方式，以這種方式處理數百或數千個字串可能不會對您的程序產生太大影響，但處理數百萬字串就能感覺效率明顯降低。

動手試一試：修改字串

- 將字串中所有標點符號更改為空格

6.7 repr() 和 str() 將物件轉換成字串表示

在 Python 中，幾乎任何東西都可以用內建的 repr() 函式轉換為某種型式的字串來表示。目前為止，list 是我們介紹過最複雜的 Python 資料型別，所以在這裡我將以 list 為範例，將 list 轉換成用字串表示：

```
>>> repr([1, 2, 3])
'[1, 2, 3]'
>>> x = [1]
>>> x.append(2)
>>> x.append([3, 4])  ← 這時 list 的內容是 [1,2[3,4]]
>>> 'the list x is ' + repr(x)
'the list x is [1, 2, [3, 4]]'  ← repr()把整個 list原封不動
                                  (含中括號) 當成字串搬進來了！
```

以上範例用 repr() 將 list 轉換為字串，然後將其與另一個字串連接以形成最終字串。如果不使用 repr() 將物件轉為字串，而是直接用 + 連結所有物件，例如 "string" + [1,2] + 3，此時到底是想要連接字串？附加 list ？還是把數字加總？ Python 在這種情況下不知道您想要做什麼，所以它以最保險的方法不做出任何假設，直接產生例外錯誤。為了避免這樣的問題，必須先將所有物件轉換成字串，再用 + 來連接。

repr() 可用來將幾乎所有 Python 物件轉為字串表示。請試著對內建的複雜物件做 repr()，例如下面是將 Python 函式做 repr() 轉換之後的結果：

```
>>> repr(len)
'<built-in function len>'
```

repr() 不會輸出 len() 函式內部的程式碼文字，它只會傳回一個字串 '<built-in function len>' 說明 len() 是一個內建函式。如果您在本書介紹的每個 Python 資料型別（字典、tuple、類別等）上嘗試 repr() 一下，您會發現無論什麼型別的 Python 物件，都可以得到一個描述該物件的字串。

repr() 非常適合程式除錯。如果您對程式中某個變數在特定時間點的值有疑問，用 repr() 把該變數的內容印出來就對了。

Python 還提供了內建的 str() 函式可以將物件轉為字串，它和 repr() 的差別在於，repr() 函式傳回的字串是 Python 物件的「正式字串表示法」(formal string representation)，更具體地說，repr() 傳回 Python 物件的字串表示形式，我們可從這個字串重建原始物件。

而 str() 的傳回值是物件的「非正式字串表示法」(informal string representation)，我們無法從這個字串重建原始物件。簡而言之，**str() 傳回的字串是給人看的，而 repr() 傳回的字串是給 Python 程式讀取的**。請看以下範例：

```
>>> from datetime import datetime
>>> now = datetime.now()   ← 透過 datetime 物件的 now() 方法取得
>>> str(now)                  目前時間
'2019-04-20 12:56:26.814148'
>>> print(now)
2019-04-20 12:56:26.814148
>>> repr(now)
'datetime.datetime(2019, 4, 20, 12, 56, 26, 814148)'
```

剛開始使用 repr() 和 str() 時，您可能不會注意到它們之間的任何區別，因為在開始使用 Python 的物件導向特性之前，它們並沒有什麼區別。到了第 15 章，當您開始定義自己的物件類別時，str() 和 repr() 之間的區別才會更明顯。

為什麼現在要談論這個呢？我希望您能夠意識到，使用 repr() 可獲得 Python 幕後到底如何運作的資訊，而不是只知道用簡單的 print() 函式來除錯。然而，若是需要輸出可讀性高的資訊時，str() 會比 repr() 好用，所以善用二者的優點吧！

6.8 使用 format() method 來格式化字串

Python 3 總共有三種方式可以格式化字串，本節將先介紹字串的 format()。format() 是一種功能強大的字串格式化迷你語言，它提供了幾乎無限種可能性的字串格式化操作方式。我將在本節中介紹幾個基本模式。如果需要使用更進階的功能，可以參考標準函式庫文件的字串格式化部分 (docs.python.org/3/library/string.html#format-string-syntax)。

6.8.1 用位置參數、編號參數來替換

使用位置參數

format() 是字串專有的方法 (method)，其最簡單的用法是使用位置參數 (有關函式的位置參數、指名參數請參考 9.2 節) 來填入對應的 {}，欄位 format() 的語法為：

```
"格式化字串...".format(參數值...)
```

例如：

依位置對應到{}

```
>>> "{} is the {} of {}".format("Ambrosia", "food", "the gods")
'Ambrosia is the food of the gods'
```

{}依位置順序被替換了

兩個{ 才能顯示一個{

```
>>> "{{Ambrosia}} is the {} of {}".format("food", "the gods")
'{Ambrosia} is the food of the gods'
```

前面程式中加粗的 "{} is the {} of {}" 稱為格式化字串，而 {} 則稱為格式化的位置參數，format() 會將 "Ambrosia"、"food"、"the gods" 等參數值代換到 {} 位置來產生新字串。請注意，使用 format() 時因為 { 與 } 有特殊意義，若格式化字串內需要顯示 { 與 } 字元，請重覆寫兩次 {{ 與 }}。

傳給 format() 的參數不一定要是字串，可以是任何物件，Python 會自動將其轉換為字串：

```
>>> "{} + {} = {}".format(1, 2, 1+2)
'1 + 2 = 3'
>>> x = [1, 2, "three"]
>>> "The {} contains: {}".format("list", x)
"The list contains: [1, 2, 'three']"
```

使用編號參數

您也可以使用編號參數來設定替換欄位，這些欄位會以編號來對應於 format() 的參數：

```
>>> "{2} is the {0} of {1}".format("food", "the gods", "Ambrosia")
'Ambrosia is the food of the gods'
```

上例有三個編號欄位 {0}、{1}、和 {2}，其分別會由第 0 個、第 1 個、第 2 個參數值所取代，此時 format() 方法會依照其編號來代換而不是依照位置，所以無論把 {0} 放在格式化字串中的哪個位置，它永遠會被第 0 個參數所替換，其他依此類推。

因為編號參數是依照編號來代換，所以在格式化字串中可以多次使用同一個編號：

```
>>> '{0}{1}{0}'.format('abc', 'def')
'abcdefabc'
```

6.8.2 使用指名參數 (named parameter) 來替換

format() 還可以用指名參數 (參考 9.2.2 節) 來設定替換欄位：

```
>>> "{food} is the food of {user}".format(food="Ambrosia", user="the gods")
'Ambrosia is the food of the gods'
```

上述例子中，format() 會為資料指定參數名稱，然後對應到格式化字串中該 {名稱} 的位置。與編號參數相同，指名參數會依照名稱來代換，所以 {food} 可以放在格式化字串任何位置，也可以多次使用。

當您使用格式化字串來執行大量的欄位置換時，指名參數的方法會特別有用，因為這樣您就不需要再自行對應左右兩邊的位置，來確保資料代換的正確性。

您可以同時使用編號參數和指名參數，另外對於指名參數所參照的物件，您還可以在格式化字串中存取其屬性或元素：

```
>>> "{0} is the food of {user[1]}".format("Ambrosia",
... user=["men", "the gods", "others"])
'Ambrosia is the food of the gods'
```

在上例中，第 0 參數是位置參數，對應到 "Ambrosia"，第 1 參數 user[1] 是一個 list 物件，[1] 指的是指名參數 user 的第 1 個元素。請注意，編號參數和指名參數同時使用時，編號參數一定要放在最前面，否則會發生錯誤：

```
>>> "{0} is the food of {user}".format(user="the gods", "Ambrosia")
  File "<stdin>", line 1
SyntaxError: non-keyword arg after keyword arg
```

不可放前面

老手帶路　使用格式化字串的優點

一般情況下，您可能會疑惑為何需要使用格式化字串，例如前面的例子其實用 + 算符也可以輕易處理：

```
user = "the gods"
food = "Ambrosia"
s = food + " is the food of " + user
```

但是當遇到字串稍微複雜的狀況，例如需要輸出 Name: xxx, Age: xxx, Email: xxx 這樣的資訊時，若用 + 算符就會被一大堆 " 號弄得頭暈：

```
"Name: " + name + ", Age: " + age + ", Email: " + email
```

此外，若 age 變數是整數型別的話，我們還需要使用 str() 函式將其轉為字串，才能使用 + 算符來連接：

```
"Name: " + name + ", Age: " + str(age) + ", Email: " + email
```

▶接下頁

如果一不小心忘了用 str() 轉換為字串，程式就會出現錯誤。若改用格式化字串，就不會有這個問題了，因為 format() 會自動將其參數轉為字串，所以改成以下格式化字串不但比較清楚易懂，也不會因為忘記轉換字串而發生錯誤：

```
"Name: {}, Age: {}, Email: {}".format(name, age, email)
```

目前常見的網路服務幾乎都是透過 HTTP API 來存取，對於又長又複雜的 http 網址來說，更是適合使用格式化字串。以下分別列出用 + 算符與格式化字串處理的 http 網址，您可以比較哪一個比較清楚易懂：

```
"http://flag.com.tw/api/?user=" + user + "&key=" + key + "&id=" + id
"http://flag.com.tw/api/?user={}&key={}&id={}".format(user, key, id)
```

格式化字串可以增加程式的可讀性，也使得程式比較不易出錯，讓程式的閱讀與維護更加簡單。對於比較複雜的字串，建議您多加使用格式化字串。

6.8.3 格式化設定

格式化設定可以在取代欄位時補上字元，或設定對齊、符號、寬度、精確度和資料類型。如前所述，字串格式化的語法本身就是一種迷你語言，因為過於複雜而無法在此完全涵蓋，若需要詳細說明，請參見 Python 文件(docs.python.org/3/library/string.html#format-specification-mini-language)。

以下範例可讓您概略了解其用途：

```
>>> "{0:10} is the food of gods".format("Ambrosia") ←❶
'Ambrosia   is the food of gods'
>>> "{0:>10} is the food of gods".format("Ambrosia") ←❷
'  Ambrosia is the food of gods'
>>> "{0:&>10} is the food of gods".format("Ambrosia") ←❸
'&&Ambrosia is the food of gods'
```

❶ {0:10} 裡面的 :10 是格式化設定，10 代表為該欄位預留 10 個空格

❷ {0:>10} 的 10 與上面相同是預留 10 個空格，而 > 代表強制欄位靠右對齊，

❸ {0:&>10} 表示預留 10 個空格，強制靠右對齊，並用 & 填滿空出的位置

您也可以在格式化設定裡面使用其他格式化參數：

```
>>> "{0:{1}} is the food of gods".format("Ambrosia", 10)
'Ambrosia   is the food of gods'


>>> "{food:{width}} is the food of gods".format(food="Ambrosia",
width=10)
'Ambrosia   is the food of gods'
```

動手試一試 : format() 方法

▨ 執行以下程式片段時 x 中的內容是什麼？

x = "{1:{0}}".format(3, 4)

x = "{0:$>5}".format(3)

x = "{a:{b}}".format(a=1, b=5)

x = "{a:{b}}:{0:$>5}".format(3, 4, a=1, b=5, c=10)

6.9 以 % 算符來格式化字串

本節介紹使用 % 算符來格式化字串，使用 % 進行字串格式化是比較老派的字串格式化方法，我在這裡介紹它是因為它是 Python 早期版本的標準，所以您可能會在許多 Python 程式碼中看到它。但是，這種方法不應該在新的程式碼中使用，因為它將被棄用，將來會從語言中刪除。

C 語言的愛用者會注意到 % 算符與 C 的 printf() 函式有奇特的相似之處，請看以下的例子：

```
>>> "%s is the %s of %s" % ("Ambrosia", "food", "the gods")
'Ambrosia is the food of the gods'
```

% 算符（中間出現的粗體 %，而不是最前面的三個 %s）分為兩部分：左側是格式化字串，右側是 tuple。% 算符會掃描左側字串以搜尋格式化參數，並將右側的值按順序替換為這些格式化參數來產生新字串。在這個例子中，左側唯一的格式化參數是三個 %s，它代表「在這裡貼上一個字串」。從右側傳入不同的值會產生不同的字串：

```
>>> "%s is the %s of %s" % ("Nectar", "drink", "gods")
'Nectar is the drink of gods'
>>> "%s is the %s of the %s" % ("Brussels Sprouts", "food",
... "foolish")
'Brussels Sprouts is the food of the foolish'
```

右邊 tuple 的元素會由 %s 自動轉換為字串，因此它們的型別並不一定要是字串：

```
>>> x = [1, 2, "three"]
>>> "The %s contains: %s" % ("list", x)
"The list contains: [1, 2, 'three']"
```

6.9.1 % 算符的格式化參數

每個格式化參數都以 % 符號開頭，後面跟著一個或多個字元，這些字元指定要替換的內容以及如何完成替換。之前使用的 %s 是最簡單的格式化參數：它表示用右側的資料或 tuple 內相應字串來取代 %s 所在的位置。

其他格式化參數可能更複雜。以下參數指定印出數字的欄位寬度（字元總數）為 6，並指定小數點後面的字元個數為 2，同時把數字靠左對齊，我將此格式參數放在 <> 括號中，以便讓您看到多出來的空格：

```
>>> "Pi is <%-6.2f>" % 3.14159
'Pi is <3.14  >'
```

Python 說明文件中列出了格式化參數中所有的選項，有很多選擇，使用應該不難，還請自行參閱。請記住，您可以在 Python 交談模式下來測試這些格式化字串與其參數的作用，以驗證看它是否符合您的預期。

6.9.2 % 算符的指名參數

最後，% 算符有一個附加功能在某些情況下會很有用。不幸的是，為了說明它，此處必須使用本書尚未詳細討論一個的 Python 資料結構：字典 (dictionary)。您可以先跳到第 7 章去了解字典，或者先暫時跳過這一小節，稍後再回過頭來看。不過您也可以不要細究字典的語法，直接閱讀以下內容。

與前述的 format() 方法一樣，格式化字串內可以用指名參數來設定替換欄位，其使用格式為 %(名稱)，如下所示：

```
"%(pi).2f" ←—— 注意括號中的名稱 pi
```

此外，% 算符右側的參數不再是單一資料或是 tuple，而是要使用字典，每個指名參數會從字典中找到相對應的鍵（key），然後取其值（value）來代換欄位：

```
>>> num_dict = {'e': 2.718, 'pi': 3.14159}
>>> print("%(pi).2f - %(pi).4f - %(e).2f" % num_dict)
3.14 - 3.1416 - 2.72
```

動手試一試：用 % 格式化字串

■ 在執行下面的程式碼片段後，變數 x 的值為何？

x = "%.2f" % 1.1111

x = "%(a).2f" % {'a':1.1111}

x = "%(a).08f" % {'a':1.1111}

6.10 以 f-strings 來格式化字串

從 Python 3.6 開始，有一種更簡便的語法可以建立格式化字串，稱為 f-strings（或稱 string interpolation，字串插值）。f-strings 的格式化字串以 f 為字首，其語法類似於 format()，以下範例應該能讓您瞭解 f-strings 使用的基本概念：

```
>>> value = 42
>>> message = f"The answer is {value}"
>>> print(message)
The answer is 42
```

與 format() 一樣，也可以添加格式化設定：

```
>>> pi = 3.1415
>>> f"pi is {pi:{10}.{2}}"
'pi is        3.1'
```

f-strings 使用上較 format() 簡便，但是因為只有 Python 3.6 以上才能使用，所以若您無法控制程式會在哪一個 Python 版本執行的話，最好還是用 format()。本書不詳細說明 f-strings，有關其完整文件，請參閱 Python 文件中的 PEP-498（www.python.org/dev/peps/pep-0498/）。

6.11 bytes 物件

bytes 物件類似於字串物件，但有一個重要的區別：string 是 Unicode 字元序列，每一個元素 (字元) 依照其編碼可能有 1~4 bytes 大小，而 bytes 物件是一個值為 0 到 255 的整數序列，每一個元素固定是 1 byte 大小。bytes 物件適用於處理二進位資料時，例如讀取圖片、音樂…等資料檔。

要記住的關鍵是 bytes 物件可能看起來像字串，**但它們的用法跟字串不一樣而且也不能與字串結合使用**：

```
>>> unicode_string = '中'
>>> unicode_string
'中'
>>> xb = unicode_string.encode() ← ❶
>>> xb
b'\xe4\xb8\xad' ← ❷
>>> xb += 'A' ← ❸
Traceback (most recent call last):
File "<pyshell#35>", line 1, in <module>
xb += 'A'
TypeError: can't concat str to bytes
>>> xb.decode() ← ❹
'中'
```

❶ 要從 Unicode 字串轉換為 bytes 物件，需要呼叫字串的 encode() method。

❷ 以 b 為字首代表是 bytes 物件，原本字串只有單一字元，但是轉換為 bytes 物件後，大小變成 3 個 bytes，而不再以相同的方式印出字串。

❸ 若嘗試把 bytes 物件和字串物件一起相加，則會出現型別錯誤，因為這兩種型別並不相容。

❹ 要將 bytes 物件轉換回字串，需要呼叫 decode() method 。

您只需要理解字串物件與 bytes 物件之間的使用區別：處理文字資料時使用字串物件，處理二進位資料時使用 bytes 物件。

小編補充　字串物件與 bytes 物件的差異

在電腦中所有的資料其實都是由 0 與 1 組成，人類使用的文字如何用二進位的 0 與 1 來表示，便是所謂的編碼系統。

在 Python 中，bytes 物件是一串由 0 與 1 組成的原始資料，而字串物件是依照編碼系統解釋過的文字資料：

```
>>> byte_object = "測試".encode("utf-8")  ← 將字串以 utf-8 編碼轉換為 bytes 物件
>>> byte_object
b'\xe6\xb8\xac\xe8\xa9\xa6'  ← 由 0 與 1 組成的原始資料，此處可看到『測試』兩個中文字需要用 6 bytes 的 utf-8 字碼來儲存
```

字串物件因為已經依照編碼系統解釋過，可以正常地進行字串相關操作，例如計算字串長度、依照位置存取 / 切割字串…等，所以必須使用字串物件，才能正確地處理文字資料。:

```
>>> len("測試")
2  ← len()'看'得懂這是 2 個中文字
>>> len(byte_object)
6  ← len() 只'看'到 6 個 bytes
>>> "測試"[0]
'測'  ← 字串物件可以正常取得字串的第一個字元
>>> byte_object[0]
230  ← bytes 物件只能取得第一個 byte 的原始值
```

▶接下頁

請注意，當我們透過網路接收資料時，也會是一串由 0 與 1 組成的原始資料，所以剛接收到的網路資料通常是 bytes 物件，若這些資料是文字的話，您將需要手動將其轉為字串物件：

```
>>> byte_object.decode("utf-8")
```

← 將 bytes 物件以 utf-8 編碼轉換為字串物件'測試'

動手試一試：bytes 物件

▨ 請分辨下列資料應該使用字串還是 bytes 物件：

(1) 儲存影片的檔案

(2) 帶有重音字元的文字檔

(3) 僅包含大寫和小寫羅馬字元的文字檔

(4) 一系列不大於 255 的整數

6.12 使用 print() 控制字串輸出

Python 內建的 print() 函式還有一些參數，可以更容易地處理簡單的字串輸出。當參數只有一個時，print() 會將該參數轉換為字串輸出，然後附加上一個換行字元，所以若連續呼叫 print() 時能把值印在不同的行：

```
>>> print("a")
a
>>> print(1)
1
```

但 print() 能做的不只如此，print() 函式還可以接受多個參數，並將這些參數印在同一行上，用空格分隔並以換行符號結束：

```
>>> print("a", "b", "c")
a b c
```

您可以透過 sep 參數來控制每個項目的分隔符號，或者使用 end 參數來設定該行的結束符號：

```
>>> print("a", "b", "c", sep="|")
a|b|c
>>> print("a", "b", "c", end="\n\n")
a b c

```

print() 函式預設是輸出到螢幕上，但是您也可以透過 file 參數來輸出到檔案：

```
>>> print("a", "b", "c", file=open("testfile.txt", "w"))
```

使用 print() 函式可以完成簡單的文字輸出，但若是遇到更複雜的情況時，使用 format() 方法可以處理得更好。

6.13 字串常用操作總結

請記住，字串為字元組成的序列型別，因此您可以使用方便的 in 算符來測試字串是否包含特定文字。表 6.2 列出常見的字串操作：

表 6.2 常見字串操作

字串操作	說明	範例
+	字串連接	x = "hello" + "world"
*	字串複製	x = " " * 20
upper()	把字串轉成大寫	x.upper()
lower()	把字串轉成小寫	x.lower()

字串操作	說明	範例
title()	字串中每個單字的第一個字母轉成大寫	x.title()
find(), index()	從字串開頭開始搜尋	x.find(y) x.index(y)
rfind(), rindex()	從字串尾端開始搜尋	x.rfind(y) x.rindex(y)
startswith(), endswith()	檢查字串是否由特定文字開頭或結尾	x.startswith(y) x.endswith(y)
replace()	以新字串取代舊字串	x.replace(y, z)
strip(), rstrip(), lstrip()	從字串開頭或尾端移除空格或其他字元	x.strip()
split()	切割字串	x.split(",")
join()	連接字串	" ".join(["hello ", "world"])
int() float()	字串轉換為整數或浮點數	int(x) float(x)
count()	統計特定文字在字串中出現次數	x.count("ss")
isdigit() isalpha()	判斷字串是否由數字、或英文字母組成	x.isdigit() x.isalpha()
isupper() islower()	判斷字串是否全部大寫或小寫	x.isupper() x.islower()
format()	格式化字串	"{}+{}={}".format(1, 2, 1+2)
encode()	把 Unicode 轉為 bytes 物件	x.encode("utf-8")

請注意，字串的修改不會更改原本字串本身，它們會傳回修改後的新字串。

動手試一試：字串操作

- 假設您有一個字串 list 如下，其中有一些（但不見得是所有）字串以雙引號開頭和結尾，您要用什麼程式碼來刪除每個元素中的雙引號？

  x = ['"abc"', 'def', '"ghi"', '"klm"', 'nop']

- 如何找到 Mississippi 字串中最後一個 p 的位置？當您找到那個位置時，如何刪除那個字母？

LAB 6：文字之前置處理

在處理原始文字資料時，通常需要先清理和處理文字。例如，要統計一段文字中單字出現的頻率時，若能先確保所有內容都是小寫（或大寫）並且所有標點符號都已刪除，便可以使作業更容易。此外，您可以將一段文字依照單字切割，然後存入 list 來簡化操作。

本練習的任務是處理 Moby Dick 第一章第一部分（可在本書所附的範例檔案 moby_01.txt 中找到），請先確保所有字元都是小寫、刪除所有標點符號、並以每行一個單字的方式寫到第二個檔案。因為目前還沒有介紹過如何讀取檔案，所以這裡先提供檔案讀寫的程式碼：

```
with open("moby_01.txt") as infile, open("moby_01_clean.txt",
    "w") as outfile:
    for line in infile:
        # 將所有字元轉成小寫
        # 刪除所有標點符號
        # 依照單字切割
        # 每行放一個單字
        outfile.write(cleaned_words)
```

重點整理

	有序	無序
可變更 (mutable)	list	set
不可變更 (immutable)	tuple	
	字串	

- Python 方便的字串操作可以幫我們清理與處理各種龐雜的文字資料。
- repr() 在除錯時可以看到更細節的狀態。
- bytes 物件是資料最原始的形式。
- 字串格式化功能強大，善加使用可以讓程式易讀、易維護。

Chapter 07

字典

本章涵蓋

- ○ 定義字典
- ○ 使用字典
- ○ 決定何者可以當作字典的鍵
- ○ 用字典建立稀疏矩陣
- ○ 以字典作為快取
- ○ 相信字典的效率

Python 的字典（dict）是一種以鍵 (key)：值 (value) 對應的資料結構，善用字典的功能，會讓你的 Python 功力大增！

7.1 什麼是字典？

Python 的字典（dict）是以「**鍵：值**」成對的方式儲存，類似英文字典裡「用單字查解釋」的方式，我們可以用**鍵（key）**來查詢對應的**值（value）**，字典中的鍵必須是唯一的。字典必須用大括號 {　} 來標示，建立字典的語法如下：

```
{key1: value1, key2: value2...}
```

下面例子建立一個名稱為 ages 的字典：

```
>>> ages = {"Mary":13, "John":14, "Tony":13}
```

不同的鍵可以對應到同樣的值

字典建立之後，便可以用鍵（key）來取值，也可以隨時用鍵來新增一筆資料：

```
>>> ages["Mary"]         ← 取值
13
>>> ages["Peter"] = 12    ← 新增一筆資料
>>> ages
{'Mary': 13, 'John': 14, 'Tony': 13, 'Peter': 12}
```

字典與 list 的比較

如果您從未在其他程式語言中使用過類似的資料結構，那麼把字典的用法與 list 互相比較，也不失為一個入門的好方法：

- list 和字典兩者都可儲存任何類型的物件。
- list 的索引是連續的整數，索引表示元素在 list 中的順序。也就是說，list 中的值已按照其索引排好序（ordered），無論您是否在意這個順序。
- 字典透過鍵（key）作為索引來存取資料，鍵可以是整數、字串、或其他 Python 物件，不過字典內的資料並不會自動按照其索引排序。

若您使用字典而且希望能自動依照索引排序，可以使用 OrderedDict（ordered dictionary，有序字典），這是一個從 collections 模組匯入的字典子類別。您還可以用另一個資料結構（通常是 list）來額外儲存字典的順序，以便參照查詢。不過這些都不會改變字典沒有依照索引排序的事實。

首先，讓我們建立一個空 list 和一個空字典，請注意 list 用的是方括號 [ ]，而字典用的是大括號 { }：

```
>>> x = []      ← 建立一個空的 list
>>> y = {}      ← 建立一個空的字典
```

建立字典後，可以用下面方式把鍵與值儲存到字典中：

```
>>> y[0] = 'Hello'   ← 請注意！我們並不是用索引把 'Hello' 存到 y 的第 0
>>> y[1] = 'Goodbye'    元素，而是把 0：'Hello' 這對鍵：值存入字典 y 當中
```

編註：不要一看到 y[1] 就以為是 y 這個 list 的第 1 元素，它可能指的是**字典 y 的 1 這個鍵**。總之必須先確定 y 的身份才能了解它的意涵。

請注意，這邊可以看到字典和 list 之間的重大的差異，嘗試以 list 做同樣的事會導致錯誤，因為用 list 中不存在的索引來賦值是非法的，您會得到一個錯誤：

```
>>> x[0] = 'Hello'
Traceback (innermost last):
File "<stdin>", line 1, in ?
IndexError: list assignment index out of range
```

字典不會有這樣的問題，若鍵不存在，字典會自動以『鍵 (key): 值 (value)』的方式來儲存新的對照關係。

在字典中儲存了一些鍵：值對後，現在就可以存取和使用它們：

```
>>> print(y[0])
Hello
>>> y[1] + ", Friend."
'Goodbye, Friend.'
```

到目前為止，字典的使用方式看起來非常像 list，現在讓我們用非整數的鍵來試試看，就可以看出字典與 list 比較大的不同點：

```
>>> y["two"] = "two"   ← 新建立一個鍵值對："two"："two"

>>> y["two"] = 2   ← 新的值 2 會蓋掉舊的值 "two"，現在的鍵：值是 "two"：2
>>> y["pi"] = 3.14
>>> y["two"] * y["pi"]   ← y["two"] 對應到 2，y["pi"] 對應到 3.14
6.28
```

以上程式碼絕對無法以 list 來完成！ list 索引值必須是整數，而字典的鍵則更有彈性，它們可能是數字、字串、或其他各種 Python 物件。這使得字典能完成 list 所無法完成的工作。例如，以字典來實作電話目錄會比使用 list 更合理，因為我們可以用姓名當作鍵來儲存與取出電話號碼。

您可以將字典看成一種從某個物件對應到另一個物件的資料結構，就類似現實世界中的字典、百科全書、翻譯名詞對照表。要了解這種類比有多相似，可以從顏色的英、法文翻譯開始：

```
>>> english_to_french = {}
>>> english_to_french['red'] = 'rouge'
>>> english_to_french['blue'] = 'bleu'
>>> english_to_french['green'] = 'vert'
>>> print("red is", english_to_french['red'])
red is rouge
```

建立空字典。一定要先建立(但不一定要是空的)，否則 Python 不會知道 english_to_french 是一個字典！

儲存 3 組英文單字到字典中

取得鍵 "red" 所對應的值(法文單字)

動手試一試：建立一個字典

- 撰寫程式要求使用者輸入三個名字和三個年齡，然後讓使用者可以輸入名字來查詢其年齡。

7.2 其他字典操作

除了基本元素的賦值和存取之外，字典還支援多種操作。您可以用下面方法建立字典並同時指定其內容：

```
>>> english_to_french = {'red': 'rouge', 'blue': 'bleu', 'green':
'vert'}
```

你可以用之前介紹過的 len() 函式來查詢字典中鍵值對的組數：

```
>>> len(english_to_french)
3
```

7.2.1 keys()、values() 和 items() method

您可以使用 keys() method 取得字典中所有的鍵：

```
>>> list(english_to_french.keys())  ← 取得字典所有的鍵然後轉成 list
['green', 'blue', 'red']
```

keys() 通常搭配 Python 的 for 迴圈來走訪字典的內容（參見第 8 章）

在 Python 3.5 及更早版本中，keys() 傳回的鍵之順序並沒有意義，它們不一定要按照建立時的順序排列。所以您印出鍵值可能會跟我的順序不同。但是，從 Python 3.6 開始，字典保留了鍵的建立順序，所以 keys() 傳回的鍵，其順序就代表鍵的建立順序。

我們也可以透過 values() 取得字典中全部的值，不過這個 method 不像 keys() 那麼常用：

```
>>> list(english_to_french.values())
['vert', 'bleu', 'rouge']
```

小編補充　專有名詞翻譯

為什麼我們常常把專有名詞保留原文，為何不翻譯成中文呢？主因有三：

1. 不易完整翻譯，例如 tuple。又例如 method 如果翻譯成方法，就會造成『使用 key() 方法是個好方法』這種奇怪的講法。
2. 易於國際溝通。
3. 如果我們常說 key:value，是不是很自然就可理解並記住 keys() 和 values() 呢？

您可以用 items() 傳回所有鍵與值，相對應的鍵值會存放在 tuple 內：

```
>>> list(english_to_french.items())
[('green', 'vert'), ('blue', 'bleu'), ('red', 'rouge')]
```

key 和 value 會放在 tuple 內

與 keys() 一樣，這個 method 通常配合 for 迴圈使用，以走訪字典的內容。

字典視圖 (view) 物件

keys()、values() 和 items() 傳回的不是 list，而是傳回視圖 (view)。

視圖的行為類似前面章節提到的序列 (sequence) 型別，但只要字典的內容有變更，視圖就會動態更新。這就是為什麼我們在前面的例子中，需要使用 list() 函式將其轉為 list 來顯示其傳回值。除此之外，它們的行為就像序列，允許用 for 迴圈走訪、使用 in 來檢查成員資格等。

由 keys() 所傳回的 view (或某些情況下 items() 傳回的 view) 也表現得和集合一樣，具有聯集、差集和交集等操作。

7.2.2 get() 和 setdefault()method

del 敘述可用來刪除字典中的項目：

```
>>> list(english_to_french.items())
[('green', 'vert'), ('blue', 'bleu'), ('red', 'rouge')]
>>> del english_to_french['green']
>>> list(english_to_french.items())
[('blue', 'bleu'), ('red', 'rouge')]
```

使用字典時，若使用不存在的鍵會產生錯誤。若要避免此錯誤，您可以使用關鍵字 in 來測試鍵是否存在於字典：

```
>>> 'red' in english_to_french
True
>>> 'orange' in english_to_french
False
```

另一種選擇是使用 get() method，如果字典中含有該鍵，則 get(key) 會傳回與該鍵關聯的值，但是若字典中找不到該鍵，則傳回第二個參數設定的值：

```
>>> print(english_to_french.get('blue', 'No translation'))
bleu
>>> print(english_to_french.get('chartreuse', 'No translation'))
No translation
```

第二個參數是非必須的，若是呼叫 get() 時沒有使用第二個參數，而且字典中不包含該鍵的話，則 get() 會傳回 None。

setdefault() 與 get() 類似，找不到該鍵時，會以第二個參數設定的值回傳：

```
>>> print(english_to_french.setdefault('chartreuse', 'No
translation'))
No translation
```

setdefault() 和 get() 之間的區別在於，找不到該鍵時，以上例而言，setdefault() 會自動在字典中新增一個 'chartreuse' 鍵，其值為 'No translation'，而 get() 不會新增任何鍵：值。

7.2.3 copy() 和 update() method

copy()

您可以用 copy() 取得字典的副本

```
>>> x = {0: 'zero', 1: 'one'}
>>> y = x.copy()
>>> y
{0: 'zero', 1: 'one'}
```

copy() 會製造一個字典的淺層副本，該副本在大多數情況下可滿足您的需求。若字典的值包含 list 或字典等可變物件，您可能會需要用 copy.deepcopy() 函式製造一個深層複本。有關淺層和深層副本概念的介紹，請參見第 5 章。

update()

update() 會用其他字典的內容來更新字典。對於兩個字典共有的鍵，其他字典中的值將覆蓋掉原有字典的值。對於原字典不存在的鍵 : 值，則新增之。您可以把 update() 看成是兩個字典的合併：

```
>>> z = {1: 'One', 2: 'Two'}
>>> x = {0: 'zero', 1: 'one'}
>>> x.update(z)
>>> x
{0: 'zero', 1: 'One', 2: 'Two'}
```

7.2.4 字典相關操作的整理

Python 為字典提供了一整套有用的工具。為了便於快速參考，我們把介紹過的字典操作列於表 7.1。

表 7.1　字典操作

字典操作	說明	範例
{}	建立一個空字典	x = {}
len()	傳回字典中項目的個數	len(x)
keys()	傳回字典中所有鍵的視圖	x.keys()
values()	傳回字典中所有值的視圖	x.values()
items()	傳回字典中所有鍵與值	x.items()
del	從字典中刪除一個項目	del x[key]
in	測試一個鍵是否存在於字典中	'y' in x
get()	如果鍵在字典中，則傳回該對應值，否則傳回第二個參數設定的值	x.get('y', None)
setdefault()	如果鍵在字典中，則傳回該對應值；否則傳回第二個參數設定的值，並以傳入的引數來新增該鍵：值	x.setdefault('y', None)
copy()	製作一個淺層複本	y = x.copy()
update()	合併兩字典	x.update(z)

這個表格不是字典操作的完整列表。有關完整列表，請參閱 Python 標準函式庫文件（docs.python.org/3/library/stdtypes.html#dict）。

動手試一試：字典操作

▨ 假設您有一個字典 x = {'a'：1，'b'：2，'c'：3，'d'：4} 和字典 y = {'a'：6，'e'：5　，'f'：6}。在執行以下程式碼後，x 的內容是什麼？：

```
del x['d']
z = x.setdefault('g', 7)
x.update(y)
```

7.3 字典應用範例：字數統計

假設您有一個每行儲存一個單字的檔案，而您想知道檔案中每個單字出現的次數，可以用字典輕鬆達成任務：

```
>>> sample_string = "To be or not to be"
>>> occurrences = {}
>>> for word in sample_string.split():
...     occurrences[word] = occurrences.get(word, 0) + 1
...
>>> for word in occurrences:
...     print("The word", word, "occurs", occurrences[word], \
...     "times in the string")
...
The word To occurs 1 times in the string
The word be occurs 2 times in the string
The word or occurs 1 times in the string
The word not occurs 1 times in the string
The word to occurs 1 times in the string
```

上例中 occurrences 字典用來儲存每個單字的出現次數，這是用來展示字典功能的一個好例子，程式碼很簡單。由於 Python 對字典的操作已進行了高度優化，因此它也非常快。事實上，這種模式非常方便，它已被加入標準函式庫中 collections 模組的 Counter 類別，成為標準化的程式。

7.4 什麼型別可以當作鍵來使用？

前述的範例使用整數與字串作為字典的鍵，但 Python 不僅允許整數與字串當成字典的鍵，任何不可變且可雜湊的 Python 物件都可以當作字典的鍵。

如前所述，在 Python 中任何可以修改的物件都稱為可變物件。list 是可變的，因為可以添加、更改、或刪除 list 元素。同樣的，字典也是可變的物件。

數值資料是不可改變的。如果設定變數 x=3，代表 x 參照到 3 這個整數物件，而後更改為 x=4，則是讓 x 改參照到另一個整數物件 4，但您並沒有改變數字 3 本身。字串也是不可改變的，list[n] 傳回 list 的第 n 個元素，string[n] 傳回 string 的第 n 個字元；list[n] = value 會更改 list 的第 n 個元素，但 string[n] = character 在 Python 中是非法的而且會導致錯誤，因為 Python 中的字串是不可變的。

不幸的是，因為鍵必須是不可變且可湊雜的要求，所以意味著 list 不能當作字典的鍵，但在許多情況下，若是可以把像 list 這種有多個元素的物件當作鍵的話會很方便。例如，人事資料用姓和名當作鍵，或儲存地圖資料時用經度和緯度當成鍵是很方便的，也就是說，如果可以用一個多元素的 list 當成鍵的話就太好了！

Python 藉由 tuple 來解決這個難題，tuple 基本上是不可變的 list；tuple 的創建和使用類似於 list，不過一旦建立，就無法修改，所以 tuple 很適合當成字典的鍵。但要做為字典的鍵，另外還有一個要求，那就是鍵必須是可湊雜的（hashable）。任何可湊雜的數值或物件都可由 __hash__() 這個 method 算出其湊雜值，並且在其生命週期內湊雜值不變。

儘管 tuple 本身是不可變的，但若是 tuple 的元素是可變物件（例如 list），只要元素值一改變，該 tuple 的湊雜值就會改變，那麼就使得這個 tuple 變成不可雜湊，因此這種 tuple 無法作為字典的鍵。所以結論是：當字典需要用多個元素當作鍵時，tuple 是個適當的選擇，但這時你必須確保 tuple 底下各層的元素都必須是不可變的。

表 7.2 說明了 Python 的哪些內建型別是不可變、可雜湊、且有資格成為字典的鍵。

表 7.2　有資格作為字典鍵的 Python 型別

Python 型別	是否不可變？	是否可雜湊？	是否可當作字典的鍵？
int	是	是	是
float	是	是	是
boolean	是	是	是
complex	是	是	是
str	是	是	是
bytes	是	是	是
bytearray	否	否	否
list	否	否	否
tuple	是	有時可以	有時可以
set	否	否	否
frozenset	是	是	是
dictionary	否	否	否

本章後面將會舉例說明 tuple 與字典如何協同工作。

動手試一試：何者可當作鍵？

▨ 判斷以下何者可以作為字典的鍵：

1

'bob'

('tom', [1, 2, 3])

["filename"]

"filename"

("filename", "extension")

7.5 稀疏矩陣

在數學術語中，矩陣是二維數字陣列，通常如右圖以大方括號來表示。

$$\begin{bmatrix} 3 & 0 & -2 & 11 \\ 0 & 9 & 0 & 0 \\ 0 & 7 & 0 & 0 \\ 0 & 0 & 0 & -5 \end{bmatrix}$$

在 Python 中矩陣的標準表示法之一是用 list 的 list 來代表。所以可以寫成以下形式：

```
matrix = [[3, 0, -2, 11], [0, 9, 0, 0], [0, 7, 0, 0], [0, 0, 0, -5]]
```

透過列號和行號的索引可存取矩陣中的元素：

```
element = matrix[rownum][colnum]
```

但是在某些應用中，例如天氣預報，矩陣通常每列 (row) 和行 (column) 會有數千個元素，二者相乘總共有數百萬個元素，這種矩陣通常絕大多數元素的值都是零。為了節省記憶體，這種矩陣通常只儲存非零元素，這種表示法稱為稀疏矩陣（sparse matrices）。

透過使用具有 tuple 索引的字典來實現稀疏矩陣其實很簡單。例如，前面的稀疏矩陣可寫成：

```
matrix = {(0, 0): 3, (0, 2): -2, (0, 3): 11,
(1, 1): 9, (2, 1): 7, (3, 3): -5}
```

現在，您可以透過以下程式碼來存取矩陣中特定行列的元素：

```
if (rownum, colnum) in matrix:
    element = matrix[(rownum, colnum)]
else:
    element = 0
```

比較沒有那麼直覺（但更有效）的方法是使用字典的 get() 方法，如果 get() 無法在字典中找到鍵則傳回 0，這樣可在程式碼中少寫一次字典的查找：

```
element = matrix.get((rownum, colnum), 0)
```

透過字典可以方便建立與存取稀疏矩陣，但如果您需要用矩陣進行大量運算，建議您考慮改用數值計算套件 NumPy（www.numpy.org，或參考旗標科技出版的"Numpy 高速運算徹底解說"一書）。

7.6 以字典作為快取

本節介紹如何把字典當作快取（cache），亦即預先儲存結果以避免反覆重新計算的資料結構。假設您需要一個名為 sole 的函式，它需要三個整數作為參數並傳回計算後的結果，該函式可定義如下：

```
def sole(m, n, t):
#... 將 m, n, t 進行一些計算 ...
    return(result)
```

但是若這個函式非常耗時，而且它需要被呼叫數萬次的時候，程式執行起來的效率可能會非常慢。

現在假設程式呼叫 sole() 的參數組合數量是可預期的，但是每一種參數組合都會重複很多次呼叫，例如 sole(12, 20, 6) 是其中一個參數組合，但是程式中需要呼叫 sole(12, 20, 6) 這組合上百次。為了加快程式，您可以用 (12, 20, 6) 這個 tuple 為鍵，將 sole(12, 20, 6) 的**計算結果**儲存在字典中，這樣只有第一次呼叫 sole(12, 20, 6) 需要計算，之後的呼叫直接從字典內取值即可，不必重新計算。程式碼如下：

```
sole_cache = {}
def sole(m, n, t):
    if (m, n, t) in sole_cache:  ←── 如果字典內已有此鍵
        return sole_cache[(m, n, t)]  ←── 則把值傳回
    else:
        #... 否則對 m, n, t 進行一些計算 ...
        sole_cache[(m, n, t)] = result  ←── 把值存到字典供以後使用
        return result  ←── 傳回這次計算的值
```

動手試一試：使用字典

▨ 假設您正在撰寫一個試算表之類的程式，您要怎麼用字典來儲存工作表的內容？撰寫一些程式碼來儲存值以及檢索特定儲存格中的值。這種作法可能會有什麼缺點？

7.7 字典的效率

如果您已經很習慣使用傳統的編譯式語言，那麼您可能會猶豫要不要使用字典，而且擔心它們的效率會低於 list（陣列）。事實上 Python 字典執行起來非常快，許多 Python 內部的功能都依賴於字典，並且已經進行了大量的優化以提高它們的效率。

由於所有 Python 的資料結構都經過了大量優化，因此您不必花太多時間來擔心哪個更快或更高效率，如果使用字典比使用 list 能夠更容易、更利落地解決問題，那麼就用字典吧！而且只有在字典明顯導致無法接受的速度減緩時才考慮其他替代方案。

LAB 7：字數統計

◪ 在上一章的 LAB 6 中，您取得了 Moby Dick 第一章的本文，將其所有字元改成小寫、刪除所有標點符號、並以每行一個字的方式寫到檔案。在本實驗中，您要讀取該檔案，使用字典計算每個單字出現的次數，然後報告最常見和最不常見的單字。

重點整理

<table>
<tr><th></th><th>有序</th><th>無序</th><th>自 3.7 版開始，字典保持 key 建立時的順序</th></tr>
<tr><td>可變更
(mutable)</td><td>list</td><td>set</td><td>dict</td></tr>
<tr><td rowspan="2">不可變更
(immutable)</td><td>tuple</td><td rowspan="2"></td><td rowspan="2"></td></tr>
<tr><td>list</td></tr>
</table>

◪ 下表列出 list 與字典的差異：

	`list` 串列	`dict` 字典
可儲存的資料	任何類型的物件	任何類型的物件
索引	連續的整數	以鍵 (`key`) 作為索引，任何不可變和可雜湊的物件都可當作字典的鍵 (參見 `7.4` 節)

◪ 字典的操作列表請參見 7.2.4 節。

◪ 不用擔心 Python 字典的效率。

Chapter 08

流程控制

本章涵蓋

- 用 while 迴圈來重複執行程式碼
- 做出決策：if-elif-else 敘述
- 使用 for 迴圈走訪串列
- range()、enumerate()、zip()
- 生成式與產生器
- 使用縮排分隔敘述和區塊
- 布林值和運算式的真假運算

老手帶路 專欄

- while-else 的使用場合
- 使用簡潔易懂的單行 if 條件運算式
- 用索引刪除 list 元素的隱形 Bug
- 用 Short-circuit Evaluation 代替 if 判斷式以簡化程式碼

Python 提供了完整的流程控制功能，本章將會詳細介紹這些功能。

8.1 while 迴圈

在前面章節您應該已經看到很多次基本的 while 迴圈了，下面是完整的 while 迴圈語法：

```
while 條件式:
    主體程式區塊
else:          } 非必須
    後置程式區塊
```

其中的條件式（condition）是一個布林運算式（運算結果為 True 或 False），只要它是 True，主體程式區塊就會反覆執行，當條件式為 False 時，while 迴圈會執行一次後置程式區塊，然後終止。如果條件式一開始就是 False，則主體程式區塊一次也不會執行，只會執行一次後置程式區塊，然後終止。

主體程式區塊和後置程式區塊都是一或多行 Python 敘述，一行一敘述，並且必須處於相同的縮排級別。例如下面是第 4 章舉例過的程式：

```
n = 9
r = 1
while n > 0:
    r = r * n
    n = n - 1
```

Python 使用縮排來表示程式碼區塊。上述程式碼的最後兩行是 while 迴圈的主體程式區塊，因為它們緊跟在 while 敘述之後，並且比 while 敘述多縮排了一個級別。如果這兩行程式碼沒有縮排，就不會成為 while 迴圈的一部分。

break 和 continue

break 和 continue 這兩個特殊敘述可以在 while 迴圈的主體程式區塊中使用，如果執行 break，它會立即終止 while 迴圈，而且**不執行後置程式區塊**（如果有 else 子句的話）。若執行 continue，則會跳過 continue 後面的程式，回到 while 條件式繼續執行下一次迴圈。

請注意，while 迴圈的 else 子句不是必須的，而且不常使用。那是因為只要主體程式區塊沒有執行 break，那麼下面這個迴圈：

```
while 條件式:
    主體程式區塊
else:
    後置程式區塊
```

若主體程式區塊沒有執行break，則後置程式區塊永遠都會被執行和這個迴圈：

```
while 條件式:
    主體程式區塊
後置程式區塊
```

兩者的效果是一樣的，而且第二個更容易理解，所以雖然 while-else 在某些情況下會很有用，但其實我不太想提到 else 子句。不過因為您可能會在別人的程式碼中看到這個語法，所以我還是簡單介紹，以免您感到困惑。

老手帶路 while-else 的使用場合

while-else 在其他程式語言中很少看到，所以很多人可能會覺得很難瞭解這個語法，其實 while-else 與 if-else 一樣，只有在**條件式為假時，才會執行 else 的區塊**：

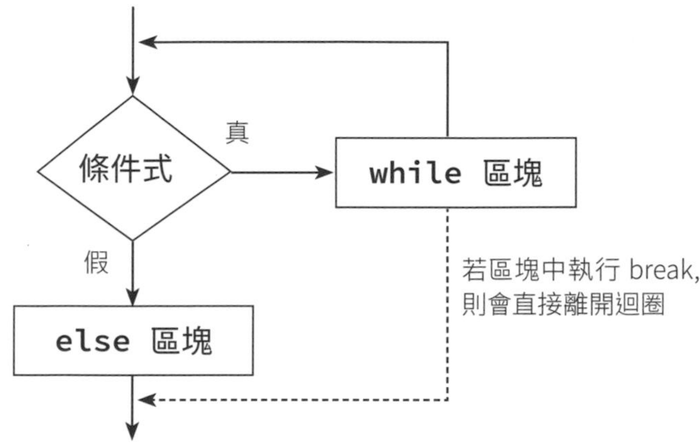

那為何 break 中斷迴圈時不會執行 else 區塊呢？這是因為 break 中斷時，while 的條件式仍然處於『真』的狀態，所以自然不會執行 else 區塊。

為什麼 Python 會提供這個很少見的 while-else 語法呢？作者有提到 while-else 在某些情況下很有用，下面就是這樣的一個狀況：

▶接下頁

```
data = get_data()  ← 讀取資料
while data != "":
    if "Good" in data:
        print("找到單字Good")
        break
    data = get_data()  ← 持續讀取資料
else:  ← 讀不到資料時結束迴圈，進入else
    print("找不到單字Good")
```

若是沒有 while-else 語法，遇到上面的狀況時，會需要多用一個變數來紀錄是否已找到單字：

```
found = False  ← 多一個變數
data = get_data()
while data != "":
    if "Good" in data:
        print("找到單字Good")
        found = True
        break
    data = get_data()

if not found:
    print("找不到單字Good")
```

上述的狀況其實非常容易遇到，當我們用迴圈處理時需要用一個臨時變數來紀錄目前狀態，處理後判斷完狀況這個臨時變數就不再需要了。若是改用 while-else，便不必使用這些臨時變數。

所以 while-else 也是 Python 展現『簡潔優雅』程式碼的一個語法。就像作者前面提到的，若 while 迴圈裡面沒有 break，則 else 子句是沒有必要的，但若是有 break，那麼 else 子句很可能就可以派上用場。

8.2 if-elif-else 判斷式

Python 中的 if 判斷式的語法如下：

```
if 條件式1:
    程式區塊1
elif 條件式2:
    程式區塊2
elif 條件式3:
    程式區塊3
......
......

elif 條件式(n-1):
    程式區塊(n-1)
else:
    程式區塊n
```

如果條件式 1 為 True，則執行程式區塊 1；否則，如果條件式 2 為 True，則執行程式區塊 2…依此類推，直到找到一個條件式為 True，若沒有條件式為 True 則會執行 else 子句的程式區塊 n。

與 while 迴圈一樣，if 的程式區塊也是一或多行 Python 敘述，一行一敘述，並且每個敘述必須處於相同的縮排級別。

elif 與 else 子句不是必須的，可以省略。如果找不到任何條件式為 True，而且沒有 else 子句，那麼就什麼都不做。

⊛ 老手帶路　使用簡潔易懂的單行 if 條件運算式

在實際的應用場合中，可能常需要撰寫以下程式：

```
if n > 100:
    result = "success"
else:
    result = "failed"
```

在 Python 中，上面程式可以改成下列單行 if 條件運算式：

```
result = "success" if n > 100 else "failed"
```

其他程式語言中也有功能相近的語法，例如 C 語言中的寫法是 result = n>100?"success":"failed"。相比之下，其他程式語言為了簡潔可能會犧牲可讀性，但是 Python 的單行 if 條件運算式除了比原本的 if-else 簡潔，其語法更是易懂到接近實際的英文語句，所以一般會建議多使用這個語法來代替原本的 if-else。

單行 if 條件運算式除了用來設定變數以外，也可以用於其他程式敘述中：

```
print("success" if n > 100 else "failed")
```

if 子句後面的程式區塊是必要的，但是您可以使用 pass 敘述來跳過，不作任何動作：

```
if x < 5:
    pass
else:
    x = 5
```

pass 可使用在 Python 語法中任何需要程式敘述的地方，它等同於一行敘述，但不會作任何動作，其作用就像佔位符號一樣。

Python 的 switch-case 語法在哪裡？

Python 中沒有 switch-case 語法，大多數情況下，使用 if...elif...elif...else 就足以應付。至於少數幾個難以處理的情況，通常可以藉由函式與字典來代替 switch-case 敘述，如下例所示：

```
def do_a_stuff():
    #處理 a 狀況
def do_b_stuff():
    #處理 b 狀況
def do_c_stiff():
    #處理 c 狀況
func_dict = {'a' : do_a_stuff,
             'b' : do_b_stuff,
             'c' : do_c_stuff }
x = 'a'
func_dict[x]() ➡ func_dict['a']() ➡ do_a_stuff() ➡ 處理 a 狀況
```

用字典做一個對照表（**編註：** 可參考9.5節）

事實上，有些使用者建議 Python 應該要增加 switch-case 語法（參見 PEP 275 和 PEP 3103），但並沒有獲得採納，多數仍認為這個語法並不那麼需要，不值得花時間去增加它。

8.3 for 迴圈

Python 的 for 迴圈與傳統程式語言不同，傳統方式是每執行一輪 for 迴圈後遞增再測試迴圈變數，然後再以迴圈變數為索引取得陣列元素，例如 C 的 for 迴圈就是這麼做：

這是 C 程式碼

```
int a[] = {84, 92, 76};
int size = sizeof(a) / sizeof(a[0]);   ← 計算陣列長度
for (int i = 0; i < size; ++i)        ← 用 for 迴圈遞增變數 i 並測試其是否超出長度
    printf("%d", a[i]);               ← 用變數 i 取出陣列內的值
```

在 Python 中，for 迴圈不需要索引，而是直接走訪物件中的元素逐一取出來做處理，可走訪物件包括 list、tuple、set、字串、產生器、enumerate()…等，for 迴圈語法如下：

```
for item in 可走訪物件:
    主體程式區塊
else:
    後置程式區塊
```

for 迴圈每讀取一次可走訪物件的元素，就會執行一次主體程式區塊。一開始 item 被設為可走訪物件的第一個元素，並且執行一次主體程式區塊；然後將 item 設為可走訪物件的第二個元素，再執行一次主體程式區塊。後面依此類推，一直到所有元素都讀取走訪過了，就會結束迴圈。

如同前面提到的 while-else 一樣，for 迴圈的 else 子句不是必須的，比較少用。

> 關於 while-else 的使用場合請參見 8.1 節。

以下這個 for 迴圈會印出 x 中每個數字的倒數：

```
x = [1.0, 2.0, 3.0]
for n in x:
    print(1 / n)
```

8.3.1 range() 函式

for 迴圈走訪時並不需要索引，但有時您會想要改用索引來走訪，此時可以用 range() 搭配 len() 函式來產生索引，例如以下程式碼會印出 list 中所有負數的位置：

```
x = [1, 3, -7, 4, 9, -5, 4]
for i in range(len(x)):
    if x[i] < 0:
        print("找到負數, 其索引值為 ", i)
```

其實這種況下使用 enumerate() 函式會比較好，在 8.3.5 節我們會再說明。

給定一個數字 n，range(n) 會依序傳回 0, 1, 2, ..., n-2, n-1，總共 n 個數字，所以上面程式用 len() 找出 list 長度後，傳給 range() 就會產生該 list 的索引，然後在迴圈中就可以用索引來取得 list 的元素值。

在 Python 2 中 range(n) 函式會傳回 [0, 1,⋯n-1] 的整數 list，但是在 Python 3 之後 range() 傳回的是一個 range 型別的物件，它的元素是在每次走訪時動態產生的，而不是預先產生好的！事實上它內部只有我們所指定的數列範圍，及目前被走訪的次數。

這樣改變的目的在於效率與節省記憶體，例如 range(10000000) 在 Python 2 需要先構建一個含有 1 千萬個元素的 list，所以在使用前需要等待構建，構建後還會佔用相當多的記憶體。但是 Python 3 之後無論是設定多大的數列，都不需要等待構建，也只會使用少量的記憶體。

8.3.2 以 range(m, n) 控制數列範圍

您可以在 range() 函式使用兩個參數來控制其產生的數列範圍，類似第 5 章介紹過的切片，range(m, n) 會產生 m 到 n-1 的數列。這裡有一些例子：

```
>>> list(range(3, 7))
[3, 4, 5, 6]
>>> list(range(2, 10))
[2, 3, 4, 5, 6, 7, 8, 9]
>>> list(range(5, 3))
[]
```

上面使用 list() 的目的，僅在於將 range() 產生的 range 型別物件轉為 list 以方便顯示。

range(m, n) 無法產生反向數列，所以 list(range(5,3)) 的值是空 list。若要反向計數，或是想讓數列用 2 以上遞增，可以用第 3 個參數指定遞增量，省略時預設為 1，若指定為負值，則數列就會反向由大到小排列。例如：

```
>>> list(range(0, 10, 2))
[0, 2, 4, 6, 8]
>>> list(range(5, 0, -1))
[5, 4, 3, 2, 1]
```

range(m, n) 傳回的數列都是以 m 做為起始值，並且結束值永遠不會包括 n。

8.3.3 在 for 迴圈中使用 break 和 continue

break 和 continue 這兩個特殊敘述可以在 for 迴圈的主體程式區塊中使用，如果執行 break，它會立即終止 for 迴圈，而且不執行後置程式區塊（如果有 else 子句的話）。若執行 continue，則會跳過 continue 後面的程式，回到條件式繼續執行迴圈。

8.3.4 for 迴圈與 tuple 解包多重設定變數

您可以使用 tuple 解包（tuple unpacking）來讓 for 迴圈更整潔易懂，以下例子中 list 的元素是 tuple，每個 tuple 內有兩個數字，我們想要計算每個 tuple 中兩個數字的積，並且求所有積的和（這樣的數學運算在某些領域中相當常見）：

```
somelist = [(1, 2), (3, 7), (9, 5)]
result = 0
for t in somelist:
    result = result + (t[0] * t[1])
```

以下用更清楚易懂的方式做同樣的事：

```
somelist = [(1, 2), (3, 7), (9, 5)]
result = 0
for num1, num2 in somelist:
    result = result + (num1 * num2)
```

此程式碼在關鍵字 for 後面的 num1, num2 是一個 tuple (**編註：** 就是 (num1, num2))，而不是一般的單一變數。for 迴圈走訪 somelist 時，第一次會取出 (1, 2)，指定給變數時會執行 num1, num2 = (1, 2)，此時 tuple 就會解包然後設定 num1=1，num2=2，便可以一次設定兩個變數。

用第一種方式的話，程式閱讀者完全看不出 t[0] 與 t[1] 是什麼資料，只能透過後面的程式碼來猜測，而程式撰寫者則要自己記得 t[0] 與 t[1] 是什麼資料，若記錯了就會寫出錯誤的程式。所以建議您多用第二種方式，便可以設定比較有意義的變數名稱，讓程式碼更加清楚易懂。

8.3.5 enumerate() 函式

enumerate() 函式用來將 list、tuple 內的元素取出，而且取出時會加上該元素的索引編號：

```
>>> x = ['a', 'b', 'c']
>>> list( enumerate(x) )
[(0, 'a'), (1, 'b'), (2, 'c')]
```

編註： enumerate() 是傳回一個 enumerate 物件，必須用 list() 轉成 list 才能看到它的內容

加上索引編號了

前面提到的多重設定變數若搭配 enumerate() 函式來使用，便能在 for 迴圈走訪時，同時取得元素的索引編號與元素值。例如 8.3.1 節我們用 range() 來找出 list 中所有負數的位置，可以如下改用 enumerate()：

```
x = [1, 3, -7, 4, 9, -5, 4]
for i, n in enumerate(x):
    if n < 0:
        print("找到負數，其索引值為 ", i)
```

前面提到 Python 的 for 迴圈不需要索引，直接就能逐一取出可走訪物件中的元素，但有時我們會遇到同時需要索引與元素值的狀況，此時請用 enumerate() 函式便不需要自行產生索引編號，可以讓程式碼更簡潔並且更好維護，建議您多加使用。

8.3.6 zip() 函式

就像拉鍊可以結合兩片織物一樣，zip() 函式可以將兩個可走訪的物件結合起來：

```
>>> x = [1, 2, 3, 4]    ← 4 個元素的 list
>>> y = ('a', 'b', 'c')    ← 3 個元素的 tuple
>>> z = zip(x, y)
>>> list(z)    ← zip 是傳回 zip 物件，必須用 list() 轉換才能顯示其內容
[(1, 'a'), (2, 'b'), (3, 'c')]    ← 只會結合 3 個元素
```

zip() 函式結合時會以長度較短的物件為準，超過的會捨棄，所以上例結合後只有 3 個元素。您可以先用 zip() 結合兩個可走訪物件，再搭配前面提到的多重設定變數來取出結合後的資料。

動手試一試：迴圈與 if 敘述

- 假設您有一個 list x = [1, 3, 5, 0, -1, 3, -2]，請寫一個程式從該 list 中刪除所有負數。
- y = [[1, -1, 0], [2, 5, -9], [-2, -3, 0]]，請問如何計算這個 list 中負數的總數？
- 請寫一個程式，當 x 的值低於 -5 則顯示 "very low"，若 x 在從 -5 到 0 之間則顯示 "low"，如果等於 0 則顯示 "neutral"，如果它在 0 到 5 之間則顯示 "high"，如果 x 大於 5 則顯示 "very high"。

8.4 生成式 Comprehension 和產生器 Generator

我們常見用 for 迴圈將 list 中的元素取出修改後再生成新的 list，這樣的迴圈通常如下：

```
>>> x = [1, 2, 3, 4]
>>> x_squared = []
>>> for item in x:
...     x_squared.append(item * item)
...
>>> x_squared
[1, 4, 9, 16]   ← 原有 list 的元素平方後建立新 list
```

這種情況非常普遍，所以 Python 特別為了這種情況創立了特殊的快捷語法，稱為生成式（comprehension）。

8.4.1 生成式 (Comprehension)

生成式 (Comprehension) 常用於建立 list 與 dict。現說明如下：

編註： 此語法非常重要而且常用，請務必熟悉！

list 生成式

快速建立新 list 的生成式語法如下：

❷ 取出的元素指定給變數
❶ 在符合 if 條件式的狀況下取出原有 list 的元素
new_list = [運算式 for 變數 in 原有list if 條件式]
❸ 將變數帶入運算式
❹ 運算後的值變成新 list 的元素
注意！這裡使用了 [] 括號

生成式語法中的 if 條件式是非必須的，可以省略。前面將原本元素平方後建立新 list 的例子，可以用生成式語法改寫如下：

```
>>> x = [1, 2, 3, 4]
>>> x_squared = [item * item for item in x]
>>> x_squared
[1, 4, 9, 16]
```

下面用圖示來說明上述生成式的運作流程：

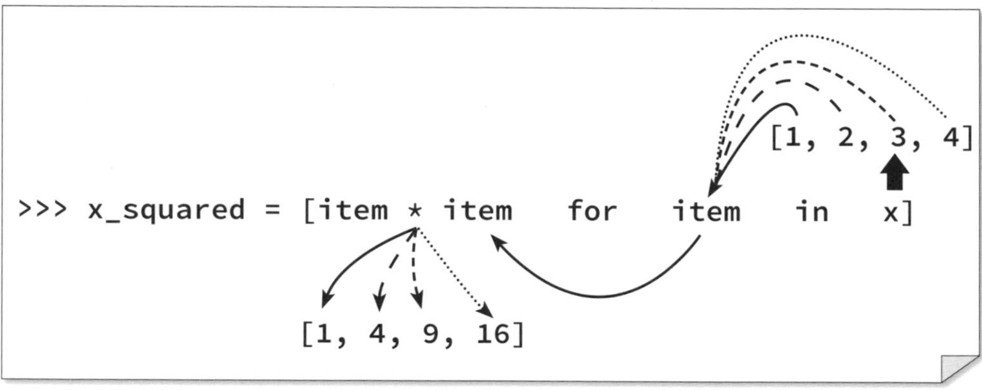

若加上 if 條件式，則可以從原有 list 中挑選出特定元素：

```
>>> x = [1, 2, 3, 4]
>>> x_squared = [item * item for item in x if item > 2]
>>> x_squared
[9, 16]
```

字典 dict 生成式

用生成式建立新字典 (dict) 的語法與 list 類似，差別只在於會有兩個運算式以生成新字典的鍵和值：

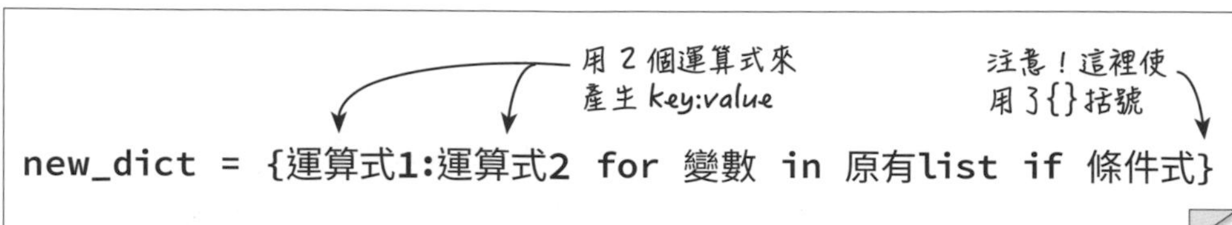

假設我們想要建立新的字典，以原有 list 的元素為新字典的鍵，以該元素平方為新字典的值，可以用下面字典生成式：

```
>>> x = [1, 2, 3, 4]
>>> x_squared_dict = {item: item * item for item in x}
>>> x_squared_dict
{1: 1, 2: 4, 3: 9, 4: 16}
```

用生成式來建立新 list 與字典的語法非常靈活和強大，在處理與操作上更加簡單。我建議您務必熟悉生成式的語法，當您用 for 迴圈取用一個 list 的內容來建立新 list 時，請試試看改用生成式語法，這會讓你的程式更 Pythonic。

老手帶路　用索引刪除 list 元素的隱形 Bug

如果需要使用索引來刪除 list 內的元素，例如刪除奇數位置第 1、3、5... 個元素時，一般直覺的作法如下：

```
>>> x = [0, 1, 2, 3, 4, 5, 6, 7]
>>> for i, n in enumerate(x):
...     if i%2 == 1:
...         del x[i]

>>> x
[0, 2, 3, 5, 6]
```

上面可以看到程式邏輯是對的，但是執行結果卻是錯誤的，這是因為刪除元素時，後面元素的索引編號就會立即往前遞補，這樣整個 list 的索引都已經改變，自然導致後續透過索引刪除的元素都是錯誤的。為了避免這個問題，您應該從陣列的後面往前刪除：

```
>>> list(range(len(x)-1, -1, -1))
[7, 6, 5, 4, 3, 2, 1, 0]
>>> for i in range(len(x)-1, -1, -1):
...     if i%2 == 1:
...         del x[i]
```

▶接下頁

```
>>> x
[0, 2, 4, 6]
```

有一個更簡潔、易讀的方式就是使用生成式剔除不要的元素，直接產生新的 list：

```
x = [n for i, n in enumerate(x) if not i%2 == 1]
```

用生成式的方式可說是簡潔易用，還不用自己倒數，從這邊也可以看到生成式的優點。不過有個唯一例外狀況，就是 list 很大結構又很複雜的話，用生成式可能會佔用太多記憶體，那麼還是需要麻煩地從陣列的後面往前刪除。

8.4.2 產生器 (Generator)

產生器（Generator）的語法很像剛剛介紹的 list 生成式，差別只在於使用了 () 來代替 []。我們將上一節的例子改用產生器語法來改寫如下：

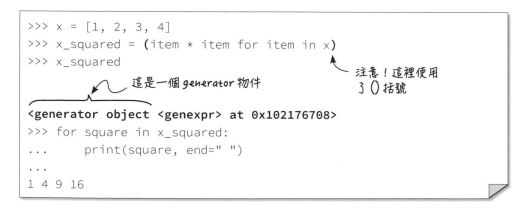

```
>>> x = [1, 2, 3, 4]
>>> x_squared = (item * item for item in x)
>>> x_squared
<generator object <genexpr> at 0x102176708>
>>> for square in x_squared:
...     print(square, end=" ")
...
1 4 9 16
```

這是一個 generator 物件
注意！這裡使用了 () 括號

如以上程式碼所示，除了改成 () 之外，產生器語法與 list 生成式幾乎一樣。**兩者之間的差別是 list 生成式會建立一個新的 list，而產生器則是傳回一個產生器物件，這個產生器物件可以用 for 迴圈來走訪。**

與 range() 非常相似，使用產生器的優點是其資料不需要立刻在記憶體中完整建構，因此可以在幾乎不耗用記憶體的情況下產生任意大的序列資料。

動手試一試：生成式與產生器

- 如何使用生成式來刪除 list 中所有負值？
- 建立一個只傳回 1 到 100 之間奇數的產生器。（提示：如果數字除以 2 餘數不為零即為奇數，使用 %2 可以取得數字除以 2 的餘數）
- 請寫一個程式建立一個字典，字典的鍵是 11 到 15 的數字，而值則是數字的立方。

8.5 敘述、區塊、和縮排

流程控制的程式碼中會大量使用到區塊和縮排，所以現在是重新審視這個主題的好時機。

前面第 4 章已經介紹過，Python 使用縮排來區分區塊結構，每個區塊由一行或多行敘述所組成。

我們也可以把多個敘述以分號隔開而放在同一行上。若流程控制的程式區塊內的程式很短，也可以放在冒號後的同一行上：

```
>>> x = 1; y = 0; z = 0          ← 多個敘述用分號隔開放在同一行
>>> if x > 0: y = 1; z = 10      ← 多個敘述可以放在冒號後面
... else: y = -1                 ← 敘述可以放在冒號後面
...
>>> print(x, y, z)
1 1 10
```

8.5.1 縮排錯誤

不正確的縮排會引發例外錯誤，此錯誤可能會有兩種形式，首先是不該縮排卻縮排：

```
>>>
>>>   x = 1
File "<stdin>", line 1
x = 1
^
IndentationError: unexpected indent
>>>
```

縮排了！

上面在不應縮排的程式敘述前多了空格或定位字元。在互動模式中，^ 符號表示問題發生的位置。

VS Code 會以紅色波浪符號來指出程式中縮排錯誤的位置：。

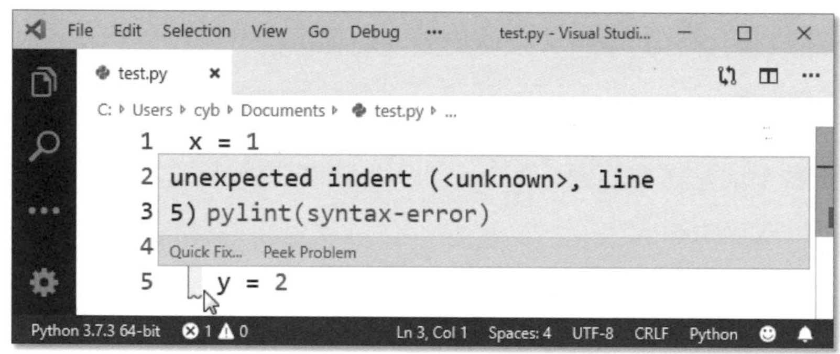

圖 8.1 以紅色波浪符號來指出縮排錯誤之處

請特別注意有些編輯器中 Tab 字元看起來就像是 4 個空格，若您不小心混用了 Tab 與空格作為縮排，那麼兩行看起來會像是處於相同等級的縮排，所以此時會遇到縮排錯誤的訊息。

避免上述問題最好的方法，是在 Python 程式碼中永遠使用空格來縮排，若真的必須使用 Tab 進行縮排，或者您正在修改其他人寫的以 Tab 縮排的程式碼，請確保不要將 Tab 與空格混合使用。

在互動模式下，您可能已經注意到需要額外的一行空白來讓 Python 知道程式區塊已經結束：

```
>>> x = 1
>>> if x == 1:
...     y = 2
...     if v > 0:
...         z = 2
...         v = 0
...                        ← 額外的一行空白
>>> x = 2
```

以上程式碼在 v = 0 之後需要多一行空白，這樣 Python 才會知道 if 敘述已經結束了。不過若程式碼是放在檔案中，便不需要多這一行空白。

如果你在區塊中的縮排不一致，則會發生第二種形式的例外錯誤：

```
>>> x = 1
>>> if x == 1:
            y = 2 } 縮排不一致
        z = 2
File "<stdin>", line 3
        z = 2     } 縮排不一致
        ^
    IndentationError: unindent does not match any outer
indentation level
```

同一層級區塊的程式碼縮排必須一致，在上面例子中 y = 2 與 z = 2 屬於同一層級區塊，但是縮排卻不一致，所以會產生例外錯誤。這種形式比較少見，但我仍然要提醒您注意這個狀況。

Python 允許您使用任何數量空格或 Tab 作為縮排，只要在同一層級區塊中保持一致，無論您有多少縮排，Python 都不會抱怨。但是請不要濫用這種靈活性，最好是每個縮排級別使用四個空格。

8.5.2 將一行敘述拆成多行

隨著縮排級別的增加，您可能會遇到程式碼太長而需要拆成多行的情況的狀況。您可以用反斜線 \ 放在行尾，這樣 Python 將會此行與下一行連成同一行。另外，Python 將會 ()、{}、或 [] 等括號內所有敘述視為同一個敘述，所以您可以在括號內任意換行：

```
>>> print('string1', 'string2', 'string3' \
...     , 'string4', 'string5')
string1 string2 string3 string4 string5
>>> x = 100 + 200 + 300 \
...     + 400 + 500
>>> x
1500
>>> v = [100, 300, 500, 700, 900,
...     1100, 1300]
>>> v
[100, 300, 500, 700, 900, 1100, 1300]
>>> max(1000, 300, 500,
...         800, 1200)
1200
>>> x = (100 + 200 + 300
...          + 400 + 500)
>>> x
1500
```

後面不能有空格

若需要建立長字串，也有數種方法，詳細請參見第 4.5 節的說明。

8.6 布林值與運算式的真假運算

前面的流程控制範例都以相當簡單的敘述來作為條件式，但我們尚未真正解釋 Python 中的布林值，以及條件式裡可以使用哪些運算，本節將為您介紹這些細節。

Python 的布林值只有 True 和 False 兩個值，具有布林運算的任何運算式都只會傳回 True 或 False。

8.6.1 大多數 Python 物件都可以當作布林值

Python 在布林值方面類似於 C，因為 C 使用整數 0 表示 false，而任何其他整數表示 true。Python 而承襲了這個概念：0 或空值為 False，任何其他值為 True。實際上，這意味著以下內容：

- 數字 0、0.0 和 0 ＋ 0j 均為 False；任何其他數字都是 True。
- 空字串 "" 為 False；任何其他字串都是 True。
- 空 list [] 為 False；任何其他 list 都是 True。
- 空 tuple () 為 False；任何其他 tuple 為 True。
- 空字典 {} 為 False；任何其他字典都是 True。
- 特殊的 None 永遠屬於 False。

有一些 Python 資料結構我們還沒看過，但一般來說同樣的規則也適用。如果資料結構為空值或 0，則布林值為 False；而其他狀況下都是 True。某些物件（如檔案物件和程式碼物件）沒有定義合理的 0 或空元素，那麼這些物件就不應該用於條件式中。

8.6.2 布林算符與比較算符

您可以使用比較算符來比較物件：<、<=、>、>= 等。== 是測試相等的算符，而 != 是「不等於」算符，還有 in 和 not in 算符用來測試序列（串列、元組、字串、和字典）中的成員資格，以及 is 和 is not 算符用來測試兩個物件是否為同一個。

如果運算式的結果是布林值，則運算式之間還可以使用 and、or 和 not 算符來組合成更複雜的運算式，以下程式碼檢查變數是否在 0 和 10 之間：

```
if 0 < x and x < 10:
...
```

Python 為上述多重比較提供了一個很方便的語法，讓您可以像在數學式子中那樣寫：

```
if 0 < x < 10:
...
```

Python 會依照數學四則運算的優先順序來完成運算，如果不確定的話，可以用括號 () 確保 Python 以您希望的優先順序來運算。對於複雜的運算式，無論是否必要，最好還是使用括號，以便將來程式碼的維護者清楚地知道哪些地方會優先運算。有關優先等級的更多詳細信息，請參閱 Python 文件。

接下來本節將說明更多進階的資訊，如果您還是 Python 的初學者，那麼您可以暫時跳過這些內容。

Python 的 and 和 or 算符並不會傳回運算後的布林值，而是會傳回物件，and 算符傳回運算式中第一個 (最先) 運算結果為 False 的物件或最後一個物件。類似地， or 算符傳回第一個 (最先) 產生 True 的物件或最後一個的物件。

這看起來有點令人困惑，請這樣想就會明白：如果 and 運算式由左到右開始運算，只要遇到有一個運算結果是 False，那麼整個運算式自然為 False，所以傳回第一次遇到運算結果為 False 的物件就可以了，因為結果就是 False。若所有前面物件都為 True，那麼傳回最後一個物件，因為這個物件就決定整個運算式的結果。

反之，對於 or 而言，只要有一個 True 物件就會使該運算式為 True，所以直接傳回第一次產生 True 的物件即可。如果未找到 True 值，表示所有物件都是 False，則傳回最後一個物件，因為這時最後物件的值就等於整個運算的結果。

換句話說，只要 or 算符找到了 True，或者只要 and 算符找到了 False，邏輯的求值運算就會停止，若都未找到，則兩者都是回傳最後一個物件：

```
>>> [2] and [3, 4]
[3, 4]
>>> [] and 5
[]
>>> [2] or [3, 4]
[2]
>>> [] or 5
5
>>>
```

老手帶路　用 Short-circuit Evaluation 代替 if 判斷式

要小心 and 右邊的算式或函式會不會被執行，和 and 左邊的運算結果是不是 True 有關，舉例如下：

```
x = []
if x and myfunc():
    pass
```

上面程式中，因為 and 左邊的 x 是空 list，運算結果是 False，所以右邊的 myfunc() 函式並不會被執行；但是若 x 不是空 list，那麼 myfunc() 函式就會被執行。同樣的程式碼，卻可能出現兩種結果！

這種現象稱為 Short-circuit Evaluation（短路求值），有時候這會是一個隱形的 Bug，要小心！

▶接下頁

有些程式老手會利用 Short-circuit Evaluation 的特性來代替 if 判斷式，簡化程式碼：

```
>>> x = 0
>>> x <= 0 and print("x <= 0")      ← 代替 if 判斷式
x <= 0
>>> 1/x
Traceback (most recent call last):
  File "<pyshell>", line 1, in <module>
ZeroDivisionError: division by zero
>>> x and 1/x          ← 用 Short-circuit Evaluation 避免錯誤，當 x 為0
0                        就不執行1/x，當 x 不為0 就執行 1/x
```

== 和 != 算符會測試兩邊是否包含相同的值，在大多數情況下會使用 == 和 !=，而不是 is 和 is not 算符，因為 is 和 is not 是用來測試兩邊是否為同一個物件：

```
>>> x = [0]
>>> y = [x, 1]
>>> x is y[0]     ← 兩者參照到同一物件
True
>>> x = [0]       ← 重新設定 x 變數，此時的 [0] 是新建立的物件
>>> x is y[0]     ← 兩者已經是不同物件(雖然二者的值看起來都是[0])
False
>>> x == y[0]     ← 但兩者的值仍然相同
True                (因為 == 是看值相不相同，is 是看物件相不相同)
```

如果看不太懂此範例，請重新閱讀本書第 5.6 節。

動手試一試：布林值及其運算

▨ 請判斷下面敘述是 True 還是 False：

(a) 1　　(d) [0]

(b) 0　　(e) 1 and 0

(c) -1　　(f) 1 > 0 or [].

8.7 寫一個簡單的程式來分析文字檔

為了讓你更了解 Python 程式的工作原理，本節將介紹一個小範本，它大致仿效 UNIX 中 wc 這個小程式，會計算檔案中的行數、字數、字元數。本範例儘可能的簡單化，以便於 Python 新手閱讀。

```
#!/usr/bin/env python3
""" Reads a file and returns the number of lines, words,
    and characters - similar to the UNIX wc utility
"""

infile = open('word_count.tst')          ← 開啟檔案
lines = infile.read().split("\n")        ← 讀取檔案; 分成不同行

line_count = len(lines)   ← 以len()取得總行數
word_count = 0    ← 初始化其他計數器
char_count = 0    ← 初始化其他計數器

for line in lines:   ← 一行一行走訪
    words = line.split()   ← 拆成以字為單元
    word_count += len(words)
    char_count += len(line)   ← 傳回字元個數

print("File has {0} lines, {1} words, {2} characters".format(
     line_count, word_count, char_count))                 ← 印出結果
```

上面程式會開啟本書範例檔內的 word_count.tst 來計算，word_count.tst 的內容如下所示：

```
Python provides a complete set of control flow elements,
including while and for loops, and conditionals.
Python uses the level of indentation to group blocks
of code with control elements.
```

執行 word_count.py 後，您將看到以下輸出：

```
naomi@mac:~/quickpythonbook/code $ python word_count.py
File has 4 lines, 30 words, 189 characters
```

這段程式碼能讓您更加了解 Python 程式，程式碼不長，大部分工作都在 for 迴圈中用三行程式碼完成。事實上，這個程式可以更短、更符合 Python 語言習慣，大多數 Python 程式設計師將這種簡潔的寫法視為 Python 的強大優勢之一。

動手試一試：改寫 word_count.py

- 用更簡短的方式改寫上列的字數統計程式，您可能要回頭看一下前面關於的字串和 list 的章節，並考慮以不同的方式重新組織程式碼。您還可以讓程式更聰明，例如先排除特殊字元或標點符號，只剩下英文字母和空白字元之後再來算單字數。

重點整理

- while 迴圈可以在特定條件下重複執行程式碼。
- if-elif-else 敘述用來判斷在不同條件下執行不同的程式碼。
- 使用 for 迴圈可以將可走訪物件中的元素逐一取出來做處理。
- break 會立即終止迴圈，continue 則會跳過後面的程式，回到條件式繼續執行迴圈。
- list 和字典生成式是 Python 中很常用的語法，請務必熟悉。
- 下表比較 range()、enumerate()、zip() 函式：

函式	說明	使用時機
range()	產生等差數列	想要在 for 迴圈自行用索引走訪物件
enumerate()	將 list、tuple 內的索引與元素同時取出	for 走訪物件時需要同時取出索引
zip()	將兩個可走訪物件結合起來	兩個 list 依序將其值做對應

- 下表比較生成式與產生器的異同：

	相同	不同
生成式	將 list 或字典中的元素取出修改	傳回新的 list 或字典
產生器		傳回可走訪的產生器物件

Chapter 09

函式

本章涵蓋

- 定義函式
- 函式的參數與引數
- 用參數位置傳遞引數
- 用參數名稱傳遞引數
- 參數預設值
- 用 * 與 ** 接收額外的引數
- 以可變物件作為引數時要小心
- local、nonlocal 和 global 變數
- 將變數參照到函式
- 建立和使用產生器 generator 函式
- 建立和使用 lambda 匿名函式
- 使用修飾器 decorator

老手帶路 專欄

- 用可變物件做為函式參數預設值的問題
- 將函式當成引數來傳遞與其適用場合
- 小心區域變數未賦值先使用
- 使用 lambda 匿名程式的優缺點
- 修飾器 (decorator) 的用途

函式（function）是一段定義好的程式碼，可以重複呼叫使用。本章假設您至少熟悉一種程式語言的函式定義，並且瞭解函式、參數等基本概念。

9.1 基本函式定義

Python 函式定義的基本語法是：

```
def 函式名稱(參數1, 參數2,...):
    .......
    程式區塊
    .......
```

其中參數是非必要的，若不需要參數的話，函式名稱 () 小括號空著即可。

與流程控制的結構一樣，Python 使用縮排來定義函式的程式區塊。以下範例定義一個函式 fact()，您可以用 fact(n) 來取得數字 n 的階乘：

```
>>> def fact(n):
...     """回傳參數 n 的階乘"""      ← 文件字串，說明此函式的用途
...     r = 1
...     while n > 0:
...         r = r * n
...         n = n - 1
...     return r  ← 傳回變數 r 的值
```

函式的文件字串：doctring

上列函式定義的第二行用三個雙引號 """ 括住的字串稱為文件字串（documentation string 或稱為 docstring），主要是用來說明這個函式的用途，若是有文件字串的話，日後其他人可透過 help(fact) 或是 fact.__doc__ 來查看您提供的文件字串說明。

函式的傳回值：return value

我們可以在函式中使用 return 敘述把傳回值 (return value) 傳給呼叫者，如果函式的定義中沒有 return 敘述，則預設會傳回 None。即使 Python 函式有傳回值，但是要不要使用這個傳回值則取決於您：

```
>>> fact(4)      ← 只有執行函式，沒有處理其傳回值
24
>>> x = fact(4)      ← 用 x 變數來接收傳回值，您也可以說
>>> x                  把 fact(4) 傳回的物件命名為 x
24
```

程序 (procedure) 還是函式 (function) ？

在某些程式語言中，有傳回值的稱為函式（function），沒有傳回值的稱為程序（procedure）。

在 Python 中沒有這樣的區別，通通稱為函式，如果函式沒有 return 敘述，則會自動傳回 None。如果執行 return arg，則會傳回 arg 這個值。任何時候執行 return 後，便會結束函式，不會再執行函式內其他敘述。

9.2 函式的參數定義與引數傳遞

在 Python 的函式中，有多種參數定義與引數傳遞的方式，本節將一一為您介紹。

9.2.1 用參數位置傳遞引數

在 Python 中，函式如果定義多個參數，則呼叫該函式時，會依照順序將參數值 (即引數) 指派給各參數。例如以下 power() 函式定義有 2 個參數 x 與 y，這個函式會計算 x 的 y 次方：

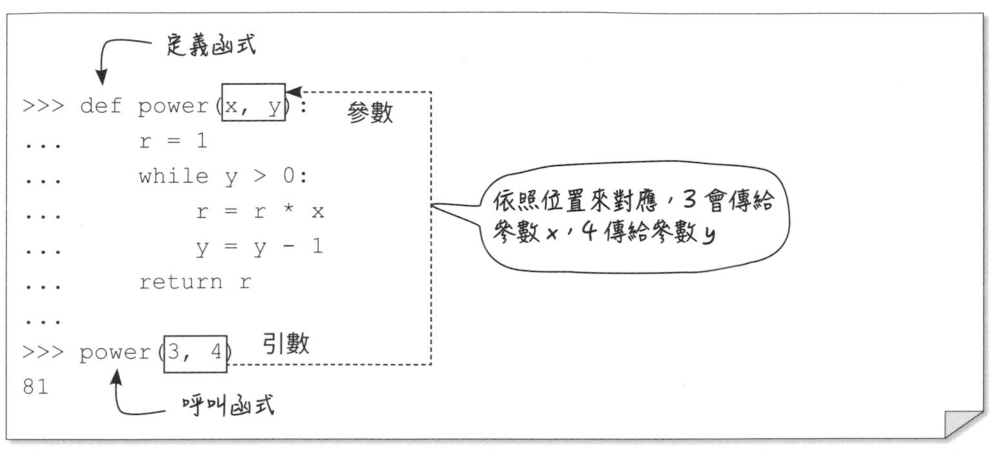

上面定義 power 函式時，第一個參數的名稱為 x，第二個參數的名稱為 y，當我們以 power(3, 4) 呼叫該函式時，就會比對順序，設定 x=3，y=4。這種依位置傳遞的引數就叫做**位置引數（positional argument）**，其對應的參數則稱為**位置參數（positional parameter）**。

函式呼叫時的引數數量與函式定義時的參數數量必須一致，否則會引發 Type-Error 的例外異常：

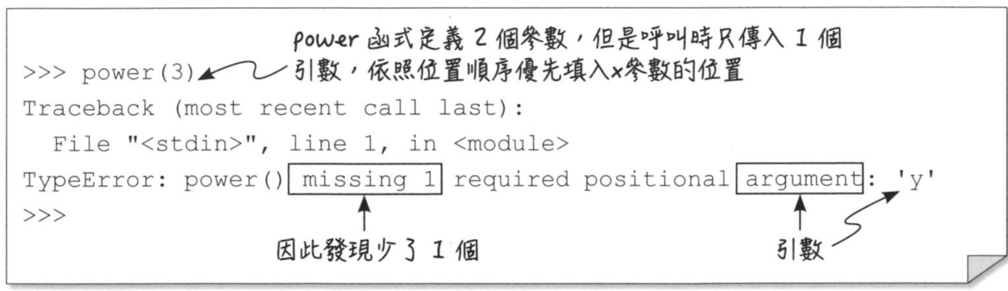

>>> power(3)
Traceback (most recent call last):
File "<stdin>", line 1, in <module>
TypeError: power() missing 1 required positional argument: 'y'
>>>
power 函式定義 2 個參數，但是呼叫時只傳入 1 個引數，依照位置順序優先填入x參數的位置
因此發現少了 1 個
引數

小編補充　參數 parameter v.s. 引數 argument

在程式語言中，參數 (parameter) 指的是定義函式時的形式變數，它的數值未定，可以說是佔位置用的 (place holder)，所以有時也稱做形式參數 (formal parameter)。必須等到呼叫函式時真正傳入參數值，這個**參數值**叫做引數 (argument)，這時才會把參數值填入參數的位置，所以引數也叫做真正參數 (actual parameter)。

▶接下頁

```
def func(p1, p2,...):   ← 定義函式
    p1 = p1 + 1
    x = p1 + p2

func(a1, a2,...)   ← 呼叫函式
```

以上面例子來說，p1 與 p2 是參數，a1 與 a2 則是引數，本節會提到多種引數如何代入參數位置的方法。不過在本書的一些場合，如果參數與引數的區分不是那麼重要或明確，則多以參數來稱呼。

預設參數值 (預設引數)

您也可以在函式定義中為參數設定預設值 (default values)，這樣在函式呼叫時若省略該引數，該引數就會使用預設值，而不會出現參數值不足的 TypeError。定義參數預設值的語法如下：

```
            沒有預設值的參數一定要擺前面
            ↙
def 函式名稱(參數1, 參數2=預設值2, 參數3=預設值3,...)
```

以下函式同樣是計算 x 的 y 次方，但如果在函式呼叫時沒有提供引數給參數 y，則預設 y 的值為 2，此時函式會計算 x 的 2 次方：

```
>>> def power(x, y=2):   ← y 在定義時設定了預設值
...     r = 1
...     while y > 0:
...         r = r * x
...         y = y - 1
...     return r
```

下面可以看出參數預設值的效果：

```
>>> power(3, 4)   ← 依照位置順序傳遞 3 給 x，4 給 y
81                ← 3 的 4 次方
>>> power(3)      ← 依照位置傳遞 3 給 x，y 未傳遞，所以採用預設值 2
9                 ← 3 的 2 次方
```

預設值參數的定義順序

定義函式時，您可以為多個參數指定預設值，**沒有預設值的參數必須放在前面，有預設值的參數只能放在後面**。否則會導致語法錯誤：

```
>>> def func(x=2, y):
...     pass
...
  File "<stdin>", line 1
SyntaxError: non-default argument follows default argument
```

沒預設值的參數不能定義在後面！

因為 Python 與大多數程式語言一樣，參數值的傳遞是以位置為基礎，所以定義函式時，位置參數一定要放在預設值參數前面，並且在呼叫函式時，必須提供足夠的引數給所有位置參數。

編註： 若引數個數少於位置參數的個數，就會發生 missing positional argument 的 TypeError，這表示傳遞給位置參數的引數個數一個都不能少 (所以位置參數亦可稱之為**必要參數**)。不過反過來，如果引數個數太多，Python 倒是有更靈活的參數傳遞機制可以處理，請參見 9.2.3 節。

9.2.2 用參數名稱傳遞引數

您也可以在函式呼叫時，直接指定參數名稱來傳遞引數。這種有指定參數名稱的引數稱為**指名引數**（keyword argument），而上一節依照位置傳遞的引數則稱為**位置引數**（positional argument），本章後面還會用到，所以請務必記得這兩種引數的名稱與其意義。

> 本書將 keyword argument 和 named argument 都翻譯為指名引數，因為這種引數是**指**定參數**名**稱來傳遞的，所以比起關鍵字引數來說，指名引數更能讓讀者觀其名而知其義。

延續上面的 power() 函式，您可以如下呼叫此函式：

```
>>> power(2, 3)
8
>>> power(3, 2)
9
>>> power(y=2, x=3)
9
```

用參數名稱傳遞引數時，就不分前後順序，但一定要排在位置引數之後

編註： 這裡y=2, x=3 是呼叫函式時把引數2傳入參數y的位置，把引數3傳入參數x的位置，和前面定義函式時設定預設值 y=2 是不一樣的，請勿搞混！

上面最後一行呼叫 power() 時是指定參數名稱來傳遞引數，所以就不用依照參數的位置順序來排列，這種引數傳遞的方式稱為關鍵字傳遞（keyword passing）或指名傳遞 (named passing)。

指名引數的呼叫順序

呼叫函式時若混合使用位置引數與指名引數，請注意其順序必須是『**位置引數在前，指名引數在後**』，若順序不對則會導致錯誤：

```
>>> power(y=3, 2)
  File "<stdin>", line 1
SyntaxError: positional argument follows keyword argument
```

指名引數不能放在位置引數的前面

另外請注意，不要讓位置引數與指名引數同時傳遞給同一個參數：

```
>>> power(2, x=3)
Traceback (most recent call last):
  File "<stdin>", line 1, in <module>
TypeError: power() got multiple values for argument 'x'
```

位置引數與指名引數同時傳遞給參數 x

指名引數搭配預設值參數

指名引數可以和上一節的預設值參數一起搭配使用，特別是當您的函式具有大量參數，而其中大多數參數都有預設值的話，這樣合併使用會非常方便。

舉例來說，假設我們定義一個函式用來取得目前目錄下的檔案資訊，這個函式可以用參數來設定要傳回檔案的哪些資訊，例如是否要傳回檔案大小、是否要傳回修改日期…等。您可以如下定義這樣的函式：

定義一大堆預設值

```
def list_file_info(size=False, create_date=False, mod_date=False, ...):
    # 取得目前目錄下的檔案名稱...
    if size:
        # 取得檔案大小
    if create_date:
        # 取得檔案建立日期
    if mod_date:
        # 取得檔案修改日期

    return fileinfostructure
```

呼叫這個函式時可使用指名引數的方式來傳遞，讓函式知道您只需要某些資訊，假設您只需要檔案大小和修改日期的資訊，而不需要建立日期，便可以如下呼叫此函式：

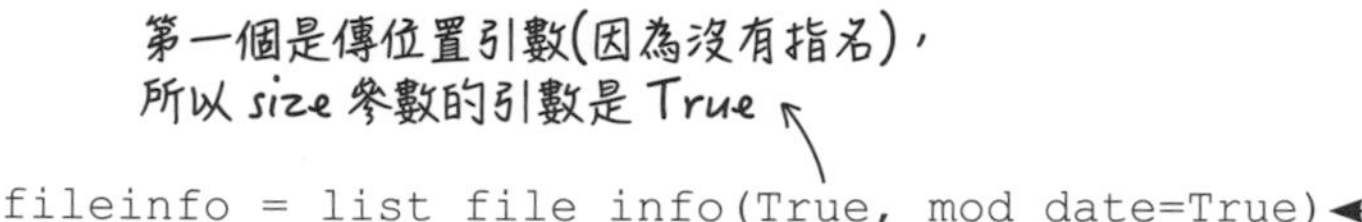
第一個是傳位置引數(因為沒有指名)，
所以 size 參數的引數是 True
指名 mod_date=True

```
fileinfo = list_file_info(True, mod_date=True)
```

其他沒指定的參數就用預設值，例如create_date 參數的預設值是 False，所以就不會取得檔案建立日期

指名引數傳遞法特別適用於具有非常複雜行為的函式，這種函式常出現在圖形使用者界面（GUI）。如果您曾經使用 Python 的 Tkinter 套件來建立 GUI，您會發現像這樣用指名引數傳遞的方便性將是無法衡量的。

這個例子是說，對於參數一大堆的函式，一一指定引數傳遞會令人瘋掉，使用了預設值參數，搭配指名引數法，我們就只要關心(指名)所要的引數，其他就放空、採用預設值了！

就是說：半糖、少冰，其他黃金比例的意思？

9.2.3 帶有 * 和 * * 的參數：一個參數接收多出來的引數

對於位置參數而言，我們提供的引數一個也不能少，否則會出現『missing required positional argument』錯誤。但是反過來說，如果引數太多會怎樣呢？

一般來說，函式的一個參數只能接收一個引數，但是 Python 具有特殊的機制，可以讓一個參數接收多個引數。

用一個參數接收多出來的位置引數

函式定義時若參數前面加上一個 * 符號，那麼這個參數便可以用來接收多出來的引數。其運作方式如下：

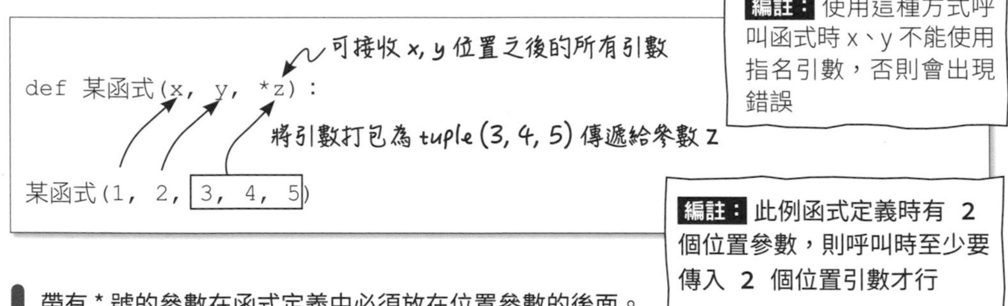

帶有 * 號的參數在函式定義中必須放在位置參數的後面。

也就是說，呼叫函式時，我們至少必須提供前 2 個引數給 x、y 這兩個位置參數，但之後如果還有**多出來的**引數就全部打包（packing）為 tuple，然後由 z 接收了。

假設我們想要定義一個函式，傳入任意數量的數字，傳回參數的最大值。可以如下實作這個函式：

```
>>> def maximum(*numbers):      ← number 參數將可接收多個引數
...     if len(numbers) == 0:
...         return None
...     else:
...         maxnum = numbers[0]
...         for n in numbers[1:]:
...             if n > maxnum:
...                 maxnum = n
...         return maxnum
...
```

現在來測試一下這個函式的運作情形：

```
>>> maximum(3, 2, 8)  ← 一次傳入 3 個引數
8
>>> maximum(1, 5, 9, -2, 2)  ← 傳入 5 個也可以哦！
9
>>> maximum()  ← 沒有引數也可以嗎？
```

一般來說，Python 程式設計師習慣用 ***args** 來為這種參數命名，所以後面我們會用 *args 來稱呼這種一次可接收多個位置引數的參數，但其實用其它名稱也可以。

用一個參數接收多出來的指名引數

函式定義時若參數前面加上 ** 符號，則可用來接收多出來的指名引數。其運作方式如下：

```
def foo(x, y, **z)
                    打包為字典 {'a':3, 'b':4, 'c':5} 傳遞給參數 z
foo(1, 2, a=3, b=4, c=5)
```

呼叫此函式時，必須提供前 2 個引數給 x、y 這兩個位置參數，但之後如果有多出來的指名引數就全部打包（packing）為字典，然後由 z 接收。

例如我們定義了下面函式：

```
>>> def example_fun(x, y, **other):
...     print("x: {0}, y: {1}, 字典 'other' 內的鍵: {2}".format(x,
...           y, list(other.keys())))
...     other_total = 0
...     for k in other.keys():
...         other_total = other_total + other[k]
...     print("字典 'other' 內值的總和為 {0}".format(other_total))
```

請如下測試此函式：

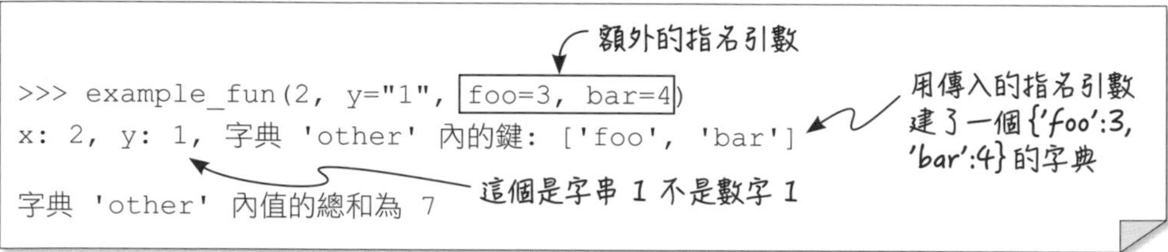

上面可以看到，雖然 foo 和 bar 並非函式定義中的參數名稱，但是因為參數中有一個 **other，所以 foo 和 bar 會被打包為字典後傳遞給 other 參數。

一般來說，Python 程式設計師習慣用 ****kwargs** 來為這種參數命名，所以後面我們會用 **kwargs 來稱呼這種一次可接收多個指名引數的參數，但其實你用其它名稱也可以。

編註： *args 與 **kwargs 若要一起使用，必須以 *args, **kwargs 的順序來定義，也就是 ** 的參數要放在最後。

小編補充 *args 與 **kwargs 的用途

前面範例中我們用 maximum() 函式來示範 *args 的用途，該函式可接收任意數字比大小，其實將其參數改成接收 list 或 tuple 也可以達到相同功能，根本不需要用到 *args 與 **kwargs，所以您可能會好奇 *args 與 **kwargs 到底有什麼用途？

▶接下頁

*args 與 **kwargs 最常見的用途是用來接收參數後直接轉傳給其他函式，以下讓我們用 Keras 的原始碼，來看看程式老手怎麼使用 *args 與 **kwargs：

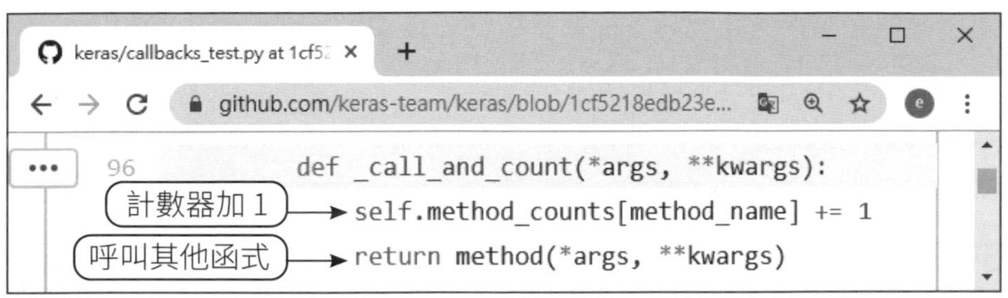

上面 _call_and_count() 函式收到參數後，會在計數器加 1，然後再去呼叫其他函式，此時運用 *args 與 **kwargs 來轉傳參數，即使日後其他函式新增或修改參數，_call_and_count() 的程式碼也不用改，反正它就是將所有參數一股腦收下來再轉傳而已。

除了直接轉傳參數以外，還可以如下設計一個判斷機制，依照參數數量或名稱來決定應該呼叫那一個函式：

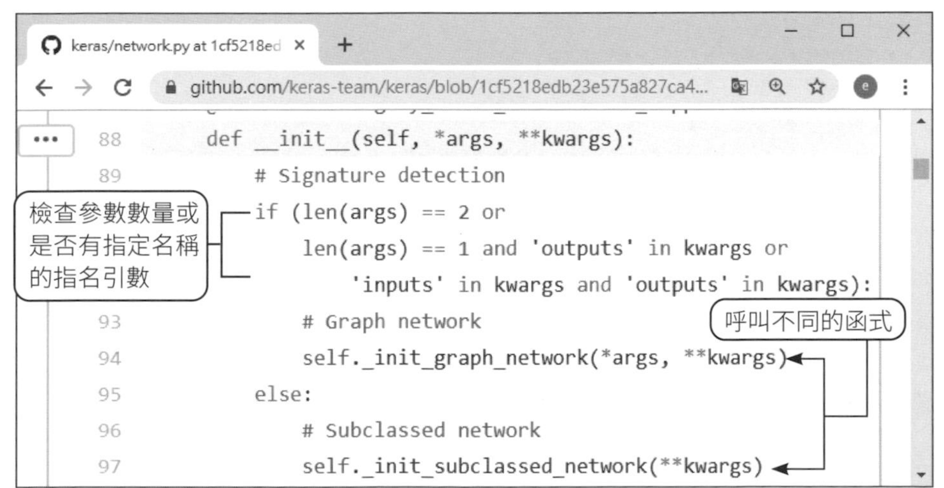

若沒有 **kwargs，根本無法如上面這樣判斷有哪些指名引數。所以若您的程式需要轉傳參數給其他函式，或是判斷有哪些指名引數，便是 *args 與 **kwargs 的最佳上場時機。

9.2.4 混用不同類型的參數定義與引數傳遞

定義 Python 函式時，之前介紹的各種參數的定義與傳遞方式都可以同時使用，但是請注意定義時各種類參數的先後順序。混合使用的順序如下：

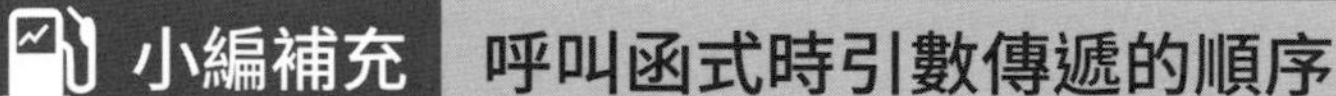

位置參數, 預設值參數, *args, **kwargs
參數定義的順序

小編補充　呼叫函式時引數傳遞的順序

呼叫函式時也要注意引數傳遞的順序：**位置引數在前，指名引數在後**。另外呼叫函式請務必注意，位置 (必要) 參數一定要有分配到引數，否則會導致錯誤。

以下範例為您示範如何混用不同類型的參數定義與引數傳遞：

```
>>> def func(p1, p2, p3='three', *p4, **p5):
...     print(p1, p2, p3, p4, p5)
...

>>> func(1, 2, 3, 4, 5, x=1, y=2)
1 2 3  (4, 5) {'x': 1, 'y': 2}
```

其他多個指名參數則給 p5

其他多個位置參數給 p4

前 3 個引數給必要與預設值參數

```
>>> func(1, 2, 3, 4, 5)
1 2 3 (4, 5) {}
```

前 3 個引數給必要與預設值參數後，剩下的都是位置參數，所以全部給p4

```
>>> func(1, 2, 3, 4, x=5)
1 2 3 (4,) {'x': 5}

>>> func(1, 2, 3)
1 2 3 () {}
```

前 3 個引數給必要與預設值參數後，沒有剩下的參數，所以 p4 與 p5 都沒有引數

▶接下頁

```
>>> func(1, 2)
1 2 three () {}
```

前 2 個引數給必要參數後，沒有剩下的參數，所以選用參數 p3 使用預設值

```
>>> func(1)
Traceback (most recent call last):
  File "<stdin>", line 1, in <module>
TypeError: func() missing 1 required positional argument: 'p2'
```

引數不足，必要參數p2沒有分配到引數

```
>>> func(1, 2, 3, p3=3)
Traceback (most recent call last):
  File "<stdin>", line 1, in <module>
TypeError: func() got multiple values for
argument 'p3'
```

位置引數與指名引數同時傳遞給參數 p3 會導致錯誤

```
>>> func(1, 2, p4=4)
1 2 three () {'p4': 4}
```

參數 p4 只能接收位置參數，所以『p4=4』會被傳遞給參數 p5

這表示 Python 具有很強的靈活性，只要把握原則就不複雜了：引數沒指名的先依照位置傳遞，再來有指名的就依名字配對，最後若參數沒收到引數就找看看有沒有預設值，多出來的引數全部給帶 * 或 ** 號的參數。與這個原則不符的話，就代表出錯囉！

動手試一試：函式和參數

- 寫一個函式可以接受任意數目的位置引數，並以相反順序將這些參數值列印出來。
- 要如何建立一個程序或 void 函式，也就是一個沒有傳回值的函式？
- 試試看使用變數接收函式的傳回值。

9.3 用可變（mutable）物件作為引數時要小心

函式在呼叫時，其引數傳入的是物件的參照，然後參數就會參照到引數所參照的物件，如下頁圖 9.1 所示。請注意！這時候引數與參數所參照的是同一個物件。

Python 一律以物件參照的方式傳入函式引數，不像許多傳統程式語言會以傳值的方式來傳遞，這一點 Python 有所不同，請特別注意。

如果參數後來又參照到新物件，則參數之後的任何改變自然不影響函式外部引數所參照的原物件。（見底下程式 ❷ ❸）

但是，如果傳入的引數是參照到可變物件（例如 list、字典），那麼從函式內部修改物件內容就會直接修改到原物件，函式外部也會看到該物件的改變。（見底下程式 ❶）

關於上面所述，請參見下面程式以及圖 9.1 和 9.2 即可明白：

```
>>> def f(n, list1, list2):
...     list1.append(3)       ← 改變物件內容 ❶
...     list2 = [4, 5, 6]     ← 把變數參照到另一個物件[4,5,6] ❷
...     n = n + 1        ← 數字運算後會產生新的數字物件，
...                        所以 n 已參照到新物件了 ❸
>>> x = 5            ← x 參照到不可變物件
>>> y = [1, 2]       ← y 參照到一個 list，是可變物件
>>> z = [4, 5]
>>> f(x, y, z)
>>> x, y, z
(5, [1, 2, 3], [4, 5])
```

從函式外面來看，結果 x 不變，y 被改變了，z 保持原樣，但 f() 的參數 list2（引數為 z）已參照到另一個 list 了（即[4,5,6]）

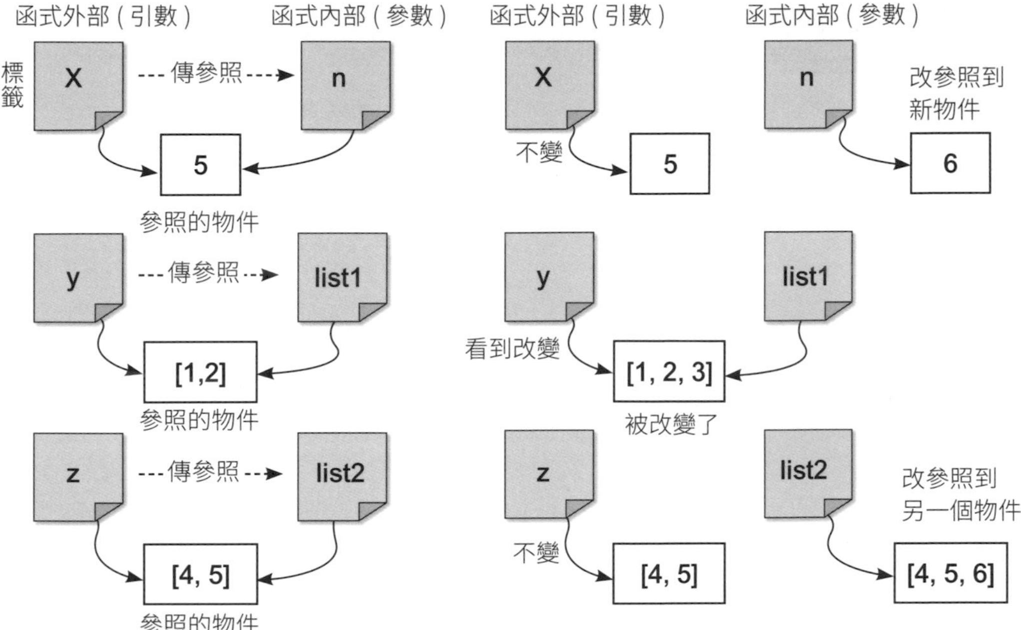

圖 9.1 當函式 f() 剛開始執行的時候，函式引數 (外部變數) 和函式內部參數都參照到相同的物件。

圖 9.2 函式 f() 執行到最後時，引數 y 所參照的物件已在函式內部被更改，而函式內部參數 n 和 list2 則改參照到不同的物件。

圖 9.1 和圖 9.2 說明了呼叫函式 f() 時會發生什麼。函式外部變數 x 的值不會被更改，因為數字物件是不可變的，相對的，函式內部參數 n 被改參照到新數字 6。同樣地，函式外部變數 z 的值也未改變，因為在函式 f() 內其對應的參數 list2 被改參照到新物件 [4,5,6]。只有變數 y 參照的物件元素會被改變，因為其參照的 list 的內容已在函式內部被更改 (被 append(3))。

所以，如果將可變物件傳入函式就要小心！因為在函式內更改該物件的內容，其實就是改變函式外引數的內容。

關於哪些物件屬於可變或不可變，請參見5~7章。另外前面 4-3 節提到當變數參照的是可變物件，修改變數會直接更改該物件；若變數參照的是不可變物件，則修改變數會建立一個新物件，若您忘記的話，請回頭複習一下這個觀念。

小編補充　傳入可變物件如何不影響函式外部

若您的程式需要將可變物件傳入函式，但是卻又不希望影響到函式外部的話，可以在函式內部建立一份可變物件的複製品，這樣就不會對函式外部造成影響：

```
>>> def f(lst):
...     lst = lst[:]
...     lst.append(3)
...
>>> x = [1, 2]
>>> f(x)
>>> x
[1, 2]
```

請注意，若可變物件是多層的 list、tuple 等物件，您需要使用 5.6 節介紹的 deepcopy() 函式來進行深層複製；或者遇到其它您不確定如何複製的物件，也一律都可以用 deepcopy() 來複製。

動手試一試：可變物件作為函式參數

- 在函式內更改傳入給函式的 list 或字典會導致什麼結果？哪些操作會在函式外部造成可見的更改？你可以採取哪些措施來降低風險？

✪ 老手帶路　用可變物件做為函式參數預設值的問題

若函式參數有預設值的話，Python 在定義函式時就會為該參數賦值，而不像其他程式語言是在呼叫函式時才會對有預設值的參數賦值。這個特性在以不可變物件為參數預設值時不會有任何影響，但是若以可變物件為參數預設值的時候，就有可能會導致 Bug，舉例如下：

```
>>> def data_append(v, lst=[]):
...     lst.append(v)
...     return lst
...
>>> data_append(1)
[1]
>>> data_append(2)
[1, 2]
```

上面函式的程式邏輯是對的，但是執行結果卻是錯誤的，因為 lst 參數在函式定義時就會參照到可變的 list 物件，這個 list 物件並不會隨著函式結束而刪除，而是一直保留，所以才會產生非預期的結果。為了避免這個問題，您應該在函式內部將參數重新參照到另一個可變物件 (有重置 reset 的概念，總之不要讓之前的結果殘留下來)：

```
>>> def data_append(v, lst=None):
...     if lst is None:
...         lst = []   ← 每次執行函式都從 [] 開始
...     lst.append(v)
...     return lst
...
>>> data_append(1)
[1]
>>> data_append(2)
[2]  ← 不會有殘留值了！
```

編註： 本節講的是參數的行為，如果是函式內部的變數，那又不一樣了，請看下一節

9.4 local、global、nonlocal 變數

區域變數

我們再重新檢視本章開頭的 fact() 函式：

```
def fact(n):
    """回傳參數指定數字的階乘值"""
    r = 1
    while n > 0:
        r = r * n
        n = n - 1
    return r
```

函式的內部變數 r 和參數 n 屬於 fact() 函式的區域（local）變數，不論函式內部對變數 r 和 n 進行任何更動，對於函式外部的任何其他變數都沒有影響（**編註：** 如上一節說的，如果傳進來的引數是可變物件，例如一個 list，則用參數改變其元素值，對函式外部還是有影響的）。函式的參數以及函式內建立的任何變數（例如在 fact() 函式中的 r = 1）都是函式內的區域變數。

用 global 宣告全域變數

若函式內部需要存取外部的變數，可以在函式內先透過 global 敘述明確地宣告該變數為全域變數，之後函式就可以存取函式外部的變數。以下範例展示區域變數和全域變數之間的差異：

```
>>> def func():
...     global a
...     a = 1
...     b = 2
...
```

此範例定義了一個函式 func()，其中 a 是全域變數、而 b 為區域變數的，然後同時修改 a 和 b。現在讓我們來測試這個函式：

```
>>> a = "one"
>>> b = "two"
>>> func()        函式外部的變數 a 本來是"one"在函式
>>> a             內部被更改為1，執行func()後a變為1
1          ←——    ，因為a宣告為global了
>>> b
'two'      ←——    變數 b 不變，函式內部對其更改不影響外部，因為b是區域變數
```

因為變數 a 在 func() 函式中被指定為全域變數，所以在函式內更改變數 a 的值會連帶影響函式外部。而變數 b 的情況則不一樣，在 func() 中的區域變數 b 參照到不同的物件，所以函式內修改區域變數不會影響到外部。

用 nonlocal 宣告為上一層變數

與 global 敘述類似的是 nonlocal 敘述，但差別是 global 指定**最上層**的變數，而 nonlocal 則是指定**上一層**變數，我將在第 10 章中更詳細地討論變數的有效範圍和命名空間。下面範例 nonlocal.py 展示 global 與 nonlocal 的差別：

```
g_var = 0
nl_var = 0
print("top level-> g_var: {0} nl_var: {1}".format(g_var, nl_var))

def test():
    nl_var = 2          ←—— 此為 test()函式的 local 變數
    print("in test-> g_var: {0} nl_var: {1}".format(g_var, nl_var))

    def inner_test():
        global g_var        ←—— 綁定到最上層的 g_var 變數
        nonlocal nl_var     ←—— 只綁定到上一層的 nl_var 變數，而不是最上層的 nl_var

        g_var = 1       ←—— 會更改到最上層的 g_var 變數
        nl_var = 4      ←—— 會更改到上一層的 nl_var 變數，最上層的 nl_var 不會被改到

        print("in inner_test-> g_var: {0} nl_var: {1}".format(g_var,
                                                              nl_var))
```

```
    inner_test()
    print("in test-> g_var: {0} nl_var: {1}".format(g_var, nl_var))

test()
print("top level-> g_var: {0} nl_var: {1}".format(g_var, nl_var))
```

執行時，此程式碼會列印以下內容：

```
top level-> g_var: 0 nl_var: 0  ← 一開始最上層 g_var 和上一層 nl_var 變數的值
in test-> g_var: 0 nl_var: 2
in inner_test-> g_var: 1 nl_var: 4  ← 上一層的 nl_var 被改變成 4
in test-> g_var: 1 nl_var: 4  ← 最上層的 g_var 被改成 1
top level-> g_var: 1 nl_var: 0  ← 最上層的 nl_var 沒被改到
```

最上層 nl_var 的值未受影響，但如果 inner_test() 內含有 global nl_var 敘述，便會發生更改到最上層 nl_var 的情況。

小編補充 global 與 nonlocal 敘述的位置

如果在使用 global 宣告前，就先使用了該變數，因為變數已經成了區域變數，所以會產生一個例外錯誤：

```
>>> def fun():
...     a = 1        ← a 已經成了區域變數
...     global a     ← 再用 global 宣告便會發生矛盾

Traceback (most recent call last):
  File "<stdin>", line 1, in <module>
SyntaxError: name 'a' is assigned to before global declaration
```

nonlocal 敘述也會有一樣的狀況，所以建議您將 global 與 nonlocal 敘述放在函式的最前面，不但可以避免不小心發生錯誤，也能讓程式更加清楚。

讀取和修改不一樣哦！

請注意，如果要**修改**函式外部的變數，函式中必須明確地使用 global 或 nonlocal 敘述。但是，如果函式內只是要**讀取**函式外部的變數值，則無需將其宣告為 global 或 nonlocal 變數。因為當 Python 在函式內部找不到某個變數名稱，它會嘗試逐層往上查找該變數，所以，無需 global 或 nonlocal 敘述也可以讀取到函式外部的變數值。

老手帶路 小心區域變數未賦值先使用

對於函式內未用global與nonlocal宣告的變數，如果只有讀取變數值的話，Python會從函式內部開始逐層往外找該變數，但是**只要函式內部（不論位置、前後順序）對該變數有賦值動作，該變數一律視為區域變數**。請務必注意不要將這兩件事弄混，例如：

```
>>> a = "one"
>>> def func():
...     print(a)
...     a = 1
...
>>> func()
Traceback (most recent call last):
  File "<stdin>", line 1, in <module>
  File "<stdin>", line 2, in func
UnboundLocalError: local variable 'a' referenced before assignment
```

變數 a 有賦值動作，視為區域變數，不會再往外找該變數

這個例外異常代表區域變數 a 未賦值先使用，所以讀不到值，但只要把 func() 最後一行的 a=1 刪掉，就可以讀到外部 a 的值

這個觀念看起來似乎不難，但即使是程式老手有時也會疏忽，不小心寫出以下有 BUG 的程式碼：

```
>>> a = "one"
>>> def func(x):
...     if x:
...         a = 1
...     print(a)
```

在特定狀況下給變數 a 一個值

▶接下頁

```
...
>>> func(True)
1
>>> func(False)
Traceback (most recent call last):
  File "<stdin>", line 1, in <module>
  File "<stdin>", line 4, in func
UnboundLocalError: local variable 'a' referenced before
assignment
```

上面程式原本想要函式預設使用全域變數 a 的值，但若遇到某些狀況 (if x:) 則重新賦值變數 a。會這樣寫就是忘記了『**函式內變數只要有賦值敘述，不論前後，就視為區域變數**』這個觀念，也就導致程式產生 BUG。

Python 之所以會這樣設計，主要是為了兼顧方便性與安全性，若只是單純讀值可以不用宣告為 global，但只要有賦值動作就視為區域變數，這樣即可避免函式內部不小心去改到外部的變數。

就個人而言，我不建議使用這種無宣告直接讀取外部變數的方式，應該明確地用 global 或 nonlocal 敘述將變數宣告為全域或非區域變數，這樣不論是你自己還是別人，在閱讀程式碼時會更清楚。此外，限制函式內不要隨意存取全域變數也可以避免混淆。

動手試一試：全域變數與區域變數之比較

▨ 假設程式最上層設 x = 5，下面的 funct_1() 執行後 x 的值是多少？funct_2() 執行後 x 的值又是多少？

```
def funct_1():
    x = 3
def funct_2():
    global x
    x = 2
```

小編補充　變數的生命週期

區域變數會在函式結束時刪除，nonlocal 變數則是隨著上層函式結束而刪除，至於全域變數則會持續存在，直到整個程式執行完畢。

變數的生命週期與命名空間（namespace）有關，有關命名空間的介紹請參見本書的 10.7 節。

9.5 將變數參照到函式

和其他 Python 物件一樣，變數也可以參照到函式，如下例所示：

```
>>> def f_to_kelvin(degrees_f):
...     return 273.15 + (degrees_f - 32) * 5 / 9
...
>>> def c_to_kelvin(degrees_c):
...     return 273.15 + degrees_c
...
>>> abs_temperature = f_to_kelvin
>>> abs_temperature(32)
273.15
>>> abs_temperature = c_to_kelvin
>>> abs_temperature(0)
273.15
```

將 f_to_kelvin 函式指定給變數 abs_temperature

函式指定時不用()，但呼叫時要加()

將 c_to_kelvin 函式指定給變數 abs_temperature

Python 中如果只有寫『函式名』，代表函式本身；若是寫成『函式名()』，便代表要執行這個函式。

將函式指定給變數後，使用上與原本函式完全相同，就類似執行 a=[1,2]; b=a 後，a 與 b 會參照到同一個 list 一樣，上例的 c_to_kelvin 與 abs_temperature 其實都是參照到同一個函式物件。

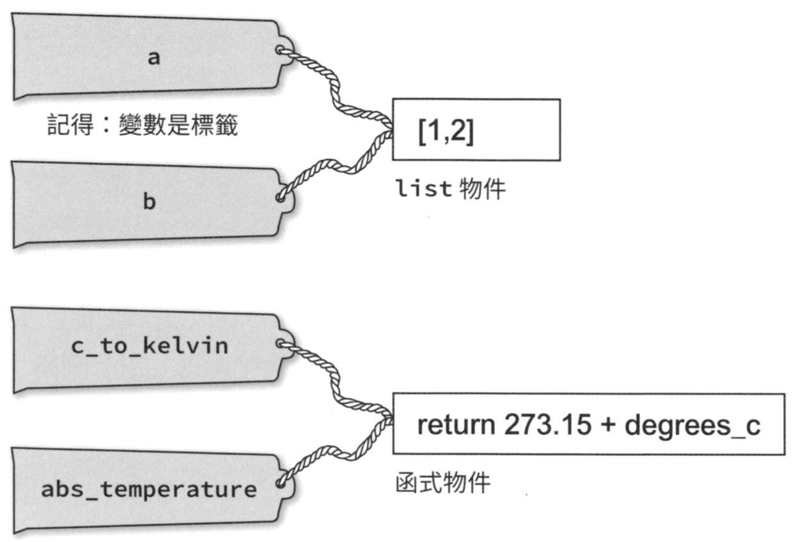

您也可以將函式放在 list、tuple 或字典等資料結構中：

```
>>> t = {'FtoK': f_to_kelvin, 'CtoK': c_to_kelvin}
>>> t['FtoK'](32)     ← 透過 t['FtoK'] 取得 f_to_kelvin 函式
273.15
>>> t['CtoK'](0)      ← 透過 t['CtoK'] 取得 c_to_kelvin 函式
273.15
```

上面範例展示如何透過字典的鍵 - 值來呼叫不同的函式，這種模式在需要根據字串值選擇不同函式的情況下很常見，甚至可以取代 C 和 Java 語言中的 switch-case 結構（參見第 8.2 節）。

✪ 老手帶路 將函式當成引數來傳遞與其適用場合

Python 中任何事物都是物件，就連函式也是物件，所以函式可以設定給變數，也能夠放在 list、tuple 或字典等資料結構中。那麼，函式自然與其他 Python 物件一樣，可以當成引數來傳遞給函式：

```
>>> w = ['Quick', 'Python', 'Book']
>>> def uppercase(s):
...     return s.upper()
>>> list(map(uppercase, w))     ← 將 uppercase 函式傳給 map 函式
['QUICK', 'PYTHON', 'BOOK']
```

上例中的 map() 函式會逐一取出 w 的元素，取出的元素會交給傳入的 uppercase() 函式來處理。此外，前面第 5.4.1 節介紹過排序 list 的 sort 方法，其 key 參數也是需要傳入一個函式，讓 sort 方法可以用這個傳入的函式來進行排序。

你可能不太容易想像什麼狀況會需要將函式當成引數來傳遞。請想像一下若學校需要寫一個程式，可以完成以下功能：

❑ 計算所有學生分數的平均

❑ 找出最高分

❑ 統計不及格的學生數量

這些功能皆不相同，所以一般來說需要寫成三個函式來處理，但是當您寫程式時，應該會發現所有函式都有一個重複的動作：用迴圈逐一走訪所有學生的分數。

若我們將『用迴圈逐一走訪所有學生的分數』這個動作抽出來，獨立寫成一個函式，然後把上述統計成績的三個函式傳入這個函式，便能讓整個程式的邏輯更簡潔有條理。所以將函式當成參數來傳遞，可以讓我們設計程式更具有靈活性。

9.6 lambda 匿名函式

對於比較簡短的函式，也可以用 lambda 來定義，其語法如下：

```
lambda 參數1, 參數2,...: 運算式
```

您可以將 lambda 視為只能定義一行運算式的小函式，而且因為不需要命名，所以也被稱為匿名函式（anonymous function）。請注意，lambda 沒有 return 敘述，因為運算式執行後的值會自動被傳回。

實務上常會需要將一個小函式傳遞給另一個函式，例如 5.4.1 節介紹過 list 的 sort() 方法，其 key 參數便需要函式作為引數。在這種情況下，通常這種函式都不會很大，而且只會用一次不需重複呼叫，此時便適合使用 lambda 匿名函式，這樣就不需要為了傳遞參數而要先額外定義函式。我們可以將上一節的範例用 lambda 改寫如下：

參數　　lambda的運算式

```
>>> t2 = {'FtoK': lambda deg_f: 273.15 + (deg_f - 32) * 5 / 9,
...       'CtoK': lambda deg_c: 273.15 + deg_c}
>>> t2['FtoK'](32)   ← 從字典查到'FtoK'這個key的值是lambda函式，
273.15   ← 將32傳入函式後得到絕對溫度的值
```

編註： 這裡我們並不是把lambda傳入一個函式，而是透過t2['FtoK']取得lambda函式，然後再傳入32給lambda函式

⊛老手帶路　使用 lambda 匿名程式的優缺點

以下是 5.4.1 節的範例，用自訂的函式來排序 list：

```
>>> def compare_num_of_chars(string1):
...     return len(string1)
>>> word_list = ['Python', 'is', 'better', 'than', 'C']
>>> word_list.sort(key=compare_num_of_chars)
```


▶接下頁

如果 compare_num_of_chars() 函式的動作很簡單，而就只有用這麼一次，還要定義並指定函式名稱實在稍嫌麻煩，這時候便可以用 lambda 匿名程式改寫成：

```
>>> word_list = ['Python', 'is', 'better', 'than', 'C']
>>> word_list.sort(key=lambda s: len(s))
```

改用 lambda 之後，直接在 key 參數那一行就可以看到函式的動作，不需要再回頭去程式其他地方尋找函式的定義，需要更改時也可以直接在該行修改。所以若函式要做的事情很簡單，而且只會使用一次，有沒有名字都無關緊要時，便可以考慮使用 lambda 匿名程式。

雖然上面示範了 lambda 的優點，但是請慎用 lambda，當您想用 lambda 時，再想想是不是有更簡潔方便的方法。例如上面的例子，其實這樣寫會更好：

```
>>> word_list = ['Python', 'is', 'better', 'than', 'C']
>>> word_list.sort(key=len)
```

與 lambda 的單行運算式相比，一個有良好名稱的函式也許具備更好的程式可讀性，濫用 lambda 可能會影響程式的可讀性。若您要用 lambda 做的事情很簡單，請再多想想有沒有其他方法；若要做的事情稍微複雜，一般仍建議用正式的 def 語法來定義函式，並且給予這個函式有意義的名字，這樣才能讓程式碼清楚易懂。

9.7 產生器 (走訪器) 函式 generator

產生器函式（generator functions）是一種特殊的函式，可用來**自訂一個可走訪的物件**。關於產生器的用途與優點，請參見 8.4.2 節。(**編註：** 一般乍看之下，可能搞不清楚產生器函式是幹什麼的，這純粹是名稱的關係，如果叫它『走訪器產生器』或『走訪器函式』，您應該就能秒懂了！)

定義產生器函式時，必須**用 yield 關鍵字傳回每次走訪的值**。當不再有 yield 傳回值、遇到空的 return 敘述、或者遇到函式的結尾，產生器就會停止。此外，普通函式的區域變數值會在跳出函式後消失，但是產生器函式的區域變數值會持續保存到下一次呼叫。下面使用產生器函式來產生 0～3 的數字：

```
>>> def four():  ←── 定義一個產生器 (走訪器) 函式
...     x = 0
...     while x < 4:
...         print("in generator, x =", x)
...         yield x     ←── 傳回目前 x 變數值做為走訪的值
...         x += 1
...
>>> for i in four():  ←── 每次走訪 four() 就會從 yield x 將 x 傳回給 i
...     print(i)
...
in generator, x = 0
0
in generator, x = 1
1
in generator, x = 2
2
in generator, x = 3
3
```

請注意，上面產生器函式內有一個 while 迴圈，其條件式會限制迴圈執行的次數，如果若條件式沒有寫好，可能會導致無窮迴圈。

您還可以把產生器函式與 in 一起使用，來查看一個值是否在產生器所產生的資料中：

```
>>> 2 in four()
in generator, x = 0
in generator, x = 1
in generator, x = 2
True
```

```
>>> 5 in four()
in generator, x = 0
in generator, x = 1
in generator, x = 2
in generator, x = 3
False
```

yield 與 yield from

從 Python 3.3 開始，新增了一個新的產生器函式關鍵字：yield from。基本上，yield from 可用來將多個產生器串聯在一起。yield from 的行為與 yield 相同，只是它將產生器機制委託給另一個產生器。下面是簡單的 yield from 例子：

```
>>> def subgen(x):        ← 副產生器
...     for i in range(x):
...         yield i
...
>>> def gen(y):        ← 主產生器
...     yield from subgen(y)        ← 從 subgen 產生器取值後傳回
...
>>> for q in gen(6):
...     print(q)
...
0
1
2
3
4
5
```

本例將 yield 敘述從主產生器移到副產生器，這樣可以讓程式重構（refactoring）變得更為簡單。

小編補充　用於程式碼重構的 yield from

作者提到的 yield from 可以讓程式重構更簡單，讓小編為您舉一個例子，假設原本有一個產生器用於取得所有老師與學生的 id：

```
def gen_allusers():
    for id in get_teacher_id():
        ... 做額外處理 ...
        yield id
    for id in get_student_id():
        ... 做額外處理 ...
        yield id
```

也許日後發現程式其他地方也需要取得老師或學生的 id，這時候您應該會將老師和學生的取得 id 動作各自獨立出來，以便其他地方也可以重複使用：

```
def gen_teacher():
    for id in get_teacher_id():
        ... 做額外處理 ...
        yield id

def gen_student():
    for id in get_student_id():
        ... 做額外處理 ...
        yield id
```

然後如下重構 gen_allusers 產生器的程式碼：

```
def gen_allusers():
    for id in gen_teacher():
        yield id
    for id in gen_student():
        yield id
```

若是採用 yield from 語法，則 gen_allusers 產生器重構後的程式碼會更加簡潔：

```
def gen_allusers():
    yield from gen_teacher()  ← 也就是說不用再寫一次 for 迴圈了，重構
    yield from gen_student()     後程式就更加簡潔、堅固(robust)了
```

動手試一試：產生器函式

- 要如何修改前面的範式函式 four()，使其可以產生任何數量的數字？另外還要增加什麼才能設定初始值？

9.8 修飾器（Decorator）

小編導讀：修飾器的功用與原理

如果您手上有一個函式，可能是自己寫的也可能是別人寫的，在不想(或不能)更改這個函式原始碼的前提下，是否可能為這個函式增加額外的動作呢？

Python 有一個機制可以達成上述需求，稱為**修飾器（Decorator）**。在詳細介紹修飾器之前，我們先用一個現實生活中的例子，來說明修飾器的運作原理。

假設有一箱貨物要寄給王大明，都已經包裝好了才想到漏了一樣東西，在不拆開原本的箱子的前提下，是否可能再增加額外貨物呢？一般會這樣做：

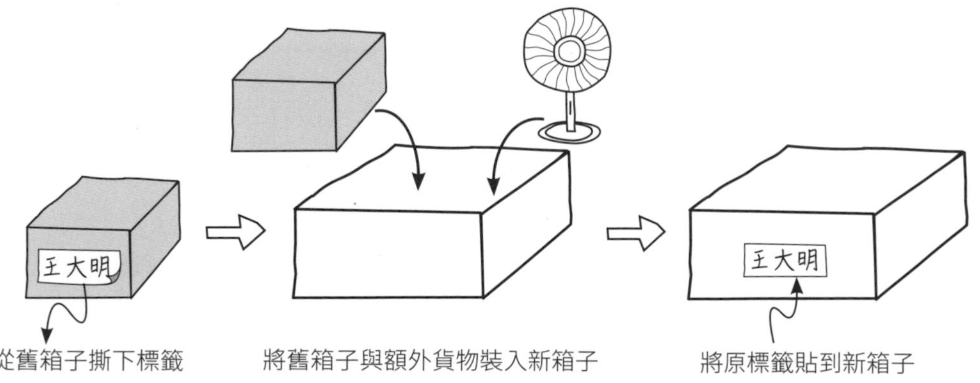
王大明
從舊箱子撕下標籤
將舊箱子與額外貨物裝入新箱子
王大明
將原標籤貼到新箱子

將上面這個例子和函式修飾器比對，很明顯地箱子可以對應到函式，而增加的額外貨物則對應函式增加的額外動作，也許您已經可以猜到修飾器的運作原理：將原本函式包裝到新函式內，在新函式加入新動作，最後把原本函式的名稱參照到新函式。

大致了解修飾器的運作原理後，後面我們將詳細說明如何使用修飾器。

修飾器的使用方式

函式是 Python 的 first-class objects（第一級物件），我們可以**將函式指定給變數**，此外，函式也可以作為引數傳遞給其他函式，甚至是當作其他函式的傳回值。

小編補充　什麼是 first-class objects？

first-class objects 是從社會學的 first-class citizen（一等公民）延伸來的名詞，之所以會說函式是 Python 的 first-class objects，是指函式與數字、字串…等『一視同仁』，可以進行**任何**操作，例如存放在 list 中、傳遞為函式參數、當作函式傳回值等。

相對來說，C 語言的函式便不能當作其他函式的參數，沒有和數字、字串…等一視同仁的地位了，就像二等公民一樣缺少某些權利，所以在 C 語言中，函式只是 second-class objects。

小編再補充： 上文提到將函式指定給變數，和之前用變數來接收函式的傳回值不同！這時變數是參照到函式本身。

因為函式可以當作參數，也能夠當作回傳值，所以我們可以如下操作：

```
                          ↙ 傳入函式作為參數
>>> def decorate(func):
...     def wrapper_func(*args):  ← 可以接收任何數量引數的包裝函式
...         print("原函式執行前")  ← 在原函式前面加入額外動作
...         func(*args)  ← 原函式包裝在這裡
...         print("原函式已執行")  ← 在原函式後面加入額外動作
...     return wrapper_func  ← 傳回包裝後的函式
                 這是 decorate() 的傳回值

>>> def myfunction(parameter):  ← 原始函式定義
...     print(parameter)
...
```

```
>>> myfunction = decorate(myfunction)
>>> myfunction("hello")

原函式執行前
hello
原函式已執行
```

請注意這行，就是將decorate函式指定給myfunction變數（myfunction = decorate(myfunction)）

所以myfunction變數就等於是decorate函式，可以傳入引數哦！（myfunction("hello")）

原函式執行前 ← decorate 函式額外加入的動作

hello ← myfunction 函式原有的動作

原函式已執行 ← decorate 函式額外加入的動作

讓我們將 myfunction 原本參照到的程式碼稱為原始函式物件，則 myfunction = decorate(myfunction) 這行敘述的動作流程圖示如下：

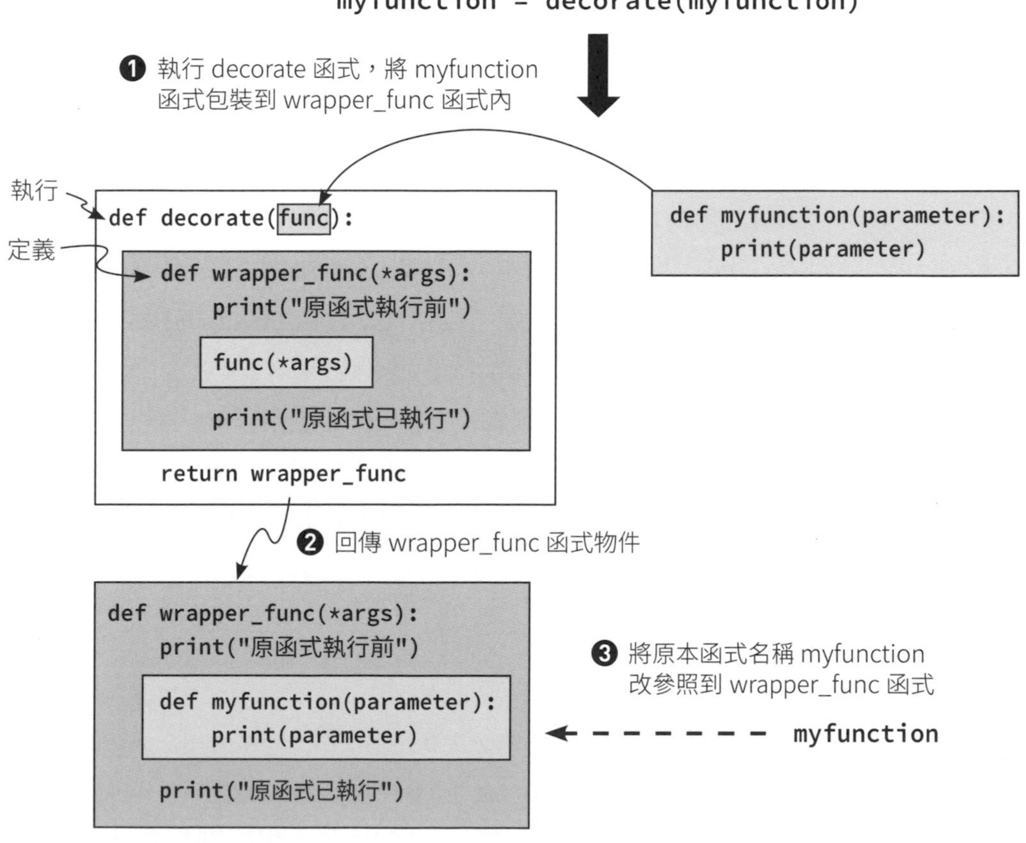
myfunction = decorate(myfunction)
❶ 執行 decorate 函式，將 myfunction 函式包裝到 wrapper_func 函式內
執行
定義
def decorate(func):
def wrapper_func(*args):
print("原函式執行前")
func(*args)
print("原函式已執行")
return wrapper_func
def myfunction(parameter):
print(parameter)
❷ 回傳 wrapper_func 函式物件
def wrapper_func(*args):
print("原函式執行前")
def myfunction(parameter):
print(parameter)
print("原函式已執行")
❸ 將原本函式名稱 myfunction 改參照到 wrapper_func 函式
myfunction

編註： 這裡的重點是："＝"號左邊的 myfunction 是參照到"＝"號右邊 myfunction 經過 decorate 包裝過的版本！

上面先將 myfunction 參照的原始函式物件傳入 decorate 函式，而 decorate 中定義了一個新函式叫 wrapper_func()，這個新函式的定義中包含了一些額外動作與原始函式物件的執行動作，最後 decorate() 傳回這個新函式 wrapper_func，我們再將它命名為 myfunction，也就是說 myfunction 這個名稱現在改參照到 decorate(myfunction) 的傳回值 wrapper_func 了。

所以之後再呼叫 myfunction 函式時，因為變數 myfunction 已經參照到新函式，所以會執行新函式，也就是說會依照新函式的定義，執行額外動作並執行原始函式物件內原有的動作：

>>> myfunction("hello")
其實是執行 myfunction 變數所參照的 wrapper_func("hello")
原函式執行前
decorate 函式額外加入的動作
hello
myfunction 函式原有的動作
原函式已執行
decorate 函式額外加入的動作

myfunction = decorate(myfunction) 所達成的效果就類似用 decorate 函式來修飾 myfunction 函式，在不更改原本 myfunction 函式程式碼的前提下，可以額外加入我們想要的程式碼，甚至還可以依需求修改原函式的傳回值。

編註： 使用『myfunction=decorate(myfunction)』看起來有點繞口，但這是有特殊用意的。因為當您在其他程式碼當中使用了 myfunction，就可以完全不用更改該程式碼而立刻享用 myfunction 的新功能了，這樣可以快速修改程式而降低維護成本、避免出錯，尤其是搭配以下將介紹的 @decorate 語法糖會更好用！

@decorate 語法糖

Python 提供了一個修飾器（decorator）的語法糖（syntactic sugar），讓您用單行敘述來完成上述 myfunction = decorate(myfunction) 的動作。@decorate 修飾器可以達到與上述範例完全相同的效果，但能讓程式碼更清晰，更易於閱讀。

小編補充 什麼是語法糖（Syntactic Sugar）？

如果程式語言中的某個語法並不是用來增加新功能，而是讓原有功能更容易使用，讓程式碼可以更簡潔，具有更好的可讀性，那麼這個語法就會被稱為語法糖。

修飾器的語法糖很簡單，在需要修飾的函式上面用 @ 符號加上修飾器的函式，即可替代 myfunction = decorate(myfunction) 的動作，如下所示：

```
>>> def decorate(func):
...     def wrapper_func(*args):
...         print("原函式執行前")
...         func(*args)
...         print("原函式已執行")
...     return wrapper_func
...
>>> @decorate
... def myfunction(parameter):
...     print(parameter)
...
>>> myfunction("hello")
原函式執行前
hello
原函式已執行
```

在函式定義的前一行加入@decorate敘述，取代原本後面需要寫的 myfunction = decorate(myfunction)

使用修飾器將一個函式包裝在另一個函式中可以用於多種目的，例如 Django 的網站框架中，修飾器用於確保使用者在執行某些功能前必須先登入；還有在圖形函式庫中，修飾器可用於向圖形框架註冊函式。

動手試一試：修飾器

- 請改寫上面範例中的修飾器函式，將 myfunction 函式的傳回值放置於 "<html>" 和 "</html>" 中，讓 myfunction("hello") 改成傳回 "<html>hello</html>"。

老手帶路　修飾器 (decorator) 的用途

前面提到修飾器能在不更改原本函式程式碼的前提下，讓我們額外加入新功能。所以小編將 decorator 翻譯為『修飾器』，而不是一般常看到的裝飾器。

請想像一下，當程式遇到效率瓶頸時，您可能會想要紀錄每個函式的執行時間，來找出哪一個函式拖慢速度。當程式內有數十個函式時，若我們逐一去修改函式加入紀錄執行時間的程式碼，不只很花功夫，一不小心還會造成程式出錯，如果最後要取消紀錄的功能又要再重複一次這個累人的工作。所以，您可能已經想到了，這個時候就是修飾器最好的表現時機了。

另外 Python 的許多框架 (framework) 也善用了修飾器功能，讓使用者可以更方便地使用框架定義好的功能。例如以下是 Flask 網頁程式框架的範例程式碼，只要 5 行程式就可以快速架設網頁伺服器：

```
from flask import Flask
app = Flask(__name__)

@app.route("/hello")
def hello():
    return "Hello World!"
```

當使用者連線 http://xxx/hello 的時候，就在網頁顯示 "Hello World!"

原本網頁伺服器需要處理 TCP 與 HTTP 相關協定，但是這邊使用者只要簡單定義好 hello() 函式要輸出的內容，然後用修飾器來加上 Flask 已經定義好的所有伺服器相關功能，就可以架設好網頁伺服器。

修飾器看起來有點難以理解，其實它只是把函式物件當參數傳入修飾器，然後再由修飾器添加新功能，再以一個新函式的形式傳出來，如此去想就能理解了！ ☺

LAB 9：有用的函式

請回顧第 6 章和第 7 章中的實習，將該程式碼重新修改為清理和處理資料的函式，目標是將大部分邏輯轉移到函式中，請自行決定參數的型別。但請記住，函式應該只做一件事，並且它們不應該為函式外部帶來任何的副作用。

重點整理

- 函式的定義方式：

```
def 函式名稱(參數1, 參數2,...):
    程式區塊
```

- 參數的種類與定義的順序：位置參數、預設值參數、*args、**kwargs。
- 呼叫函式時引數傳遞的順序：位置引數、指名引數。
- 用可變物件做為引數時要小心。
- local、nonlocal 和 global 變數：

- lambda 函式：不用命名的小函式。
- 產生器函式：走訪物件的產生器，用 yield 傳回走訪值。
- 修飾器：將函式包裝到新函式中。

Chapter 10

模組、命名空間與名稱搜尋規則

本章涵蓋

- 定義模組
- 撰寫第一個模組
- 使用 import 敘述
- 修改模組搜尋路徑
- 在模組中將變數名稱設為私有
- 匯入標準函式庫和第三方模組
- namespace 與 scoping rule
- local、global 與 builtin 命名空間
- scoping rule：名稱的搜尋規則

老手帶路 專欄

- Python 全域變數的可視範圍不涵蓋全程式
- 從模組 import 變數容易發生的問題
- 在主程式與不同模組之間共享變數資料

對於比較大型的 Python 專案，使用模組（module）可以讓程式架構更好管理，Python 內建的標準函式庫也分裝在不同模組，使其更易於管理。

您不一定需要使用模組，但如果您的程式碼已經超過好幾頁，或者同一段程式碼想要給不同專案使用，那麼便應該考慮使用模組。

10.1 什麼是模組？

對於小程式來說，所有程式碼都會集中放在一個檔案，但是對於較大的程式來說，程式碼全部放在一個檔案並不是一個好選擇，一個冗長的程式碼檔案不但增加編寫與維護的困難，更是難以多人合作一個專案。

Python 允許我們將一個程式分割為多個檔案，分割後的程式檔案便稱為模組（module）。

模組的名稱就是檔案的主檔名，通常模組內會定義好函式或物件給主程式使用。模組除了用於本次專案以外，日後也可以讓其他專案使用，因此許多人會將常用的函式或物件放進模組中，以便重複使用。若要使用模組內的函式，使用方法如下：

```
import 模組名稱      ←── 匯入模組
模組名稱.函式()      ←── 呼叫模組內的函式
```

假設模組檔案名稱為 mymodule.py，裡面定義了一個 reverse() 函式，那麼這個模組的名稱便是 mymodule，以 import mymodule 匯入後，即可呼叫 mymodule.reverse() 函式。

除了使用 Python 程式碼來撰寫模組，C 或 C++ 編譯後的 Object 檔也可以當成 Python 模組，兩者的使用方式完全相同。所以若您發現某些函式或物件影響整體執行效率，也可以將其以 C 或 C++ 來改寫成模組，即可增進效率。

使用模組有助於避免名稱衝突問題，假設您撰寫一個名為 mymodule 的模組，該模組定義了一個名為 reverse() 的函式。在同一個程式中，您可能還想使用別人寫的另一個 othermodule 模組，該模組也定義了一個 reverse() 的函式，這兩個 reverse() 函式自然有所不同。在沒有模組的程式語言中，不可能使用兩個同名的 reverse 函式。但在 Python 中，這個問題很容易解決，因為這兩個函式分別位於不同模組，所以呼叫時的名稱為 mymodule.reverse() 和 othermodule.reverse()，即可將兩者區分。

Python 本身也利用模組來管理標準函式庫，大多數 Python 標準函式並非內建於語言的核心，而是透過特定模組來提供，您可以根據需要來載入這些模組。

Python 使用了**命名空間（namespace）**來管理變數、函式、物件等的名稱，每個模組都有自己的命名空間，因此可以讓兩個 reverse() 函式不會混淆，防止命名衝突，我會在本章的最後說明命名空間。

10.2 第一個模組

自己實際動手寫一個模組是了解模組最好的方式，首先請建立一個名為 mymath.py 的文字檔，並在該文字檔中輸入下面 Python 程式碼：

```
"""mymath - 自訂數學模組"""  ← 模組的文件字串
pi = 3.14159
def area(r):
    """area(r): 傳回半徑r的圓形面積."""  ← 模組內函式的文件字串
    global pi
    return(pi * r * r)
```

我們建立了一個 mymath 模組，這個模組定義了一個 pi 變數與值，此外還定義一個 area() 函式。與函式一樣，我們可以在模組內第一行以文件字串（docstring）來註解此模組的用途。

請將 mymath.py 儲存在您交談模式的當前目錄中。

小編補充　找出交談模式的當前目錄

若您不確定交談模式的當前目錄，請在 Python 交談模式中，如下找出交談模式的當前目錄：

```
>>> import os
>>> os.getcwd()
'C:\\Users\\tony'    ← 將 mymath.py 儲存在這個目錄
```

Windows 作業系統使用反斜線 \ 來分隔目錄，但是 \ 在 Python 中是轉義字元，所以如上所示 Python 會改用 \\ 來表示反斜線。

匯入模組

現在回到 Python 交談模式，如下測試：

```
>>> pi
Traceback (innermost last):
  File "<stdin>", line 1, in ?
NameError: name 'pi' is not defined
>>> area(2)
Traceback (innermost last):
  File "<stdin>", line 1, in ?
NameError: name 'area' is not defined
```

Python 沒有內建的 pi 變數或 area() 函式，所以上面會顯示錯誤。接著讓我們匯入並測試剛剛建立的 mymath 模組：

```
>>> import mymath   ←── 匯入 mymath 模組
>>> pi   ←── 直接使用會發生錯誤
Traceback (innermost last):
  File "<stdin>", line 1, in ?
NameError: name 'pi' is not defined
>>> mymath.pi   ←── mymath 模組的 pi 變數
3.14159
>>> mymath.area(2)   ←── mymath 模組的 area() 函式
12.56636
>>> mymath.__doc__   ←── mymath 模組的文件字串
"""mymath - 自訂數學模組"""
>>> mymath.area.__doc__   ←── mymath 模組中 area() 函式的文件字串
'area(r): 傳回半徑r的圓形面積."""
```

上面用 import 敘述將 mymath.py 檔案匯入為 mymath 模組，mymath 模組定義了 pi 和 area()，但這些模組內定義的變數與函式無法直接存取，所以直接輸入 pi 會產生錯誤，而直接呼叫 area(2) 也會出錯，正確的存取方法要**加上模組名稱**來存取 pi 和 area()，這同時也會確保不同模組的變數或函式名稱不會發生衝突。

假設另一個別人寫的 othermodule 模組也定義了 pi（也許該模組的作者認為 pi 是 3.14 或 3.14159265），而該模組的 pi 必須用 othermodule.pi

這個名稱來存取，這將有別於 mymath.pi。這種存取形式通常被稱為**模組限定（qualification）**，即模組 mymath 限定了變數 pi。你也可以將 **pi 稱為 mymath 的屬性（attribute）**。

請注意，在模組中的程式碼可以直接存取模組內的任何名稱，不需要加上模組名稱，例如 mymath.area() 函式要存取 mymath.pi 常數只寫 pi 即可。也就是說，模組中的程式碼只要將自己當成獨立程式，用一般方式來存取模組內的變數或函式即可，不需要去管模組名稱是什麼。

第一次匯入模組時，Python 會解析其程式碼，如果發現語法錯誤，會顯示 SyntaxError 的例外異常。如果一切正常，則會將原始程式碼編譯成 Python 位元碼（bytecode），存放在模組同一資料夾下的同名 .pyc 檔案（例如 mymath.pyc）。日後執行時若原始碼未改變，就直接執行 .pyc 檔案，以增進效率。

如果有需要，也可以直接匯入模組中特定的名稱，這樣存取 pi 時就不必再加上模組名稱。請如下測試：

```
>>> from mymath import pi
>>> pi
3.14159
>>> area(2)
Traceback (innermost last):
  File "<stdin>", line 1, in ?
NameError: name 'area' is not defined
```

←若改成 from mymath import pi, area 就可以存取 area

由於透過 from mymath import pi 要求從 mymath 模組匯入變數 pi，因此現在 pi 可以直接存取。但是，函式 area() 仍然無法直接呼叫，因為它沒有被直接匯入。

重複 / 重新載入模組

import 敘述會檢查模組是否已經被載入，所以**重複執行 import 時不會再次從檔案載入模組**，這是為了效率上的考量。但是有時候您會想要讓 Python 重新從檔案匯入模組，例如邊修改邊測試時，此時必須使用 importlib 模組中的 reload() 函式：

```
>>> import mymath, importlib
>>> importlib.reload(mymath)
<module 'mymath' from '/home/doc/quickpythonbook/code/mymath.py'>
```

重新載入模組跟首次匯入模組的流程不太一樣，但這些差異通常不會給您帶來任何問題，如果你有興趣，可以在 Python 語言參考文件（Python Language Reference）中的 importlib 模組中找 reload 的說明，您能夠在 https://docs.python.org/3/reference/import.html 網頁找到細節。

當然，模組不僅能在交談模式中使用，您也可以在 Python 程式檔案內 (即程式執行時) 匯入模組，甚至 A 模組裡面也可以匯入 B 模組。實際上在 Python 內部，交談模式和 Python 程式檔都是被視為模組 (請參考 10.7 節)。

> 請務必記住，交談模式和 Python 程式檔其實都是被視為模組，後面討論命名空間時會需要用到這個觀念。

總結一下：

- 模組是包含了 Python 程式碼的檔案。
- 如果模組的檔案名稱是 modulename.py，則模組在 Python 中的名稱是 modulename。
- 你可以用 import modulename 敘述將名為 modulename 的模組匯入程式中。執行此敘述後，模組中定義的物件可以透過 modulename.objectname 存取。
- 模組中特定物件名稱可透過 from modulename import objectname 敘述直接匯入程式中。此敘述使你的程式可以在存取 objectname 時，無需在它之前加上模組名稱 modulename，這對於匯入經常使用的名稱來說很方便。

10.3 import 敘述的三種形式

import 敘述有三種不同的形式，最基本的是：

```
import 模組名稱
```

它會搜尋該名稱的 Python 模組，並解析其內容。匯入模組後即可使用該模組的物件，但必須以『模組名稱.物件名稱』來存取。如果 import 找不到指定名稱的模組，則會產生錯誤。我將在 10.4 節中詳細討論 Python 會去哪個位置尋找模組。

第二種形式可以將模組中的特定名稱直接匯入：

```
from 模組名稱 import 物件名稱1, 物件名稱2, 物件名稱3 ,…
```

import 敘述之後，便可以直接使用名稱 1、名稱 2、名稱 3，前面不需要再加上模組名稱，上一節已經為您展示過這個方法。

小編補充　用 import…as…匯入並同時更改名稱

模組匯入後預設的名稱是其檔案的主檔名，所以 mymath.py 模組以 import mymath 匯入後，模組名稱是 mymath。

除了使用主檔名作為模組名稱以外，您也可以用下面方面來匯入模組並將其重新命名：

```
>>> import mymath as circle     ← 匯入 mymath 模組，重新命名為 circle
>>> circle.area(2)     ← 用 circle.area() 函式計算圓的面積
12.56636
```

除了更改模組名稱外，也可以如下匯入模組內物件的名稱並將其重新命名：

```
>>> from mymath import area as circle_area
>>> circle_area(2)
12.56636
```

最常見的就是 import numpy as np 啦！

最後，from … import … 敘述也可以這樣使用：

```
from 模組名稱 import *
```

* 代表匯入模組中所有名稱，例如 from modulename import * 從 modulename 匯入所有不以 _ 底線開頭的名稱，所有名稱匯入後，前面都不需加上模組名稱即可直接存取。關於這點的詳細說明，請參見第 10.5 節。

如果模組中有一個名為 __all__ 的 list（或第 18 章會介紹的套件裡面的 __init__.py），那麼 import * 就會依照這個 list 中包含的名稱來匯入，無論是否以 _ 底線開頭。

使用 import * 匯入時應該要小心，如果兩個模組都定義了同一個名稱，並且都以 import * 的方式來匯入這兩個模組，則會出現名稱衝突，此時第二個模組中的名稱將取代第一個名稱。這種作法還會讓程式碼的閱讀者難以確定所使用的名稱來源，所以建議還是用前兩種方法來使用 import，明確地寫出某名稱是從哪一個模組載入。關於 import * 會引發問題的詳細說明，請參見本書第 4.6.5 節。

但是有些模組（例如 tkinter）中函式的名稱很明顯就能看出它們源自哪裡，因此不太可能發生名稱衝突。所以在使用這些模組時，很多人會為了減少打字的次數而直接以 import * 匯入。

小編補充　函式內不能使用 import *

在函式內也可以使用 import 來匯入模組，但是請注意，函式內不允許使用 from …import * 這個形式來匯入，若使用則會產生語法錯誤。

10.4 模組搜尋路徑

sys 模組中的 path 變數定義了 Python 要去哪些資料夾尋找模組，您可如下存取 path 變數：

```
>>> import sys
>>> sys.path                                空字串表示先在當前目錄尋找模組
['', 'C:\\Python37\\Lib\\idlelib', 'C:\\WINDOWS\\SYSTEM32\\Python37.
zip', 'C:\\Python37\\DLLs', 'C:\\Python37\\lib', 'C:\\Python37\\
lib\\plat-win', 'C:\\Python37\\lib\\lib-tk', 'C:\\Python37', 'C:\\
Python37\\lib\\site-packages']
```

以上的搜尋路徑取決於系統配置，所以您實際看到的會與上面不同。無論細節如何，Python 執行 import 敘述時會依照順序從這些目錄來搜尋模組，若多個目錄有同名模組，則位於前面路徑的模組會被採用。如果搜尋路徑中找不到模組，則會引發 ImportError 例外異常。

每當你執行 Python 程式檔時，該程式檔所在的目錄將會被安排在 sys.path 變數的第一個位置，所以將主程式與模組放在同一個目錄即可優先被搜尋到。此外，若是在交談模式中，sys.path 的第一個元素被設置為空字串，Python 會解讀為應先在當前目錄中尋找模組。

sys.path 變數是由作業系統中環境變數 PYTHONPATH 的值（如果存在）來初始化，或者是來自於一個預設值，這取決於您在安裝時的設定。

10.4.1 自己定義的模組要放在哪裡

在本章一開始的範例中，Python 之所以能夠存取 mymath 模組，是因為我們將模組檔案放在交談模式的當前目錄。但是在正式運作的環境中，不會以交談模式執行程式，並且模組檔案也不會放在交談模式的當前目錄中。要確保您的程式可以找到您所撰寫的模組，您需要具備以下 3 個條件之一：

1. 將模組放在 sys.path 變數所設定的目錄中。
2. 將所有模組放在與主程式相同的目錄中。
3. 建立一個或多個目錄來儲存模組，並修改 sys.path 變數，使其包含模組所在的目錄。

在這 3 個選項中，第 **1** 個顯然是最簡單的，但也是最不應該選擇的選項，因為 sys.path 變數會隨著作業系統、Python 版本而有所不同。除非程式只會固定在一台特定電腦上運作，而且您能夠確保這台電腦不會因為更新 Python 版本而更改了 sys.path 變數，那麼才能考慮這個選項。

對於與特定程式有關聯的模組，第 **2** 個選項是一個不錯的選擇，只需將模組與程式放在同一個目錄。

第 **3** 個選項適用於電腦上有多個程式會使用到同一個模組，有幾種方式可以修改 sys.path 變數來參照到模組所在的目錄：

- 在 Python 程式碼中修改 sys.path 變數，加入模組的路徑，這很容易做到，但缺點是路徑寫死在所有程式中，日後需要更改時必須每個程式都叫出來修改。
- 設定 PYTHONPATH 環境變數，這也不難，但可能不是所有該電腦的使用者都能修改環境變數。
- 將模組所在目錄放在一個副檔名為 .pth 的任意檔案中，Python 會自動讀取 .pth 檔，將裡面的目錄加入成為預設的搜尋路徑。

有關如何設置 PYTHONPATH 環境變數的範例，請參閱 Python 文件中安裝和使用的部分（docs.python.org/3/using/cmdline.html），PYTHONPATH 所設置的目錄將被放到 sys.path 變數的最前面。如果使用 PYTHONPATH，請注意不要定義和標準函式庫同名的模組，**以免您的模組在標準函式之前被找到**。雖然在某些情況下，這可能就是您想要達成的效果，不過這種情況並不常見。

您可以使用 .pth 檔來避免與標準函式同名的問題。在這種情況下，放在 .pth 檔的目錄將附加到 sys.path 變數的最後面。

我將舉一個例子來說明 .pth 檔，在 Windows 上，.pth 檔可以放在 sys.prefix 變數所指向的目錄中。假設您的 sys.prefix 是 "c:\program files\python"，並將一個 myModules.pth 檔案放在該目錄中，檔案內容如下：

```
mymodules  ←— 相對路徑
c:\Users\naomi\My Documents\python\modules  ←— 絕對路徑
```

myModules.pth 的內容

下一次您啟動 Python 直譯器時，"c:\program files\python\mymodules" 和 "c:\Users\naomi\My Documents\python\modules" 這兩個資料夾會被附加到 sys.path 的最後面，所以您可以將模組放在這兩目錄中。不過要注意的是，上面 .pth 檔案中的 mymodules 目錄是相對路徑，所以其真實路徑會因為 .pth 檔案的位置，或是 Python 版本而有所不同。

用 .pth 檔比較安全，即使是升級 Python，只要將 .pth 移動到新版資料夾，或是重建一個新的 .pth 檔，即可確保模組可以被找到。如果您想了解有關使用 .pth 檔的更多詳細訊息，請參閱 Python 文件中 site 模組的說明（docs.python.org/3/library/site.html）。

10.5 模組中的私有名稱

我在本章前面提到過，您可以輸入 from module import * 從模組中匯入幾乎所有名稱，不過例外狀況是 from module import * 無法匯入以 _ 底線開頭的名稱。

若您寫的一個模組本來就準備讓他人以 from module import * 的方式來匯入，那麼對於僅限在模組內部使用的函式或變數（亦即不想被模組外部存取），只要以 _ 底線開頭來命名，即可避免 from module import * 匯入該名稱。

假設你有一個名為 modtest.py 的檔案，其中包含以下程式碼：

```
"""modtest: our test module"""
def f(x):
    return x
def _g(x):
    return x
a = 4
_b = 2
```

現在於交談模式中進行以下測試：

```
>>> from modtest import *
>>> f(3)
3
>>> _g(3)
Traceback (innermost last):
  File "<stdin>", line 1, in ?
NameError: name '_g' is not defined
>>> a
4
>>> _b
Traceback (innermost last):
  File "<stdin>", line 1, in ?
NameError: name '_b' is not defined
```

如上所示，f 和 a 有被匯入，但 _g 和 _b 並不會被匯入。不過請注意，只有 from ... import * 才會避免匯入私有名稱，您仍然可以透過以下操作來匯入 _g 或 _b：

```
>>> import modtest
>>> modtest._b
2
>>> from modtest import _g
>>> _g(5)
5
```

以 _ 底線來表示私有名稱是 Python 的慣例，並不只適用於模組中，在物件或是其他地方也是如此 (參見 4.10 節)。

10.6 函式庫與第三方模組

在本章的開頭，我提到 Python 內建的標準函式庫也分裝在不同模組，使其更易於管理。只要明確地匯入適當的模組，即可使用這些標準函式庫中的所有功能。

本書中會討論許多最常用和最有用的模組，但 Python 標準函式庫的豐富性遠超過本書所能介紹的範圍，您最起碼應該要瀏覽一下 Python Library Reference（https://docs.python.org/3/library/）的目錄，看看 Python 提供了哪些功能的函式。

其他人寫的第三方模組可以在 PyPI（Python Package Index，https://pypi.org）中找到，我將在第 19 章中討論。使用第三方模組前需要下載這些模組，並將其安裝在模組搜尋路徑的目錄中，以便您的程式可匯入第三方模組。

動手試一試：模組

- 假設您有一個名為 new_math 的模組，其中含有一個 new_divide() 函式。您可以用哪些方法匯入然後使用該函式？每種方法的優缺點是什麼？
- 假設 new_math 模組內有一個函式叫做 _helper_math()，請說明底線字元將如何影響 _helper_math() 的匯入方式？

10.7 Python 命名空間 namespace 和物件名稱搜尋規則 scoping rule

如果您是 Python 新手，只需快速閱讀本節以獲取基本概念即可。隨著您使用 Python 設計程式的經驗增長，對於 Python 的命名空間應該會越來越有心得。

> 在閱讀本節之前，建議您重新複習一下本書 4.3 節說明的變數是標籤的概念，以及 9.4 節關於全域 / 區域變數的介紹。

命名空間 (namespace) 的概念與本質

Python 使用命名空間（namespace）來管理名稱與物件之間的參照關係，也就是說，命名空間就像一個對照表，裡面存放著變數、函式等名稱，以及這些名稱參照到哪一個物件。所以當第一次執行 x = 1 這樣的敘述時，會先建立一個數字 1 的物件，然後將 x 這個名稱與數字 1 物件的位址新增到命名空間：

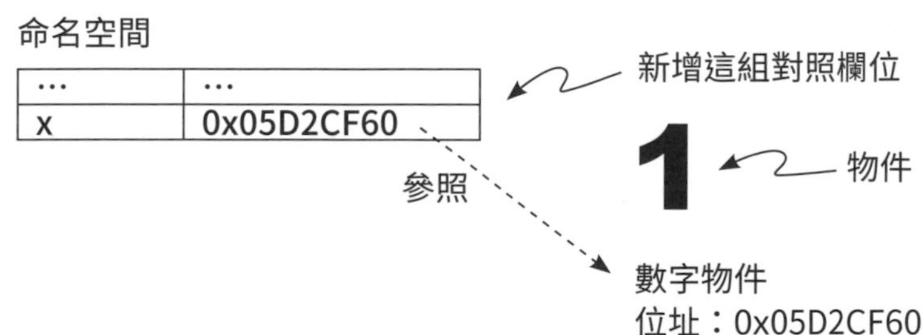

所以當程式需要存取變數 x 的時候，Python 就會到命名空間這個對照表內，確認一下有沒有這個名稱 (name)，若有這個名稱，就會依照其參照的位址，到該位址找到該物件 (此處為數值 1)。在不同的命名空間內，即使有相同名稱的變數，也不會互相衝突或影響，因為他們放在不同的對照表中。

在大多數的狀況下，Python 都是使用字典這個資料結構來實作命名空間，所以命名空間本質上是一個字典，這個字典的鍵是名稱，值則是該名稱所參照的物件位址。Python 程式執行時，總共會有三種類型的命名空間：**區域（local）、全域（global）、及內建（builtin）**。

10.7.1 三種類型的命名空間：builtin、global、local

Python 解譯器執行時，會建立一個名為 __builtins__ 的模組，此模組包含所有內建函式，例如 len()、min()、max()、int()、float()、list()、tuple()、range()、str()、和 repr() …等，還有一些內建類別，例如之前看過的各種例外異常。這個模組帶有一個命名空間，被稱為**內建命名空間 (builtin name space)**。

Python 建立其他模組時，也都會帶有一個命名空間，模組所帶的命名空間被稱為**全域命名空間 (global namespace)**。本章前面曾經提到，交談模式和 Python 程式檔在 Python 內部都是被視為模組，所以在交談模式以及主程式中都帶有一個全域命名空間，交談模式 / 主程式的變數與函式名稱都是放在全域命名空間，而放在全域命名空間中的變數，便是第 9.4 節介紹過的全域變數。

當呼叫函式時，Python 會為這個函式建立**區域命名空間 (local namespace)**，並將每個函式參數放入區域命名空間內，然後函式中建立的變數，也會在放在區域命名空間中。放在區域命名空間中的變數，便是第 9.4 節介紹的區域變數。函式結束後，區域命名空間會隨之刪除。

小編補充　物件的命名空間

第 15 章會介紹物件，當物件建立時，也會有一個屬於該物件的區域命名空間產生。這個區域命名空間將持續伴隨著物件，直到物件從記憶體中被刪除。

而物件的方法 (method) 等同於函式，呼叫方法時會有方法自己的區域命名空間，方法執行結束時，便刪除方法內部的區域命名空間，和函式的概念相同。

可視範圍 scoping rule：命名空間的尋找順序

在執行期間遇到一個名稱時，Python 會首先在區域命名空間中尋找，如果沒有找到，就查看全域命名空間。若仍未找到該名稱，則檢查內建命名空間。萬一還是找不到，就會產生 NameError 的例外異常。

命名空間與搜尋順序就是名稱的可視範圍，在全域命名空間內的的變數可以被所有函式存取，反之區域命名空間內的變數只有函式內部的敘述才能存取。

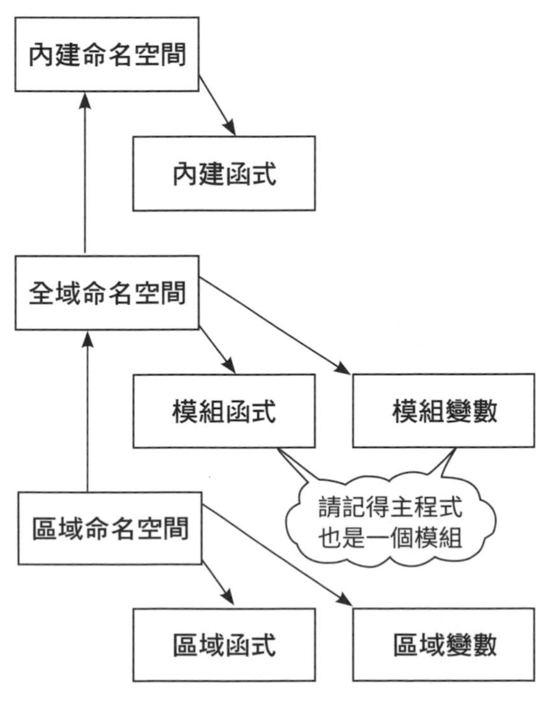

圖 10.2　檢查命名空間以尋找名稱的順序

小編補充　名稱的可視範圍 scoping rule

到這裡我們已知道命名空間（namespace）基本上就是一個表格，那可視範圍（scoping rule）又是什麼呢？可視範圍就是 Python 到各命名空間找名稱的順序規則（rule）。請注意！可視範圍不是固定的一個範圍，而是一個尋找名稱的順序**規則**。而名稱則是包含變數、函式…等物件的名稱。

所以可視範圍在這邊不是一個固定範圍，請將其理解為『查找名稱時視線的搜尋順序與範圍』，就如英文 scoping rule 的意思，它是 Python 尋找名稱的規則。

Python 初學者容易犯的一個錯誤就是取了一個與內建函式同名的變數或函式，這在其他傳統程式語言中會產生重複定義的錯誤，但是在 Python 並不會報錯！

舉例來說，如果您在程式中建立一個變數 len 用來存放長度，則隨後就再也無法使用內建函式 len() 了，因為 len() 被放在內建命名空間，但是您自建的 len 會在區域或全域命名空間中優先被找到，後面我會再用實際例子說明這樣的錯誤。

用 locals() 和 globals() 查詢區域與全域命名空間

該是我們探索一些例子的時候了，以下範例使用了兩個內建函式：locals() 和 globals()，將分別傳回代表區域和全域命名空間的字典。

請在交談模式如下輸入：

```
>>> locals()
{'__builtins__': <module 'builtins' (built-in)>, '__name__': '__
main__', '__doc__': None, '__package__': None}
>>> globals()
{'__builtins__': <module 'builtins' (built-in)>, '__name__': '__
main__', '__doc__': None, '__package__': None}
```

前面提到交談模式在 Python 內部被視為模組，所以也帶有全域命名空間，因為此時還沒有區域命名空間，所以 locals() 和 globals() 會取得相同的傳回值。

上面可以看到全域命名空間有三個供內部使用的初始值：

- __builtins__：__builtins__ 模組的位址，以便用來搜尋內建命名空間。
- __name__：此模組的模組名稱，主程式與交談模式的模組名稱永遠是 __main__。
- __doc__：此模組的文件字串（docstring），主程式與交談模式不會有文件字串。

> 還有一個 __package__ 是套件名稱，本書第 18 章會介紹套件。

如果您建立新變數並匯入模組，就可以看到全域命名空間因為匯入模組而多了幾個值：

```
>>> z = 2
>>> import math
>>> from cmath import cos
>>> globals()
{'cos': <built-in function cos>, '__builtins__': <module
'builtins' (built-in)>, '__package__': None, '__name__': '__
main__', 'z': 2, '__doc__': None, 'math': <module 'math' from
'/usr/local/lib/python3.0/libdynload/math.so'>}
>>> locals()
{'cos': <built-in function cos>, '__builtins__': <module
'builtins' (built-in)>, '__package__': None, '__name__': '__
main__', 'z': 2, '__doc__': None, 'math': <module 'math' from
'/usr/local/lib/python3.0/libdynload/math.so'>}
>>> math.ceil(3.4)
4
```

上面可以看到全域命名空間多了變數 z、模組 math、以及函式 cos 等名稱，您可以使用 del 敘述將這些名稱從命名空間中刪除：

```
>>> del z, math, cos
>>> globals()
{'__builtins__': <module 'builtins' (built-in)>, '__name__': '__
main__', '__doc__': None, '__package__': None}
>>> math.ceil(3.4)
Traceback (innermost last):
  File "<stdin>", line 1, in <module>
NameError: math is not defined          ← 找不到 math 模組了
>>> import math                         ← 重新匯入 math 模組
>>> math.ceil(3.4)
4
```

用 del 刪除 math 後，必須重新匯入才能再次使用它。不過請注意，del 只是從命名空間中刪除 math 這個名稱與其物件位址的參照連結，實際上 math 模組物件仍存在記憶體中並不會被刪除，重新匯入只是將參照連結放回命名空間。若您希望 Python 重新讀取磁碟上的模組程式檔，仍需要使用本章前面介紹的 importlib.reload()。

del 當然也可以用來刪除 __doc__、__main__、及 __builtins__，但千萬要忍住不要隨便刪除這幾個值，因為這會對您的程式運作造成不利的影響！

現在來看一下在交談模式中所建立的函式：

```
>>> def f(x):
...     print("global: ", globals())
...     print("進入 local: ", locals())
...     y = x
...     print("離開 local: ", locals())
...
>>> z = 2
>>> globals()  ← 先看全域 namespace
{'f': <function f at 0xb7cbfeac>, '__builtins__': <module
'builtins' (built-in)>, '__package__': None, '__name__': '__
main__', 'z': 2, '__doc__': None}
                          全域命名空間中可以找到全域變數 z
>>> f(z)  ← 執行 f(z)
global:  {'f': <function f at 0xb7cbfeac>, '__builtins__': <module
'builtins' (built-in)>, '__package__': None, '__name__': '__
main__', 'z': 2, '__doc__': None}                  ← 列出全域空間
進入 local:  {'x': 2}  ← 區域變數 x
離開 local:  {'y': 2, 'x': 2}  ← 再增一個區域變數 y
>>>
```

如果您仔細分析上面看起來很混亂的畫面，您會看到在剛進入函式 f 時 (進入 local)，f 的區域命名空間中只有參數 x，但是稍後 (離開 local) 又增加了區域變數 y。函式內看到的全域命名空間與交談模組的命名空間相同，全域命名空間中可以看到函式 f 的位址以及全域變數 z。

10.7.2 已匯入模組的命名空間

當我們匯入模組，呼叫模組中定義的函式時，模組函式看到的全域命名空間是該模組的命名空間，**不是主程式的命名空間**。

請建立一個名為 scopetest.py 的模組，內容如下：

```
"""scopetest: 可視範圍測試模組"""
v = 6
def f(x):
    """f: scope test function"""
    print("global: ", list(globals().keys()))
    print("進入 local:", locals())
    y = x
    w = v
    print("離開 local:", locals().keys())
```

這個範例中，我們僅輸出 globals() 傳回之字典的鍵 (也就是變數與函式的名稱)，以避免輸出太多訊息造成混亂：

```
>>> import scopetest
>>> z = 2
>>> scopetest.f(z)
global: ['__name__', '__doc__', '__package__', '__loader__', '__
spec__', '__file__', '__cached__', '__builtins__', 'v', 'f']
進入 local: {'x': 2}
離開 local: dict_keys(['x', 'w', 'y'])
```

上面可以看到，模組函式 f 看到的全域命名空間是 scopetest 模組的命名空間，包括函式 f 和變數 v，但不包括交談模式中建立的變數 z。因此，在建立模組時，您無須擔心模組外部的名稱會影響模組內部程式碼的運作。

✪ 老手帶路　Python 全域變數的可視範圍不涵蓋全程式

在許多程式語言，例如 C/C++，全域變數的可視範圍涵蓋全程式，甚至可以跨檔案讀取。若您用這樣的概念來理解 Python 的全域變數，可能會寫出錯誤的程式碼，因為 Python 全域變數的可視範圍不涵蓋全程式！

當 Python 建立一個模組時，就會為該模組產生一個全域命名空間，主程式對於 Python 來說其實也是模組，所以主程式會有一個全域命名空間，而用 import xxx 匯入的每個模組，**各自**也都會有一個**全域**命名空間。

假設我們的主程式內有一個全域變數 x，然後主程式、otherfunc 函式、mymodule 模組裡面都有一個 myfunction 函式，而所有 myfunction 函式都會試圖存取全域變數 x，這時候各個 myfunction 函式尋找變數 x 的流程如下：

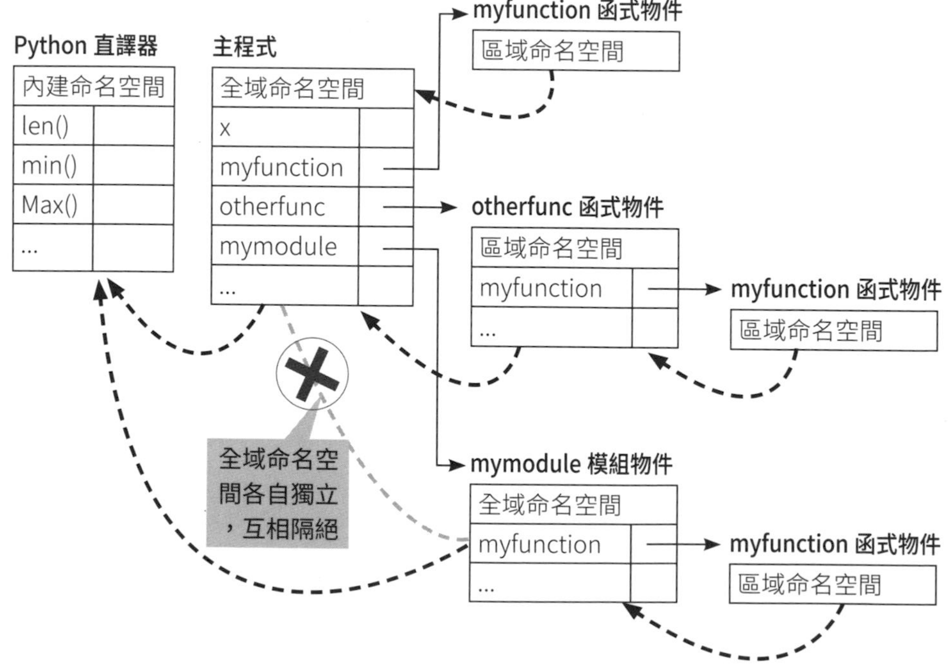

如上所見，依照區域→全域→內建的搜尋流程，主程式和 otherfunc 函式的 myfunction 函式最後都可以找到全域變數 x，但是 mymodule 模組的 myfunction 函式卻無法存取主程式的全域變數 x，因為 mymodule 模組自己就有一個全域命名空間。

▶接下頁

所以 Python 的全域變數無法跨模組或跨檔案存取，請務必記得全域變數可視範圍不涵蓋全程式，請避免因為其他程式語言的習慣而寫出錯誤的程式。

用 import 模組的方式匯入時，每個模組會有獨立的全域命名空間，模組內的名稱則會掛在各自命名空間，所以不同模組內即使有相同的名稱也不會互相影響。

但是如果採用 from…import…的方式，從模組內直接匯入名稱，此時這些名稱會變成掛在主程式命名空間中，因此若不同模組內有相同的名稱，就會產生名稱衝突的狀況，所以用 from…import…時請特別注意名稱衝突的問題。

老手帶路　從模組 import 變數容易發生的問題

假設有一個 counter 模組，內容如下：

```
num = 0
def add():
    global num
    num += 1
```

一般我們會這樣來匯入與使用這個模組：

```
>>> import counter
>>> counter.num
0
>>> counter.add()
>>> counter.num
1
```

若採用 from…import…的方式匯入變數與函式，則會遇到下面錯誤：

```
>>> from counter import num, add
>>> num
0
>>> add()
```

▶接下頁

```
>>> num
0                    ← num 變數的值並未增加
>>> import counter
>>> counter.num
1                    ← 實際上 counter 模組內的 num 變數值有增加
```

前面曾經說明 Python 的全域變數無法跨模組存取，所以 add() 函式增加的是模組內全域變數 num 的值，而不是主程式的全域變數 num。請特別小心這樣的差別，甚至我們會建議不要從模組 import 變數，避免程式出現類似上述例子中，邏輯看起來都正確執行結果卻錯誤的隱藏 bug。

用 dir() 列出模組內所有名稱

前面已經測試過區域和全域命名空間。接下來將測試內建命名空間。這邊將介紹一個新的內建函式 dir()，用 dir(模組名稱) 會傳回模組內所有變數、函式、類別等名稱。下面我們用 dir() 來列出在 __builtins__ 模組內的內建函式與類別：

```
>>> dir(__builtins__)
['ArithmeticError', 'AssertionError', 'AttributeError', 'BaseException',
'BlockingIOError', 'BrokenPipeError', 'BufferError', 'BytesWarning',
'ChildProcessError', 'ConnectionAbortedError', 'ConnectionError',
'ConnectionRefusedError', 'ConnectionResetError', 'DeprecationWarning',
'EOFError', 'Ellipsis', 'EnvironmentError', 'Exception', 'False',
'FileExistsError', 'FileNotFoundError', 'FloatingPointError',
'FutureWarning', 'GeneratorExit', 'IOError', 'ImportError',
'ImportWarning', 'IndentationError', 'IndexError', 'InterruptedError',
'IsADirectoryError', 'KeyError', 'KeyboardInterrupt', 'LookupError',
'MemoryError', 'ModuleNotFoundError', 'NameError', 'None',
'NotADirectoryError', 'NotImplemented', 'NotImplementedError',
'OSError', 'OverflowError', 'PendingDeprecationWarning',
'PermissionError', 'ProcessLookupError', 'RecursionError',
'ReferenceError', 'ResourceWarning', 'RuntimeError', 'RuntimeWarning',
'StopAsyncIteration', 'StopIteration', 'SyntaxError', 'SyntaxWarning',
'SystemError', 'SystemExit', 'TabError', 'TimeoutError', 'True',
'TypeError', 'UnboundLocalError', 'UnicodeDecodeError',
```

```
'UnicodeEncodeError', 'UnicodeError', 'UnicodeTranslateError',
'UnicodeWarning', 'UserWarning', 'ValueError', 'Warning',
'ZeroDivisionError', '__build_class__', '__debug__', '__doc__',
'__import__', '__loader__', '__name__', '__package__', '__
spec__', 'abs', 'all', 'any', 'ascii', 'bin', 'bool', 'bytearray',
'bytes', 'callable', 'chr', 'classmethod', 'compile', 'complex',
'copyright', 'credits', 'delattr', 'dict', 'dir', 'divmod', 'enumerate',
'eval', 'exec', 'exit', 'filter', 'float', 'format', 'frozenset',
'getattr', 'globals', 'hasattr', 'hash', 'help', 'hex', 'id', 'input',
'int', 'isinstance', 'issubclass', 'iter', 'len', 'license', 'list',
'locals', 'map', 'max', 'memoryview', 'min', 'next', 'object', 'oct',
'open', 'ord', 'pow', 'print', 'property', 'quit', 'range', 'repr',
'reversed', 'round', 'set', 'setattr', 'slice', 'sorted', 'staticmethod',
'str', 'sum', 'super', 'tuple', 'type', 'vars', 'zip']
```

以 Error 和 Exit 結尾的項目是 Python 內建的例外異常名稱，我將在第 14 章中介紹例外異常。

從 abs 到 zip 這一連串的名稱是 Python 的內建函式，你已經在本書前面章節中看到了很多內建函式，後面還會看到更多，所以這邊不會詳細介紹它們。如果您有興趣，可以在 Python Library Reference（https://docs.python.org/3/library/）中找到這些函式的說明。

除了參閱 Python 文件以外，您還可以使用 help() 或用 __doc__ 輸出每一函式的說明文件，這對於臨時需要查看說明時很有幫助：

```
>>> help(max)
Help on built-in function max in module builtins:

max(...)
    max(iterable, *[, default=obj, key=func]) -> value
    max(arg1, arg2, *args, *[, key=func]) -> value

    With a single iterable argument, return its biggest item.
    With two or more arguments, return the largest argument.
```

```
>>> print(max.__doc__)
max(iterable[, key=func]) -> value
max(a, b, c, ...[, key=func]) -> value
With a single iterable argument, return its largest item.
With two or more arguments, return the largest argument.
```

10.7.3 新手注意！不要建立與內建函式同名的變數

前面提到 Python 新手常犯的一個錯誤，就是常常會無意中建立了與內建函式同名的變數：

```
>>> list("Peyto Lake")
['P', 'e', 'y', 't', 'o', ' ', 'L', 'a', 'k', 'e']
>>> list = [1, 3, 5, 7]   ← 用 list 建立變數名
>>> list("Peyto Lake")
Traceback (innermost last):
  File "<stdin>", line 1, in ?
TypeError: 'list' object is not callable   ← list 已經不再是函式了
```

上面在全域命名空間內建立了 list 這個變數名，依照命名空間的尋找順序，list 變數會優先被取用到，而內建命名空間的 list() 內建函式就再也存取不到了 (沒機會)。

在同一個命名空間中使用相同的名稱兩次，則會發生新值覆蓋舊值的狀況:

```
>>> import mymath
>>> mymath = mymath.area   ← mymath 改參照到模組的 area 函式
>>> mymath.pi
Traceback (most recent call last):
  File "<stdin>", line 1, in <module>
AttributeError: 'function' object has no attribute 'pi'
```

當您對這種情況有所警覺時，問題就不會太嚴重。如果您在交談模式下無意中犯了其中一個錯誤，則很容易恢復。例如上述兩個狀況，只要用 del 刪除全域命名空間中的 list，就可以使用內建函式 list()，另外再匯入一次 mymath 模組，即可重新存取 mymath 模組內的變數：

```
>>> del list
>>> list("Peyto Lake")
['P', 'e', 'y', 't', 'o', ' ', 'L', 'a', 'k', 'e']
>>> import mymath
>>> mymath.pi
3.14159
```

locals() 和 globals() 函式可當作簡單的偵錯工具，另外 dir() 函式在沒有參數的情況下將傳回區域命名空間中的名稱，並且加以排序，因此可以幫助您找出變數名稱打錯的錯誤：

```
>>> x1 = 6
>>> xl = x1 - 2   ←— =左邊不小心將數字 1 打成英文字母 l
>>> x1
6
>>> dir()
['__annotations__', '__builtins__', '__doc__', '__loader__',
'__name__','__package__', '__spec__', 'x1', 'xl']
```

有關命名空間的更多詳細資訊，請在 Python Language Refererence 文件（https://docs.python.org/3/reference/）中搜尋 namespace，或是參見 The Python Tutorial 文件的第 9.2 節（https://docs.python.org/3/tutorial/classes.html#python-scopes-and-namespaces）。

老手帶路　在主程式與不同模組之間共享變數資料

在很多程式語言中，全域變數的常見用途是讓不同檔案之間可以共用資料，但是我們已經知道 Python 的全域變數無法跨模組或跨檔案存取，如果我們真的需要在主程式與模組之間，或者多個模組之間共享變數資料，可以將需共享的變數放入一個模組，然後讓大家來匯入這個模組就可以了。

假設有一個 config 模組，裡面放著需要共享的變數 n 如下：

```
n = 0
```

▶接下頁

然後 mymodule 模組可以如下使用上面的共享變數 n：

```
import config
def add():
    config.n += 1
```

讓我們測試看看主程式與模組之間，是否真的可以共用同一個變數資料：

```
>>> import config
>>> import mymodule
>>> config.n
0
>>> mymodule.add()
>>> config.n
1                    ← 共享變數 n 的值已經被 mymodule 改變了
```

動手試一試：命名空間和可視範圍

▨ 假設模組 make_window.py 中有一個變數 width，下列有關 width 可視範圍的描述何者正確？

（A）在模組本身內

（B）在模組中的 resize() 函式內部

（C）在匯入 make_window.py 模組的主程式中

LAB 10：建立一個模組

將第 9 章最後所建立的函式打包為獨立模組，這個模組除了匯入原本的主程式以外，也應該讓函式可以在另一個完全不同的程式中使用。

重點整理

- 我們可以將一個 Python 程式分割為多個檔案，分割後的程式檔案便稱為模組（module）。
- 必須先『import 模組名稱』，才能用『模組名稱 . 物件名稱』存取模組內的變數、函式…等物件。
- import 敘述有三種形式：
  - ○ import 模組名稱
  - ○ from 模組名稱 import 名稱 1, 名稱 2, 名稱 3 ,…
  - ○ from 模組名稱 import *
- 用 from module import * 匯入的話，無法存取 _ 底線開頭的名稱。
- Python 命名空間（namespace）就像一個對照表，裡面存放著變數、函式等名稱，以及這些名稱參照到哪一個物件。
- 命名空間的三種類型與搜尋順序：local → global → builtin
- 變數的可視範圍（scoping rule）就是 Python 到各命名空間找名稱的順序規則。
- Python 新手常犯的錯誤：建立與內建函式同名的變數或函式。

Chapter 11

Python 程式檔

本章涵蓋

- ◯ 建立一個最基本的 Python 程式檔
- ◯ 在 Linux/Unix 上執行 Python 程式
- ◯ 在 macOS 上執行 Python 程式
- ◯ 在 Windows 上執行 Python 程式
- ◯ 打包主程式與模組檔案
- ◯ 發佈 Python 應用程式給其他人

一直到目前的章節，我們大多以交談模式來寫 Python 程式，不過對於正式的應用，您會需要建立 Python 程式檔。本章的幾個部分主要聚焦在命令列程式，如果您具有 Linux/UNIX 背景，應該會很熟悉從命令列啟動程式，並且已經瞭解輸入和輸出重導向的技巧。

若您來自 Windows 或 Mac 背景，這些事情對您來說可能是陌生的，也許心理上還會質疑命令列程式的價值。確實，在 GUI 圖形環境中使用命令列程式有時不太方便，但 Mac 可以選擇 UNIX 命令列 shell，Windows 也提供了增強的命令列環境。就算現在用不到，但日後您會遇到適合使用命令列程式的場合，尤其是當您需要處理大量的檔案時，命令列技術會非常有用。

11.1 將主程式放入主控函式

只要將 Python 敘述依序放入文字檔案中，就是一個 Python 程式檔了。一般人習慣的程式架構是主程式搭配函式如下：

```
def compare_num_of_chars(string1):      ── 函式
    return len(string1)

word_list = ['Python', 'Coding']
word_list.sort(key=compare_num_of_chars)  ── 主程式
```

不過我將為您介紹一個 Python 常用的程式架構，這個架構將原本的主程式放入一個主控的函式中，然後唯一的主程式就是呼叫這個主控函式：

```
def compare_num_of_chars(string1):
    return len(string1)

def main():   ←── 主控函式
    word_list = ['Python', 'Coding']
    word_list.sort(key=compare_num_of_chars)

main()   ←── 呼叫主控函式
```

雖然在一個小程式中看不出什麼太大的差別，甚至看起來更加累贅，但是當您日後建立大型應用程式時，這種結構可以提供更多的靈活性和控管方便性，所以最好從一開始就養成使用這個架構的習慣，我們將於第 11.5 節詳細說明這種架構的好處。

現在讓我們來建立第一個 Python 程式，請將此程式命名為 script1.py，內容如下：

script1.py

```
def main():
    print("this is our first test script file")
main()
```

11.1.1 從命令列執行 Python 程式檔

Python 可通用於所有的作業系統，而每種系統的圖形操作介面都不同，為了讓 Python 初學者不受這些圖形介面的不同而困擾，可以優先專注於程式語法的學習，本書的範例程式大多是採用文字式的輸出入介面。

所以如果您寫完程式後想要單獨執行 Python 程式檔，必須在文字介面中執行才能看到執行結果，否則若是直接用滑鼠雙按 Python 程式檔，只會看到視窗出現一下就立刻關閉，來不及看到執行結果。

若要在文字介面執行 Python 程式檔，請從 Windows 開始功能表中執行『**Anaconda3/Anaconda Prompt**』指令，然後如下操作：

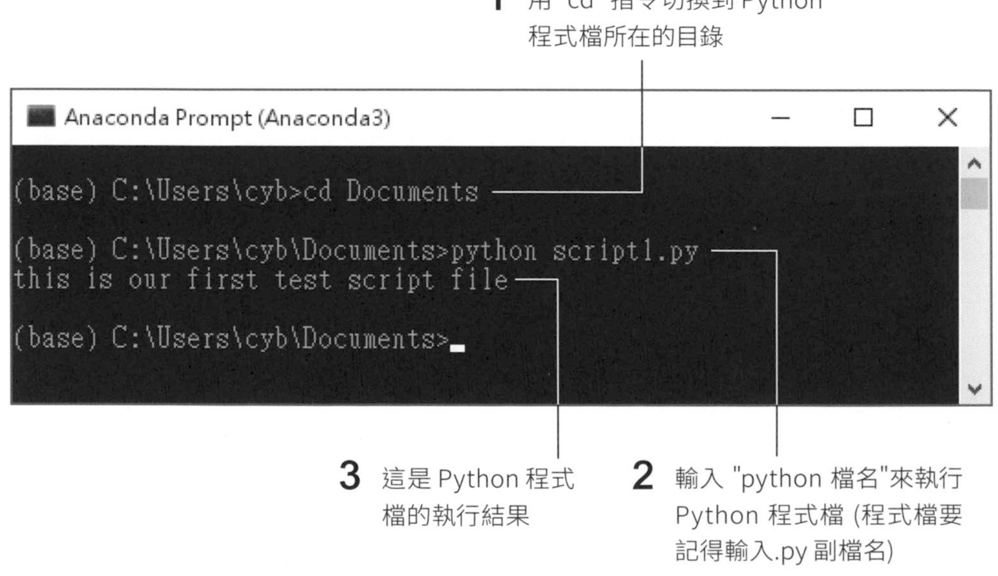

> 本書後面章節若提到執行 Python 程式檔，或是用 pip 指令加裝函式庫，都請在 Anaconda Prompt 這個文字介面中操作。

11.1.2 命令列參數

Python 有很簡單的機制可用於接收命令列傳入的參數：

script2.py

```
import sys
def main():
    print("這是第二個測試程式")
    print(sys.argv)
main()
```

請輸入下面指令執行 script2.py

```
python script2.py arg1 arg2 3  ←— 帶有三個命令列參數
```

您會看到命令列輸入的 python 程式檔名稱及三個參數以字串 list 的形式儲存在 sys.argv 中：

```
這是第二個測試程式
['script2.py', 'arg1', 'arg2', '3']  ←— sys.argv 的內容
```

從上面可以看到，sys.argv[1] 會存放命令列輸入的第 1 個參數，而 sys.argv[2] 則是第 2 個命令列參數，後面則依此類推，而 python 程式檔名則存在 sys.argv[0]。

11.1.3 輸入和輸出重導與管線

本節將說明 Python 如何控制標準輸出 / 輸入，以及如何用重導 (redirection) 與管線 (pipe line) 搭配 Python 程式完成各類應用。

小編補充　什麼是標準輸出、標準輸入、重新導向？

在命令列環境中，一個命令列程式的輸出可分為標準輸出（stdout）與錯誤輸出（stderr），標準輸出為該程式正常運作下所輸出的訊息，而顧名思義錯誤輸出便是該程式發生錯誤時所輸出的訊息。一般標準輸出與錯誤輸出的對象為螢幕，所以通常您會在螢幕上看到程式執行的所有訊息。

既然有標準輸出，自然也有標準輸入（stdin）。標準輸入為程式執行時，接受使用者指令或訊息的來源，通常標準輸入設定為鍵盤。

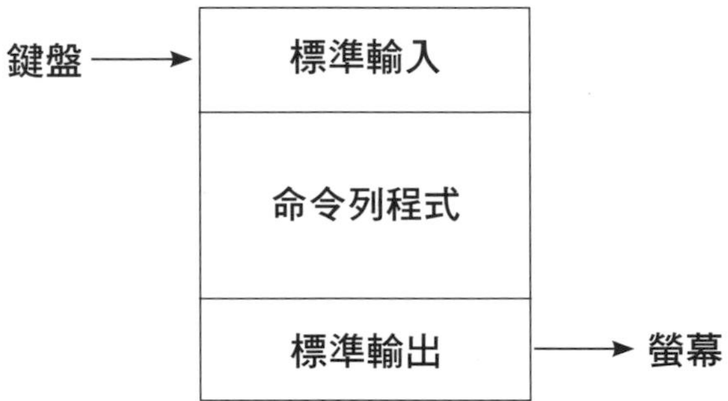

而輸出入重導（redirect）的功能，便是將標準輸入、標準輸出與錯誤輸出的來源或對象，重新導向其他裝置或檔案。所以一個原本只能輸出訊息到螢幕的程式，可以將其標準輸出重導至檔案，便能具有寫入檔案的功能；同樣地，原本只能從鍵盤輸入訊息的程式，也能經由重導標準輸入來讀取檔案。

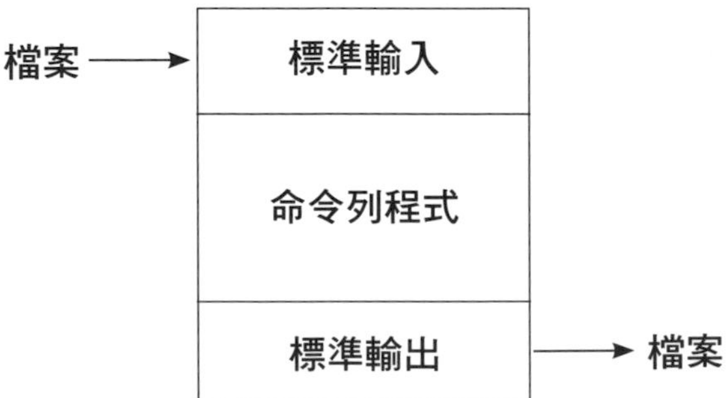

當我們在 Python 程式中使用 print() 函式顯示字串時，就是將字串送到標準輸出，也就是送到螢幕上顯示。若使用 input() 函式，便是從標準輸入讀取字串，亦即從鍵盤來讀取。若是將輸出入都重導到檔案，那麼 print() 函式輸出的字串就會寫入檔案，而 input() 函式則會改由檔案內讀取資料。

▶接下頁

輸出的重導有兩種符號：">" 和 ">>"。">" 可將結果輸出到檔案中，該檔案原有的內容會被刪除，">>" 則將結果附加於檔案尾端，原檔案內容不會被清除。輸入的重導符號為 "<"，可以讀取檔案的內容。

我將使用以下這個簡短的程式 replace.py 來展示 Python 如何控制標準輸出 / 輸入：

replace.py

```
import sys
def main():
    contents = sys.stdin.read()
    sys.stdout.write(contents.replace(sys.argv[1], sys.argv[2]))
main()
```

- sys.stdin.read() 會從標準輸入讀取字串。
- sys.stdout.write() 則會將傳入函式的參數值送到標準輸出。
- sys.argv[1] 是命令列輸入的第一個參數，而 sys.argv[2] 則是第二個命令列參數
- contents.replace(舊字串， 新字串) 會以新字串取代 contents 變數內的舊字串。所以 contents.replace(sys.argv[1], sys.argv[2]) 就是用第 2 個命令列參數字串來取代 contents 變數內的第 1 個命令列參數字串。

假設以 python replace.py zero 0 來執行時，那麼 contents 變數內的所有字串 "zero" 都被替換成 "0"。

我們將如下利用輸出入重導的功能，讀取 infile 檔案的內容，然後將內容中的字串 "zero" 都會被替換成 "0"，最後將新內容覆蓋寫入 outfile 檔案：

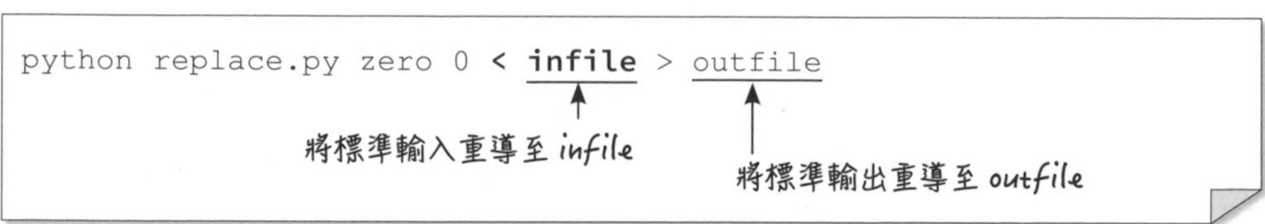
python replace.py zero 0 < infile > outfile
將標準輸入重導至 infile
將標準輸出重導至 outfile

假設下面是 infile 檔案的內容：

```
zero plus any integer is an integer.
Example: 0 + 1 = 1
```

執行後 outfile 的內容如下：

```
0 plus any integer is an integer.
Example: 0 + 1 = 1
```

輸出入重導後的程式就類似一個過濾器，從 infile 檔案讀取內容，加以處理過濾後，再輸出到 outfile 檔案。請注意，輸出入重導只適用於命令列模式，所以在 Windows 上，必須從命令提示字元視窗執行此程式，輸出入重導才有效。

若是將標準輸出重導的 > 改成 >>，那麼新內容就會附加到 outfile 檔案最後面：

```
python replace.py a A < infile >> outfile
```

執行後 outfile 的內容如下：

```
0 plus any integer is an integer.       ]— 原先的內容
Example: 0 + 1 = 1
zero plus Any integer is An integer.    ]— 附加的新內容
ExAmple: 0 + 1 = 1
```

您還可以利用管線（pipe）將一個程式的輸出作為另一個程式的輸入：

```
python replace.py 0 zero < infile | python replace.py 1 one >
outfile
```

以上指令會將 infile 檔案內容的所有 "0" 更改為 "zero"，然後所有 "1" 會更改為 "one"，最後覆蓋寫入 outfile 檔。執行後 outfile 的內容如下：

```
zero plus any integer is an integer.
Example: zero + one = one
```

小編補充　什麼是管線？

程式的輸出或輸入除了可以重新導向外，還能夠使用管線 (pipe) 的功能，將某個程式的輸出做為另一個程式的輸入。以下為管線運作的示意圖：

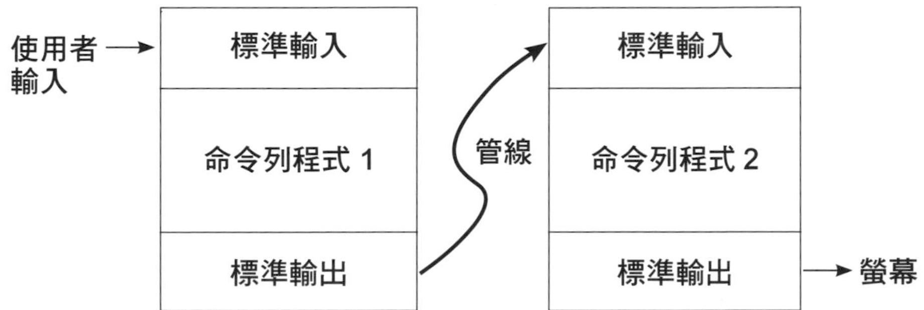

由前面的示意圖可以看到，管線讓原本各個獨立的程式變成可以互相組合的軟體元件。這些軟體元件就類似樂高積木，看似一個個不起眼的積木塊，只要加以組合，便能使其成為令人嘆為觀止的應用。

藉由管線我們可以自行『組合創造』出想要的功能，以數學的角度來說，原本 5 個軟體可能只有 5 個功能，但是有了管線的技術，5 個軟體代表著至少能夠組合出 5 x 5 種甚至更多的功能。

管線的概念與技術是從 UNIX 系統來的，Linux/UNIX 內存在著大量的命令列程式，其軟體設計哲學為簡潔與單純，一個程式只要做好一件事即可，原因在於只要使用管線，小而美的程式便能自行組合出許多功能。

11.1.4 用 argparse 模組解析命令列參數

命令列的參數除了『指令　參數1 參數2…』這樣的形式外，還有一種比較複雜的選用參數，形式如下：

```
指令 -選用參數1 選用參數1的值 --選用參數2 選用參數2的值
```

用 - 或 -- 開頭的參數稱為選用參數(或稱選項 option)，表示這個參數是非必要的，可用可不用。如果要用前面提到的 sys.argv 來處理選用參數，必須自行進行字串解析。為了節省這些字串解析的功夫，Python 提供了 argparse 模組可用來解析不同類型的選用參數，甚至還可以自動產生錯誤訊息以及 help 訊息，告知使用者有哪些必要參數與選用參數。

ArgumentParser

要用 argparse 模組解析參數需要先匯入 ArgumentParser 類別，再用此類別建立物件，我們會在第 15 章說明類別與物件，所以此處先學會怎麼用就好。下面用 ArgumentParser 建立物件：

```
>>> from argparse import ArgumentParser   ← 從 argparse 模組匯入 ArgumentParser類別
>>> parser = ArgumentParser()   ← 用 ArgumentParser 類別建立 parser物件
```

add_argument()

parser 物件可以用 add_argument() method 來新增程式的參數，add_argument() 的語法如下：

```
parser.add_argument(命令列參數1, 命令列參數2,...help="參數說明")
```

下面用 add_argument() 方法新增了 2 個命令列參數的解析規則，以 - 開頭的參數是選用參數，不以 - 開頭的則是必要參數：

```
>>> parser.add_argument("input_file", help="read data from this
file")
>>> parser.add_argument("-x", "--xray", help="specify xray
strength factor")
```

第一行首先新增了名稱為 input_file 的必要參數，第二行則新增了名稱為 xray 的選用參數，此參數可以用 -x 也能用 --xray 來指定，若同時有 - 與 -- 開頭，則其參數名稱則以 -- 開頭的名稱為準。

parse_args()

ArgumentParser 會從 sys.argv[1:] 取得命令列參數，前面提到 sys.argv 是一個 list，假設我們想要模擬執行『程式 -x 2 filename』時 ArgumentParser 的解析結果，只要如下提供一個 list 即可：

```
>>> args = parser.parse_args(['-x', '2', 'filename'])
                                       自行輸入 list 用來模擬 sys.argv[1:]
>>> args.input_file  ← 取得 input_file 參數值
'filename'
>>> args.xray  ← 取得 xray 參數值
'2'  ← 參數值預設都是字串型別
```

parse_args() 方法會傳回一個 Namespace 物件，所有命令列參數與參數值會放在該物件的屬性中，您可以如上使用 . 點符號來取得命令列參數的值，如果使用者沒有給選用參數值，則其值為 None。

接著讓我們看看輸入其他命令列參數的解析結果：

```
>>> args = parser.parse_args(['filename'])  ← 不給選用參數也可以
>>> args = parser.parse_args(['-a', '2', 'filename'])
                                       故意輸入錯誤的命令列參數
usage: [-h] [-x XRAY] input_file  ← 會告訴你命令的語法
: error: unrecognized arguments: -a filename  ← ArgumentParser
                                                自動產生錯誤訊息
```

```
>>> parser.parse_args(['-h'])
usage: [-h] [-x XRAY] input_file

positional arguments:
  input_file            read data from this file

optional arguments:
  -h, --help            show this help message and exit
  -x XRAY, --xray XRAY  specify xray strength factor
```

用 "-h" 取得help說明訊息，這也是ArgumentParser自動產生的

add_argument() 其它參數

命令列參數值預設會以字串型別傳入，不過您可以如下要求將某個參數值解析為整數：

```
>>> parser.add_argument("indent", type=int, help="indent for report")
```

上面額外設定了一個 indent 的必要參數，若設定了多個必要參數，會依照 add_argument() 方法的順序，來決定參數的位置。

選用參數也可以設定不需使用者給參數值，這時候的選用參數就會類似一個開關，有下這個選用參數就開啟或關閉某個功能：

```
>>> parser.add_argument("-q", "--quiet",
                        action="store_false", dest="verbose", default=True,
                        help="don't print status messages to stdout")
```

上面設定這個參數的名稱為 verbose，如果執行指令時沒有給 "-q" 或 "--quiet" 參數，ArgumentParser 解析後會自動建一個 verbose 參數，參數值是 True；若執行指令時有給 "-q" 或 "--quiet" 參數，則 verbose 參數值會是 False。這樣程式就可以依照這個 verbose 參數的布林值，決定是否要顯示訊息到標準輸出。

下面 opts.py 範例展示了 argparse 模組的所有用法：

opts.py

```
from argparse import ArgumentParser  ← 從 argparse 模組匯入 ArgumentParser類別

def main():
    parser = ArgumentParser()  ← 用 ArgumentParser 類別建立 parser 物件
    parser.add_argument("indent", type=int, help="indent for report")
    parser.add_argument("input_file", help="read data from this file")
    parser.add_argument("-f", "--file", dest="filename",
                  help="write report to FILE", metavar="FILE")
    parser.add_argument("-x", "--xray",
                  help="specify xray strength factor")
    parser.add_argument("-q", "--quiet",
                  action="store_false", dest="verbose", default=True,
                  help="don't print status messages to stdout")
    args = parser.parse_args()  ← parse_args()預設會從 sys.argv[1:] 讀取參數來進行解析

    print("arguments:", args)

main()
```

（必要參數：indent、input_file；選用參數：-f、-x、-q）

若如下執行 opts.py 程式：

```
python opts.py -x100 -q -f outfile 2 arg2
```

將會得到以下輸出：

```
arguments: Namespace(filename='outfile', indent=2, input_file='arg2',
verbose=False, xray='100')
```

如果碰到無效參數，或者未提供必要參數，例如：

```
python opts.py -x100 -r
```

parse_args() 會顯示簡短的使用方式以及錯誤訊息：

```
usage: opts.py [-h] [-f FILE] [-x XRAY] [-q] indent input_file
opts.py: error: the following arguments are required: indent,
input_file
```

11.1.5 使用 fileinput 模組逐行處理檔案內容

fileinput 模組能夠讀取一個或多個檔案的內容，然後一行一行地處理。

fileinput 模組會自動解析命令列參數，依序讀取參數所指定的所有檔案，所以您不需要再自行解析參數。讀取檔案內容後，您可以使用 for 迴圈來逐行處理這些文字內容。

假設現在有兩個純文字檔案內容如下：

sole1.tst

```
## sole1.tst: test data for the sole function
0 0 0
0 100 0
##
0 100 100
```

sole2.tst

```
## sole2.tst: more test data for the sole function
12 15 0
##
100 100 0
```

下面這個程式可以讀取檔案內容，然後將沒有 ## 開頭的資料一行一行的 print 出來，我將以此說明 fileinput 模組的基本用法：

script4.py

```
import fileinput
def main():
    for line in fileinput.input():
        if not line.startswith('##'):
print(line, end="")
main()
```

逐行讀取檔案內容（包括換行字元也會一併讀入）

如果沒有 '##' 開頭

就印出來

請如下執行：

```
python script4.py sole1.tst sole2.tst
```

您將獲得以下結果：

```
0 0 0
0 100 0
0 100 100
12 15 0
100 100 0
```

如果執行時沒有給命令列參數，那麼 fileinput 模組只從 stdin 輸入資料，也就是從鍵盤讀取資料。如果命令列參數其中一個參數是 - 符號，則 fileinput 模組處理到該參數位置也會從標準輸入讀取。當使用者從鍵盤輸入資料完畢後請按下 Ctrl + Z 鍵代表檔案結束字元（EOF，End of File）。

fileinput 模組還提供了一些其他的函式如下：

- fileinput.lineno()：傳回目前已讀取的總行數
- fileinput.filelineno()：傳回目前檔案讀取的行數
- fileinput.filename()：傳回目前正在讀取的檔案名稱
- fileinput.isfirstline()：傳回是否為檔案的第一行
- fileinput.isstdin()：傳回目前是否正在讀取標準輸入
- fileinput.nextfile()：放棄目前檔案，跳到下一個檔案
- fileinput.close()：關閉 fileinput 模組，不再讀取檔案

以下範例為您展示如何使用這些函式：

script5.py

```
import fileinput
def main():
    for line in fileinput.input():
        if fileinput.isfirstline():
            print("<檔案 {0} 的開頭>".format(fileinput.filename()))
        print(line, end="")
main()
```

如下執行這個程式：

```
python script5.py file1 file2
```

會得到以下結果（虛線表示原始檔案 file1 與 file2 裡面的內容）：

```
<檔案 file1 的開頭>
.......................
.......................
<檔案 file2 的開頭>
.......................
.......................
```

除了自動讀取命令列參數指定的檔案以外，您也可以用 fileinput.input(files=(' 檔案名稱 1', ' 檔案名稱 2'…) 直接指定要讀取哪些檔案。另外，若以 fileinput.input(inplace=True) 來呼叫時，它會先備份原始檔案，然後將新的內容寫入原始檔案。有關 inplace 選項的說明，請參閱 Python 文件（https://docs.python.org/3/library/fileinput.html）。

動手試一試：程式檔與命令列參數

- 連連看，請將下面使用情境與正確的處理方式連在一起：

多個命令列必要與選用參數	sys.agrv
沒有參數或只有一兩個參數	使用 fileinput 模組
處理多個檔案	輸出輸入重導
把程式檔當作是過濾器	使用 argparse 模組

11.2 在 Linux/UNIX 上執行 Python 程式檔

如果您使用的是 Linux/UNIX，要讓包含 Python 程式碼的檔案變成執行檔非常簡單。只要將以下這行添加到 Python 程式檔的第一行：

```
#! /usr/bin/env python
```

請注意，有些系統預設的 Python 是 2.x 版本，此時您需要將上面的 python 更改為 python3、python3.7 或類似的設定，以指定您要使用 Python 3.x，而不是系統預設的舊版本。例如：『#! /usr/bin/env python3』。

然後將 Python 程式檔加上可執行的權限就可以了，例如用『chmod +x replace.py』將 replace.py 加上執行權限。

最後將 Python 程式檔放在環境變數 PATH 的某一個路徑（例如 /usr/local/bin 目錄中），這樣不管您在哪一個目錄，都可以執行您的 Python 程式檔：

```
replace.py zero 0 < infile > outfile
```

如果您想要撰寫 Python 程式來管理 Linux/UNIX 系統，我建議您幾個有用的函式庫與模組：

- pwd：存取使用者密碼資料庫
- grp：存取使用者群組資料庫
- resource：存取系統資源使用資訊
- syslog：使用 syslog 系統日誌工具
- stat：透過 os.stat 系統呼叫取得檔案或目錄資訊

您可以在 Python Library Reference（https://docs.python.org/3/library/）中找到有關這些函式庫與模組的資訊。

11.3 在 macOS 上執行 Python 程式檔

在 macOS 上執行 Python 程式檔的方式幾乎與 Linux/UNIX 相同，您可以使用完全相同的方式以終端機視窗執行 Python 程式檔，但是在 Mac 上，您也可以把 Python 程式檔拖曳到 Python Launcher 應用程式，或者將 Python Launcher 設定為啟動 Python 程式檔的預設應用程式（或者可設定執行副檔名為 .py 的檔案）來從 Finder 執行 Python 程式。在 Mac 上使用 Python 有幾種選項，本書因篇幅所限無法列出所有選項的細節，但是您可以到 https://docs.python.org/3/using/index.html 查看文件中關於 Mac 的部分，以取得完整的說明。另外該文件的 Distributing Python Applications on the Mac 一節也值得您閱讀，裡面有如何在 Mac 平台發佈 Python 應用程式和函式庫的更多資訊。

如果您對用 Python 撰寫 macOS 的管理程式感興趣，那麼您應該使用一些套件來彌合 Python 和 Apple's Open Scripting Architectures（OSA）之間差距，建議可以參考兩個套件：appscript 和 PyOSA。

11.4 在 Windows 上執行 Python 程式檔

如果您使用的是 Windows，則有多個方法來啟動 Python 程式檔，這些方法的功能和易用性各不相同。不幸的是，它們的在各種 Windows 版本中可能會有很大的差異，而本節的重點是如何從命令提示字元或 PowerShell 執行 Python，所以有關在 Windows 圖形環境上執行 Python 程式檔的資訊，請自行查閱 https://docs.python.org/3/using/windows.html 與 https://docs.python.org/3/faq/windows.html 這兩份文件。

11.4.1 從命令提示字元視窗或 PowerShell 啟動 Python 程式檔

要從命令提示字元視窗或 PowerShell 視窗執行 Python 程式檔，請在開始選單的 Windows 系統底下執行命令提示字元，或到 Windows PowerShell 底下執行 Windows PowerShell 視窗，然後用 cd 指令切換到 Python 程式檔所在的資料夾，便可以用和 UNIX/Linux/MacOS 系統一樣的方式執行 Python 程式檔：

```
> python replace.py zero 0 < infile > outfile
```

這是在 Windows 上執行 Python 程式檔最靈活的方法，因為它允許您使用輸入和輸出重導。

Python 無法執行？

如果在 Windows 的命令提示字元輸入 python 指令時無法執行 Python，可能是安裝 Python 時沒設定好，或是 PATH 被更動，使得 Python 可執行檔（python.exe）的路徑不在 PATH 環境變數內，此時您需要手動將 python.exe 的路徑加入到系統的 PATH 環境變數中，或者重新安裝 Python 來重建 PATH 環境變數。要獲得有關在 Windows 上設置 Python 的更多說明，請參閱 https://docs.python.org/3/using/windows.html 文件。

11.4.2 其他 Windows 選項

在 Windows 上還有其他選項可供使用，如果您熟悉批次檔的撰寫方式，可以將多個 Python 程式檔的執行命令一起放在批次檔裡。另外 Cygwin 工具集附帶了 GNU BASH shell 的移植版本，它在 Windows 上提供了類似 UNIX shell 的功能，您可以在 www.cygwin.com 上下載 Cygwin。

在 Windows 上，您可以編輯 PATHEXT 環境變數加入 .py 副檔名，讓您的 Python 程式檔自動執行：

```
PATHEXT=.COM;.EXE;.BAT;.CMD;.VBS;.JS;.PY
```

讓 .py 檔能自動被執行，就像 .exe 檔一樣

動手試一試：製作可執行的 Python 程式檔

- 請試著在您使用的作業系統上執行 Python 程式檔，並嘗試將 Python 程式檔的輸入和輸出重導至檔案。

11.5 程式與模組

對於程式碼只有幾行的小程式，可能不需要講究什麼程式架構，但是如果程式碼不短，那麼最好如同 11.1 節所說的，將主程式放在一個主控函式 (例如 main()) 裡面，本節將詳細說明這樣的架構，以及這麼做的幾個好處。

讓我們先建立一個 Python 程式檔，作為本節的範例使用。下面 script6.py 程式會傳回在 0 到 99 之間所指定數字的英文名稱：

script6.py

```
#! /usr/bin/env python3  ← Linux/Unix 專用指令
import sys

#數字與英文的對應字典
_1to9dict = {'0': '', '1': 'one', '2': 'two', '3': 'three',
             '4': 'four','5': 'five', '6': 'six', '7': 'seven',
             '8': 'eight','9': 'nine'}
_10to19dict = {'0': 'ten', '1': 'eleven', '2': 'twelve',
               '3': 'thirteen', '4': 'fourteen', '5': 'fifteen',
               '6': 'sixteen', '7': 'seventeen', '8': 'eighteen',
               '9': 'nineteen'}
_20to90dict = {'2': 'twenty', '3': 'thirty', '4': 'forty',
               '5': 'fifty','6': 'sixty', '7': 'seventy',
               '8': 'eighty', '9': 'ninety'}

def num2words(num_string):  ← 將 num_string 數字字串轉成英文字
    if num_string == '0':
        return'zero'
    if len(num_string) > 2:
        return "抱歉此程式只能處理0~99的2位整數"
    num_string = '0' + num_string  ← 在數字左邊補 0，以便
                                     讓 0~9 也能變成 2 位數
    tens, ones = num_string[-2], num_string[-1]  ← 取十位及個位數
    if tens == '0':        ← 如果前面是0，即輸入是0~9
        return _1to9dict[ones]
    elif tens == '1':      ← 如果前面是1，即輸入是10~19
        return _10to19dict[ones]
    else:                  ← 其他就是20~99
        return _20to90dict[tens] + ' ' + _1to9dict[ones]

#定義主控函式
def main():
    print(num2words(sys.argv[1]))   ← 將 argv[1] 抓到的數字字串交給
                                      num2words 去轉譯

main()  ← 呼叫主控函式
```

如下執行此程式：

```
python script6.py 59
```

會看到這樣的結果：

```
fifty nine
```

一般標準寫法會把 main() 放在最後面，我建議把 main 函式的定義放在程式後面，就正好放在 main() 的正上方，這樣就不必先到檔案的最下面找到 main() 之後，再向上滾動滑鼠去找 main 函式的定義。

將主程式放在 main() 的好處

我們寫的程式除了獨立運作執行以外，如果想要讓其他程式以模組的方式匯入，最大的問題在於匯入時也會一併執行主程式，但是通常匯入模組只是想要使用裡面定義好的函式，而不會想要執行裡面的主程式。

若我們寫程式時就將主程式放到 main() 函式裡，等於是將主程式碼變成 main 的定義，這樣匯入時就不會被執行，雖然最後一行的 main() 還是會在匯入時被執行到，但這時只要加入以下條件判斷即可解決：

```
if __name__ == '__main__':
    main() ◄—— 如果是獨立執行就執行 main()
else:
    #在此程式區段進行模組初始化動作 ◄—— 若被當成模組匯入，則不執行 main()
```

其中 __name__ 是一個 Python 的內建變數，如果這個程式是獨立直接執行，__name__ 變數值就會是 __main__，代表主程式的意思；如果這個程式被匯入為模組，而模組名稱是 mymodule，則 __name__ 變數值將會是 mymodule 而不會是 __main__。所以您的程式就很有彈性了，即可獨立執行，又可被其他程式匯入使用，一點也不衝突。

在寫 Python 程式時，我一定會採用這樣的程式架構，這種架構允許我在交談模式下 import 這個程式，因為是 import 所以 main() 不會被執行，因此我就可以在交談模式下測試與偵錯程式裡的函式，這樣的話就只有 main() 的程式碼需要透過執行檔來測試，對於較大的程式而言，這就方便多了。另外日後若需要將主程式與函式分拆為多個檔案時，也會比較方便。

下面是我建議使用的程式架構：

```
def func1():
    ...
    ...

def func2():
    ...
    ...

def ...:
    ...
    ...

def main():
    ...
    ...

if __name__ == '__main__':
    main()
else:
    #在此程式區段進行模組初始化動作
```

讓我們來改寫本節前面的範例程式，將其修改為允許被匯入為模組。我會擴充函式的功能，使其允許輸入 0 到 999999999999999 之間的數字，而不僅是 0 到 99。此外，我也會在 main() 函式內檢查參數是否參雜非數字，並刪除其中的任何逗號，以便讓使用者可以輸入 1,234,567 這類較易閱讀的格式。

> 這是本書第一個長度超過一頁的程式，不過程式語法並不難，都是前面教過的，請試試看搭配註解來瞭解這個程式。

n2w.py

```
#! /usr/bin/env python3
"""n2w: 數字轉英文模組, 包含一個num2words函式, 也能獨立執行
獨立執行用法: n2w num
            num: 0~999,999,999,999,999 之間的整數 (可用逗號分隔)
範例: n2w 10,003,103
 輸入 10,003,103 後會輸出 ten million three thousand one hundred three
"""
import sys, string, argparse

#數字與英文的對應字典
_1to9dict = {'0': '', '1': 'one', '2': 'two', '3': 'three', '4': 'four',
             '5': 'five', '6': 'six', '7': 'seven', '8': 'eight',
             '9': 'nine'}
_10to19dict = {'0': 'ten', '1': 'eleven', '2': 'twelve',
               '3': 'thirteen', '4': 'fourteen', '5': 'fifteen',
               '6': 'sixteen', '7': 'seventeen', '8': 'eighteen',
               '9': 'nineteen'}
_20to90dict = {'2': 'twenty', '3': 'thirty', '4': 'forty', '5': 'fifty',
               '6': 'sixty', '7': 'seventy', '8': 'eighty', '9': 'ninety'}

#數字位數與數字英文單位的對應串列(list)
_magnitude_list = [(0, ''), (3, ' thousand '), (6, ' million '),
                   (9, ' billion '), (12, ' trillion '),(15, '')]

#數字轉英文的函式
def num2words(num_string):
    """num2words(num_string): convert number to English words"""
    if num_string == '0':
        return 'zero'
```

```
    num_string = num_string.replace(",", "")  ← 移除數字內的逗號
    num_length = len(num_string)
    max_digits = _magnitude_list[-1][0]  ← 最多處理 15 位數
    if num_length > max_digits:
        return "Sorry, can't handle numbers with more than  " \
               "{0} digits".format(max_digits)
    num_string = '00' + num_string  ← 在數字左邊補 00，稍後將三
    word_string = ''                   個數字一組來處理，所以讓
                                       左邊也能湊滿3位數

    #用迴圈從數字最右邊逐次取三個數字來處理，亦即從右邊三個一組進行轉換
    for mag, name in _magnitude_list:  ← 一次從 list 取出一組 tuple 來解譯
        if mag >= num_length:
            return word_string
        else: #取3個數字後，交由_handle1to999()函式處理
            hundreds, tens, ones = num_string[-mag-3], \
                num_string[-mag-2], num_string[-mag-1]
            if not (hundreds == tens == ones == '0'):
                word_string = _handle1to999(hundreds, tens, ones) + \
                                              name + word_string
#處理1~999的函式
def _handle1to999(hundreds, tens, ones):
    if hundreds == '0':
        return _handle1to99(tens, ones)
    else: #將第1個數字轉譯為英文字，第2、3個數字交由_handle1to99()函式處理
        return _1to9dict[hundreds] + \
            ' hundred ' + _handle1to99(tens, ones)

#處理1~99的函式
def _handle1to99(tens, ones):
    if tens == '0':           ← 如果前面是0，即輸入是0~9
        return _1to9dict[ones]
    elif tens == '1':         ← 如果前面是1，即輸入是10~19
        return _10to19dict[ones]
    else:                     ← 其他就是20~99
        return _20to90dict[tens] + ' ' + _1to9dict[ones]

#負責處理測試模式的函式
def test():
    values = sys.stdin.read().split()
    for val in values:
        print("{0} = {1}".format(val, num2words(val)))
```

```
#定義主控函式
def main():
    parser = argparse.ArgumentParser(usage=__doc__)
    parser.add_argument("num", nargs='*') ←將命令列所有非-開頭的參數
                                           以list形式放入num參數
    parser.add_argument("-t", "--test", dest="test",
                        action='store_true', default=False,
                        help="Test mode: reads from stdin")
    args = parser.parse_args()
    if args.test:
        test() ← 若是命令列有 -t 或 --test 參數，則進入測試模式
    else:
        try:
            #將第一個命令列參數值轉為英文，其餘命令列參數不處理
            result = num2words(args.num[0])

        #若使用者輸入值包含非數字，將會在所有數字與英文對應字典
        #找不到對應的鍵，所以產生KeyError例外異常
        except KeyError:
            parser.error('argument contains non-digits')
        else:
            print("{0}的英文念法是:{1}".format(args.num[0], result))

if __name__ == '__main__':
    main() ← 獨立執行時呼叫主控函式
else:
    print("n2w 以被匯入為模組")
```

本範例包含處理例外異常的 try…except…else 語法，第 14 章會再詳細說明。

本程式中，main() 函式實際上是為使用者建立一個簡單的溝通介面，可以處理以下任務：

- 若命令列參數的格式錯誤時（例如包含非數字），則顯示相關訊息。若使用者沒有提供參數，則顯示 help 資訊。
- 可以處理特殊模式。在本例中，使用 -t 或 --test 參數會讓程式進入測試模式。

- 可以處理命令列參數值，如本例是將逗號拿掉，然後將處理過的命令列參數值提供給相關的函式。
- 處理可能發生的例外異常狀況，然後顯示比較簡單易懂的訊息。在本例中，如果參數含有非數字，將產生 "KeyErrors"（鍵錯誤）的例外異常。不過其實有比較好的方法，就是使用第 16 章將介紹的常規表達式來檢查。
- 為使用者顯示簡單易懂的訊息，通常這會透過 print 敘述來完成。
- 如果這個程式主要會在 Windows 系統上執行，使用者可能會希望能在圖形模式用滑鼠雙按來執行，這時候就無法透過命令列參數來取得使用者輸入的數字，您需要改用 input() 來讓使用者輸入數字。

雖然改用 input() 來讀取使用者輸入，但是您仍然應該保留命令列的參數功能。因為我們可以把標準輸入轉向到一個檔案，程式進入測試模式後，便會從這個檔案逐行讀取資料進行測試工作，所以您可以建立一個測試資料檔，在檔案中存放一組數字來進行測試。假設有一個 n2w.tst 檔案，內容如下：

```
0 1 2 3 4 5 6 7 8 9 10 11 12 13 14 15 16 17 18 19 20 21 98 99 100
101 102 900 901 999
999,999,999,999,999
1,000,000,000,000,000
```

您可以如下執行本範例程式：

```
python n2w.py --test < n2w.tst > n2w.txt
```

從輸出檔的內容可以很容易地檢查程式是否正確執行（**小編補充：** 有經驗的程式設計者都懂得善用這項批次測試功能）。執行後會得到 n2w.txt 的內容如下：

```
0 = zero
1 = one
2 = two
...
999 = nine hundred ninety nine
999,999,999,999,999 = nine hundred ninety nine trillion nine
hundred ninety nine billion nine hundred ninety nine million nine
hundred ninety nine thousand nine hundred ninety nine
1,000,000,000,000,000 = Sorry, can't handle numbers with more than
15 digits
```

通常一個模組之所以需要被當成獨立程式執行，就是為了進行測試模式。在許多公司的開發規範中，都規定每個 Python 模組要有測試模式。使用過這種程式測試技術的人大多相信這是非常值得的。

另一種測試程式的方法是將轉譯相關函式獨立製作成模組，與 main() 完全分開，這樣參數處理與測試模式的程式碼就不會混雜在模組內。

動手試一試：程式與模組

- 使用 if __name__ == "__main__": 主要是要防止什麼問題，它是如何做到的？
- 您能想出別的辦法來防止這個問題嗎？

11.6 發佈 Python 應用程式

您可以透過多種方式將 Python 應用程式發佈給其他人使用，當然，您可以將原始程式檔打包在 zip 或 tar 壓縮檔案提供給別人，或者也可以用位元碼形式將 .pyc 檔發送給他人。然而，這兩種方式通常都有很多不盡如人意之處，所以本節將為您介紹其他發佈 Python 應用程式的方式。

11.6.1 使用 wheels 套件

使用 wheels 套件是目前打包和發佈 Python 模組的標準方法，用 wheels 套件打包後就可以上傳到 pypi.org 讓其他人用 pip 來進行安裝。wheels 套件的主要功能是讓 Python 程式檔的安裝過程更為可靠，並幫助管理套件之間的相依關係。如何使用 wheels 套件已超出本章的範圍，請參閱 https://packaging.python.org 上的 Python Packaging User Guide 文件。

11.6.2 使用 zipapp 和 pex

如果您的 Python 應用程式有多個模組，您可以將主程式與所有模組直接壓縮為 zip 檔，然後將這個 zip 檔案發佈給其他有安裝 Python 的電腦執行，這種格式被稱為 zipapp。

zipapp 需要包含一個名為 __main__.py 的檔案，Python 會使用該檔案作為主程式檔。當這個 zipapp 執行時，Python 會自動將 zip 檔加入到 sys.path 中，因此 zip 檔裡面的模組都可以讓 __main__.py 匯入執行。

此外，zip 檔案允許將任意字串加入到壓縮檔的開頭，如果將 11.2 節提到的 #!/usr/bin/env python3 加入到壓縮檔的開頭，並為該檔設定可執行的權限，那麼這個檔案在 Linux/UNIX 就會成為一個獨立的可執行檔。

實際上，手動建立可執行的 zipapp 並不難，只要在 zip 壓縮檔內放入 __main__.py 檔案，再將 #! 加到壓縮檔開頭，然後設置可執行權限即可。

從 Python 3.5 開始，標準函式庫已包含一個 zipapp 模組，您可以用 zipapp 模組快速建立一個可執行的 zip 檔。還有一個更強大的工具 pex 不在標準函式庫中，但可以透過 pip 來安裝。pex 基本功能與 zipapp 相同，但還提供了更多的功能和選項，必要時也可用於 Python 2.7。對於多檔案的 Python 應用程式來說，zipapp 和 pex 都是打包和發佈的快速方式。

11.6.3 py2exe 和 py2app

雖然本書不會專注說明特定平台的工具，但值得一提的是 py2exe 可建立 Windows 上的 exe 獨立執行檔，而 py2app 則可在 macOS 平台上建立獨立執行檔。所謂「獨立」（standalone）的意思，意謂它們是能夠在未安裝 Python 的機器上執行的單一程式檔。在許多方面，這些獨立的可執行檔並不理想，因為它們往往比原生 Python 應用程式 size 更大，更不靈活。但如果無法確定執行程式的電腦是否有安裝 Python，那麼使用這些工具便是唯一的解決方案。

11.6.4 使用 freeze 將 Python 程式碼編譯為可執行的機器碼

使用 freeze 工具可以將 Python 程式碼編譯為可執行的機器碼，所以不論電腦是否有安裝 Python，都可以執行這個編譯後的執行檔。您可以在 https://github.com/python/cpython/tree/master/Tools/freeze 找到相關說明。如果您打算要使用 freeze，可能需要下載 Python 原始碼版本。

您還需要在系統上安裝 C 編譯器，因為在「凍結」Python 程式的過程中會建立 C 程式檔，然後用 C 編譯器對其進行編譯。編譯後的執行檔只能在進行編譯的同一種作業系統平台上執行。

另外還有其他幾種工具，會以各種方式將 Python 直譯器 / 環境與程式碼檔案整個打包到一個獨立應用程式中，但是一般而言，這個方式仍然是困難而且複雜，所以除非真的有強烈的需求，而且您也有時間與資源來處理這些流程，否則建議最好避免這麼做。

LAB 11：建立一個程式檔

在第 8 章中，您建立了一個類似 UNIX 系統的 wc 工具程式來計算檔案中的行數、單字數、及字元數。現在您已經學了更多 Python 程式語法，請重新調整該程式，使其更像原本的 wc 程式。請注意，執行時如果有 -l 命令列參數則讓程式只顯示行數、若有 -w 參數則只顯示單字數、或者 -c 參數便只顯示字元數。如果沒有這些選項，則會顯示上述三個統計資訊。但是，只要有上述三個選項中的任何一個，則僅顯示指定的統計資訊。

還有一個額外的挑戰，若有 -L 參數則會顯示最長行的長度。您也可以查看 Linux/UNIX 系統上 wc 的 man 頁面，嘗試實現 man 頁面中列出的所有功能。

重點整理

- 寫 Python 程式時建議採用以下架構：

```
def func1():
    ...
def func2():
    ...
...
def main():
    #主程式
    ...
if __name__ == '__main__':
    main()
else:
    #在此程式區段進行模組初始化動作
```

- 主程式放在 main() 的好處：程式可獨立執行，也可以被匯入為模組。
- python 程式檔執行時，檔名及所有命令列參數會以字串 list 的形式儲存在 sys.argv 中。
- argparse 模組可以方便我們解析命令列參數。
- 輸入和輸出重導（redirection）可以用來讀寫檔案。
- 管線（pipe line）可以將多個程式串在一起組合出想要的功能。
- 發佈 Python 應用程式的方式：
  - ○ 使用 wheels
  - ○ 使用 py2exe 和 py2app
  - ○ 使用 zipapp 和 pex
  - ○ 使用 freeze 將 Python 程式碼編譯為可執行的機器碼

Chapter 12

使用檔案系統

本章涵蓋

- ○ 管理路徑和路徑名稱
- ○ 取得有關檔案的資訊
- ○ 執行檔案系統操作
- ○ 處理子目錄中的所有檔案
- ○ 跨系統的檔案存取技巧

檔案處理包含兩件事：基本**檔案讀寫**（將在第 13 章說明）和使用**檔案系統**（例如用來指定檔案的路徑、檔案與目錄重新命名、建立或移動檔案…等），本章會說明如何在 Python 使用檔案系統，不同的作業系統有不同的檔案系統，所以處理時會需要一些技巧。

這是一個多作業系統、多平台的時代，作為一個專業的程式設計人員，您一定要學會如何處理跨系統的問題，讓您的程式具備系統間的可攜性。請至少閱讀本章的 12.1 與 12.2 節，這兩節說明如何用相同程式碼在不同作業系統間指定檔案的路徑，指定路徑後就能讀寫檔案，這樣就能讓程式具備在不同系統間的可攜性，而不用因為系統的差異撰寫不同的程式碼。

2.1 os 和 os.path 與 pathlib 之比較

在 Python 中如果要使用檔案系統，一般傳統方式是使用 os 和 os.path 模組中的函式，雖然這些函式運作良好，但寫出的程式碼稍嫌繁瑣。從 Python 3.5 之後，增加了一個新的 pathlib 函式庫，它提供了更加物件導向，更一致的使用方式來完成與 os 和 os.path 相同的操作。

因為很多現存的程式碼仍然使用舊方法，所以我仍然會以 os 和 os.path 來示範與說明。另一方面，pathlib 有很多東西可能成為新的標準，所以每個使用舊方法的範例之後，我會再提供一個範例，說明如何用 pathlib 做到同樣的功能。

2.2 路徑和路徑名稱

所有作業系統都是用字串來指定檔案和目錄，這個字串通常稱為路徑名稱（pathname）或簡稱為路徑（path）。用字串來表示路徑名稱可能會出現一些複雜性，Python 有許多方便的函式可以避免這些複雜性，但要有效地使用這些 Python 函式，您需要了解一些潛在的問題，本節將討論這些細節。

其實不論哪一個作業系統，在路徑的定義上都非常類似，幾乎所有作業系統的檔案系統都是以樹狀結構來建立的，其中磁碟機是樹狀結構的根（把檔案系統的根對應到磁碟機可能過於簡單化，但是對於本章來說已夠用），而資料夾、子資料夾則是樹狀結構的分支、子分支。樹狀結構的根稱為根目錄，樹狀結構分支、子分支則稱為目錄、子目錄。

這意味著大多數作業系統基本上是以相同的方式參照 (reference) 到特定檔案：路徑名稱開頭是根目錄，中間由一系列的資料夾所組成，一路往下一層找，最底層即是所要的檔案。

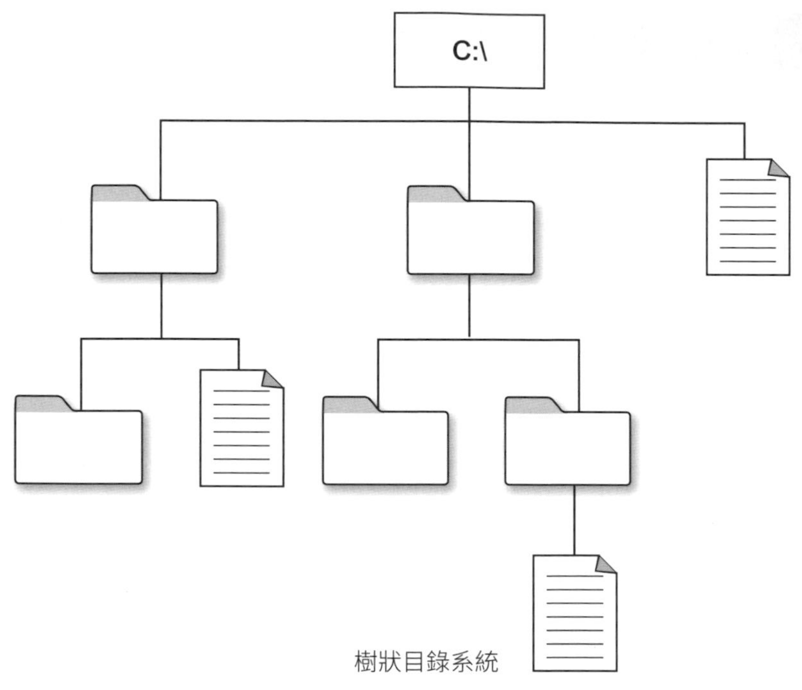

樹狀目錄系統

不同的作業系統對路徑的語法有不同規定，Linux/UNIX 和 Mac OS 中用於分隔目錄的符號是 /，而在 Windows 中分隔符號是 \。此外，Linux/UNIX 檔案系統只有單一的根目錄，而 Windows 檔案系統中，每個磁碟機都有獨立的一個根目錄，標記為 A:\、B:\、C:\ 等（C: 通常是主磁碟機）。由於這些差異，檔案在不同的作業系統上具有不同的路徑名稱。在 Windows 中路徑為 C:\data\myfile 的檔案，可能在 UNIX 和 Mac OS 上路徑是 /data/myfile。

為了解決這些差異，Python 提供了相關函式和常數以方便程式來指定檔案的路徑，而不必擔心不同系統間的差異。只要善用這些函式與常數，就可以讓您的 Python 程式在任何檔案系統正常執行。

12.2.1 絕對路徑和相對路徑

作業系統允許兩種類型的路徑名稱：

- **絕對（absolute）路徑：**絕對路徑從檔案系統的根目錄開始，列出該檔案的完整路徑，清楚明白不會有任何歧義。

例如，以下是兩個 Windows 絕對路徑：

```
C:\Program Files\Doom  ← 從 C:\根目錄開始
D:\backup\June  ← 從 D:\根目錄開始
```

而以下是兩個 Linux 絕對路徑和一個 Mac 的絕對路徑：

```
/bin/Doom  ← 從 / 根目錄開始 (Linux)
/floppy/backup/June
/Applications/Utilities  ← 從 / 根目錄開始 (Max)
```

- **相對（relative）路徑：**檔案相對於檔案系統某一參考點的位置，所以同樣的一個相對路徑，若參考點不同，最後指到的位置便不同。

以下是兩個 Windows 相對路徑：

```
mydata\project1\readme.txt
games\tetris
```

而以下是 Linux/UNIX/Mac 相對路徑：

```
mydata/project1/readme.txt
games/tetris
Utilities/Java
```

相對路徑最終結果取決於其參考點，通常以兩種方式決定：

第 1 種方法是將相對路徑附加到已有的絕對路徑後面，從而產生新的絕對路徑。您可能有一個 Windwos 相對路徑 Start Menu\Programs\Startup 和絕對路徑 C:\Users\Administrator，兩者相加後，便有一個新的絕對路徑 C:\Users\Administrator\Start Menu\Programs\Startup。又例如您想要指定不同使用者的 Start Menu\Programs\Startup 資料夾，便可以利用這個方法，把相同的相對路徑附加到不同的絕對路徑（例如 C:\Users\otheruser），便可以參照到不同使用者的 Start Menu\Programs\Startup 資料夾。

第 2 種取得相對路徑參考點的方法，是將目前工作目錄（current working directory）作為參考點，目前工作目錄是 Python 程式在執行過程中認定自己所處的目錄，下節馬上說明。

12.2.2 目前工作目錄

現今的電腦使用者多半不知道什麼是目前工作目錄（Current Working Directory），但是身為專業的程式設計人員，您一定要知道。所以此處我假設您知道什麼工作目錄，本節要說明的是 Python 處理工作目錄的一些技巧。

每當 Python 程式執行時，在任何時刻它都會有一個目前工作目錄。請注意，Python 程式執行時的目前工作目錄，可能是 Python 程式所在的目錄，也可能是您啟動 Python 時所在的目錄。

若要知道目前工作目錄，請使用 os.getcwd() 來查詢：

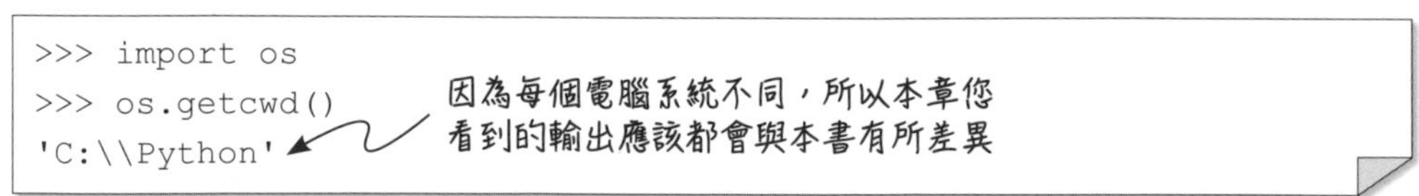

>>> import os
>>> os.getcwd()
'C:\\Python'
因為每個電腦系統不同，所以本章您
看到的輸出應該都會與本書有所差異

在 Windows 電腦上，您會看到 Python 用 \\ 來表示路徑的分隔符號，因為 Windows 使用 \ 作為路徑分隔符號，但是在 Python 字串中 \ 是轉義字元具有特殊含義（參見 6.3.1 節），所以 Python 會用 \\ 來表示 \。

請注意，因為目前工作目錄隨時可能改變，所以 os.getcwd() 函式傳回並不是固定的值。請接著如下測試，取得目前工作目錄下的子目錄與檔案清單：

```
>>> os.listdir(os.curdir)
['book1.doc.tmp', 'a.tmp', '1.tmp', '7.tmp', '9.tmp', 'registry.bkp']
```

你看到的清單內容和我的會不一樣

os.listdir(路徑) 可以取得指定路徑下的所有子目錄與檔案清單，上面用常數 os.curdir 作為 os.listdir() 的參數。os.curdir 會傳回「目前目錄」的符號，在 Linux/UNIX 和 Windows 上，目前目錄符號是以一個點 (.) 來表示，所以 os.curdir 的值就是 "."。而 os.listdir(os.curdir) 則傳回目前工作目錄下的所有子目錄與檔案列表。

雖然 os.listdir(os.curdir) 與 os.listdir(".") 都會傳回目前工作目錄下的所有子目錄與檔案清單，但有可能其他作業系統不會用 "." 來代表目前目錄，為了保持程式的可攜性，在 Python 程式中若需要用到「目前目錄符號」，請務必使用 os.curdir 而不是用 "."。因為 os.curdir 會自動替你找到該系統的「目前目錄符號」，所以同一份程式碼便可以直接在不同系統上正常運作。

接著讓我們試著切換目前工作目錄：

```
>>> os.chdir("C:\\")
>>> os.getcwd()
'C:\\'
```

請注意要輸入兩個反斜線

os.chdir() 函式用來切換目前工作目錄，切換後若再一次執行 os.listdir(os.curdir)，便可以看到傳回的清單不同，因為 os.curdir 對應的當前工作目錄已經改變了。

請注意，在 Windows 系統中，雖然目錄分隔符號是 \，但其實您也可以使用 / 來輸入路徑名稱，因為 Python 在存取 Windows 作業系統之前會對其進行轉換：

```
>>> os.chdir("C:\\Windows\\temp")
>>> os.chdir("C:/Windows/temp")
```
這兩種路徑在 Windows 系統中都可以使用

所以在 Windows 系統下，若您覺得 "C:\\Windows\\temp" 這種兩個反斜線的表示法不夠直覺，**也可以改用 "C:/Windows/temp" 來表示**。

12.2.3 用 pathlib 存取目錄

如果要以 pathlib 取得目前工作目錄，可以使用下面方式：

```
>>> import pathlib
>>> cur_path = pathlib.Path()
>>> cur_path.cwd()
PosixPath('/home/naomi')
```
建立路徑物件

pathlib 的路徑物件建立之後，無法以類似 os.chdir() 的方式更改目前工作目錄，但您可以用這個新的路徑物件來處理其他資料夾，詳細說明請參見第 12.2.5 節。

12.2.4 處理路徑名稱

Python 的 os.path 提供了幾個有用的路徑名稱處理函式和常數。為了程式的可攜性，請務必使用這些函式和常數來處理路徑，而不要直接使用某種作業系統的路徑語法。

用 os.path.join() 建立路徑

os.path.join() 函式用來將多個資料夾或檔案的名稱組合成路徑字串，它會自動依照目前所使用的作業系統，自動以該系統的目錄分隔符號來產生路徑。首先，請在 Windows 系統如下測試：

```
>>> import os
>>> print(os.path.join('bin', 'utils', 'disktools'))
bin\utils\disktools   ←── 用 \ 串接字串
```

os.path.join() 函式會將其參數字串連接起來，形成一個表示相對路徑的字串。在 Windows 系統中，os.path.join() 會自動以反斜線來連接參數字串，產生 Windows 系統可以理解的路徑。

若改用 Linux/UNIX 執行同樣的程式：

```
>>> import os
>>> print(os.path.join('bin', 'utils', 'disktools'))
bin/utils/disktools   ←── 用 / 串接字串
```

結果是相同的路徑，但使用 Linux/UNIX 的 / 分隔符號，而不是 Windows 的 \ 分隔符號。換句話說，os.path.join() 讓您只用一組目錄或檔案名稱來形成檔案路徑，而無需擔心底層作業系統使用哪一種目錄分隔符號。

你也可以把路徑名稱傳入 os.path.join()，然後將它們連接起來以形成更長的路徑名稱。以下是在 Windows 系統進行的操作：

```
>>> import os
>>> print(os.path.join('mydir\\bin', 'utils\\disktools\\chkdisk'))
mydir\bin\utils\disktools\chkdisk
```

上面的方式是比較不好的寫法，為了可攜性應該如下用 os.path.join 來建立路徑：

```
>>> path1 = os.path.join('mydir', 'bin');
>>> path2 = os.path.join('utils', 'disktools', 'chkdisk')
>>> print(os.path.join(path1, path2))
mydir\bin\utils\disktools\chkdisk
```

os.path.join 命令也能分辨絕對路徑和相對路徑。在 Linux/UNIX 中，絕對路徑總是以 / 開頭，相對路徑則是不以 / 開頭的任何合法路徑。至於在 Windows 作業系統下，情況會比較複雜，因為 Windows 處理相對路徑和絕對路徑的方式比較混亂。我只能說處理這種情況的最佳方法是使用以下簡化的 Windows 路徑規則，而不是深入探討所有細節：

- 對路徑以磁碟機開頭，後面跟著冒號、反斜線，和路徑，例如 C:\Program Files\Doom。請注意，C: 後面必須尾隨著反斜線，如果沒有則無法確實地參照到 C: 磁碟上的根目錄。這是從 DOS 而來的慣例規則，而不是 Python 設計的結果。
- 不以磁碟機編號和反斜線開頭的路徑名稱是相對路徑，例如 mydirectory\letters\business。
- 以 \\ 開頭的路徑名稱後面跟著伺服器名稱是網路芳鄰或網路資源的路徑。
- 其他任何寫法都被視為是無效的路徑名稱。

無論使用哪一種作業系統，os.path.join() 都不會檢查參數是否合法，所以產生的路徑名稱可能會包含作業系統所不允許的字元。如果需要這樣的檢查，最好的解決辦法是自己寫一個的路徑合法性驗證的小函式。

用 os.path.split()、os.path.basename()、os.path.dirname() 處理路徑 basename

路徑的 basename 是指路徑最後的目錄或檔案名稱，因此取得路徑中的 basename，便表示要擷取路徑最後指向的資料夾或檔案名稱。

os.path.split() 會將 basename 與路徑的其餘部分拆開，以 tuple 的型別傳回，您可以在 Windows 系統上試試看以下範例：

```
>>> import os
>>> print(os.path.split(os.path.join('some', 'directory', ' path.jpg')))
('some\\directory', ' path.jpg')
```

basename (即最後的檔名或資料夾)

路徑切除 basename 後的其餘部分

os.path.basename() 只傳回路徑的 basename，而 os.path.dirname() 則傳回路徑中不包括 basename 的部分，如下例所示：

```
>>> import os
>>> os.path.basename(os.path.join('some', 'directory', 'path.jpg'))
'path.jpg'
>>> os.path.dirname(os.path.join('some', 'directory', 'path.jpg'))
'some\\directory'
```

'path.jpg' ← basename

'some\\directory' ← 切除 basename 之後的其餘部分

用 os.path.splitext() 取得副檔名

大多數檔案系統用點 (.) 來區別檔案的主檔名與副檔名（除了 Macintosh 的表示法有明顯不同），Python 提供了 os.path.splitext() 來取得路徑所指檔案的副檔名：

```
>>> import os
>>> os.path.splitext(os.path.join('some', 'directory', 'path.jpg'))
('some/directory/path', '.jpg')
```

副檔名

切除副檔名之後的其餘部分

傳回的 tuple 中第 1 個元素是副檔名，第 0 個元素則是除了副檔名之外的所有路徑內容。

用 os.path.abspath() 取得絕對路徑

若您只知道某個資料夾或檔案的相對路徑，可以用 os.path.abspath(相對路徑) 來找出其絕對路徑。

還有其他的函式可以處理路徑名稱，os.path.commonprefix([path1, path2,...]) 用來找出所有路徑共同的前面部份（如果有的話），這個函式特別適合用來尋找多個檔案的共同目錄。os.path.expanduser() 會將路徑中的 ~ 符號轉換為使用者個人資料夾，os.path.expandvars() 則會展開路徑中的 Shell 環境變數。以下是 Windows 10 系統上的範例：

```
>>> import os
>>> os.path.commonprefix(['C:\\temp\\a.jpg', 'C:\\temp\\b.jpg'])
'C:\\temp\\'
>>> os.path.expanduser('~\\temp')
'C:\\Users\\administrator\\personal\\temp'
>>> os.path.expandvars('$HOME\\temp')
'C:\\Users\\administrator\\personal\\temp'
```

12.2.5 用 pathlib 處理路徑名稱

上一節介紹 os.path 處理路徑名稱的方式，本節我們將說明 pathlib 中相對應的處理方法。首先請在 Windows 下的 Python 交談模式如下操作：

```
>>> from pathlib import Path
>>> cur_path = Path()   ←── 建立路徑物件
>>> print(cur_path.joinpath('bin', 'utils', 'disktools'))
bin\utils\disktools
```

pathlib 的路徑物件支援 / 算符，可得到與上面同樣的效果：

```
>>> cur_path / 'bin' / 'utils' / 'disktools'
WindowsPath('bin/utils/disktools')
```

請注意，上面傳回的 WindowsPath 物件裡面的路徑雖然使用 /，但實際上 WindowsPath 物件內部運作時，會根據作業系統的要求將 / 轉換為 \。

路徑物件的 parts 屬性會將路徑中所有資料夾或檔案拆開來，以 tuple 的型別傳回。您可以在 Windows 系統上測試以下範例：

```
>>> a_path = Path('bin/utils/disktools')
>>> print(a_path.parts)
('bin', 'utils', 'disktools')
```

建立路徑物件時，可以將特定路徑作為參數傳入 Path()，便會建立該路徑的路徑物件。若傳入的路徑是相對路徑，可以用 resolve() 方法取得絕對路徑：

```
>>> a_path = Path('.')
>>> a_path.resolve()
WindowsPath('bin/utils/disktools')
```

路徑物件的 name 屬性會傳回路徑的 basename，parent 屬性則傳回不包括 basename 的路徑，suffix 屬性則傳回用 . 來區隔的副檔名（除了 Mac 以外）。請看以下範例：

```
>>> a_path = Path('some', 'directory', 'path.jpg')
>>> a_path.name
'path.jpg'
>>> print(a_path.parent)
some\directory
>>> a_path.suffix
'.jpg'
```

路徑物件還有其他幾個 method 允許靈活地處理路徑和檔案名稱，因此您應該查看 pathlib 模組的說明文件（https://docs.python.org/3/library/pathlib.html）。pathlib 模組應該會讓您寫起程式來更輕鬆，處理檔案的程式碼也會更簡潔。

12.2.6 有用的常數與函式

os 模組有幾個很有用的常數和函式可以用來處理路徑，讓 Python 程式碼更具可攜性。其中最基本的是 os.curdir 和 os.pardir，它們分別代表目

前 (current) 目錄和上層 (parent) 目錄的符號，在 Windows、Linux/UNIX 和 macOS 中，一個點 . 表示目前目錄，兩個點 .. 則表示上層目錄，所以 os.curdir 代表 . 而 os.pardir 代表 ..。

os.curdir 和 os.pardir 也可以當作一般的路徑元素來使用，以下範例用 os.path.isdir() 檢查特定路徑的終點是否為目錄：

```
>>> import os
>>> os.path.join("C:\\Windows\\temp", os.pardir, os.curdir)
'C:\\Windows\\temp\\..\\.'      ←── 此路徑實際指向C:\Windows
>>> os.path.isdir(os.path.join("C:\\Windows\\temp", os.pardir,
os.curdir))
True
```

需要針對目前工作目錄的進行處理時 os.curdir 特別有用，12.2.2 節曾經提到在沒有附加其他路徑的狀況下，"." 便代表目前工作目錄，所以 os.curdir 通常可以用來代表目前工作目錄，以下範例傳回目前工作目錄下的所有子目錄與檔案清單：

```
os.listdir(os.curdir)   ←── 列出 os.curdir 之下的所有子目錄和檔案
```

os.name 常數傳回作業系統的名稱。以下是 Windows 系統上的執行結果：

```
>>> import os
>>> os.name
'nt'
```

請注意，即使 Windows 的實際版本可能是 Windows 10，os.name 也只會傳回 nt。除了 Windows CE 以外，大多數 Windows 版本都被標識為 nt。在 OS X 和 Linux / UNIX 上，將傳回 posix。您可以使用此回應了解目前是處於哪一種作業系統，以便執行該系統相關的操作，例如以下範例用 os.name 來決定根目錄的形式：

```
import os
if os.name == 'posix':
    root_dir = "/"
elif os.name == 'nt':
    root_dir = "C:\\"
else:
    print("無法判定目前所處的作業系統！")
```

有些程式會使用 sys.platform 常數來取得更準確的作業系統資訊。在 Windows 10 上，sys.platform 會傳回 win32，即使電腦正在執行 64 位元版本的 Windows。在 Linux 上，您可能會看到 linux2，而在 Solaris 上，它可能會根據您正在執行的版本設定為 sunos5。

所有 Shell 環境變數都可以在 os.environ 字典中找到。在大多數作業系統上，會有一個名為 PATH 的環境變數，用來設定執行檔的搜尋路徑，若您需要這個 PATH 環境變數值，便可以用 os.environ['PATH'] 來取得。

到目前為止，您已經了解在 Python 中使用路徑名稱的主要概念。如果您迫切需要馬上打開檔案進行讀取或寫入，可以直接跳到下一章。本章後續內容將介紹更多有關路徑名稱的資訊、檢查路徑所指向的資料夾或檔案、以及其他有用的常數。

動手試一試：處理路徑

- 如何使用 os 模組的函式取得目前工作目錄下名為 test.log 的檔案路徑，並為同一目錄中的 test.log.old 檔案建立新的檔案路徑？如何使用 pathlib 模組做同樣的事？
- 如果用 os.pardir 作為參數建立 pathlib 的 Path 物件，會得到什麼路徑？動手試一試並找出答案。

12.3 取得檔案相關的資訊

當您的程式接收到外部傳來的路徑後，您應該會想知道它是指向檔案還是目錄。為此 Python 也提供了多個檢查的函式，最常用的是 os.path.exists()、os.path.isfile()、和 os.path.isdir()，以下是他們的功用：

- os.path.exists(路徑)：檢查路徑是否存在於檔案系統中，若存在則傳回 True 否則傳回 False。
- os.path.isfile(路徑)：檢查路徑是否指向檔案，若是則傳回 True，否則傳回 False。
- os.path.isdir(路徑)：檢查路徑是否指向目錄，若是則傳回 True；否則傳回 False。

以下範例在我的系統上有效，在您的系統上可能需要使用不同的路徑來測試這些函式的行為：

```
>>> import os
>>> os.path.exists('C:\\Users\\myuser\\My Documents')
True
>>> os.path.exists('C:\\Users\\myuser\\My Documents\\Letter.doc')
True
>>> os.path.exists('C:\\Users\\myuser\\\My Documents\\ljsljkflkjs')
False
>>> os.path.isdir('C:\\Users\\myuser\\My Documents')
True
>>> os.path.isfile('C:\\Users\\ myuser\\My Documents')
False
>>> os.path.isdir('C:\\Users\\ myuser\\My Documents\\Letter.doc')
False
>>> os.path.isfile('C:\\Users\\ myuser\\My Documents\\Letter.doc')
True
```

以下幾個函式提供更多種類型的檢查：

- os.path.islink(路徑)：檢查路徑是否為符號連結（symbolic link），符號連結一般用於 Linux/Unix 的檔案系統中，不是 Windows 的捷徑檔（以 .lnk 結尾的檔案），所以對 Windows 並不適用。
- os.path.ismount(路徑)：檢查路徑是否為掛載點（mount point），一般用於 Linux/Unix 的檔案系統中。
- os.path.samefile(路徑 1, 路徑 2)：檢查路徑 1 與路徑 2 是否為相同檔案。
- os.path.isabs(路徑)：檢查路徑是否為絕對路徑。
- os.path.getsize(路徑)：傳回路徑的大小。
- os.path.getmtime(路徑)：傳回路徑的上次修改時間。
- os.path.getatime(路徑)：傳回路徑的上次存取時間。

12.3.1 用 os.scandir() 取得目錄內所有項目完整資訊

除了前面介紹的 os.path 相關函式之外，您還可以使用 os.scandir() 取得目錄內所有子目錄與檔案更完整的資訊，os.scandir 會傳回可走訪的 os.DirEntry 物件，裡面包含所有子目錄與檔案，您可以用 for 迴圈走訪此物件來逐一取得各項目。

os.DirEntry 物件內的項目具有上一節中提到的 os.path 函式相對應的方法，包括 exists()、is_dir()、is_file()、is_socket()、及 is_symlink()。以下範例會取得目前工作目錄下的所有項目，然後顯示各項目的名稱以及它是否為檔案：

```
>>> for entry in os.scandir('.'):
...     print(entry.name, entry.is_file())
pip-selfcheck.json True
pyvenv.cfg True
include False
test.py True
lib False
lib64 False
bin False
```

因為 os.DirEntry 物件已經包含所有項目的相關資訊屬性，因此使用 os.scandir() 將比 os.listdir() 搭配 os.path 相關函式一起操作（將在下一節討論）更快也更有效，因為 os.listdir() 只能取得所有項目的名稱，您需要自行用 os.path 相關函式來取得各項目的其他屬性。

os.scandir() 還支援 with 資源管理器（Context Managers），資源管理器可用來確保資源得到妥善處理，用完後會自動關閉，我們會於第 14 章再詳細說明 with 資源管理器。以下範例改用 with 搭配 os.scandir() 顯示目前工作目錄下各項目的名稱以及它是否為檔案：

```
>>> with os.scandir(".") as my_dir:
...     for entry in my_dir:
...         print(entry.name, entry.is_file())
```

12.4 更多檔案系統操作

除了取得檔案的相關資訊之外，Python 還允許您透過 os 模組中一組基本但非常有用的函式執行某些檔案系統操作，例如重新命名、刪除等。本節僅說明可以真正跨平台的操作，若您需要針對特定系統的更進階檔案系統函式，請自行查看相關的 Python 函式庫說明文件。

前面 12.2.2 節曾經介紹如何使用 os.listdir() 來取得目錄中的所有子目錄與檔案清單：

```
>>> os.chdir(os.path.join('C:', 'my documents', 'tmp'))
>>> os.listdir(os.curdir)
['book1.doc.tmp', 'a.tmp', '1.tmp', '7.tmp', '9.tmp', 'registry.bkp']
```

請注意，與許多其他語言或 shell 中的列出目錄清單命令不同，Python 在 os.listdir() 所傳回的清單中不會包含 . 及 .. 這兩個符號，所以您不需要額外處理這兩個符號。

glob 模組中的 glob 函式提供了萬用字元的功能，會傳回目前工作目錄中與萬用字元樣式相符合的子目錄與檔案，可用的萬用字元樣式如下：

*	可對應任何數量的任何字元
?	對應任何單一字元
[h, H]	對應 h 或 H
[0-9]	對應 0、1、2…9

以下範例展示 glob 函式的功能：

```
>>> import glob
>>> glob.glob("*")  ←— 抓出所有目錄或檔案
['book1.doc.tmp', 'a.tmp', '1.tmp', '7.tmp', '9.tmp', 'registry.bkp']
>>> glob.glob("*bkp")  ←— 抓出字尾為bkp的所有目錄或檔案
['registry.bkp']
>>> glob.glob("?.tmp")  ←— 抓出主檔名只有一個字元、副檔名為tmp的所有檔案
['a.tmp', '1.tmp', '7.tmp', '9.tmp']
>>> glob.glob("[0-9].tmp")  ←— 抓出主檔名只有一個字元0~9、副檔名
['1.tmp', '7.tmp', '9.tmp']      為tmp的所有檔案
```

os.rename() 可重新命名（或搬移）檔案或目錄，下面例子將 registry.bkp 重新命名為 registry.bkp.old：

```
>>> os.rename('registry.bkp', 'registry.bkp.old')
>>> os.listdir(os.curdir)
['book1.doc.tmp', 'a.tmp', '1.tmp', '7.tmp', '9.tmp', 'registry.
bkp.old']
```

下面則會將 7.tmp 搬移到上一層目錄：

```
>>> os.rename('7.tmp', os.path.join(os.pardir, '7.tmp'))
```

os.remove() 可用來移除或刪除檔案：

```
>>> os.remove('book1.doc.tmp')
>>> os.listdir(os.curdir)
['a.tmp', '1.tmp', '9.tmp', 'registry.bkp.old']
```

請注意，您不能用 os.remove() 刪除目錄。這個限制是為了安全性而設計，可確保不會意外刪除整個目錄結構。

使用 os.makedirs() 或 os.mkdir() 可建立新目錄。它們之間的區別在於 os.mkdir 不會自動建立多層目錄，但 os.makedirs 會：

```
>>> os.mkdir('mydir')
>>> os.listdir(os.curdir)
['mydir', 'a.tmp', '1.tmp', '9.tmp', 'registry.bkp.old']
>>> os.path.isdir('mydir')
True
>>> os.makedirs(os.path.join('d1', 'd2'))   ← 建立 d1 目錄，再於 d1 下建立 d2 目錄
```

要刪除目錄，請使用 os.rmdir()，為避免誤刪檔案，此函式僅能刪除空目錄，嘗試刪除非空目錄會引發例外錯誤：

```
>>> os.rmdir('mydir')
>>> os.listdir(os.curdir)
['a.tmp', '1.tmp', '9.tmp', 'registry.bkp.old']  ← mydir 被刪掉了
```

要刪除非空目錄，請使用 shutil.rmtree() 函式，它以遞迴方式刪除目錄中的所有子目錄與檔案。有關其使用的詳細資訊，請參閱 Python 標準函式庫文件（https://docs.python.org/3/library/shutil.html）。

12.4.1 更多 pathlib 的檔案系統操作

pathlib 的路徑物件有一個 iterdir() method 類似於 os.path.listdir() 函式，兩者差別在於 os.path.listdir() 是傳回所有項目名稱的字串 list，而 iterdir() 傳回的是可走訪的產生器物件，這個產生器可讓您走訪所有子目錄與檔案。以下展示 iterdir() 的使用方法：

```
>>> from pathlib import Path
>>> cur_path = Path()
>>> list(cur_path.iterdir())
[WindowsPath('a.tmp'), WindowsPath('1.tmp'), WindowsPath('9.tmp'),
WindowsPath('registry.bkp')]
>>> new_path = cur_path.joinpath('C:\\', 'my documents', 'tmp')
>>> list(new_path.iterdir())
[WindowsPath('b.tmp'), WindowsPath('c.tmp')]
```

請注意，在 Windows 環境中，傳回的路徑是 WindowsPath 物件，而在 Mac OS 或 Linux 上，則是 PosixPath 物件。

pathlib 路徑物件也有一個內建的 glob() 方法，它也是傳回可走訪的產生器物件。除此之外，這個方法的行為與上面所示範的 glob.glob() 函式非常相似：

```
>>> list(cur_path.glob("*"))
[WindowsPath('book1.doc.tmp'), WindowsPath('a.tmp'),
WindowsPath('1.tmp'), WindowsPath('7.tmp'), WindowsPath('9.tmp'),
WindowsPath('registry.bkp')]
>>> list(cur_path.glob("*bkp"))
[WindowsPath('registry.bkp')]
>>> list(cur_path.glob("?.tmp"))
[WindowsPath('a.tmp'), WindowsPath('1.tmp'), WindowsPath('7.tmp'),
WindowsPath('9.tmp')]
>>> list(cur_path.glob("[0-9].tmp"))
[WindowsPath('1.tmp'), WindowsPath('7.tmp'), WindowsPath('9.tmp')]
```

要重新命名 (或搬移) 檔案或目錄，請使用路徑物件的 rename() method：

```
>>> old_path = Path('registry.bkp')
>>> new_path = Path('registry.bkp.old')
>>> old_path.rename(new_path)
>>> list(cur_path.iterdir())
[WindowsPath('book1.doc.tmp'), WindowsPath('a.tmp'),
WindowsPath('1.tmp'),
WindowsPath('7.tmp'), WindowsPath('9.tmp'),
WindowsPath('registry.bkp.old')]
```

使用 unlink() method 可刪除檔案：

```
>>> new_path = Path('book1.doc.tmp')
>>> new_path.unlink()
>>> list(cur_path.iterdir())
[WindowsPath('a.tmp'), WindowsPath('1.tmp'), WindowsPath('7.tmp'),
WindowsPath('9.tmp'), WindowsPath('registry.bkp.old')]
```

請注意，與 os.remove() 一樣，您不能使用 unlink() 刪除目錄。此限制是為了安全而設計，可確保您不會意外刪除整個目錄結構。

要使用路徑物件來建立目錄，請使用路徑物件的 mkdir() method：

```
>>> new_path = Path ('mydir')
>>> new_path.mkdir(parents=True)
>>> list(cur_path.iterdir())
[WindowsPath('mydir'), WindowsPath('a.tmp'), WindowsPath('1.tmp'),
WindowsPath('7.tmp'), WindowsPath('9.tmp'),
WindowsPath('registry.bkp.old')]]
>>> new_path.is_dir('mydir')
True
```

如果使用 mkdir() 時傳入 parents = True 參數，就會和 os.makedirs 一樣自動建立多層目錄；若無此參數，多層目錄的中間目錄不存在時，將會引發 FileNotFoundError 例外錯誤：

```
>>> new_path = Path (os.path.join('d1', 'd2'))
>>> new_path.mkdir()
Traceback (most recent call last):
  File "<pyshell>", line 1, in <module>
  File "C:\Users\cyb\AppData\Local\Programs\Thonny\lib\
          pathlib.py", line 1241, in mkdir
    self._accessor.mkdir(self, mode)
FileNotFoundError: [WinError 3] 系統找不到指定的路徑。: 'd1\\d2'
>>> new_path.mkdir(parents=True)
>>>
```

要刪除目錄，請使用 rmdir()，此 method 僅能移除空目錄，嘗試刪除非空目錄會引發例外錯誤：

```
>>> new_path = Path('mydir')
>>> new_path.rmdir()
>>> list(cur_path.iterdir())
[WindowsPath('a.tmp'), WindowsPath('1.tmp'), WindowsPath('7.tmp'),
WindowsPath('9.tmp'), WindowsPath('registry.bkp.old']
```

動手試一試：更多檔案操作

- 如何計算目錄中所有以 .txt 結尾的非符號連結的檔案總大小？
- 如果上一題您使用 os.path 來撰寫程式，請改用 pathlib 進行嘗試，反之亦然。
- 將內容相同的 .txt 檔移動到同一目錄中名為 backup 的新子目錄中。

12.5 用 os.walk() 處理所有子目錄中的所有檔案

最後，有一個非常有用的 os.walk() 函式，可以遞迴地查詢目錄下所有子目錄，然後傳回該目錄與其下每個子目錄的三個資訊：目錄路徑、子目錄清單、檔案清單。

假設目前工作目錄下有一個 temp 資料夾，其完整樹狀結構如右：

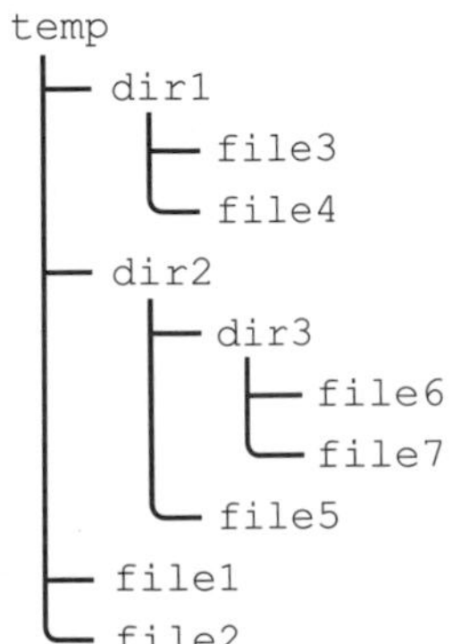

下面範例可以完整找出 temp 資料夾的所有檔案、所有子目錄以及其下的所有檔案：

```
>>> for entry in os.walk("temp"):
...     print(entry)
...
('temp', ['dir1', 'dir2'], ['file1', 'file2'])
('temp\\dir1', [], ['file3', 'file4'])
('temp\\dir2', ['dir3'], ['file5'])
('temp\\dir2\\dir3', [], ['file6', 'file7'])
```

os.walk() 有三個選用參數：

```
os.walk(路徑, topdown=True, onerror=None, followlinks=False)
```

如果 topdown 為 True 或未指定，則在每個目錄中會先處理檔案，然後才處理子目錄，從而產生從最上層目錄開始到下層子目錄的清單；而如果 topdown 為 False，則優先處理每個目錄的子目錄，產生由下層子目錄開始到最上層目錄的清單：

```
>>> for entry in os.walk("temp", topdown=False):
...     print(entry)
...
('temp\\dir1', [], ['file3', 'file4'])  ←── 優先處理 temp 的子目錄 dir1
('temp\\dir2\\dir3', [], ['file6', 'file7'])←── 優先處理 dir2 的
('temp\\dir2', ['dir3'], ['file5'])             子目錄 dir3
('temp', ['dir1', 'dir2'], ['file1', 'file2'])
```

os.walk() 內部會呼叫 os.listdir() 來進行查詢，若呼叫 os.listdir() 時產生任何錯誤，預設會忽略這些錯誤。若您想要處理這些錯誤，可以用『onerror=函式名稱』來指定處理的函式。

在預設情況下，除非您指定 followlinks=True 參數，否則 os.walk() 不會進入 Linux 系統符號連結所指向的資料夾。

os.walk() 的運作原理是用遞迴的方式，重複呼叫自己來處理子目錄。以前面的 temp 資料夾樹狀結構為例，執行 os.walk("temp") 時會找出 temp 資料夾下有 dir1、dir2 兩個子目錄，所以內部就會再執行 os.walk("dir1") 與 os.walk("dir2") 來處理，而當進入 dir2 子目錄時，則會執行 os.walk("dir3")。所以若 topdown 為 True 或未指定，讓 os.walk() 先處理檔案再處理子目錄，便有機會修改子目錄的清單，使得 os.walk() 後續要處理的子目錄與原本不同，請看下例。

以下例子示範如何修改 os.walk() 後續要處理的子目錄清單，這個程式會計算目前工作目錄及其所有子目錄中的檔案數，但若遇到名稱為 .git 的子目錄則忽略不計算：

```
import os
for root, dirs, files in os.walk(os.curdir):
    print("{0} has {1} files".format(root, len(files)))
    if ".git" in dirs:          ← 檢查子目錄 list 中是否有包含 .git 的名稱
        dirs.remove(".git")     ← 從子目錄 list 中移除名為 .git 的目錄，
                                  不計算該目錄
```

這個例子可能有點複雜，如果想完全發揮 os.walk() 的功能，您可能應該花一點時間來理解這裡的細節。

shutil 模組的 copytree() 函式可以遞迴地複製目錄中所有檔案及其所有子目錄，並保留原有存取權限和最後存取 / 修改時間的資訊。shutil 還有一個之前提過的 rmtree() 函式，用於刪除目錄及其所有子目錄。shutil 還有數個函式可用於複製個別檔案，相關詳細資訊，請參見 https://docs.python.org/3/library/shutil.html。

重點整理

- 表 12.1 列出了本章所討論的函式以方便讀者查閱。

表 12.1　檔案系統相關函式一覽表

函式	說明
os.getcwd(), Path.cwd()	取得目前工作目錄
os.name	取得作業系統名稱
sys.platform	取得更詳細的作業系統名稱
os.environ	取得環境變數及其值
os.listdir(path)	列出目錄中所有子目錄與檔案
os.scandir(path)	取得目錄內所有項目完整資訊
os.chdir(path)	改變目前工作目錄
os.path.join(elements), Path.joinpath(elements), Path / element / element	將多個參數合併組合為路徑名稱
os.path.split(path)	將 basename 與路徑的其餘部分拆開
Path.parts	將路徑中所有資料夾或檔案拆開
os.path.splitext(path), Path.suffix	取得路徑中的副檔名
os.path.basename(path), Path.name	取得路徑的 basename
os.path.commonprefix(list_of_paths)	找出所有路徑共同的前面部份
os.path.expanduser(path)	將路徑中的 ~ 或 ~user 轉換為使用者個人資料夾
os.path.expandvars(path)	展開路徑中的 Shell 環境變數
os.path.exists(path), Path.exists()	檢查路徑是否存在
os.path.isdir(path), Path.is_dir()	檢查路徑是否為目錄
os.path.isfile(path), Path.is_file()	檢查路徑是否為檔案
os.path.islink(path), Path.is_symlink()	檢查路徑是否為符號鏈接 (非 Windows 的捷徑)
os.path.ismount(path)	檢查路徑是否為掛載點

函式	說明
os.path.isabs(path), Path.is_absolute()	檢查路徑是否為絕對路徑
os.path.samefile(path1, path2), Path.samefile(Path2)	檢查兩個路徑是否指向同一個檔案
os.path.getsize(path)	取得大小
os.path.getmtime(path)	取得上次修改時間
os.path.getatime(path)	取得上次存取時間
os.rename(old_path, new_path), Path.rename(new_path)	重新命名或搬移檔案或目錄
os.mkdir(path)	建立新目錄
Path.mkdir(parents=True)	建立新目錄，如果 parents=True，則會自動建立多層目錄
os.makedirs(path)	自動建立多層目錄
os.rmdir(path), Path.rmdir()	刪除一個空目錄
glob.glob(pattern), Path.glob(pattern)	取得目前工作目錄下與萬用字元樣式相符合的項目
os.walk(path)	遞迴取得所有子目錄中的所有檔案

Chapter 13

檔案讀寫

本章涵蓋

- 開啟與關閉檔案
- open() 的 encoding 參數對多國語言很重要
- 以 r、w、a 的模式開啟檔案
- 讀寫文字或二進位資料檔
- 用 pathlib 的物件來讀寫檔案
- 重導標準輸出入
- 使用 struct 模組讀寫二進位檔案
- 將物件序列化（pickling）成檔案
- 用 shelve 物件讀寫大型資料

13.1 開啟檔案與 file 物件

最常見的檔案處理應該就是開檔和讀檔。在 Python 中可以使用內建的 open() 函式來開啟檔案。

open() 函式只負責開啟檔案，不會從檔案中讀取任何內容。open() 函式開啟檔案後，會傳回一個代表該檔案的 file 物件，您可以使用該物件來存取檔案內容。file 物件會記錄該檔案和已讀取或寫入的資料量，所有 Python 檔案讀寫都是使用 file 物件來完成。

　　假設目前工作目錄下有一個 myfile 檔案，以下 Python 程式可以從 myfile 中讀取一行文字：

```
file_object = with open('myfile', 'r'):
line = file_object.readline()
```

模式
檔案路徑

open() 函式的第一個參數是路徑名稱，第二個參數是模式，常用的模式有 r、w、a 三種，模式 "r" 是讀取模式，表示開啟檔案後要進行讀取動作，這也是預設模式。

file 物件的 readline() 方法用來讀取檔案的一行字串，第一次呼叫 readline() 會傳回 file 物件中的第一行，如果檔案中沒有換行符號，則會傳回整個檔案的內容；第二次呼叫 readline() 將傳回第二行，後面依此類推。

　　上一個範例使用相對路徑來開啟檔案，以下範例則以絕對路徑 c:\My Documents\test\myfile 開啟檔案：

with open() 很有用

```
import os
file_name = os.path.join("c:", "My Documents", "test", "myfile")
with open(file_name, 'r') as file_object
    line = file_object.readline()
```

請特別注意，這個範例我們使用 with 關鍵字，表示將使用 with 資源管理器（Context Managers）來管理 open() 函式開啟的檔案，管理器可用來確保檔案得到妥善處理，用完後會自動關閉，這點將會在第 14 章中詳細解釋。目前只需要知道最好用這種方式來開啟檔案，當潛在的檔案讀寫錯誤發生時，管理器會自動幫我們管理這些錯誤。

檔案物件常用的 method 有以下幾種：

方法	說明
read(n)	由目前位置讀取 n 個字元，並將目前位置往後移 n 個字元。若 n 省略則讀取全部內容
readline()	由目前位置讀取一行文字 (包含行尾的 \n), 並將目前位置移到下一行開頭
readlines()	讀取所有的行並依序加入到串列中傳回，串列中每個元素即為一行資料 (包含行尾的 \n)
write(str)	將 str 寫入到檔案中
close()	關閉檔案

13.2 關閉檔案

使用 file 物件完成檔案讀寫之後，應將其關閉，關閉 file 物件可釋放系統資源，允許其他程式讀寫該檔案，並讓程式運作更加穩定。也許對於小程式而言，不關閉 file 物件通常沒什麼大礙，因為當程式終止時，file 物件就會自動關閉。但是對於較大的程式，同時開啟太多的 file 物件可能會耗盡系統資源，從而導致程式不正常的中止。

當不再需要 file 物件時，可以用 close() 方法關閉該物件。上一節的範例程式加上關檔動作後看起來像這樣：

```
file_object = open("myfile", 'r')
line = file_object.readline()
# . . . 進行其他檔案讀取動作 . . .
file_object.close()
```

若您有依照上一節的建議，使用 with 關鍵字搭配 open() 函式，便不需要自己作關檔的動作，因為 with 資源管理器會自動為我們關閉檔案：

```
with open("myfile", 'r') as file_object:
    line = file_object.readline()
    # . . . 進行其他檔案讀取動作 . . .
```

13.3 以寫入模式或其他模式開啟檔案

open() 函式有以下 3 種常用的模式：

- 'r'：以唯讀模式開啟檔案。
- 'w'：以寫入模式開啟檔案，檔案中原有資料將被清空。
- 'a'：以附加模式開啟檔案，新資料將會附加到原有資料的後面。

模式參數的預設值是 'r'，如果要以唯讀模式開啟檔案，則模式參數可以省略。以下程式會將 "Hello, World" 字串寫入檔案：

```
file_object = open("myfile", 'w')
file_object.write("Hello, World\n")
file_object.close()
```

依據作業系統的不同，open() 也可以有其他存取檔案的模式，不過這些模式並不常用，若您需要用到這些不常用的模式時，請查閱 https://docs.python.org/3/library/functions.html#open 以瞭解更詳細的資訊。

open() 的第三個參數是用來設定檔案的讀寫緩衝區。緩衝（Buffering）是將需要讀寫的資料暫存在記憶體中，直到達到足夠的資料量時，再一次執行實際的磁碟 I/O 動作，以減少實體上磁碟機存取的次數及時間。其他 open() 參數一般不常用，但隨著您撰寫更進階的 Python 程式時，可能會需要參閱一下上述的 Python 線上文件。

小編補充　用 encoding 參數指定檔案的編碼方式

對於中文語系的 Python 使用者，開啟中文檔案最常遇到的應該是編碼錯誤的問題。open() 函式提供了 encoding 參數可以用來指定檔案的編碼方式，以下範例會以 utf-8 編碼來開啟檔案：

```
open('myfile', encoding='utf-8')
```

▶接下頁

encoding 參數常用的編碼有 'cp950'（中文繁體 Big5 碼）、'utf-8' 和 'utf-8-sig'（大小寫均可，- 也可寫成 _，例如 'UTF_8'）。utf-8-sig 會在檔案的最前面加入 BOM（byte-order mark），BOM 用來標示檔案的編碼，以便軟體或程式可以辨識此檔案的編碼方式，不過若軟體或程式不支援 BOM，便會將其視為一組亂碼。

open() 函式預設會以目前作業系統的預設編碼來開啟檔案，所以在繁體中文 Windows 下，預設會以 'cp950' 來開啟檔案。若您要開啟 utf-8 編碼的檔案，請務必使用 encoding 參數指定檔案的編碼。

13.4 讀寫文字檔和二進位檔案

第 13.1 節已經介紹了最常見的讀取文字檔 readline() 方法，此方法從 file 物件讀取並傳回一行資料，包括行尾的換行符號。如果檔案中沒有更多的資料可讀，readline() 會傳回一個空字串。以下範例用 readline() 來算出檔案的行數：

```
file_object = open("myfile", 'r')
count = 0
while file_object.readline() != "":
    count = count + 1
print(count)
file_object.close()
```

file 物件的 readlines() 方法會讀取檔案中的所有行，並傳回一個字串 list，每個元素是一行字串（包括換行符號）資料。以下改用 readlines() 來計算檔案行數：

```
file_object = open("myfile", 'r')
print(len(file_object.readlines()))   ← 印出 list 的元素個數 (行數)
file_object.close()
```

如果您想要計算一個大檔案的行數，這個方法可能會導致您的電腦記憶體不足，因為它會將整個檔案一次讀入記憶體。另一種狀況是用 readline() 從沒有換行符號的大檔案中讀取一行，也可能會用光所有的記憶體，儘管這種情況極不可能發生。為了處理這種情況，readline() 和 readlines() 都可以用參數來指定每次讀取的資料量。相關詳細訊息，請參閱 Python 文件。

用 for 迴圈逐行讀取檔案

另一種逐行讀取檔案的方法，是用 for 迴圈來走訪 file 物件：

```
file_object = open("myfile", 'r')
count = 0
for line in file_object:
    count = count + 1
print(count)
file_object.close()
```

這種方法的優點是需要的時候才將一行資料讀入記憶體，因此即使處理很大的檔案，一次也只會讀一行資料，不會耗盡記憶體。另一個優點則是它更簡單、更容易閱讀。

處理換行符號

不同作業系統有不同的換行符號，Windows 系統的換行符號是 "\r\n"，Macintosh 的換行符號是 "\r"，而 Linux/Unix 則是 "\n"。

為了程式在不同系統間的可攜性，open() 函式若以文字模式開啟檔案（亦即模式中未加上 b，稍後會說明），讀取檔案時 Python 會自動將不同系統的換行符號統一轉換為 "\n"。所以在 Macintosh 上 "\r" 會轉換成 "\n"，而在 Windows 上會把 "\r\n" 會轉換成 "\n"。

若有需要，您可以在開啟檔案時，用 newline 參數強制設定要作為換行符號的字串：

```
input_file = open("myfile", newline="\n")
```

此範例強制只將 "\n" 視為換行符號。如果檔案是在二進位模式下開啟（稍後會說明），則不需要 newline 參數，因為所有從檔案傳回的位元組將一視同仁的當作是資料，而不會作換行符號的轉換。

寫入檔案

與讀取資料 readline() 和 readlines() 方法對應的寫入方法是 write() 和 writelines()。請注意，沒有所謂的 writeline() 函式。write() 會寫入一個字串，如果在字串中嵌入換行符號，則一次可寫入多行，如下例所示：

```
myfile.write("Hello\nWorld")
```

write() 不會自動附加換行符號，如果您想輸出換行，您必須自己手動將換行符號放到輸出的資料裡。如果以文字模式開啟檔案（使用 w 模式），Python 會自動將字串中的 "\n" 轉換為作業系統的換行符號，亦即在 Windows 上 "\n" 會自動轉換為 "\r\n"，Macintosh 則自動轉換為 "\r"。如前所述，開啟檔案時以 newline 指定換行符號可以關閉自動轉換功能。

writelines() 的名字其實並不恰當，因為它不一定一次寫很多行；它將參數中的字串 list 一個接一個地寫到所給定的 file 物件，但是並不會自動加上換行符號。如果 list 中的字串是以換行符號結尾，則寫入的資料自然會分成不同的行，不然它們在檔案中實際上是連在一起的。

writelines() 可視為 readlines() 的反函式，因為如果把 readlines() 所傳回的串列，再用 writelines() 寫到另一個檔案，結果會跟 readlines() 所讀的檔案一模一樣。

假設有一個 myfile.txt 文字檔案，以下這段程式碼會把 myfile.txt 的內容一五一十的複製到 myfile2.txt 檔案中：

```
input_file = open("myfile.txt", 'r')
lines = input_file.readlines()
input_file.close()
output = open("myfile2.txt", 'w')
output.writelines(lines)
output.close()
```

小編補充： 講到這裡，write() 和 writelines() 到底差在哪裡呢？ write() 的參數是字串，它會將字串資料寫入檔案；而 writelines() 的參數則是字串 list，它會將字串 list 內的元素逐一寫入檔案。

13.4.1 使用二進位模式

在某些情況下，您可能會希望把檔案中的所有的資料讀到一個 bytes 物件中，特別是當資料不是字串，而您希望將全部資料存到記憶體中，以便將其視為一連串位元組 (byte) 所成的資料序列。

要做到這點，開啟檔案時請在 open() 的模式參數內加上 "b"，表示要以二進位模式開啟。以二進位模式開啟的檔案不再具有行的概念，所以請使用 file 物件的 read() 方法來讀取資料，如果沒有任何參數，read() 方法會從檔案目前位置開始讀取檔案中所有資料，並將該資料以 bytes 物件的形式傳回。如果呼叫 read() 的時候帶一個整數參數，它會讀取該整數所指定的 byte 數（如果檔案大小小於該整數，則只會讀到整個檔案的資料），並傳回指定大小的 bytes 物件：

```
input_file = open("myfile", 'rb')
header = input_file.read(4)
data = input_file.read()
input_file.close()
```

以上程式碼的第一行會以 'rb'（二進位讀取）模式開啟 myfile 檔，第二行會讀取前四 bytes 當作檔頭，第三行則會把檔案其餘的部分全部讀到變數 data 中。

請記住，以二進位模式打開的檔案，讀到的資料是 bytes 物件，而不是字串。要將資料當作字串，必須將 bytes 物件解碼為字串物件。這一點在處理網路通訊時很重要，因為透過網路傳送的資料串流通常會以檔案的方式來開啟，但請記得網路串流的資料會是 bytes 物件，若這些資料其實是文字時，您需要手動將其轉換為字串物件。

關於如何將 bytes 物件轉換字串物件，請參見第 6.11 節。

動手試一試：檔案讀寫

- 在檔案開啟模式中加上 "b" 有什麼意義？例如 open("file", "wb")
- 假設您要打開名為 myfile.txt 的檔案，並在其末尾寫入附加的資料，您要用什麼程式打開 myfile.txt ？您會使用什麼程式重新打開檔案以便從頭開始讀取？

13.5 用 pathlib 讀取與寫入

從 pathlib import 的 Path 物件除了第 12 章所討論的路徑操作功能外，還可用於讀寫文字檔和二進位檔。這個功能非常方便，因為它不需要開啟或關閉檔案，而且是用不同的方式來處理文字檔和二進位檔，但有一個限制是您無法用 Path 物件附加資料到現有的檔案中，因為寫入的動作會替換掉現有的內容：

```
>>> from pathlib import Path
>>> p_text = Path('my_text_file')
>>> p_text.write_text('Text file contents')
18  ←── 傳回寫入的字串長度
>>> p_text.read_text()
'Text file contents'
>>> p_binary = Path('my_binary_file')
>>> p_binary.write_bytes(b'Binary file contents')
20  ←── 傳回寫入的位元組數量
>>> p_binary.read_bytes()
b'Binary file contents'
```

13.6 標準輸入 / 輸出與重新導向

您可以使用內建的 input() 函式從鍵盤讀取使用者輸入的字串：

```
>>> x = input("請輸入檔案名稱: ")
請輸入檔案名稱: myfile
>>> x
'myfile'
```

input()函式提示的文字

使用者輸入字串後按[Enter]

input() 函式的參數是提示用的文字，此參數可以省略。另外，使用者輸入的字串尾端的換行符號會自動被刪除。input() 函式傳回的是字串，若要用 input() 讀取數字，您需要將傳回的字串轉換為正確的數字型別。以下用 int() 為例：

```
>>> x = int(input("請輸入一個整數: "))
請輸入一個整數: 39
>>> x
39
```

input() 函式會將提示文字寫到標準輸出（standard output），然後從標準輸入（standard input）讀取資料。關於標準輸出、標準輸入，以及稍後提到的標準錯誤輸出與重新導向的相關說明，請參見 11.1.3 節。

透過 sys 模組可以對標準輸出、標準輸入和標準錯誤輸出（standard error）進行直接的存取，該模組具有 sys.stdin，sys.stdout 和 sys.stderr 屬性，您可以將這些屬性視為特別的 file 物件。

對於 sys.stdin，您可以用的方法有 read()，readline() 和 readlines()，對於 sys.stdout 和 sys.stderr，您可以用標準 print() 函式以及 write() 和 writelines() 方法來寫入，這些函式的用法與讀寫其他 file 物件的方式一模一樣：

```
>>> import sys
>>> print("Write to the standard output.")
Write to the standard output.
>>> sys.stdout.write("Write to the standard output.\n")
Write to the standard output.
30  ←— 傳回寫出多少個字元
>>> s = sys.stdin.readline()
An input line  ←— 使用者於此輸入字串
>>> s
'An input line\n'
```

您可以將標準輸入重新導向到檔案，這樣便可以從檔案中讀取資料，同樣地，標準輸出或標準錯誤也可以重新導向，設定寫到檔案。重新導向後如果想要回復到其原始值，可以利用 sys.__stdin__、sys.__stdout__ 和 sys.__stderr__ 來回復：

```
>>> import sys
>>> f = open("outfile.txt", 'w')
>>> sys.stdout = f  ←— ❶
>>> sys.stdout.writelines(["A first line.\n", "A second line.\n"])  ←— ❷
>>> print("A line from the print function")
>>> 3 + 4  ←— ❸
>>> sys.stdout = sys.__stdout__  ←— ❹
>>> f.close()
>>> 3 + 4
7
```

❶ 此行將標準輸出重新導向到 outfile.txt 檔案。

❷ 此行執行後 outfile.txt 將內含以下 2 行文字：

```
A first line
A second line
```

❸ 此行執行後 outfile.txt 將內含以下 4 行文字：

```
A first line
A second line
A line from the print function
7
```

❹ 此行將標準輸出回復為原始值。

在不改變標準輸出的情況下，print() 函式也可以重新導向到任何檔案：

```
>>> import sys
>>> f = open("outfile.txt", 'w')
>>> print("A first line.\n", "A second line.\n", file=f)
>>> 3 + 4  ←── 標準輸出不改變
7                                    這兩個字串會輸出到檔案物件 f
>>> f.close()
>>> 3 + 4
7
```

在標準輸出重新導向之後時，文字模式下您就看不到一般的程式輸出，只會收到錯誤訊息 (如果有的話)。如果您用的是 VS Code 之類的 IDE，那麼使用 sys.__stdout__ 的這些範例將無法執行，必須直接使用 Pythonr 解譯器的交談模式才能正常作用。

標準輸出重導通常用於程式執行時，以保留可能捲動到螢幕範圍以外的內容，下面 mio 模組提供一組保留輸出內容的函式：

mio.py

```
"""mio 模組: 包含函式 capture_output, restore_output,
   print_file, and clear_file """
import sys
_file_object = None

def capture_output(file="capture_file.txt"):
    """capture_output(file='capture_file.txt'):
       將標準輸出重導至檔案."""
    global _file_object
    print("output will be sent to file: {0}".format(file))
    print("restore to normal by calling 'mio.restore_output()'")
    _file_object = open(file, 'w')
    sys.stdout = _file_object
```

```
def restore_output():
    """restore_output():
       將標準輸出回復為原始值，並且將之前重導時寫入的檔案關閉)"""
    global _file_object
    sys.stdout = sys.__stdout__
    _file_object.close()
    print("standard output has been restored back to normal")

def print_file(file="capture_file.txt"):
    """print_file(file="capture_file.txt"):
       將之前重導時寫入的檔案內容列印到標準輸出"""
    f = open(file, 'r')
    print(f.read())
    f.close()

def clear_file(file="capture_file.txt"):
    """clear_file(file="capture_file.txt"):
       將之前重導時寫入的檔案清空"""
    f = open(file, 'w')
    f.close()
```

本例的 capture_output() 將標準輸出重新導向到檔案 "capture_file.txt"。函式 restore_output() 將標準輸出恢復為原始值 sys.__stdio__。假設尚未執行 capture_output()，print_file() 會將檔案 capture_file.txt 的內容列印到標準輸出，clear_file() 則是負責把 capture_file.txt 的內容清除。

動手試一試：重新導向輸入與輸出

- 利用 mio.py 模組寫一些程式碼，將程式的輸出重新導向到檔案 myfile.txt，接著將標準輸出重置到螢幕，再將該檔案列印到螢幕。

13.7 用 struct 模組讀取結構化二進位資料

當我們用程式讀寫自己建立的檔案時，一般不會用二進位資料作為儲存的格式，因為對於單純的儲存需求，通常儲存為文字即可。至於較複雜的應用程式，Python 提供了方便讀取或寫入任意 Python 物件的能力（稱為 pickling，將於第 13.8 節說明），與直接讀寫自己的二進位資料相比，這種 pickling 方式較不容易出錯，因此強烈建議優先使用。

但是當您要處理由其他程式所產生的檔案時，可能需要知道如何讀寫二進位資料，本節將介紹如何使用 struct 模組來執行此操作。

如前所述，如果以二進位模式打開檔案，Python 將以 bytes 物件來處理二進位的資料而不是使用字串，但是因為大多數二進位資料仰賴於特定的結構來解析資料的值，自行編寫程式碼來解析並將其值讀取至變數通常事倍功半。比較好的方法是採用 struct 模組，將這些二進位資料視為具有特定格式的資料序列。

假設您要讀取名為 data 的二進位檔案，其中內含由 C 語言所產生的多筆資料，每筆資料由一個 C 的 short 整數、一個 double 浮點數、和一個四字元的字串所組成：

short	double	4 字元字串	short	double	4 字元字串	…

我們準備將此檔的資料讀入 Python 的 tuple 中，每個 tuple 包含一個整數，一個浮點數和一個字串。首先要做的是定義一個格式字串，用來告訴 struct 模組每一筆資料是如何打包的。這個格式字串中 'h' 代表 C 的 short 整數，'d' 代表 C 的 double，而 's' 代表字串。

這些字元的前面可以加上一個整數以表示該資料類型的長度；例如，'4s' 表示由四個字元所組成的字串。因此，相對應於本例中的記錄，其格式字串為 'hd4s'。struct 可以理解各種數字、字元、以及字串格式，相關詳細資料參閱 https://docs.python.org/3/library/struct.html。

在開始從檔案中讀取資料之前，您需要知道每筆資料一次要讀取多少 bytes。幸運的是，struct 內含一個 calcsize() 函式，能以格式字串作為引數，並傳回能容納這種格式的資料需要多少 bytes。

請先用 open() 開啟檔案，使用本章前面所介紹的 read() 來讀取檔案所有內容，然後用 struct.unpack() 函式根據格式字串來解析所讀取的資料，並傳回解析後的 tuple，如下所示，讀取二進位資料檔的程式非常簡單：

```
import struct
record_format = 'hd4s'  ←— 指定 struct 的格式字串
record_size = struct.calcsize(record_format)  ←— 計算一個 struct 要多少 bytes
result_list = []
input = open("data", 'rb')
while 1:
    record = input.read(record_size)  ←— 讀進來一筆資料
    if record == '':
        input.close()
        break
    result_list.append(struct.unpack(record_format, record))  ←— 解析資料
```

若讀到空資料，表示已位於檔案的結尾，因此結束迴圈。請注意，本例中沒有檢查檔案的一致性，如果最後一筆資料不符合所指定的格式大小，則 struct.unpack() 函式會引發錯誤。

您可能已經猜到，除了解析資料以外，struct 還提供了一個反向功能，可以將 Python 的值打包為一個二進位的資料序列。這種轉換是透過 struct.pack() 函式來完成，這很接近 struct.unpack() 的反函式，不一樣的地方在於 struct.pack() 的參數不是 tuple，而是以格式字串作為第 1 個參數，然後以後續的參數來組成該格式字串所定義的資料。要產生上一個範例中所使用的二進位資料格式，可以執行以下操作：

```
>>> import struct
>>> record_format = 'hd4s'
>>> struct.pack(record_format, 7, 3.14, b'gbye')
b'\x07\x00\x00\x00\x00\x00\x00\x00\x1f\x85\xebQ\xb8\x1e\t@gbye'
```

struct 還有其他更有彈性的用法，您可以在格式字串中插入其他特殊字元，以設定應以最高位元組在前（big-endian）、最低位元組在前（little-endian）、或由機器決定位元組次序（machine-native-endian）的格式來讀寫資料（預設值為由機器決定），也可以設定像是 C 短整數 (short) 長度應該按照預設的機器原生大小或者標準 C 的大小。目前只需知道有這些功能的存在，當有需要用到的時候可以在 https://docs.python.org/3/library/struct.html 找到更詳盡的資訊。

動手試一試：struct

- struct 模組在哪些情況下會對讀取或寫入二進位資料有幫助？

13.8 將物件序列化後保存到檔案 pickle

我們可以將任何 Python 物件轉換為資料結構寫入檔案，下次再從檔案中讀取該資料結構、重建該物件。這種過程稱為序列化（serialization）與反序列化。Python 透過 pickle 模組提供這項功能，pickle 的功能強大而且易於使用，假設你要保存程式中很重要的 a、b、和 c 三個變數的狀態，您可以用 pickle 將此狀態保存到名為 state 的檔案，如下所示：

```
import pickle
.
.
.
file = open("state", 'wb')
pickle.dump(a, file)
pickle.dump(b, file)
pickle.dump(c, file)
file.close()
```

儲存在 a、b、和 c 中的內容可能是簡單的數字，也可能是包含多個物件為元素的 list 或字典，這些內容都可以用 pickle.dump 來保存到檔案中。

接下來，若要在稍後執行的程式中重新讀取該資料，只需撰寫以下幾行：

```
import pickle
file = open("state", 'rb')
a = pickle.load(file)
b = pickle.load(file)
c = pickle.load(file)
file.close()
```

先前在變數 a、b、或 c 中的任何資料都會透過 pickle.load() 來恢復到它們原來的值。

pickle 模組可以用這種方式儲存幾乎任何資料，它可以處理 list、tuple、數字、字串、字典，以及由這些型別組成的任何東西，包括所有自訂的類別與物件 instance 在內。它還能正確處理共享物件（多個變數參照到同一個物件）、循環參照、和其他複雜的記憶體結構，pickle 能儲存共享物件並將它們恢復為共享物件，而不是很多個相同的副本。唯一無法用 pickle 儲存的，只有 Python 程式編譯後的 byte code 和系統資源（如檔案或網路 socket）。

通常您不會希望用 pickle 保存整個程式狀態。例如，很多應用程式可以同時顯示多個文件內容，如果保存了程式的整個狀態，則等於是將所有文件內容保存在一個檔案中。一般來說我們只想保存和恢復感興趣的資料，一種簡單而有效的方法是編寫一個保存函式，函式中將要保存的資料儲存到字典中，再用 pickle 保存該字典（詳見底下程式碼）。然後，您可以搭配恢復函式用 pickle 來重新讀取字典，並將字典中的值分配給適當的程式變數。這個技巧還具有以下優點：讀取和儲存值的順序不可能會搞錯。把這個方法應用在前面的例子中，您的程式碼看起來會像以下這樣：

```
import pickle
.
.
.
def save_data():   ← 保存函式
    global a, b, c
    file = open("state", 'wb')
    data = {'a': a, 'b': b, 'c': c}
    pickle.dump(data, file)
    file.close()

def restore_data():   ← 恢復函式
    global a, b, c
    file = open("state", 'rb')
    data = pickle.load(file)
    file.close()
    a = data['a']
    b = data['b']
    c = data['c']
    .
    .
    .
```

這個例子只是用來展示，因為一般來說不會經常需要保存交談模式中全域變數的狀態。

下面 sole.py 是一個實用的程式，它其實是 7.6 節快取範例的延伸。在第 7 章中，您呼叫了一個函式，基於其三個參數進行了耗時的計算，在程式執行過程中，有許多次呼叫該函式時會使用相同的三個參數，透過將結果存在快取字典中，下次遇到相同三個參數就不需要重複計算，這樣程式的效能可以獲得顯著的提升。但也有這樣的情況：該程式在幾天、幾週、和幾個月的過程中可能會執行很多次。因此，透過 pickle 將計算結果快取到磁碟的檔案中，可以避免每次都必須重新計算。以下模組是達到上述目的的簡化版本：

sole.py

```
"""sole 模組: 包含函式 sole, save, show"""
import pickle

# 模組初始化
_sole_mem_cache_d = {}
_sole_disk_file_s = "solecache"
file = open(_sole_disk_file_s, 'rb')
_sole_mem_cache_d = pickle.load(file)
file.close()

def sole(m, n, t):
    """sole(m, n, t): 使用字典快取儲存計算結果."""
    global _sole_mem_cache_d
    if _sole_mem_cache_d.has_key((m, n, t)):
        return _sole_mem_cache_d[(m, n, t)]
    else:
        # . . . 將 m, n, t 進行一些耗時的計算 ...
        _sole_mem_cache_d[(m, n, t)] = result
        return result

def save():
    """save(): 將記憶體中的字典快取儲存到檔案."""
    global _sole_mem_cache_d, _sole_disk_file_s
    file = open(_sole_disk_file_s, 'wb')
    pickle.dump(_sole_mem_cache_d, file)
    file.close()

def show():
    """show(): 顯示字典快取的內容"""
    global _sole_mem_cache_d
    print(_sole_mem_cache_d)
```

在執行上面程式之前，必須先用以下指令來初始化名為 solecache 的快取檔案：

```
>>> import pickle
>>> file = open("solecache",'wb')
>>> pickle.dump({}, file)
>>> file.close()
```

當然，您還需要把程式中的註解『將 m, n, t 進行一些耗時的計算』換成實際的計算。

請注意，本範例若要應用在實務上，最好是用絕對路徑名稱來指定快取檔。此外，這裡並未對多人同時執行的狀況作進一步的處理，所以若兩個人同時間執行程式，則只有最後一個儲存者的結果能保留到快取檔案中。如果這會造成您的困擾，可以在 save() 函式中使用字典更新方法來大幅減少程式同時執行的重疊時間。

pickle 的缺點

雖然在前面的情境中使用 pickle 物件好像有點意義，但您也應該知道 pickle 的缺點：

- pickle 既不是特別快，也不是特別節省空間的序列化手段，甚至用 JSON 來儲存序列化物件也比用 pickle 快，而且在磁碟上的檔案也更小。
- pickle 可能會造成安全性的問題，例如載入含有惡意內容的 pickle 檔案，可能會在您的電腦上執行一些意圖不明的程式碼。因此，如果 pickle 檔案可以被其他人任意的修改，就應該避免使用 pickle。

動手試一試：pickle

- 想一想在以下使用案例中，pickle 是不是以及為什麼會是一個好的解決方案？

  (1) 將一些執行時的狀態變數保存起來，留給下一次執行時使用

  (2) 儲存遊戲的高分榜單

  (3) 儲存使用者名稱和密碼

  (4) 儲存大型英語詞彙字典

13.9 Shelve 物件

這是個比較進階一點的主題，但肯定不會太難。您可以將 shelve 物件視為一個字典，該字典的資料是儲存在磁碟機上，而不是保存在記憶體中，這意味著您仍然可以很方便的利用字典的鍵來進行存取大量資料，無需受到記憶體大小的限制。

對於工作上需要在大型檔案中儲存或存取片段資料的人 (例如：資料庫應用程式)，本節可能最令其感興趣，因為這正是 Python shelve 模組的特點：允許在大型檔案中讀取或寫入資料片段而無需讀寫整個檔案，因而可以節省很多時間。shelve 內部以 pickle 來將資料序列化，使用起來也像 pickle 模組一樣簡單。

本節我們將以通訊錄為範例來說明 shelve 模組，通訊錄的資料量通常很小，小到可以在應用程式啟動時讀入整個資料檔，並在應用程式關閉時才將資料寫到檔案中。不過若是作為大公司員工、學校師生的通訊錄，這個通訊錄可能會大到無法全部讀到記憶體中，那麼此時最好使用 shelve 而不用去擔心記憶體不夠用的問題。

假設通訊錄中的每個項目都由三個元素的 tuple 所組成：姓名、電話號碼、和地址，然後以員工編號作為該項目的索引。這個操作非常簡單，我們直接以交談模式來測試。

首先，匯入 shelve 模組，然後打開通訊錄檔案。如果不存在，shelve.open() 會自動建立該檔案：

```
>>> import shelve
>>> book = shelve.open("addresses")
```

現在增加幾個項目。請注意，您應該將 shelve.open() 傳回的物件視為字典來操作，不過請注意這是一個只能使用字串作為鍵的字典：

```
>>> book['167'] = ('邱大熊', '0912-345678', '台北市忠孝路1號')
>>> book['928'] = ('陳小天', '0987-654321', '新竹市中山路2號')
```

最後，關閉檔案並結束交談模式：

```
>>> book.close()
```

接著用同樣的方式重新啟動 Python 交談模式，並打開同一個通訊錄：

```
>>> import shelve
>>> book = shelve.open("addresses")
```

先不要輸入任何東西，看看您之前所存放的資料是否仍然存在：

```
>>> book['167']
('邱大熊', '0912-345678', '台北市忠孝路1號')
```

shelve.open() 所建立的檔案就像一個持久性的字典，即使沒有明顯的磁碟寫入動作，但輸入的資料都會自動儲存到磁碟。

更明確地說，shelve.open() 會傳回一個 shelf 物件，它允許基本字典操作、del、in、和 keys() 方法。但與普通字典不同的是，shelf 物件將其資料儲存在磁碟機上，而不是在記憶體中。不過與字典相比，shelf 物件有一個重要的限制：shelf 物件只能使用字串作為鍵，而字典則允許使用多種類型的鍵。

了解 shelf 物件在處理大型資料集時的優勢非常重要，shelve.open() 開啟檔案後，不會將整個 shelf 物件讀到記憶體中，僅在需要時才會進行檔案存取（通常是在尋找元素時）。而且其檔案結構經過優化，可以讓搜尋速度非常快，即使您的資料檔非常大，也只需要幾次磁碟存取即可在檔案中找到所需的物件，如此一來您的程式也能在幾種不同的方面獲得了改善：首先，程式可能啟動得更快，因為它不需要將很大的檔案讀入記憶體；其次，程式運作起來會更快，因為程式的其餘部分有更多的記憶體可供使用，也因此減少了使用到虛擬記憶體而需要大量磁碟存取的機率；最後，您還可以對因為太大而無法放入記憶體的資料集進行操作。

使用 shelve 模組時有一些限制，如前所述，shelf 物件只能以字串當作它的鍵，但任何可以 pickle 的 Python 物件皆可儲存為 shelf 物件的鍵值。此外，shelf 物件不適用於多使用者資料庫，因為它不提供同時存取資料時的鎖定控制。shelf 物件用完之後，務必要執行 close() 進行關閉，才能在磁碟機上更新您所修改或刪除的項目。

綜上所述，上一節的快取範例是使用 shelve 處理的首選，改用 shelve 處理後，使用者便無需手動執行指令將其結果保存到磁碟（但程式中要記得 close）。唯一可能遇到的問題是，寫入檔案時無法做到低階的控制，只能完全仰賴 shelve 幫您完成。

動手試一試：shelve

- shelve 模組的 shelf 物件使用起來跟字典非常像，在哪些方面 shelf 物件和字典有所不同？使用 shelf 物件會有什麼缺點？

小編補充 pickle 與 shelve 背後的意義

pickle 的中文意思是泡菜、醃菜，而 shelve 的中文則是架子，Python 為這兩個模組的取名可說是別具意義：

- pickle：把要長久使用的資料，例如幾天、幾週、幾個月可能會用到的資料，用 pickle 來序列化醃製到檔案裡。
- shelve：如果把太多資料都序列化醃製到檔案，就像放到一個大醬缸，勢必很難翻找出來。所以我們把資料先裝到小泡菜罐，然後放到架子（shelve）上，這樣就能很方便取用了！

所以程式運作所需的資料便可依狀況存放在不同位置：

- 新鮮資料 ⟶ 記憶體
- 長久資料 ⟶ 醃製到檔案
- 大量長久資料 ⟶ 把醃製的序列放到 shelve

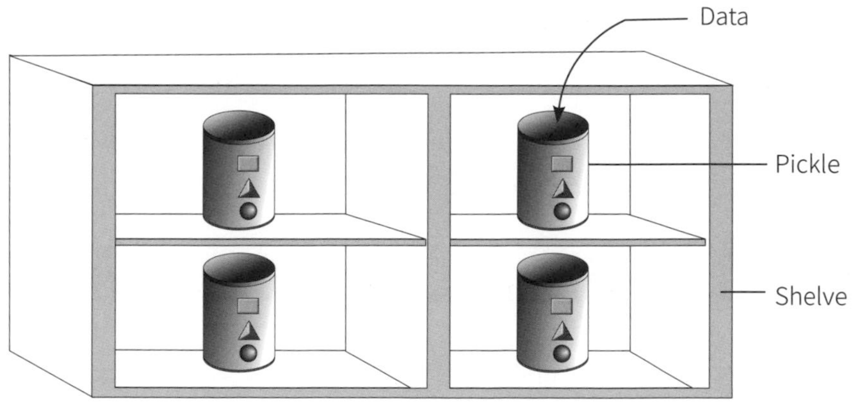

shelve 是傳回 shelve 物件，用字典的方式存取資料，上圖只是示意，並非 shelve 取出來的是 pickle。

LAB 13：wc 程式的最終版

如果您去看一下 wc 程式的手冊頁（http://man7.org/linux/man-pages/man1/wc.1.html），會看到兩個非常類似的命令列選項： -c 計算檔案中的位元組數，-m 計算檔案中的字元數（有些 Unicode 的字元長度可能會是兩個以上的位元組）。此外，如果命令列中有指定一個檔案，wc 會讀取並處理該檔，但若沒有指定檔案，則會讀取並處理從 stdin 所輸入的資料。請重寫 wc 程式以實現位元組和字元之間的區別，並增加能從檔案和標準輸入讀取資料的功能。

重點整理

- 開啟檔案的建議語法：『with open(檔案路徑 , 模式) as 檔案物件 :』
- 檔案物件常用的讀寫 method ：read(n)、readline()、readlines()、write(str)、close()，說明與列表請參見 13.1 節。
- 開啟 utf-8 編碼的檔案時，請在 open() 加上參數：encoding='utf-8'。
- 利用 sys__stdin__ 、sys.__stdout__ 和 sys.__stderr__ 可以重新導向標準輸入與輸出。
- 下表列出 struct、pickle 與 shelve 模組的功能：

模組	說明	使用時機
struct	讀取結構化二進位資料	讀取解析其他程式產生的資料檔
pickle	將 Python 物件序列化後保存到檔案	保存程式執行時的狀態
shelve	以字典的形式將 Python 物件保存到檔案	在大型檔案中儲存或存取片段資料

Chapter 14

例外處理

本章涵蓋

- ○ 了解什麼是例外（exception）
- ○ 傳統錯誤處理與例外處理的差異
- ○ Python 的例外處理機制
- ○ 使用 with 資源管理器

老手帶路 專欄

- ○ LBYL(事先檢查避免出錯)與 EAFP(先做了出錯再處理)
- ○ EAFP 錯誤處理風格的優缺點
- ○ 用例外與 Guard Clauses 讓程式流程更清楚

例外處理機制的概念已經存在了一段時間，但是 C 和 Perl 這些常用的傳統語言，並不提供任何例外處理機制，甚至 C++ 程式設計師往往也不熟悉它們，本章假設您並不熟悉例外，因此我們會先解說例外的觀念。

14.1 什麼是例外

本節將解說例外的觀念，如果您已熟悉什麼是例外，則可以直接跳到第 14.2 節「Python 中的例外」。

在整個程式的生命週期中，難免會發生一些問題或錯誤。這類錯誤大概可分為以下幾類：

- **語法錯誤**：這是初學者最常遇到的錯誤，像是忘了在 if 敘述後面加 : 號、函式名稱打錯等，這類錯誤在執行之前就會被 Python 解譯器找出。

- **邏輯錯誤**：這種錯誤是指程式雖能成功執行，但執行的結果卻不是我們所預期的。換言之，這是程式的運算邏輯有問題，例如您要寫程式計算球體體積，但卻不小心將計算公式中的半徑 3 次方打成 2 次方，程式雖然正常執行，但計算結果並不正確，這就是一種邏輯錯誤。
- **執行時期異常狀況**：這是在程式執行階段發生的意外狀況，因而導致程式無法正常執行。舉例來說，程式要做存檔動作，但是磁碟空間卻不足；或者程式需要下載網路資料，但是電腦卻沒有連網。

程式執行時期遇到的異常狀況稱為**例外（exception）**，本章將討論如何處理這些例外。

14.1.1 傳統錯誤處理與例外處理的差異

為了說明例外，在這裡我以一個文書處理器為例，當文書處理器要把資料儲存到磁碟時，可能會遇到磁碟機上的空間已經用完的狀況，這個問題有以下幾種方案可以解決。

方案 1：忽略這個問題

對於這個問題的最簡單方式是忽略不處理，程式假設您的磁碟永遠都有足夠的空間，不必擔心磁碟空間不夠的情況。不幸的是，這似乎是最常被選擇的方案，對於處理少量資料的小程式而言通常還可以容忍，但對於處理關鍵任務的程式來說，這個方案完全不合適。

方案 2：所有函式都傳回成功 / 失敗的狀態

錯誤處理的另一個層次是意識到錯誤可能會發生，並且在程式中定義一種標準機制來來檢測和處理它們。有很多方法可以做到這一點，其中一種典型的方法是讓每個函式都傳回一個狀態值，該值指出函式的執行結果是否成功。

我們來看看這個方案假如用到前面提到的文書處理程式情況會怎麼樣呢？假設程式呼叫一個函式 save_to_file() 將資料儲存到檔案。此函式會呼叫子函式將不同的資料儲存到檔案中，例如 save_text_to_file() 用於儲存文件檔，save_prefs_to_file() 用於儲存使用者設定的選項值，save_formats_to_file() 用於儲存使用者定義的格式等，這些子函式也可以呼叫自己的子函式，以便將其他部分的資料儲存到檔案中。最底層是系統內建的檔案相關函式，這些函式會將原始資料寫入檔案，並回報檔案寫入的動作是成功或失敗。

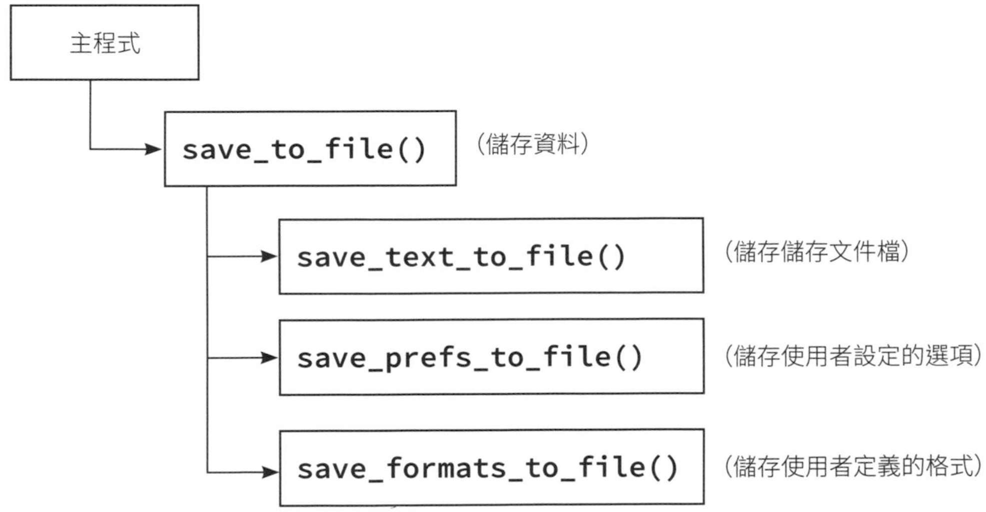

您可以將錯誤處理程式碼放入每個可能會產生磁碟空間錯誤的函式中，但這種做法意義不大，因為該錯誤處理程序唯一能做的無非就是打造一個對話框，告訴使用者磁碟已滿，並要求使用者刪除一些檔案後再試著儲存一次。在每個執行磁碟寫入的地方複製此程式碼不是一個好的做法，而是應該把錯誤處理程式碼放在磁碟寫入的主函式 save_to_file() 中，這樣只要放一份錯誤處理程式碼就可以了。

但麻煩的是，為了使 save_to_file() 能夠收到錯誤訊息而啟動錯誤處理程式碼，它所呼叫的每個磁碟寫入函式都必須檢查磁碟空間錯誤，並傳回磁碟寫入成功或失敗的狀態值。相對應的，save_to_file() 每次呼叫磁碟寫入子函式之後也都必須檢查其傳回的狀態值。若用類似 C 的語法來寫，程式碼看起來會像這樣：

```
const ERROR = 1;
const OK = 0;
int save_to_file(filename) {
    int status;
    status = save_prefs_to_file(filename);
    if (status == ERROR) {
        ...處理錯誤...
    }
    status = save_text_to_file(filename);
    if (status == ERROR) {
        ...處理錯誤...
    }
    status = save_formats_to_file(filename);
    if (status == ERROR) {
        ...處理錯誤...
    }
    .
    .
    .
}
int save_text_to_file(filename) {
    int status;
    status = ...呼叫檔案系統相關函式將文字資料寫入檔案...
    if (status == ERROR) {
        return(ERROR);
    }
    .
    .
    .
}
```

程式運作邏輯與錯誤處理程式碼混雜在一起

save_prefs_to_file()、save_formats_to_file() 以及其他寫入磁碟的函式，都必須檢查磁碟空間錯誤，並傳回磁碟寫入成功或失敗的狀態值。

若採用這種方法，整個程式可能有一大部分都在做錯誤檢測和處理，由於每個函式可能導致的錯誤都不太一樣，因此需要不同的程式碼來檢查個別的錯誤。通常程式設計師並沒有太多的時間或精力來投入這樣的完整錯誤檢查中，這麼做的結果終將導致程式變得不可靠而且容易崩潰。

方案 3：例外機制

顯然在前一個方案中，大多數錯誤檢查程式碼都是重複的：每次嘗試寫入檔案時檢查錯誤，並在檢測到錯誤時將錯誤狀態傳回。磁碟空間錯誤只有最上層的 save_to_file() 會處理，換言之，大多數錯誤處理其實只是將錯誤傳回到上一層，然後一層一層往上傳遞，您要做的是避免自行建立這個傳遞管道，寫出看起來像這樣的虛擬程式碼：

```
def save_to_file(filename)
    try 執行下面區塊程式碼
        save_text_to_file(filename)
        save_formats_to_file(filename)
        save_prefs_to_file(filename)
        .
        .
        .
    except that, 如果發生磁碟空間不足的錯誤
        ...處理錯誤...
def save_text_to_file(filename)
    ...呼叫檔案系統相關函式將文字資料寫入檔案...

def save_prefs_to_file(filename)
    ...呼叫檔案系統相關函式將選項值寫入檔案...

def save_prefs_to_file(filename)
    ...呼叫檔案系統相關函式將使用者定義的格式寫入檔案...
.
.
.
```

執行此區塊程式碼進行磁碟寫入操作

發生磁碟錯誤時，執行此區塊程式碼處理錯誤。所有錯誤處理程式碼集中在一起，不會與主要的程式運作邏輯混雜

except that 帶有『可是』、『不過』的意思，

錯誤處理的程式碼完全從較低層級的函式中移除，如果最底層的檔案寫入函式產生錯誤，將會往上傳遞到 save_to_file() 函式，再交給其中的錯誤處理程式碼去處理。而且上述的方式還能讓錯誤處理程式碼與運作邏輯的程式碼明確分割，兩者不再混雜不清。雖然用 C 語言無法撰寫這樣的程式碼，但是像 Python 這樣提供例外機制的語言恰好允許這種行為，所以例外機制可以讓您寫出更清晰的程式碼，並且把錯誤狀況處理得更加完善。

小編補充　Python 例外機制也是層層向上傳遞

方案 3 的例子可能會讓您誤以為例外會直接傳遞到最上層的函式，其實 Python 的例外機制也是一層一層地往上傳遞：

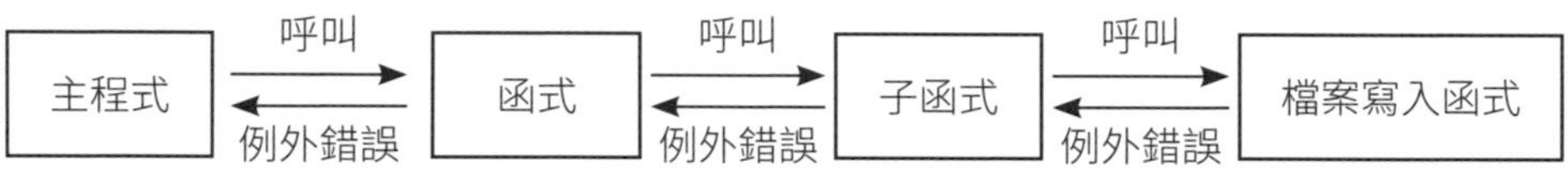

當子函式沒有處理例外時，例外會自動向上一層傳遞，直到被處理為止，若沒有獲得任何處理，則會導致程式終止運作。

方案 2 與方案 3 的一個主要差異，在於方案 2 必須自行撰寫程式碼來傳遞錯誤，而方案 3 會簡單很多，不必每次呼叫函式後還要自行檢查成功或失敗，直接讓程式語言本身的機制來自動向上傳遞例外訊息並統一處理異常狀況，會讓程式碼更清楚，對於錯誤的處理也會更加簡單。

老手帶路　LBYL（事先檢查避免出錯）與 EAFP（先做了出錯再處理）

Python 處理錯誤的邏輯跟 C/Java 等傳統程式語言不同，傳統程式語言通常會在錯誤發生之前，盡可能地檢查可能的問題，本節的方案 2 便屬於這種風格，這個被稱為『LBYL』（Look Before You Leap，三思而後行）風格。

▶接下頁

另一方面，Python 更傾向於錯誤發生之後再來處理，儘管這樣的方式似乎看起來很危險，但如果例外機制使用得當，程式碼就不會那麼繁瑣，而且更易於閱讀，並且只有在出現錯誤時才需要針對錯誤來處理，本節方案 3 便屬於這種風格。這種錯誤發生後再處理的風格通常稱為『EAFP』(Easier to Ask Forgiveness than Permission，取得事後寬恕總是比事先得到許可要容易的多) 風格。

關於 LBYL 與 EAFP 兩種錯誤處理風格，會在後面 14.2.8 節再以實例來說明與比較。

14.1.2 例外機制的名詞定義

產生例外的行為稱為引發（raise）或拋出（throw）例外。在前面的例子中，所有的例外都是由磁碟寫入函式所引發，但是例外也可以由其他函式引發，或者由您自己的程式碼自行引發。在前面的例子中，如果磁碟空間不足，則低層級的磁碟寫入函式將引發例外。

取得例外的行為稱為捕獲（catch）例外，而處理例外的程式碼稱為例外處理程式碼（exception-handling code）或例外處理程序（exception handler）。在前面的例子中，『except...』這行捕獲磁碟寫入例外，而『... 處理錯誤 ...』這行即是例外處理程序（本例專門指的是磁碟空間不足錯誤），此外還有其他類型的例外，甚至發生在程式其他位置的例外，也可能會需要另外的例外處理程序來處理。

14.1.3 處理不同類型的例外

不同類型的例外事件，需要採取不同的回應方式。磁碟空間耗盡與記憶體不足時引發的例外，兩者的處理方式完全不同，此外，這兩個例外與除法除以零（divide-by-zero）所引發的例外自然也完全不同。處理例外的一種方法是不論什麼類型，將全部錯誤都記錄下來，然後讓例外處理程序檢查錯誤訊息，然後判斷應採取的適當動作。這不算是一個好方法，實際上我們稍後將介紹的方法會靈活得多。

Python 與大多數具有例外機制的現代程式語言一樣，為不同類型的問題定義了相對應的例外。發生的事件不同，就會引發不同類型的例外，而例外處理程序則可以設定只處理特定類型的例外。

例如前面方案三的虛擬程式碼：『except that, 如果發生磁碟空間不足的錯誤』，即設定這個例外處理程序僅對磁碟空間不足的錯誤感興趣，不會處理其他類型的錯誤，其他類型的錯誤會由相對應的例外處理程序來處理，如果程式中沒有設定相對應的例外處理程序，則會導致程式提前結束，然後將錯誤直接顯示在螢幕上。

14.2 Python 的例外機制

本章接下來的部份將討論 Python 的例外機制，整個 Python 例外機制是依照物件導向的設計模式所構建，也使得它具有既靈活又易於擴展的特性。如果您不熟悉物件導向程式設計也沒關係，因為使用 Python 的例外功能無需物件導向的基礎。

14.2.1 Python 的例外類型

Python 提供了不同類型的例外，以便用來反映不同的錯誤原因與情況。Python 3 提供了以下多種例外類型：

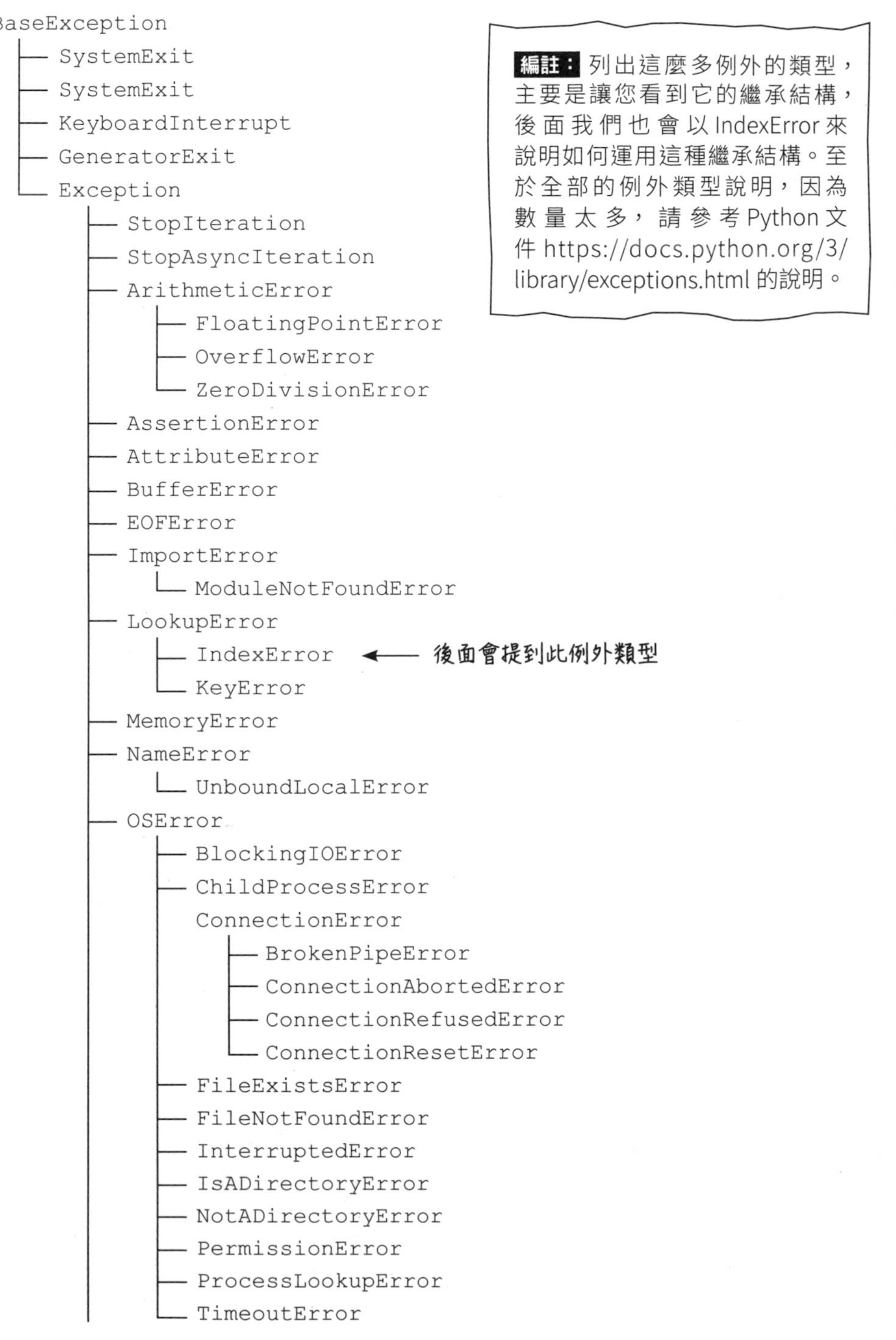

```
BaseException
├── SystemExit
├── SystemExit
├── KeyboardInterrupt
├── GeneratorExit
└── Exception
     ├── StopIteration
     ├── StopAsyncIteration
     ├── ArithmeticError
     │    ├── FloatingPointError
     │    ├── OverflowError
     │    └── ZeroDivisionError
     ├── AssertionError
     ├── AttributeError
     ├── BufferError
     ├── EOFError
     ├── ImportError
     │    └── ModuleNotFoundError
     ├── LookupError
     │    ├── IndexError        ←── 後面會提到此例外類型
     │    └── KeyError
     ├── MemoryError
     ├── NameError
     │    └── UnboundLocalError
     ├── OSError
     │    ├── BlockingIOError
     │    ├── ChildProcessError
     │    │    ConnectionError
     │    │         ├── BrokenPipeError
     │    │         ├── ConnectionAbortedError
     │    │         ├── ConnectionRefusedError
     │    │         └── ConnectionResetError
     │    ├── FileExistsError
     │    ├── FileNotFoundError
     │    ├── InterruptedError
     │    ├── IsADirectoryError
     │    ├── NotADirectoryError
     │    ├── PermissionError
     │    ├── ProcessLookupError
     │    └── TimeoutError
     │
```

編註： 列出這麼多例外的類型，主要是讓您看到它的繼承結構，後面我們也會以 IndexError 來說明如何運用這種繼承結構。至於全部的例外類型說明，因為數量太多，請參考 Python 文件 https://docs.python.org/3/library/exceptions.html 的說明。

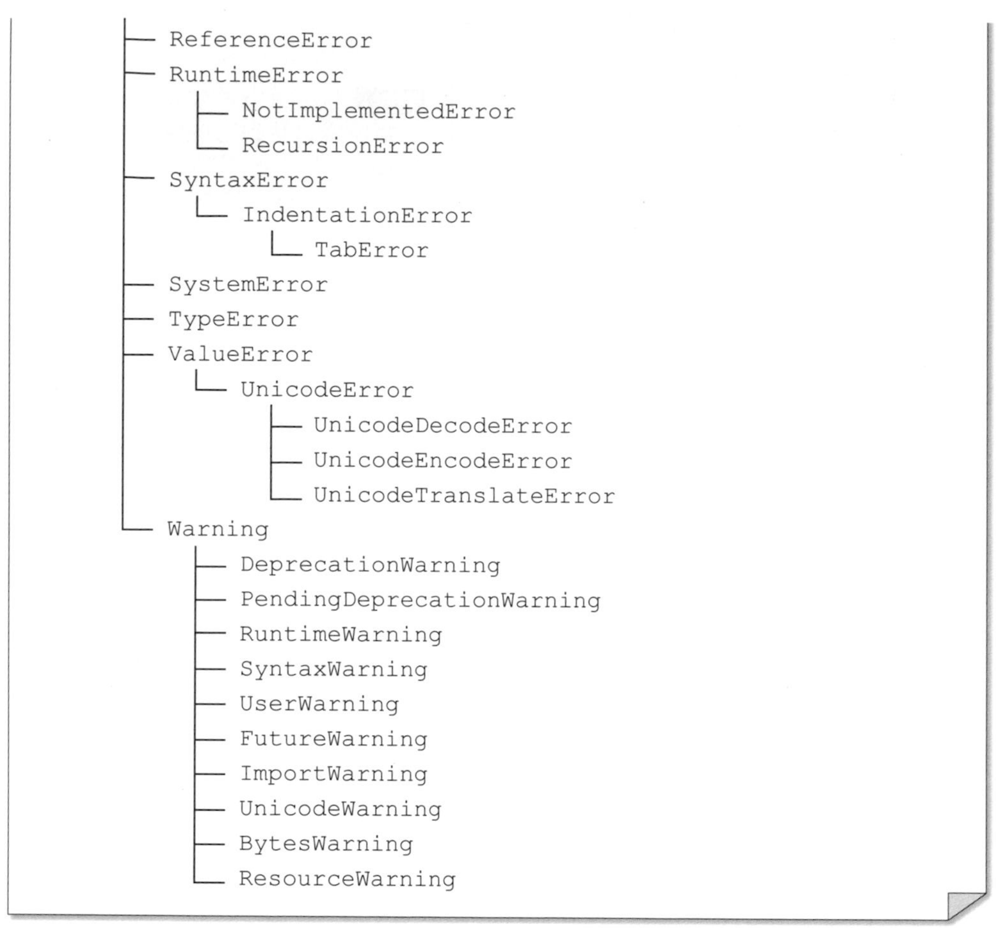

```
├── ReferenceError
├── RuntimeError
│    ├── NotImplementedError
│    └── RecursionError
├── SyntaxError
│    └── IndentationError
│         └── TabError
├── SystemError
├── TypeError
├── ValueError
│    └── UnicodeError
│         ├── UnicodeDecodeError
│         ├── UnicodeEncodeError
│         └── UnicodeTranslateError
└── Warning
     ├── DeprecationWarning
     ├── PendingDeprecationWarning
     ├── RuntimeWarning
     ├── SyntaxWarning
     ├── UserWarning
     ├── FutureWarning
     ├── ImportWarning
     ├── UnicodeWarning
     ├── BytesWarning
     └── ResourceWarning
```

新的 Python 版本可能會新增例外類型，請參見 https://docs.python.org/3/library/exceptions.html 以獲得最新資訊。

Python 的例外是以階層式架構呈現，正如上面例外列表所看到的那樣。您也可以使用 10.7 節介紹過的 __builtins__ 模組，取得按字母順序排列的例外列表。

每種的例外類型都是 Python 類別，它繼承自上述階層式架構的上一層類別，但如果您還沒有學過物件導向程式設計也不必擔心，您只需知道基本的物件繼承概念，例如，IndexError 繼承自 LookupError、LookupError 繼承自 Exception、而 Exception 繼承自 BaseException，換句話說，IndexError（透過繼承）也是一個 LookupError、一個 Exception、和一個 BaseException。

這種層次結構是蓄意安排的：大多數例外都是繼承自 Exception，因此強烈建議任何使用者自訂的例外也繼承 Exception，而不是 BaseException，原因是如果您有類似以下結構的程式碼：

```
try:
    # 您的程式碼
except Exception:
    # 例外處理程序
```

您仍然可以使用 Ctrl + C 中斷 try 區塊中的程式碼，而不會觸發例外處理程序，因為 KeyboardInterrupt 例外不屬於 Exception 的子類。

> try-except 是 Python 的例外處理語法，稍後我們會詳細說明。

在 Python 文件（https://docs.python.org/3/library/exceptions.html）可以找到每種例外類型的詳細說明，相信在您寫程式時很快就能熟悉最常見的類型！

14.2.2 引發例外

許多 Python 內建函式都會引發例外：

```
>>> alist = [1, 2, 3]
>>> element = alist[7]
Traceback (innermost last):
File "<stdin>", line 1, in ?
IndexError: list index out of range
```

> 上面會看到 Traceback（回溯）訊息，4.3 節曾經介紹過 Traceback 的意思就是追溯程式呼叫的歷程，當程式執行時若出現錯誤，就會顯示 Traceback 訊息，以顯示錯誤是在哪一個函式的哪一行發生。

當 Python 偵測到 alist[7] 所存取的索引並不存在，便會引發 IndexError 例外，此例外一直傳遞返回頂層（即 Python 解譯器的交談模式），而解譯器的處理方式就是顯示例外的錯誤訊息，來告訴使用者例外已發生。

例外也可以在您自己的程式碼中使用 raise 敘述來引發，這個敘述最基本的語法是：

```
raise 例外類型(參數)
```

← 依照例外類型的不同，參數型別與數量也有所不同

請嘗試輸入以下指令：

```
>>> raise IndexError("Just kidding")
Traceback (innermost last):
File "<stdin>", line 1, in ?
IndexError: Just kidding
```

（Just kidding：錯誤訊息）

上面 raise 敘述產生了一個 IndexError 例外，乍看之下與前面 alist[7] 所引發的索引錯誤類似，但仔細查看之後可以發現錯誤訊息並不相同，因為我們透過參數傳遞了自訂的錯誤訊息。

建立例外時使用字串作為參數是很常見的，對於大多數內建的 Python 例外，如果用 raise 產生例外時有給第一個參數的話，通常會假定該參數是要顯示給使用者看的錯誤訊息，用來說明所發生的事件。但是請小心並不是所有類型都是如此，每個例外類型都有自己的類別，建立該類別例外時的可用參數完全由類別定義所決定。此外，自行定義的例外自然也有可能也不會接受字串參數。

產生例外之後，raise 會中斷目前的程式，將該例外從本層函式往上逐層送出，直到被某一層等待該類型的例外處理程序所捕獲為止。如果在到達最頂層主程式的這一路上都沒有找到任何程式碼可以捕獲該例外，整個程式將會不正常終止並出現錯誤，若是在交談模式中則會將錯誤訊息顯示到螢幕。

14.2.3 例外的捕獲與處理

例外處理機制的重要之處並不是在於它們會導致程式中止並顯示錯誤訊息，在程式中實現這個功能絕不困難。例外處理機制的特殊之處在於它們不必導致程式中止，透過定義適當的例外處理程序，您可以確保常見的例外情況不會導致程式執行失敗，也許例外處理程序會向使用者顯示錯誤訊息或做其他事情，甚至可能解決例外的問題後讓程式繼續運作，不論例外處理程序做了什麼，可以確定的是它們能讓程式免於崩潰。

Python 使用 try、except、else 關鍵字來捕獲與處理例外，其基本語法如下所示：

```
try:
    程式主體區塊

except 例外類型1 as 變數1:
    處理例外類型1的程式碼

except 例外類型2 as 變數2:
    處理例外類型2的程式碼
.
.
.
except:
    預設的例外處理程式碼

else:
    else區塊

finally:
    finally區塊
```

發生例外錯誤時執行（except 區塊）

沒有發生例外錯誤時執行（else 區塊）

不論有沒有發生例外錯誤都會執行（finally 區塊）

try 敘述首先會執行程式主體區塊的程式碼，如果執行成功(也就是沒有發生例外)，則執行 else 區塊的程式碼，若是沒有 finally 子句，則整個 try 語句到此結束。本例因為還有一個 finally 子句，所以最後還會執行 finally 區塊的程式碼。

如果程式主體區塊拋出例外，則會往下依序搜尋 except 子句，比對被拋出的例外與 except 期盼的類型是否相同。如果找到匹配的 except 子句，則會把被拋出的例外設定給 as 後面的變數，並執行該子句的程式區塊。若 except 後面沒有『as 變數』也沒關係，仍然可以捕獲指定類型的例外，只是不會將被拋出的例外設定給任何變數。

最後一個沒有指定類型的 except 子句可以處理所有類型的例外，這是可有可無的，但如果有的話，表示若前面比對不到任何相對應的類型時，便通通交給這個 except 子句來處理。這種技巧用來除錯和快速設計雛型會很方便，但在實際的應用上通常不是一個好主意，因為所有的錯誤都會被隱藏在這個 except 子句裡面，這可能會導致程式的某些部分出現令人困惑的行為。

> **沒有指定類型的 except 子句應該放在其他 except 子句後面，否則所有例外都會被其捕獲，無法正常由其他相對應的 except 子句來處理。**

如果最後沒有任何 except 子句可以處理例外，則會將該例外從本層函式往上逐層拋出，直到有其他的 try 敘述能夠處理它。

else 和 finally 子句都是可省略的，若有 finally 子句，則不論有沒有發生例外，都會執行 finally 區塊。即使例外沒有任何 except 子句能夠處理，也會在 finally 區塊執行後再往上拋出該例外。由於 finally 區塊永遠都會被執行，因此您可以在該區塊內寫一些清理用的程式碼，例如關閉檔案，重置變數等等。

動手試一試：捕獲例外

▨ 寫一個程式讓使用者輸入兩個數字，然後將第一個數字除以第二個數字，請捕獲第二個數字為零時會發生的 ZeroDivisionError 例外。

14.2.4 定義新的例外

如果有需要的話，您可以很容易的用以下兩行程式碼定義自己的例外：

```
class MyError(Exception):    ←—— "MyError" 這個名稱可以自行設定
    pass
```

此處會用到物件與類別的語法，第 15 章會詳細說明這些語法，這邊您只要先學著用就可以了。

此程式碼會建立一個繼承 Exception 類別的新類別，定義後便可以像任何其他例外一樣，被引發、捕獲，以及處理此例外。如果在 rasie 引發時給它一個字串參數，而程式沒有捕獲並處理它，則該字串會顯示在回溯訊息的最後：

```
>>> raise MyError("發生XX錯誤")
Traceback (most recent call last):
File "<stdin>", line 1, in <module>
__main__.MyError: 發生XX錯誤
```

例外處理程序可以如下取得錯誤訊息：

```
try:
    raise MyError("發生XX錯誤")
except MyError as error:
    print("狀況:", error)
```

執行結果如下：

```
狀況: 發生XX錯誤
```

如果用 rasie 引發時給予多個參數，這些參數將以 tuple 形式傳遞給您的處理程序，您可以透過該例外物件的 args 屬性來存取：

```
try:
    raise MyError("寫入錯誤", "my_filename", 3)
except MyError as error:
    print("狀況: 檔案 {1} 發生 {0}\n 錯誤碼: {2}".format(
        error.args[0], error.args[1], error.args[2]))
```

執行結果如下：

```
狀況: 檔案 my_filename 發生 寫入錯誤
錯誤碼: 3
```

自訂的例外繼承自 Exception 類別，上述的參數相關功能都已經定義在上層類別中，所以您可以很容易地建立自己的例外類型以供自己的程式碼使用。在第一次閱讀本書時，先不必擔心這個過程，在閱讀完第 15 章後，可以隨時再回過頭來看看這一節的內容。

如何建立自己的例外取決於您的需求，如果只是寫一個產生少量例外的小程式，那麼就按照在此處所示範的那樣，建立一個繼承自 Exception 類別的子類別。若撰寫的是一個具有特殊用途的程式，例如天氣預報，那麼您可能要自行定義一個獨特的 WeatherLibraryException 類別，然後將程式中所有獨特的例外都定義為 WeatherLibraryException 的子類別。

動手試一試：例外類別

- 如果 MyError 繼承自 Exception，那麼 except Exception as e 和 except MyError as e 有什麼區別？

14.2.5 用 assert 敘述為程式除錯

assert 敘述是 raise 敘述的一種特殊形式：

```
assert 運算式, 參數
```

如果運算式的計算結果為 False，且內建的系統變數 __debug__ 為 True，則 assert 敘述會引發帶有參數（可省略）的 AssertionError 例外。

```
>>> x = (1, 2, 3)
>>> assert len(x) > 5, "發生錯誤, len(x) 小於等於 5"
Traceback (most recent call last):
File "<stdin>", line 1, in <module>
AssertionError: 發生錯誤, len(x) 小於等於 5
```

『assert 運算式，參數』其實相當於以下程式碼：

```
if __debug__:
    if not 運算式:
        raise AssertionError(參數)
```

一般來說，內建的 __debug__ 變數的預設值為 True，代表除錯功能開啟，除非您使用 -O 或 -OO 選項啟動 Python 解譯器，或者將系統變數 PYTHONOPTIMIZE 設置為 True，__debug__ 變數值才會是 False。如果 __debug__ 為 False，則 Python 解譯器就會忽略 assert 敘述。

您可以用 assert 敘述在開發期間除錯並檢測程式碼，並將它們保留在程式碼中以備將來使用，而在正式應用期間關閉除錯功能，這樣 assert 敘述就不會被執行以免產生額外的執行成本。

動手試一試：assert 敘述

- 寫一個簡單的程式，由使用者輸入一個數字，然後使用 assert 敘述在數字為零時引發例外。請測試以確保 assert 敘述被觸發，然後使用本節中所提到的方法之一將其關閉。

14.2.6 例外繼承的階層架構

前面 14.2.1 節提到 Python 的例外呈現階層式的架構，本節我將說明對於 except 子句捕獲例外來說，這個階層架構會造成什麼影響。假設有一段程式碼如下：

```
try:
    程式主體區塊
except LookupError as error:
    處理LookupError例外
except IndexError as error:
    處理IndexError例外
```

上面兩個 except 字句會捕獲兩種類型的例外：IndexError 和 LookupError，如果程式主體區塊拋出一個 IndexError，該錯誤會先經過 except LookupError as error：這行的檢查，由於 IndexError 是繼承自 LookupError 的子類別，所以第一個 except 子句會成功捕獲 IndexError，所以導致第二個 except 子句則永遠不會被用到，因為這個例外被歸類到第一個 except 子句中。

反過來說，如果把兩個 except 子句的順序對調可能會有點用；這麼一來，第一個子句將會處理 IndexError 例外，而第二個子句將會處理除了 IndexError 之外的任何 LookupError 例外。

14.2.7 範例：以 Python 撰寫磁碟寫入程式

在本節中，我將以 Python 例外機制來說明如何撰寫 14.1 節提到的文書處理程式，該程式在文件寫入磁碟時需要檢查磁碟空間不足情況：

```
def save_to_file(filename) :
    try:
        save_text_to_file(filename)
        save_formats_to_file(filename)
        save_prefs_to_file(filename)
        .
        .
        .
    except IOError:
        ...處理磁碟寫入的錯誤...

def save_text_to_file(filename)
    ...呼叫檔案系統相關函式將文字資料寫入檔案...

def save_prefs_to_file(filename)
    ...呼叫檔案系統相關函式將選項值寫入檔案...

def save_formats_to_file(filename)
    ...呼叫檔案系統相關函式將使用者定義的格式寫入檔案...
.
.
.
```

請注意，錯誤處理程式碼完全不會影響磁碟寫入函式 save_to_file() 的主要邏輯，所有磁碟寫入的子函式都不需要任何錯誤處理程式碼。開發時先把程式寫好，稍後再加入錯誤處理程式碼會讓開發過程變得很容易，儘管這種做法並非安排事件順序時最佳的方式，但程式設計師通常都是這樣做。

值得注意的是，此程式碼不會特別處理磁碟已滿的錯誤，它捕獲的是 IOError 例外，這個 Python 內建的例外不會管什麼原因，只要無法完成磁碟 I/O 請求時就會自動引發。

這也許已能滿足您的需求，但如果您真的需要判別磁碟是否已滿，可以在 except 區塊檢查磁碟上有多少可用空間，如果磁碟空間不足，顯然問題是磁碟已滿，那麼應該在 except 區塊中處理這個問題；若不是空間不足，便代表是其他磁碟問題，此時 except 區塊應該再拋出 IOError，以便由其他 except 來接手。如果這個方案無法勝任，您可以做一些更極端的事情，例如修改 Python 磁碟寫入函式的 C 原始碼，根據需要加入自己的 DiskFull 例外。雖然我不推薦最後這個選擇，但目前先知道有這種做法也不錯，如果真的需要時，您就會知道該怎麼做了。

14.2.8 EAFP 範例：用例外處理機制來求值

例外機制是最常用於錯誤處理，但也可以當成一般的程式碼使用。假設要實作一個類似於試算表的應用程式時，它允許多個儲存格的算術運算。為了取得儲存格的值，我們首先需要一個函式將儲存格內的字串轉換為數字，若是空白儲存格則視為 0，而包含任何非數字字串的儲存格可能被視為無效，並以 Python 值 None 來表示。

讓我們先來寫出這個函式，用來將試算表儲存格的字串轉為數字：

```
def cell_value(string):
    try:
        return float(string)
    except ValueError:
        if string == "":
            return 0
        else:
            return None
```

Python 的例外處理能力讓這個函式很容易撰寫，try 區塊內程式碼嘗試使用內建函式 float() 將儲存格中的字串轉換為數字，如果遇到非數字的字串，float() 會引發 ValueError 例外，因此用 except 捕獲該例外，再判斷是空字串還是非空字串以傳回 0 或 None。

前面 14.2 節提到 Python 傾向使用 EAFP "先做了出錯再處理"，cell_value() 便是採用這種方式，直接計算，出錯再處理，若是用傳統 LBYL 事先檢查的方式來寫的話，將會需要多做一次字串是否只有純數字的檢查。

這個試算表程式允許多個儲存格的算術運算，所以接著下一步是讓算術運算能夠處理儲存格可能出現的 None 值，在沒有例外處理機制的語言中，通常的做法是自行定義一組算術運算的函式，函式內會檢查儲存格的值是否為 None，然而，這個方式耗時而且容易出錯，因為每次計算前都必須檢查所有儲存格的值是否為 None，所以會導致執行速度變慢。

若我們採用了另一種的方法，不要檢查儲存格的值是否為 None，先計算了再說，直接將所有儲存格的值進行計算，若沒有遇到 None 的話，將會成功計算出結果，如果某一個儲存格的值為 None，則透過例外來捕獲這個錯誤。以下程式碼會傳回試算表儲存格 x 到 y 的算術運算結果，若有儲存格的值為 None 則傳回 None：

```
def safe_apply(算術運算函式, 儲存格x, 儲存格y, 試算表資料):
    try:
        return算術運算函式(儲存格x, 儲存格y, 試算表資料)
    except TypeError:
        return None
```

因為 cell_value() 與 safe_apply() 都採取了 EAPP 方式，不需要事先檢查，只有發生錯誤時才需要處理，所以這個方法的速度會比事先檢查來的快速。

老手帶路　EAFP 錯誤處理風格的優缺點

到目前為止，我們已經學到 EAFP 錯誤處理風格具有以下優點：

- 將運作邏輯程式與錯誤處理程式分開，讓整個程式碼更簡潔更具可讀性。
- 因為省略事先檢查的動作，所以很多情況下 EAFP 的方式速度會比較快。

除了以上兩個優點以外，EAFP 還可以避免事先檢查與實際動作之間仍可能出錯的狀況，假設有一個程式的邏輯如下：

```
if 檢查檔案是否存在:
    開啟檔案讀取內容
```

在檢查檔案存在與開檔讀內容的中間，其實還是有檔案被其他程式刪除的機率，所以這個狀況下 LBYL 事先檢查仍然無法避免發生嚴重錯誤。若是改用 EAFP 直接開檔讀內容，發生錯誤再來處理，反而可以正常處理錯誤，避免程式崩潰的狀況。

但是事無絕對，EAFP 仍然具有缺點。例如前面提到的速度問題，一般來說 EAFP 速度較快，但若是程式將進行一項耗時的運算，這時候 EAFP 先做了再處理錯誤反而會拖慢速度，LBYL 事先檢查再做才是面對這個狀況的較佳方式。又或者，程式將進行的是一項關鍵性處理，若做錯需要花費大量成本回朔，這時自然也應該事先檢查再做。

14.2.9 什麼情況適合使用例外處理

例外處理是處理任何錯誤情況的自然選擇，一般人寫程式常常都是主邏輯大致完成後才增加錯誤處理，Python 的例外處理機制特別適合這樣的流程，因為主邏輯不必與錯誤處理的程式碼混雜在一起，所以主邏輯寫完後不管要增加多少錯誤處理程式碼，都可以輕鬆搞定。

當程式中的邏輯分支複雜到難以處理，或者不想要事先進行大量檢查的情況下，例外處理也非常有用，上一節的試算表範例就是這樣一種情況。

★ 老手帶路 用例外處理與 Guard Clauses 讓程式流程更清楚

在 Python 中，例外處理機制除了用來處理錯誤以外，更有許多應用情境已經頗有流程控制的意味。例如以下是非常普遍常用的 Python 程式碼：

```
try:
    import Tkinter
except ImportError:
    import tkinter as Tkinter
```

Tkinter 是 Python 內建的圖形介面套件，在 Python 2 該套件名稱第一個字是大寫，但是 Python 3 該套件名稱卻是全小寫，所以若想要同時在 Python 2 與 3 的環境中執行，很多 Python 程式便會用上面程式碼來進行匯入，先試試看 import Tkinter，如果不行，再改成 import tkinter。

所以這種先試試某個動作，不行再改做另一個動作，便是 Python 中常見的另一種例外處理機制的應用。

此外，寫程式時可能會遇到以下的狀況：

```
def function():
    if 檢查參數是否正常:
        處理某事A
        if 檢查某事A是否正常:
            處理某事B
            if 檢查事B是否正常:
                完成所有檢查，執行正式的運作程式碼
. . .
```

上面的多層 if 結構會讓程式碼顯得複雜，所以一般會建議改用以下結構（這種結構被稱為 Guard Clauses）搭配例外處理機制：

```
def function():
    if 檢查參數是否錯誤:
        raise 例外1
```

▶接下頁

```
處理某事A
if 檢查某事A是否錯誤:
    raise 例外2

處理某事B
if 檢查某事B是否錯誤:
    raise 例外3

完成所有檢查，執行正式的運作程式碼
```

動手試一試：例外

- Python 例外會強制程式中止嗎？
- 假設您想要在字典尋找某個鍵的值時，如果字典中的鍵不存在（即，如果引發 KeyError 例外），則傳回 None。您會如何寫這段程式？
- 請寫一段程式碼自訂 Value-TooLarge 例外，並在變數 x 超過 1000 時引發該例外。

14.3 使用 with 資源管理器

某些情況具有固定的開始和結束模式，例如讀取檔案內的資料，在讀取資料前時需要開啟檔案，讀取完畢後就可以關閉該檔案。就例外而言，您可以像以下這樣撰寫檔案存取程式：

```
try:
    infile = open(filename)
    data = infile.read()
finally:
    infile.close()
```

Python 3 提供了一種更方便的方式來處理這樣的情況：資源管理器（Context Managers）。當程式以關鍵字 with 標記某個物件，然後當程式區塊進入和離開時，資源管理器會自動執行該物件所需的關閉動作。檔案物件即是一個資源管理器的例子，您可以使用以下程式碼來讀取檔案：

```
with open(filename) as infile:
    data = infile.read()    ←—— 離開此區塊時，資源管理器會自動關閉檔案
```

這兩行程式碼相當於前述的五行程式碼，在這兩種程式碼下，無論中間的操作是否成功，都能確保檔案會被關閉，但是差別在於後面範例是使用 with 資源管理器自動關閉檔案。換句話說，透過 with 資源管理器管理檔案物件，您無需自行處理例行清理或關閉動作。

> 編註：Context Managers 大多被翻譯為上下文管理器，但是這個名詞對中文讀者來說根本看不懂，無法了解其意義，所以本書取其意義將其翻譯為資源管理器，表示這是用來自動管理、關閉資源的功能。

如果需要的話，也可以自行建立資源管理器。透過查看標準函式庫文件中關於 contextlib 模組的說明（https://docs.python.org/3/library/contextlib.html），以了解如何建立資源管理器以及操作資源管理器的各種方法。

資源管理器非常適合鎖定和釋放資源、關閉檔案、提交資料庫交易等。自從 Python 3 引進這項技術以來，資源管理器已成為此類應用的標準最佳實務操作方式。

動手試一試：資源管理器

▨ 假設您在程式中使用資源管理器來讀取和 / 或寫入多個檔案。您認為以下哪種方法最好？

1. 將整個程式放在由 with 敘述管理的區塊中。

2. 對所有檔案讀取都使用同一個 with 敘述，對所有檔案寫入則使用另一個 with 敘述。
3. 每次讀取檔案或寫入檔案時都使用一個 with 敘述（例如，每次讀寫一行）。
4. 對讀取或寫入的每個檔案使用一個 with 敘述。

練習 14：客製化例外

想想您在第 9 章所寫的字數統計函式。這些函式可能會出現什麼錯誤？請重構這些函式以適當地處理這些例外情況。

重點整理

- 程式執行時期遇到的異常狀況稱為例外（exception），例如：磁碟空間不足、網路斷線…等，Python 有一套靈活的機制來處理這類例外。
- 比起事先檢查，Python 更傾向於錯誤發生之後再來處理（EAFP）。
- Python 的例外類型是以階層式架構呈現。
- 使用 with 資源管理器開啟檔案後，with 資源管理器會自動關閉檔案物件，無需再自行處理關閉動作。

第 3 篇

進階篇

前面的章節說明了 Python 基本功能，也是大多數程式設計師每天都會用到的語法。接下來將為您介紹一些進階的功能，根據個人需求不同，您可能不會每天使用這些功能，不過一旦需要到時這些功能還是至關重要。

Chapter 15

類別與物件導向程式設計

本章涵蓋

- 定義類別
- 物件變數
- 物件方法
- 類別變數
- 類別的靜態方法與類別方法
- 繼承自其他類別
- 將變數及方法設為私有
- 用 @property 實作更靈活的物件變數
- 物件的名稱可視範圍與命名空間
- 物件的記憶體回收機制
- 多重繼承

老手帶路 專欄

- 有別於資訊隱藏傳統！ Python 對於物件內部資訊的公開風格

本章將討論 Python 類別與物件，不要把它們想得太難，這其實就是將**函式與變數組合在一起的結構**。

15.1 類別 Class

在 Python 中，所有的東西都是物件，不只資料是物件，就連函式也是物件，寫 Python 程式就是在操作這些物件來得到想要的結果。

除了使用已有的物件以外，我們也可以自己來定義物件，在定義物件之前，我們需要先定義一個『類別物件』，然後才能用這個類別物件來產生自己的物件。

沒錯！類別也是物件，在 Python 裡面，什麼都是物件！

Python 用 class 關鍵字來定義一個類別，語法如下：

```
class 類別名稱:
    .....
    主體程式區塊
    .....
```

通常會在主體區塊內定義變數與函式，而在類別主體區塊內定義的函式稱為方法 (method)

其中主體程式區塊通常是變數和函式的定義，在類別與物件裡面的函式被稱為方法 (method)，在前面的章節中我們已使用過很多物件的方法了。但也不是說類別裡面一定要有變數和方法的定義，類別的主體也可以只是一個 pass 述。例如下面就是一個最簡單的類別：

```
class MyClass:
    pass
```

內容是空的

一般的變數與函式都是以全部英文小寫 (偶爾加上底線) 來命名，而類別的命名則是每個英文單字的第一個字母都大寫，這是Python的慣例，相關說明請參見4.10節介紹的命名慣例。

小編補充　類別裡面定義的函式稱為方法 (method)

類別裡頭所定義的函式，我們給它一個專有的名稱，叫做『方法 (method)』，這裡的『方法』是一個專有名詞，但容易和普通名詞的『方法』搞混，所以本書會視狀況交互使用『方法』或 method 這兩個詞，尤其是容易混淆的時候，就使用 method。

定義類別之後，便可以將類別名稱當作函式來呼叫，以建立新的物件：

```
instance1 = MyClass()
instance2 = MyClass()
```

用 MyClass 類別建立多個物件

請注意！在定義類別時，類別名稱後面不加小括號 ()，但呼叫類別建立物件時，則類別名稱後面要加小括號

簡單來說，您可以將類別看成是一個藍圖，而物件則是用這個藍圖製造出來的的實體（instance）。上面 instance1 與 instance2 都是用 MyClass 類別（範本）產生的物件，所以會具備相同的主體程式結構（**編註：** 因為 MyClass 這個類別的內容是空的，所以產生出來的 instance1 和 instance2 物件實體的結構也是空的）。

15.2 物件變數與 __init__ 特殊 method

之前我們提過 Python 變數是隨時可以建立的，同樣地，Python 物件裡的變數也可以不用事先在 class 裡定義，它可以在執行時 (on the fly) 透過下面語法來建立物件變數：

```
物件名.變數名 = 變數值
```

上列敘述執行時，如果物件內尚未存在該變數，則會自動建立該變數，若已存在則會修改該變數值。若要取得物件變數的值，也是用『物件名 . 變數名』這樣的表示法取值。

下面的簡短範例定義了一個名為 Circle 的類別，然後建立一個物件，再為這個物件建立一個 radius 變數來紀錄圓的半徑，最後則使用這個變數來計算圓的周長：

```
>>> class Circle:
...     """一個空的類別"""
...     pass        ← 類別的結構是空的
...
>>> my_circle1 = Circle()  ← 所產生出來的物件my_circle1結構也是空的
>>> my_circle1.radius = 5  ← radius本來不存在，現在會自動
>>> print(2 * 3.14 * my_circle1.radius)   建立這個物件變數，並設值為5
31.4
>>> my_circle2 = Circle()      變數建立後就可以用『物件
>>> my_circle2.radius = 3      名.變數名』的方式來取值了
>>> print(2 * 3.14 * my_circle2.radius)
18.84
```

每個物件的變數都是獨立的，上面我們為 my_circle1 與 my_circle2 物件各自建立了同名的 radius 變數，但是這兩個 radius 變數分別屬於 my_circle1 和 my_circle2 物件，各不相同。

和本書之前介紹的函式與模組相同，類別的第一行也可以使用文件字串（docstring）來說明用法資訊，您可以用 __doc__ 來取得文件字串的內容：

```
>>> my_circle1.__doc__
'一個空的類別'
```

小編補充　類別與物件的屬性 (attribute)

類別或物件的變數與 method 被統稱為屬性 (attribute)，例如上面範例用到的 my_circle1.radius，radius 是 my_circle1 物件的變數，但也可以說是 my_circle1 的 radius 屬性。

簡而言之，『物件 .XXX』在點後面的都可以稱為該物件的屬性。本書後面有時會直接使用『屬性』這個詞，大多數的狀況都是指類別或物件的變數。

自動初始化物件變數

前一節我們建立一個空的類別 MyClass，並用它建立物件，這時的物件結構是空的，沒有物件變數和物件函式（稱為方法，method），然後在實際執行時才用『物件名 . 變數名』的方式來建立新的物件變數。但是物件導向程式設計就是為了系統化、一致性而設計的，這種實際執行時才臨時建立物件變數的方式會讓程式難以管理。

Python 有一個特殊的 method，叫做 __init__，類別的主體程式區塊中如果定義了這個名為 __init__ 的 method，那麼每次用這個類別建立物件時都自動會執行這個 method，所以您可以在這個 method 中初始化物件的變數，這樣物件建立之後就會預設具備這些變數。因此，只要把物件必備的變數都在 __init__ 中初始化建立，就不用再手動零零落落的建立物件變數了。

__init__ 有點類似於 Java 中的建構子（constructor），但它並沒有真的『建構』任何東西，而是用來『初始化』（initialize）物件的變數。Python 類別只能有一個 __init__，這點也與 Java 和 C++ 不一樣。

> __new__ 是 Python 中比較像 Java 建構子的東西，在建立物件時會自動呼叫 __new__ 方法然後傳回一個未初始化的物件。除非您想要自訂型別或更改物件的建立過程，否則幾乎不會需要用到 __new__。

我們用一個簡短的例子來說明如何在類別定義中用 __init__ 來初始化物件變數，以下範例會建立半徑預設值為 1 的圓物件：

```
>>> class Circle:
...     def __init__(self):          ← 每次用Circle()建立一個物件時，
...         self.radius = 1            就會自動執行__init__，為該物
...                                    件建立一個radius變數，其值為1
>>> my_circle = Circle()
>>> print(2 * 3.14 * my_circle.radius)   ← 以__init__()設好的 radius 變數
6.28                                       (值為1)來計算週長
>>> my_circle.radius = 5     ← 修改 radius 變數值
>>> print(2 * 3.14 * my_circle.radius)   ← 用新的 radius 變數來計算週長
31.400000000000002
```

按照慣例，__init__ 的第一個參數總是取名為 self。建立新物件後會自動執行 __init__，而這個新物件就會被放在第一個參數位置，經由 self 傳入 __init__()，所以在 __init__() 中便可以用『self. 變數』來建立這個新物件的物件變數。

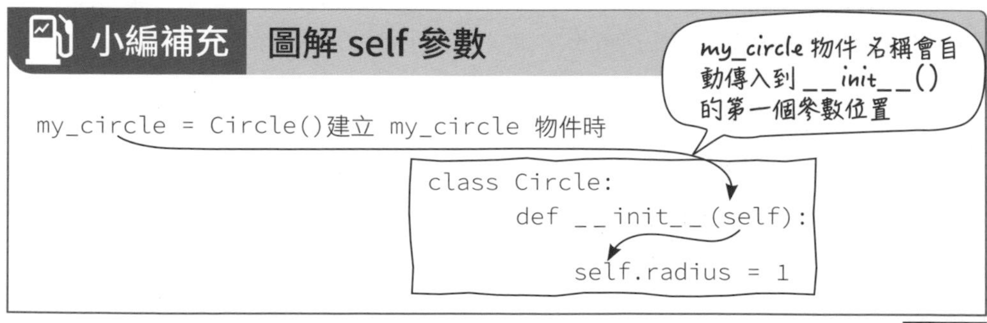

小編補充
圖解 self 參數
my_circle 物件 名稱會自動傳入到 __init__() 的第一個參數位置
my_circle = Circle()建立 my_circle 物件時
class Circle:
def __init__(self):
self.radius = 1

▶接下頁

效果等同於前一節我們直接用：

```
my_circle.radius = 1
```

使用 __init__ 後就不用再手動建立物件變數，每次用 Circle() 建立物件後，__init__ 就會自動幫我們建好物件變數！而且讓所有物件變數都在 __init__ 內初始化，而不是零零散散位於程式其他地方，對於程式的維護與偵錯也會有幫助。

用上述 Circle 類別所產生的每個物件都有自己的 radius 變數，各物件之間的 radius 變數都是獨立的，不會互相影響。舉例來說，由『人類』這個 class 所產生出來的物件實體：大雄、靜香，都有自己身高、體重，各自獨立。

每當要用到物件變數時，無論是取值或是賦值，都需要明確以『**物件 . 變數**』來指出包含該變數的物件，請看以下例子：

```
>>> class Circle:
...     def __init__(self):
...         self.radius = 1 ←—— ❶
...         radius = 2 ←———— ❷
...
>>> my_circle =Circle()
>>> my_circle.radius
1
```

前面提到 self 就是新物件本身，所以是上面 ❶ 的 self.radius 是物件變數，而 ❷ 的 radius 則是 __init__ 方法內部的區域變數，請注意兩者的不同。Python 在這點跟 C++ 和 Java 大不相同，C++ 和 Java 中物件變數與區域變數是一樣的，我比較喜歡 Python 要求必需明確指出變數所屬物件的方式，因為這樣可以清楚地區分物件變數與區域變數。所以只要看到『self. 變數』，就可以很直覺地知道這指的是物件變數。

動手試一試：物件變數

▨ 請仿照本章的 Circle 類別，建立一個 Rectangle 類別。

15.3 物件方法 method（物件的函式）

方法（method）是定義在類別內的函式，前面您已經看過了特殊的 __init__ 方法。呼叫物件方法的語法有以下兩種：

```
物件.方法()
類別.方法(物件)
```

類別的函式？物件的函式？因為類別是物件的藍圖，所以類別定義的函式和物件函式就『暫時當作』一體的兩面吧！但其實還是有所不同之處，我們在類別變數、靜態方法和類別方法會再說明。

接著，我們在 Circle 類別中定義另一個叫做 area 的 method，之後用 Circle 類別產生的物件都會具備 area 這個 method，可用於計算該物件的面積：

```
>>> class Circle:
...     def __init__(self):
...         self.radius = 1
...     def area(self):  ←—— 定義了area()
...         return self.radius * self.radius * 3.14159
...
>>> c = Circle()
>>> print(c.area())     ←—— 呼叫 area 會用__init__() 預設的半徑計算面積
3.14159
>>> c.radius = 3        ←—— 修改物件變數值
>>> print(c.area())     ←—— 用修改後的半徑計算面積
28.27431
>>> print(Circle.area(c)) ←—— 用另一種語法來呼叫 c 物件的 area 的方法
28.27431
```

『**物件 . 方法 ()**』的語法被稱為『綁定式方法調用』(bound method invocation),另一種『**類別 . 方法 (物件)**』則稱為『非綁定式方法調用』(unbound method invocation),後一種做法比較不方便,而且在語法上也容易讓人看不懂,所以幾乎沒有人會這樣用。

跟 __init__ 一樣,area 方法的第一個參數也是 self,實際上 Python 類別內定義的任何方法第一個參數都會命名為 self,這個參數會參照到物件本身。在 Python 物件本身按慣例被稱為 self,而在許多語言中,這個通常稱為 this,並且一般不會被明確地透過參數來傳遞,但 Python 的設計理念卻要求明確地傳遞物件本身給 self 參數。

如果定義 method 時帶有 self 以外的參數,則呼叫時便可以傳遞參數值到 method 裡。下面範例的 Circle 類別在 __init__ 方法中增加了一個參數,讓我們在建立物件時就可以把引數(此例為半徑值)傳給新建立的物件,而無需在建立物件之後再來設定其半徑:

```
class Circle:                          ← 初始值將來會由這裡傳入
    def __init__(self, radius):        半徑是在建立物件時以引數傳入
        self.radius = radius    ←      的,而不是之前固定初始值都是1
    def area(self):
        return self.radius * self.radius * 3.14159
```

很多書在介紹 __init__ 引數傳遞時都寫成像上面那樣,但是,**請注意上面 self.radius 為物件變數,而 radius 本身則是函式參數**,兩者不一樣!實務上,常把這個函式參數命名為 r 或 rad,以免混淆。

小編補充　區分物件變數與函式參數

很多書或文件的範例都有『self.name = name』這樣的寫法,其實這樣很容易造成初學者混淆!小編建議應該寫成這樣:

▶接下頁

```
class MyName:
    def c_method(self, n)
        self.name = n
        ...
```

這是函式參數

這是物件變數

物件變數與函式參數取不同名字，這樣才會比較清楚不會搞混。

使用這個 Circle 類別的定義，可以在建立物件的同時指定圓的半徑，以下指令會建立半徑為 5 的圓物件：

```
c = Circle(5)
```

method 傳遞引數的方式

所有 Python 函式的參數定義與傳遞引數方式（參見 9.2 節）都適用在類別的方法上，例如您可以在 __init__ 定義預設參數值：

```
def __init__(self, radius=1):
```

這樣的話，用 Circle 類別建立物件時可以選擇要不要使用參數：Circle() 會建立預設半徑為 1 的圓，而 Circle(3) 則建立半徑為 3 的圓。

Python 物件的 method 沒有什麼神奇之處，它可以被視為是一般函式。假設程式中執行『物件 .method(參數 1, 參數 2,...)』，Python 會使用以下規則將其轉換為普通函式呼叫：

1. 在物件中尋找這個 method，如果這個物件已新增或更改過這個 method，則會優先調用物件內的 method，此優先方式與本章稍後在第 15.4.1 節中討論尋找變數的順序方式相同。
2. 如果在物件內找不到該 method，則在建立該物件的類別中尋找該 method。

3. 如果仍未找到該 method，則在父類別中尋找該 method，若無則繼續往上逐層尋找（類別的繼承會產生階層式架構，稍後會在 15.6 節說明繼承）。
4. 找到該 method 後，則直接把它當作一個普通的 Python 函式來呼叫，但是**要以該物件本身作為函式的第一個參數**，所以呼叫 method 時的所有參數會往右移一個位置，例如呼叫時『物件.method(參數 1, 參數 2,...)』到物件內會變成『method(物件本身 , 參數 1, 參數 2,...)』。

到這裡（15-1～15-3 節），我們已了解類別、物件、物件變數、方法的基本概念了。

動手試一試：物件變數與方法

- 更改之前 Rectangle 類別的程式碼，以便在建立物件時能像本節的 Circle 類別那樣設定尺寸。除此之外，再增加一個 area() 方法。

15.4 類別變數 class variables

類別變數（class variable）是與類別相關聯的變數，並且可被該類別所建立的所有物件存取，類別變數可用於追蹤某些類別級的資訊，例如已經建立了多少個物件等。Python 的類別變數使用起來比其他程式語言稍微麻煩一點，此外，您還需要注意類別和物件變數之間的**交互作用**。

類別變數是在類別的主體程式碼內建立的，而不是在 __init__() 中建立的。建立了類別變數之後，類別建立的所有物件都可以存取。以下範例建立了一個 Circle 類別的類別變數 pi：

```
class Circle:
    pi = 3.14159
    def __init__(self, radius):
        self.radius = radius
    def area(self):
        return self.radius * self.radius * Circle.pi
```

定義了類別變數之後，您可以用『類別 . 變數』來存取與修改此類別變數：

```
>>> Circle.pi
3.14159
>>> Circle.pi = 4
>>> Circle.pi
4
>>> Circle.pi = 3.14159
>>> Circle.pi
3.14159
```

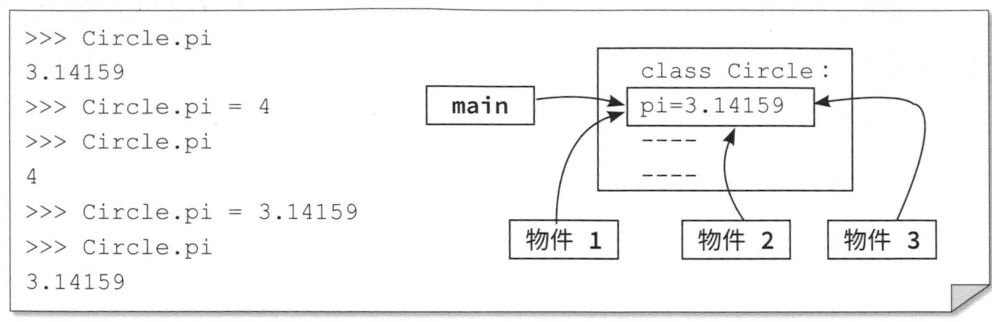

這個例子說明了一個類別變數的行為，您可在建立任何圓物件之前存取類別變數 Circle.pi，顯然 Circle.pi 的存在與 Circle 類別的任何物件無關。

　　您還可以從類別中的方法來存取類別變數，例如在 Circle.area() 中指定要使用 Circle.pi，此時 pi 的值是從類別中取得並用來計算圓面積：

```
>>> c = Circle(3)
>>> c.area()
28.27431
```

類別的方法中直接用類別名稱存取類別變數具有缺點，就是日後更改類別名稱時，若不小心沒有連動去更改到方法內部程式碼的類別名稱，就會發生錯誤。如果您想要避免這樣的問題，可以用所有 Python 物件都有的特殊屬性 __class__ 來代表類別，此屬性會傳回物件所屬的類別，例如：

```
>>> Circle
<class '__main__.Circle'>
>>> c.__class__
<class '__main__.Circle'>
```

兩者指向同一個類別

物件 c 的屬性 __class__ 會參照到類別 Circle，下面例子可以從 c 物件取得 Circle.pi 的值，而無需寫出類別名稱：

```
>>> c.__class__.pi  ← 不直接寫死類別名稱，就不用擔心類別名稱日後更改了
3.14159
```

所以您可以在 area() 內部以 self.__class__.pi 取代 Circle.pi 來避免直接使用類別名稱。

15.4.1 類別變數的奇特之處

類別變數有個奇特的地方，如果您不了解它的話，可能會程式發生錯誤。當 Python 尋找物件變數時，如果找不到該物件變數，**會嘗試尋找同名的類別變數**並回傳該類別變數的值。只有當找不到同名的類別變數時，Python 才會發出錯誤訊息。

藉由這個特性，類別變數可以用來作為物件變數的預設值：只需建立一個與物件變數相同名稱和適當預設值的類別變數，這麼做可節省每次建立物件時初始化該物件變數的時間和記憶體的成本，但是**這也容易讓您搞不清楚目前到底是參照了物件變數還是類別變數？**

讓我們試著將類別變數與上一節的範例一起運行：

```
>>> c = Circle(3)
>>> c.pi
3.14159
```

上面針對變數 c.pi 取值時，因為物件 c 沒有物件變數 pi，所以 Python 會到類別 Circle 中尋找並找到一個類別變數 pi。這個結果可能不是您想要的，所以這種技術很方便，但容易出錯，使用時要小心。

另一種狀況則是，如果您真的把 c.pi 當作類別變數，然後更改其值，原本預期所有物件都應該能看到這個變更，結果會發生什麼？我們再以上一節定義的 Circle 來說明：

```
>>> c1 = Circle(1)
>>> c2 = Circle(2)
>>> c1.pi = 3.14     ← 此處會建立物件變數，而不是更改類別變數
>>> c1.pi
3.14
>>> c2.pi
3.14159
>>> Circle.pi
3.14159
```

編註： 請記得 Python 遇到賦值敘述時，若變數不存在，就會自動建立該變數!!!

上面可以看到 c1 現在有自己的物件變數 pi，而 c2.pi 仍然會存取到類別變數 Circle.pi，所以 c1.pi 與 c2.pi 已經完全不同了，您必須辨認清楚兩者的差異，否則可能會導致程式執行結果與您預期的不同。同樣的道理，在 method 內要更改類別變數的值，請藉由類別名稱存取它，不可用 self. 物件變數來存取。

15.5 靜態方法 static method 與類別方法 class method

Python 類別也有與 Java 靜態方法相對應的靜態方法，此外，Python 還有比較進階一點的類別方法。

15.5.1 靜態方法 static method

一般情況下，必須要建立物件後才能呼叫該類別的方法。不過靜態方法讓我們即使沒有建立物件也可以呼叫該類別的方法。要建立靜態方法，請使用 @staticmethod 修飾器，如下所示：

circle.py

```
"""circle 模組: 包含 Circle 類別."""
class Circle:
    """Circle 類別"""
    all_circles = []  ← 類別變數，參照到用來紀錄所有物件的 list
    pi = 3.14159

    def __init__(self, r=1):
        """以給定的半徑建立圓物件"""
        self.radius = r
        self.__class__.all_circles.append(self)  ← 當物件初始化時，將物件本身附加到 all_circles 類別變數
    def area(self):
        """計算此物件的面積"""
        return self.__class__.pi * self.radius * self.radius

    @staticmethod
    def total_area():  ← 不需要 self 參數
        """用來計算 all_circles 這個 list 所有物件總面積的靜態方法"""
        total = 0
        for c in Circle.all_circles:
            total = total + c.area()
        return total
```

請特別注意，靜態方法不會傳遞物件本身作為第一個參數，這是與一般 method 不一樣的地方。接下來在交談模式如下測試：

```
>>> import circle
>>> c1 = circle.Circle(1)  ← 建立 radius為1 的物件c1，並經由__init__把物件自己append 到類別變數 all_circle
>>> c2 = circle.Circle(2)  ← 建立 radius 為 2 的物件 c2，並做和上面同樣的__init__動作
>>> circle.Circle.total_area()  ← 直接使用靜態 method
    (circle ← 從 circle 模組；Circle ← 的 Circle 類別)
15.70795
>>> c2.radius = 3  ← 把物件變數 c2.radius 改為 3
>>> circle.Circle.total_area()  ← 再計算總面積
31.415899999999997
>>> c1.total_area()  ← 從物件也可以呼叫到類別的靜態方法
31.415899999999997
```

15.5.2 類別方法 class method

類別方法類似於靜態方法，不需要建立物件即可直接用類別來呼叫。但是類別方法會以本身做為第一個參數傳遞，和前面提到物件 method 會將物件本身傳遞至 self 參數類似。要建立類別方法，請使用 @classmethod 修飾器，請看以下範例：

circle_cm.py

```
"""circle_cm 模組: 包含 Circle 類別."""
class Circle:
    """Circle 類別"""
    all_circles = []
    pi = 3.14159

    def __init__(self, r=1):
        """以給定的半徑建立圓物件"""
        self.radius = r
        self.__class__.all_circles.append(self)

    def area(self):
        """計算此物件的面積"""
        return self.__class__.pi * self.radius * self.radius

    @classmethod  ← 以下是一個 class method
    def total_area(cls):
        """用來計算所有物件總面積的類別方法"""
        total = 0
        for c in cls.all_circles:
            total = total + c.area()
        return total
```

前面靜態方法是使用固定的類別名稱，現在是將類別本身傳遞為參數，比較有彈性，不用擔心日後類別改名

代表物件本身的參數慣例命名為 self，而代表類別本身的參數名稱慣例是 cls。請如下在交談模式測試這個模組：

```
>>> import circle_cm
>>> c1 = circle_cm.Circle(1)
>>> c2 = circle_cm.Circle(2)
>>> circle_cm.Circle.total_area()
15.70795
>>> c2.radius = 3
>>> circle_cm.Circle.total_area()
31.415899999999997
```

小編補充： 到這裡 (15.4～15.5 節) 小小整理一下：類別變數、類別方法或靜態方法都是不用經由物件，直接可以取用的類別變數或方法。這有什麼用呢？就是我們可以把一些公用的變數和函式放在類別裡，讓各物件交換或共用，也可避免相同的資料或程式在各物件都有一份而佔用記憶體。

使用類別方法的好處在於不必將類別名稱寫死在 total_area 中，因此不必擔心如果更改類別名稱忘了改裡面程式碼的狀況。

動手試一試：類別方法

▨ 撰寫一個類似 total_area() 的類別方法，傳回所有物件的總周長。

15.6 類別的繼承 inheritance

Python 類別的繼承比 Java 和 C++ 等編譯式語言中的繼承更容易，也更靈活，因為 Python 的動態特性並沒有對語言施加太多限制。類別繼承後會產生階層式關係，假設 B 類別繼承自 A 類別，則 B 類別就是 A 類別的子 (child) 類別，而 A 類別則是 B 類別的父 (Parent) 類別。

> 父類別也可稱為基底類別 (base class) 或超級類別 (super class)，子類別亦稱為衍生類別 (derived class)。本書為了明白表示繼承的階層式關係，所以採用父類別與子類別這兩個名稱。

前面我們已經撰寫了一個產生圓物件的 Circle 類別，假設現在還需要一個產生正方形的類別：

```
class Square:
    def __init__(self, side=1):
        self.side = side          ←── 正方形的邊長
```

如果要在繪圖程式中使用這些類別，必須定義每個物件在繪圖平面上的位置，您可以如下定義 x 和 y 坐標：

```
class Square:
    def __init__(self, side=1, x=0, y=0):
        self.side = side
        self.x = x
        self.y = y
class Circle:
    def __init__(self, radius=1, x=0, y=0):
        self.radius = radius
        self.x = x
        self.y = y
```

雖然這種方法有效，但是隨著幾何形狀的增加(例如：triangle、rectangle、octangle... 等形狀的類別)，會產生大量重複的程式碼，這時您可以將每個形狀類別中的 x 和 y 變數抽離，改寫到泛指一般形狀的 Shape 類別中，並讓 Square 和 Circle 這些形狀類別繼承自 Shape 類別。如下所示：

```
class Shape:
    def __init__(self, x, y):
        self.x = x
        self.y = y
class Square(Shape):  ←— 表示 Square 繼承自 Shape
    def __init__(self, side=1, x=0, y=0):
        super().__init__(x, y) ←— 繼承時必須先呼叫父類別的__init__方法
        self.side = side ←—— 然後再進行屬於自己的初始化動作
class Circle(Shape): ←—— 表示 Circle 繼承自 Shape
    def __init__(self, r=1, x=0, y=0):
        super().__init__(x, y) ←— 繼承時必須先呼叫父類別的__init__方法
        self.radius = r ←—— 然後再進行屬於自己的初始化動作
```

在 Python 中使用繼承通常有兩個要求，這兩個要求都可以在上面 Circle 和 Square 類別的**粗體字程式碼**中看到。

第一個要求是定義繼承的層次結構，您需要在定義 class 類別名稱的括號中指出繼承自什麼類別，其語法是：

```
class  子類別名(父類別名)
```

在前面的程式碼中，Circle 和 Square 都繼承自 Shape。

第二個要求是在下層類別初始化時，必須先呼叫父類別的 __init__ 方法執行父類別的初始動作，上述範例是透過 super().__init__(x, y) 來完成，這行程式碼會呼叫 Shape 的 __init__ 函式來初始化 x、y 變數。如果沒有這行敘述，則 Circle 和 Square 類別所建立的物件將不會有 x、y 變數。

如果不使用 super()，您也可以透過 Shape.__init__(self, x, y) 呼叫 Shape 的初始化函式。不過長遠看來這種做法比較沒有彈性，因為它直接寫死了被繼承類別的名稱，如果將來繼承層次結構發生變化，便可能會發生問題。但是另一方面，在層次結構比較複雜的情況下使用 super() 可能不如直接寫出類別名稱來得明確，由於這兩種方法無法很好地混合使用，所以最好清楚地在程式中記錄使用了哪一種方法。

除了變數之外，子類別也會繼承父類別的 method。現在，請在 Shape 類別中定義一個名為 move 的 method，該 method 會把座標移動 delta_x 和 delta_y，以下為新的 Shape 定義：

```
class Shape:
    def __init__(self, x, y):
        self.x = x
        self.y = y
    def move(self, delta_x, delta_y):
        self.x = self.x + delta_x
        self.y = self.y + delta_y
```

重新定義 Shape 類別之後，請在互動模式中再**重新輸入一次**前一頁的 Circle 和 Square 的程式碼後，即可如下測試：

```
>>> c = Circle(1)
>>> c.move(3, 4)
>>> c.x
3
>>> c.y
4
```

建立一個半徑為 1 的 circle 物件，其圓心 (x, y) 值被父類別初始化為 (0, 0)

把圓心從 (0, 0) 移動到 (3, 4)

Circle 類別沒有直接在其內部定義 move 方法，但由於它繼承自 Shape 類別，所以 Circle 類別產生的所有物件都可以使用 move 方法。在更傳統的 OOP 術語中，您可以說所有 Python 的 method 都是 virtual method，這是物件導向設計的一個名詞，也就是說，如果當前類別中不存在某個方法，則會向父類別尋找，然後執行第一個找到的方法。

動手試一試：繼承

- 請重寫 Rectangle 類別的程式碼，讓它繼承 Shape。因為 Square 和 Rectangle 是相關的，從其中一個繼承另一個是否有意義？如果是的話，哪一個是基底類別，哪一個是衍生類別？
- 您會如何用程式來為 Square 類別添加 area 方法？是否應將 area 方法移到基底類別 Shape 中再由 Circle、Square 和 Rectangle 繼承？這樣會產生什麼問題？。

15.7 類別變數與物件變數的繼承

繼承可以讓物件讀取父類別的類別變數，但若是為變數賦值時，該變數會在物件內自動產生，不會影響父類別的類別變數。

假設有兩個類別定義如下：

```
class P:   ← 父類別
    z = "Hello"   ← 在父類別中定義一個類別變數
    def set_p(self):
        self.x = "Class P"
    def print_p(self):
         print(self.x)
class C(P):   ← C 繼承自 P
    def set_c(self):
        self.x = "Class C"
    def print_c(self):
        print(self.x)
```

請如下測試：

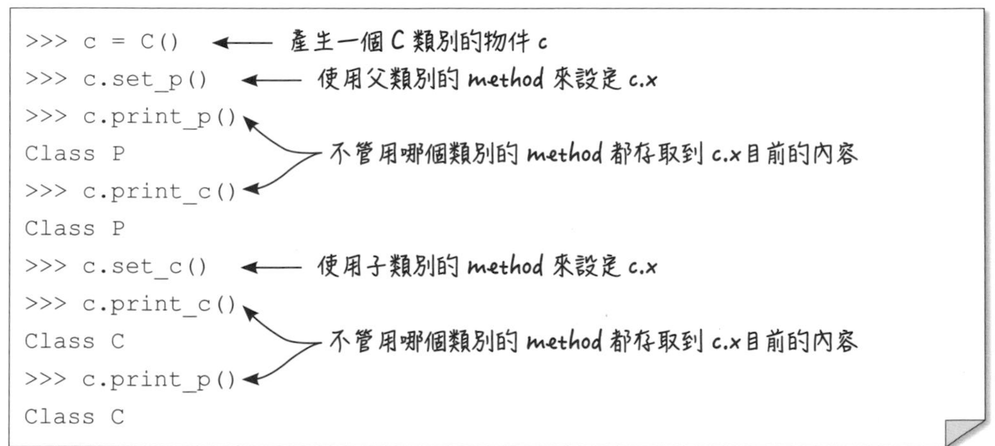

```
>>> c = C()
>>> c.set_p()
>>> c.print_p()
Class P
>>> c.print_c()
Class P
>>> c.set_c()
>>> c.print_c()
Class C
>>> c.print_p()
Class C
```

產生一個 C 類別的物件 c
使用父類別的 method 來設定 c.x
不管用哪個類別的 method 都存取到 c.x 目前的內容
使用子類別的 method 來設定 c.x
不管用哪個類別的 method 都存取到 c.x 目前的內容

在本例中唯一的物件 c 是類別 C 產生的物件，而 C 繼承 P 的方法和類別變數，只要是透過 c 所呼叫的方法，不論這個方法是定義在哪一層類別中，存取到的變數 x 永遠都是 c 自己的物件變數 c.x。如上所見，透過 c 呼叫時，無論是在類別 P 中所定義的 set_p 和 print_p，或是在類別 C 中所定義的 set_c 和 print_c，都會參照到同一個物件變數 c.x。

通常，這正是物件變數應該有的行為，因為參照到的物件變數名稱相同時，理應指的是同一個變數，有時若需要一些不同的行為，可以透過使用私有變數來實現（參閱第 15.9 節）。

類別變數是具有繼承性的，但是您應該要避免名稱衝突，並注意 15.4.1 節提到的類別變數與物件變數混淆的問題。在本節的範例中，類別 P 定義了類別變數 z，並且可以透過三種方式來存取：透過物件 c、透過衍生類別 C、或直接透過類別 P：

```
>>> c.z; C.z; P.z
'Hello'
'Hello'
'Hello'
```

但是如果您嘗試透過類別 C 來設定類別變數 z，則類別 C 會建立一個新的同名類別變數，這個結果對 P 的類別變數本身沒有影響（透過 P 來存取），但是將來若透過類別 C 或其物件 c 來存取，將會看到這個新的變數而不是原始變數：

```
>>> C.z = "Bonjour"   ← 這個 z 是 C 的新變數，不是 P 的那個
>>> c.z; C.z; P.z
'Bonjour'
'Bonjour'
'Hello'
```

同樣地，如果嘗試透過物件 c 來設定 z，則會建立一個新的物件變數，最終會得到三個不同的 z 變數：

```
>>> c.z = "Ciao"   ← c 本來並沒有 z 變數，此處會新建一個變數 z
>>> c.z; C.z; P.z
'Ciao'
'Bonjour'
'Hello'
```

15.8 Python 類別基礎的重點複習

到目前為止我們討論的是 Python 中類別和物件的基礎知識，在說明更進階的主題之前，我想用一個例子來總結這些基礎知識。在本節中，我們將使用前面討論的功能建立幾個類別，然後再觀察這些功能到底是怎麼運作的。

首先建立一個基底類別 Shape：

```
class Shape:
    def __init__(self, x, y):  ←— 物件方法會傳遞物件本身作為第一個參數
        self.x = x    ← 初始化物件變數 x、y
        self.y = y
    def move(self, delta_x, delta_y):
        self.x = self.x + delta_x    ← 更改物件變數 x、y 的值
        self.y = self.y + delta_y
```

接下來，建立一個繼承自父類別 (就是基底類別 shape) 的子類別 Circle：

```
class Circle(Shape):
    pi = 3.14159        ← 類別變數
    all_circles = []
    def __init__(self, r=1, x=0, y=0):
        super().__init__(x, y)  ←— 執行父類別的初始化動作
        self.radius = r              ← 執行自己的初始化動作
        all_circles.append(self)
    @classmethod
    def total_area(cls):  ←— 類別方法會傳遞類別本身作為第一個參數
        area = 0
        for circle in cls.all_circles:
            area += cls.circle_area(circle.radius)
        return area
    @staticmethod
    def circle_area(radius):  ←— 靜態方法不需要 self 或 cls 參數
        return Circle.pi * radius * radius
```

現在，您可以用 Circle 類別建立一些物件並測試它們如何運作，由於 Circle 的 __init__ 方法具有預設參數值，因此您可以建立物件而不提供任何參數：

```
>>> c1 = Circle()
>>> c1.radius, c1.x, c1.y
(1, 0, 0)
```

如果提供了參數，則它們會用來作為該物件的初始值：

```
>>> c2 = Circle(2, 1, 1)
>>> c2.radius, c2.x, c2.y
(2, 1, 1)
```

如果呼叫 move 方法，Python 在 Circle 類別中找不到 move 方法，因此它會沿著繼承層次結構向上尋找，最後會使用 Shape 類別的 move 方法：

```
>>> c2.move(2, 2)
>>> c2.radius, c2.x, c2.y
(2, 3, 3)
```

因為 Circle 類別 __init__ 方法會將每個物件附加到 all_circles 類別變數的 list 中，所以您可以透過 all_circles 變數取得目前所有物件：

```
>>> Circle.all_circles        ← 類別變數
[<__main__.Circle object at 0x7fa88835e9e8>, <__main__.Circle
object at
0x7fa88835eb00>]    all_circle 這個list的元素
>>> [c1, c2]   ←    就是 c1 和 c2                物件的位址完全相同
[<__main__.Circle object at 0x7fa88835e9e8>, <__main__.Circle
object at
0x7fa88835eb00>]
```

您還可以透過類別本身或物件呼叫 Circle 的 total_area 類別方法：

```
>>> Circle.total_area()  ←── 類別方法
15.70795
>>> c2.total_area()  ←── 物件方法
15.70795
```

靜態方法不會傳遞物件或類別至第一個參數，反而比較像是類別內的獨立函式。習慣上，我們會用靜態方法將一些公用函式包到類別裏頭。您可以如下透過類別本身或物件呼叫 circle_area 靜態方法：

```
>>> Circle.circle_area(c1.radius)  ←── 把靜態方法當公用函式直接呼叫使用
3.14159
>>> c1.circle_area(c1.radius)
3.14159
```

這些範例展示了 Python 類別與物件的基本行為，您已經掌握了基礎知識，現在可以繼續學習更進階的主題。

15.9 私有變數與私有方法

私有變數（private variable）或私有方法（private method）無法從類別與所屬物件之外存取，私有變數和方法有兩種用途：限制外部存取物件的重要資料來增強安全性和可靠性，並且防止可能因繼承所引起的名稱衝突。類別定義私有變數後，就算父類別也有同名的私有變數，亦不會導致問題，私有變數也讓程式碼變得更容易閱讀，因為它們明確指出了哪些內容只能在類別內部使用，而其他任何非私有的變數與方法，都可以看成是類別對外溝通的介面。

大多數程式語言是以關鍵字 private 來定義私有變數，不過 Python 中的規定更簡單，也更容易馬上看出什麼是私有的、什麼不是私有的：在 Python 中**以雙底線（__）開頭，且最後沒有雙底線**的任何方法或物件變數都是私有的，除此之外都不是私有的。

假設一個類別定義如下：

```
class Mine:
    def __init__(self):
        self.x = 2
        self.__y = 3     ← __y 是私有變數
    def print_y(self):
        print(self.__y)
```

使用此類別建立物件：

```
>>> m = Mine()
```

x 不是私有變數，因此可以直接存取：

```
>>> print(m.x)
2
```

__y 是私有變數，直接存取它會引發錯誤：

```
>>> print(m.__y)  ← 不可直接存取私有變數__y
Traceback (innermost last):
  File "<stdin>", line 1, in ?
AttributeError: 'Mine' object has no attribute '__y'
```

但 print_y 方法不是私有的，而因為其位於 Mine 類別內部，所以透過這個方法可以存取私有變數 __y：

```
>>> m.print_y()
3
```

可透過 print_y() 取得私有變數__y 的值

Print_y → __y

Mine 類別

小編補充 單底線開頭的變數屬於約定成俗的私有變數

除了雙底線開頭的私有變數以外，在 Python 的物件中，單底線開頭（且不以底線結尾）的變數也算是私有變數，例如下面是 Keras 的原始程式碼，物件中有大量的單底線開頭變數，程式註解特別註明這是私有變數：

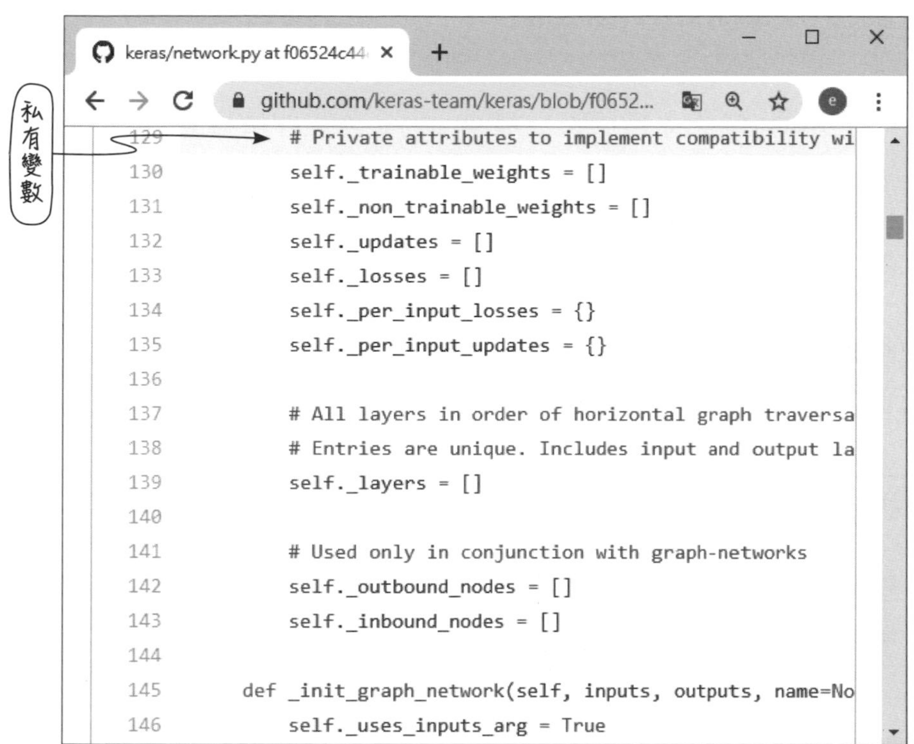


```
        # Private attributes to implement compatibility wi
        self._trainable_weights = []
        self._non_trainable_weights = []
        self._updates = []
        self._losses = []
        self._per_input_losses = {}
        self._per_input_updates = {}

        # All layers in order of horizontal graph traversa
        # Entries are unique. Includes input and output la
        self._layers = []

        # Used only in conjunction with graph-networks
        self._outbound_nodes = []
        self._inbound_nodes = []

    def _init_graph_network(self, inputs, outputs, name=No
        self._uses_inputs_arg = True
```

但單底線開頭的私有變數是約定成俗的慣例用法，不具有任何強制力，您還是可以直接存取 obj._x，不像雙底線的變數無法用 obj.__x 來存取。

雖然物件內單底線開頭的變數仍然可以直接存取，但是您應該將其視為私有變數，不要隨便從外部存取。

單底線與雙底線開頭屬於不同層級的私有變數，一般來說私有變數直接用單底線開頭即可，但若您想要防止外部不小心存取到，或是要避免繼承時的名稱衝突，便應該使用雙底線開頭的私有變數。

> 單底線開頭只是約定成俗的私有變數，不像雙底線開頭的私有變數具有無法直接存取的特性，所以**請注意本章後面提到私有變數時，指的都是雙底線開頭的私有變數**。

當程式碼真正被執行時，Python 會在私有變數和方法的名稱前面加上『_類別名稱』，這稱為修飾名稱(mangled name)：

```
>>> dir(m)
['_Mine__y', 'x', ...]
```

私有變數前頭會被加上『_類別名稱』

將 _Mine 和 __y 拼接成『_Mine__y』的目的是為了防止繼承可能引起的名稱衝突，因此繼承的上下類別間可以有同名的私有變數與方法，此外也會讓除錯變得比較容易，因為可以知道所屬的類別。

不過請注意，如果有人想要存取私有變數與方法，他還是可以故意模擬這種拼接的方式來強行存取。這一點和 Java 等程式語言不同，這些程式語言通常無法強行存取私有變數與方法。

動手試一試：私有物件變數

- 修改類別 Rectangle 的程式碼，設定一個私有的維度變數，這種修改對使用該類別會增加什麼限制？

老手帶路

有別於資訊隱藏傳統！Python 對於物件內部資料的公開風格

傳統物件導向程式設計非常注重物件的資訊隱藏 (Information Hiding)，物件內的變數儘可能地不要公開，其目的是避免外部隨意修改物件內部的資料而造成錯誤。

若外部有需要存取物件內的變數時，則提供 method 作為外部存取的介面，讓外部讀取物件變數的 method 稱為 getter，讓外部修改物件變數的 method 則稱為 setter。getter 與 setter 除了單純地讓外部存取資料以外，還可做一些中介的加工處理，例如轉換單位、限制最大最小值 ... 等。

▶接下頁

所以在傳統的物件導向程式設計中，外部會使用 m.get_x()、m.set_x() 來存取物件 m 內部的 x 變數，而不是直接用 m.x 存取。

但是在 Python 中，getter 與 setter 卻是被認為不 Pythonic 的作法，Python 程式設計師對於物件變數的態度是如果要給外部用，就直接以 m.x 供外部存取就好！

試想以下用 getter 與 setter 的方式寫成的程式碼：

```
m1.set_x(m2.get_x() + m3.get_x() * 2)
```

對 Python 程式設計師來說，這是一段可讀性不佳的程式碼，下面這樣才是 Pythonic 的寫法：

```
m1.x = m2.x + m3.x * 2
```

比起使用 getter 與 setter，直接存取物件變數可說是簡潔清楚多了！

也許您會想：那要如何避免外部亂改物件內部的資料呢？ Python 社群中常用的一句話：『We are all consenting adults.』(我們都是成年人)，大家互相信任，若您真的不小心或是存心亂搞導致出錯，那是您自己的責任。這一點也體現在 Python 物件的私有變數，不論是單底線還是雙底線開頭的私有變數，都是有辦法存取的，不像大多數物件導向程式語言的私有變數是完全封裝隱藏在物件中。

這樣的差異性也突顯了程式語言之間的不同理念，傳統物件導向觀念比較注重防禦、避免出錯，而 Python 則是注重於易讀易懂、好不好寫。所以學習不同程式語言時除了語法以外，也應該了解這些理念上的差異，比較其優缺點之後，才能有助於您面對不同的用途時選擇合適的程式語言。

15.10 以 @property 修飾器來實作更靈活的物件變數

前面提到 Python 的物件變數如果要給外部用，就直接以『物件 . 變數』的形式供外部存取，不要用 getter 與 setter 等 method 等作為外部存取介面，但在某些情況下外部並不適合直接存取物件變數，例如：

- 原本的物件變數是華氏溫度，您希望可以在讀取時順便轉換為攝氏溫度
- 賦值給物件變數時想要先檢查格式或最大、最小值
- 修改某物件變數時要連動更改另一個物件變數
- 有條件地讓外部存取物件內的私有變數

上述狀況都需要寫程式處理，所以只能加上 getter 與 setter 等 method 來解決，可是這樣不就有時用 m.x 存取，有時卻又要改用 m.get_y 或 m.set_y，導致程式變得複雜又容易出錯，完全不符合 Python 好讀好寫的設計理念。

Python 提供了一個解決這個問題的方法：使用 @property 修飾器，@property 結合了用 getter 和 setter 存取物件變數的功能，但是用起來卻和物件變數一樣方便。簡單的說，@property 可以神奇地將 method 變成物件變數！

> 本章前面提到『物件.XXX』在 '.' 後面的都稱為該物件的屬性，本節為了讓 @property 與一般的物件變數有所區別，所以會將 @property 產生的物件變數稱為虛擬屬性。

假設要建立一個名為 temp 的虛擬屬性，請將 @property 修飾器放在 temp 這個 method 定義的前一行：

```
class Temperature:
    def __init__(self):
        self._temp_fahr = 0  ← 華氏溫度

    @property
    def temp(self):            ← 代表攝氏溫度的虛擬屬性
        return (self._temp_fahr - 32) * 5 / 9
```

現在，您可以如下讀取 temp 虛擬屬性：

```
>>> t = Temperature()
>>> t._temp_fahr
0
>>> t.temp
-17.77777777777778   ← 自動將華氏溫度 _temp_fahr 中的 0 轉換為攝氏
```

我們可以簡單的用 t.temp 來取得 t 物件的溫度了，temp 這個虛擬屬性可是具有 getter 的能力，可以在取值的時候，中間介入把溫度由華氏改為攝氏！

但是目前這樣的屬性是唯讀的，若要更改屬性，需要再添加一個 setter，才能中間介入將溫度由攝氏改為華式儲存在物件內部。添加 seeter 時請注意，method 的名稱保持不變，但修飾器更改為屬性名稱（在本例中為 temp）後面加上 .setter，表示正在定義 temp 屬性的 setter：

```
    @temp.setter
    def temp(self, new_temp):
        self._temp_fahr = new_temp * 9 / 5 + 32
```

加上 setter 後，便能如下讀取與更改 temp 屬性：

```
>>> t.temp = 34   ← 設定攝氏溫度
>>> t._temp_fahr
93.2              ← 自動將攝氏溫度 34 轉換為華氏溫度 93.2

>>> t.temp
34.0
```

Python 的 @property 功能具備強大的優勢，您可以在開發初期使用普通的物件變數，然後隨時隨地無縫地更改為虛擬屬性，而無需更改任何外部存取的程式碼，同時又保有『物件. 變數』這樣存取的方便性。

動手試一試：@property 修飾器

- 將 Rectangle 類別的尺吋用 @property 改寫，加入不允許負值的 getter 和 setter。

15.11 物件的名稱可視範圍與命名空間

前面已陸續介紹過物件的名稱可視範圍和命名空間的片段知識，本節我們將會統整、綜合這些片段知識。

> 關於可視範圍與命名空間的意義與種類，請參見 10.7 節。

當您處於類別的 method 中，可以直接存取區域命名空間（包含 method 的參數，method 內宣告的變數）、全域命名空間（在模組層級宣告的函式和變數）、以及內建命名空間（Python 內建函式和例外錯誤），這三個命名空間的搜尋順序為：區域、全域、和內建，請參見圖 15.1：

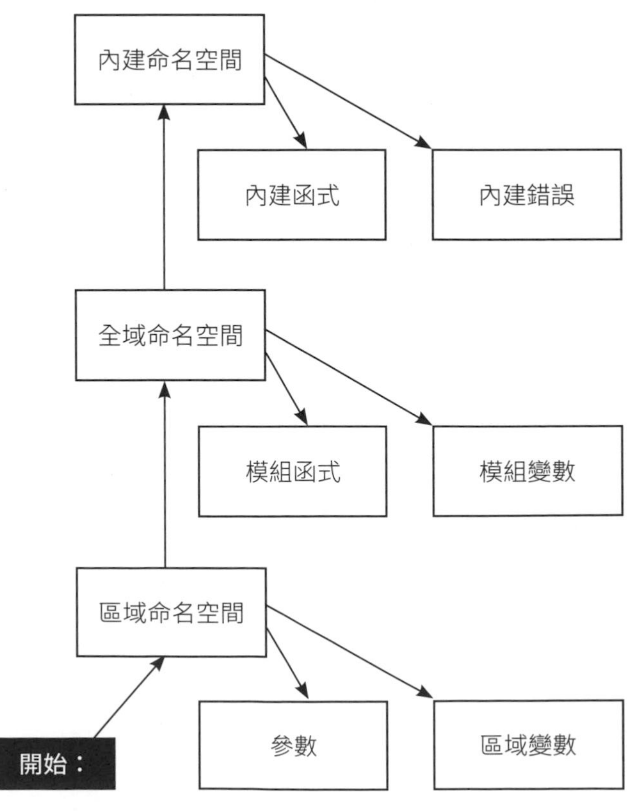

圖 15.1 物件或類別中可直接存取的命名空間

您還可以透過 self 變數存取：

1. 物件的命名空間：物件變數、私有物件變數、在父類別定義的物件變數
2. 類別的命名空間：方法、類別變數、私有方法、私有類別變數
3. 父類別的命名空間：父類別的方法、父類別的類別變數

這三個命名空間的搜尋順序為物件、類別、然後才是父類別（參見圖 15.2）：

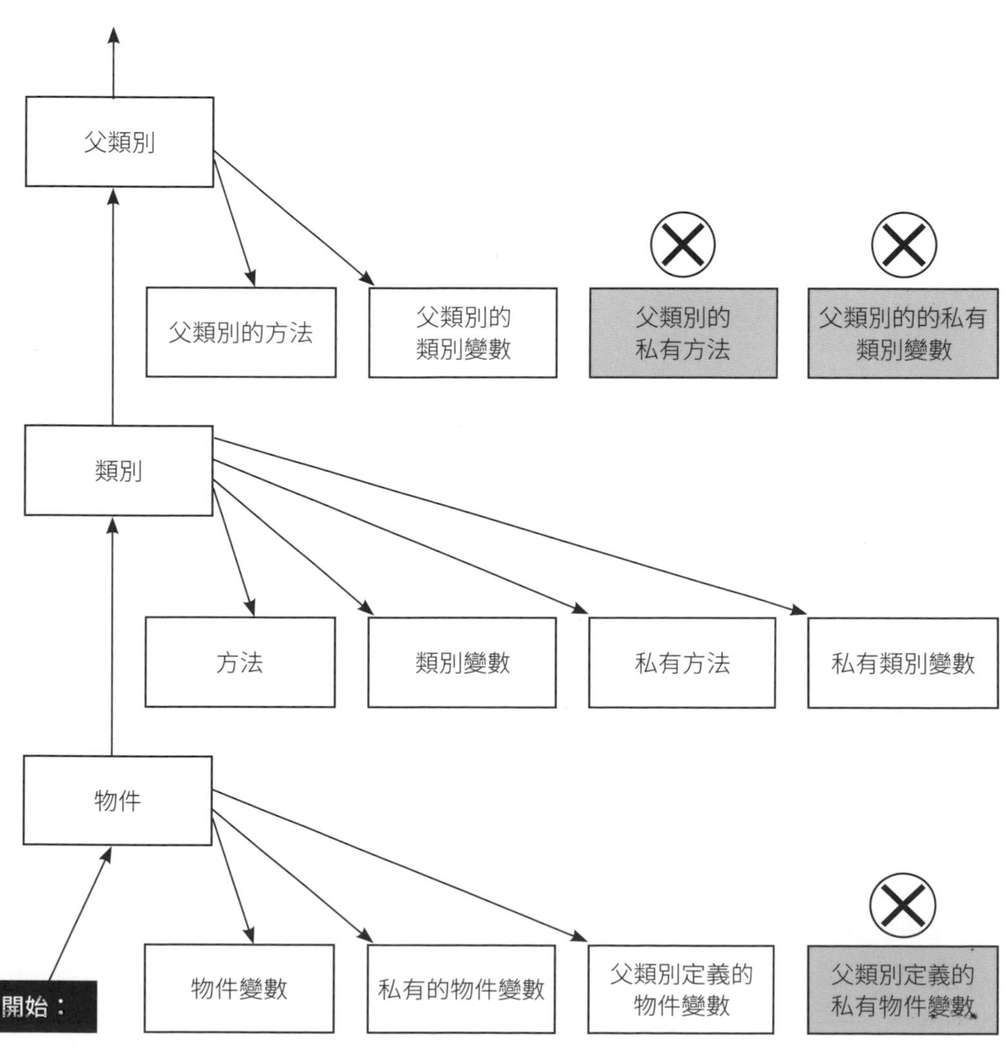

圖 15.2 self 變數的命名空間

使用 self 變數無法存取父類別的私有方法、父類別的私有類別變數、和父類別定義的私有物件變數，類別的架構可以隱藏這些名稱以防止被其衍生類別存取。

下面的模組將上述兩種存取規則放在一起，以具體說明從 method 中可以存取的內容：

cs.py

```
"""cs 模組: 物件變數視野與命名空間展示模組."""
mv ="模組變數: mv"

def mf():
    return "模組函式: mf()"

class SC:  ←── 定義一個 Super Class
    scv = "父類別的類別變數: self.scv"
    __pscv = "父類別的私有類別變數: 無法從外部存取"
    def __init__(self):
        self.siv = "父類別定義的物件變數: self.siv " \
                   "(但必須透過 SC.siv 才能賦值)"
        self.__psiv = "父類別定義的私有物件變數: " \
                      "無法從外部存取"
    def sm(self):
        return "父類別的方法: self.sm()"
    def __spm(self):
        return "父類別的私有方法: 無法從外部存取"

class C(SC):  ←── 定義一個 SC 的子類別 C
    cv = "類別變數: self.cv (但必須透過 C.cv才能賦值)"
    __pcv = "私有類別變數: self.__pcv " \
            "(但必須透過 C.__pcv才能賦值)"
    def __init__(self):
        SC.__init__(self)
        self.__piv = "私有物件變數: self.__piv"
    def m2(self):
        return "方法: self.m2()"
    def __pm(self):
        return "私有方法: self.__pm()"
```

```
    def m(self, p="參數: p"):
        lv = "區域變數: lv"
        self.iv = "物件變數: self.xi"
        print("直接存取區域、全域、和內建命名空間")
        print("區域命名空間:", list(locals().keys()))
        print(p)                                ← 參數
        print(lv)                               ← 區域變數
        print("全域命名空間:", list(globals().keys()))
        print(mv)                               ← 模組變數
        print(mf())                             ← 模組函式
        print("透過 'self' 存取物件, 類別, 父類別命名空間")
        print("物件命名空間:",dir(self))
        print(self.iv)                           ← 物件變數
        print(self.__piv)                         ← 私有物件變數
        print(self.siv)                          ← 父類別定義的物件變數
        print("類別命名空間:",dir(C))
        print(self.cv)                           ← 類別變數
        print(self.m2())                         ← 方法
        print(self.__pcv)                         ← 私有類別變數
        print(self.__pm())                        ← 私有方法
        print("父類別命名空間:",dir(SC))
        print(self.sm())                         ← 父類別的方法
        print(self.scv)                          ← 父類別的類別變數
```

這個範例的輸出相當長，所以我們把它分成幾段來看。在第一部份中，類別 C 的方法中 m() 的區域命名空間包含參數 self（物件變數）和 p 以及區域變數 lv（所有這些都可以直接存取）：

```
>>> import cs
>>> c = cs.C()  ← 用 cs 模組的 C 類別建立物件 c
>>> c.m()
直接存取區域、全域、和內建命名空間
區域命名空間: ['lv', 'p', 'self']  ← local() 有這些變數
參數: p
區域變數: lv
```

接下來，m() 的全域命名空間包含模組變數 mv 和模組函式 mf，還有模組中定義的類別（類別 C 和父類別 SC），所有這些類別都可以直接存取：

```
全域命名空間: ['C', 'mf', '__builtins__', '__file__', '__package__',
'mv', 'SC', '__name__', '__doc__'] ←— globals() 有這些名稱
模組變數: mv
模組函式: mf()
```

物件 c 的命名空間包含物件變數 iv 和父類別定義的物件變數 siv（如 15.7 節所述，它與一般物件變數沒有區別），以及私有物件變數 __piv，您也可以透過修飾名稱 _SC__psiv 看到父類別的私有物件變數 __psiv，但是無法用 self 來存取：

```
透過 'self' 存取物件, 類別, 父類別命名空間
物件命名空間: ['_C__pcv', '_C__piv', '_C__pm', '_SC__pscv',
'_SC__psiv', '_SC__spm', '__class__', '__delattr__', '__dict__',
'__doc__', '__eq__', '__format__', '__ge__', '__getattribute__',
'__gt__', '__hash__', '__init__', '__le__', '__lt__', '__
module__', '__ne__', '__new__', '__reduce__', '__reduce_
ex__', '__repr__', '__setattr__', '__sizeof__', '__str__', '__
subclasshook__', '__weakref__', 'cv', 'iv', 'm', 'm2', 'scv',
'siv', 'sm']
物件變數: self.xi
私有物件變數: self.__piv
父類別定義的物件變數: self.siv (但必須透過 SC.siv 才能賦值)
```

類別 C 的命名空間包含類別變數 cv 和私有類別變數 __pcv，兩者都可以透過 self 來存取，但若要賦值給它們，必須用 C.cv 與 C.__pcv（參見 15.7 節）。而類別 C 還有兩個類別方法 m 和 m2，以及私有方法 __pm，都可以透過 self 存取：

```
類別命名空間: ['_C__pcv', '_C__pm', '_SC__pscv', '_SC__spm', '__
class__','__delattr__', '__dict__', '__doc__', '__eq__', '__
format__', '__ge__', '__getattribute__', '__gt__', '__hash__', '__
init__', '__le__', '__lt__', '__module__', '__ne__', '__new__',
'__reduce__', '__reduce_ex__', '__repr__', '__setattr__', '__
sizeof__', '__str__', '__subclasshook__', '__weakref__', 'cv',
'm', 'm2', 'scv', 'sm']
類別變數: self.cv (但必須透過 C.cv 才能賦值)
```

```
方法: self.m2()
私有類別變數: self.__pcv (但必須透過 C.__pcv 才能賦值)
私有方法: self.__pm()
```

最後，父類別 SC 的命名空間包含父類別的類別變數 scv（可以透過 self 存取，但若要賦值給它，還需要用 SC.scv）和父類別方法 sm，您可以透過修飾名稱看到父類別的私有方法 __spm 和父類別的私有類別變數 __pscv，這兩個類別都不能透過 self 存取：

```
父類別命名空間: ['_SC__pscv', '_SC__spm', '__class__', '__delattr__',
'__dict__', '__doc__', '__eq__', '__format__', '__ge__',
'__getattribute__', '__gt__', '__hash__', '__init__', '__le__',
'__lt__', '__module__', '__ne__', '__new__', '__reduce__',
'__reduce_ex__', '__repr__', '__setattr__', '__sizeof__', '__
str__', '__subclasshook__', '__weakref__', 'scv', 'sm']
父類別的方法: self.sm()
父類別的類別變數: self.scv
```

這是一個相當完整的例子，但首先要懂得如何去理解其中的意義，您可以把它當作探索 Python 命名空間的參考或基礎，與 Python 中大多數概念一樣，您可以透過一些簡單的範例來深入瞭解其中發生什麼事情。

15.12 物件的記憶體回收機制

雖然您可以用 __del__ 方法定義解構子（destructor），作為物件刪除時呼叫的方法。不過與 C++ 不同的是，要確保 Python 物件所使用的記憶體能夠被釋放，並不需特別建立和呼叫解構子。Python 透過參照計數機制（reference-counting mechanism）提供自動的記憶體管理，它會追蹤物件被變數參照到的數量，當此數目達到零時，表示任何沒有變數參照到該物件，此時可以認定程式不再需要該物件，所以 Python 就會自動回收物件所使用的記憶體，同時該物件內部變數所參照到的其他物件的參照計數也會減 1。透過這樣的回收機制，您幾乎不需要定義解構子。

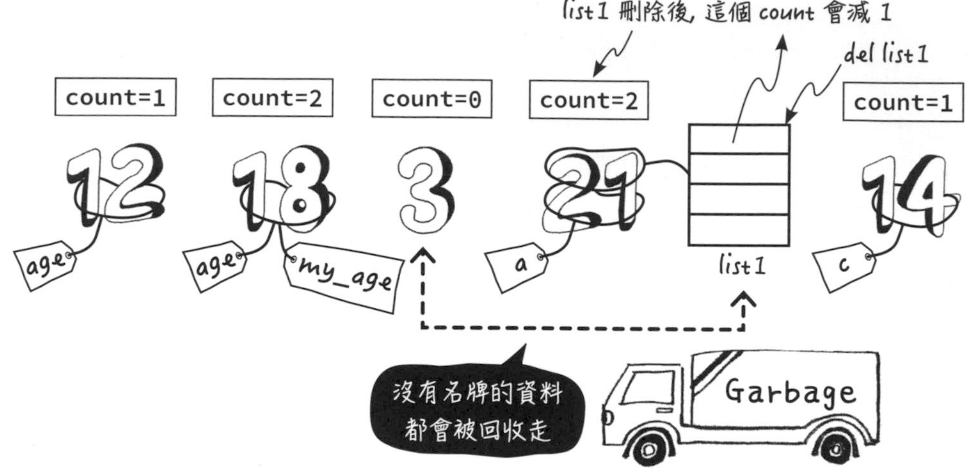

不過偶爾可能還是會遇到一些狀況，在刪除物件時需要手動釋放外部資源，在這種情況下，最好的做法是使用 14.3 節介紹的資源管理器，利用標準函式庫中的 contextlib 模組建立一個資源管理器來處理。

15.13 多重繼承

編譯式語言嚴格限制了多重繼承 (multiple inheritance)，讓物件從多個父類別繼承時變得很不方便。例如，在 C++ 中使用多重繼承的規則非常複雜，很多人都避免使用它，而 Java 則不允許多重繼承，只能透過介面機制達到部分多重繼承的功能。

Python 對多重繼承沒有這樣的限制，類別可以繼承任意數量的父類別。用一個簡化的直觀想法來說，A 類別同時繼承了 B、C 類別，那麼 A 類別就會像是用 B、C 類別合成的綜合體。

假設 A 類別繼承自 B、C、和 D 類別；B 類別繼承自 E 和 F 類別；D 類別繼承自 G 類別（見圖 15.3）。此外，也假設這些類別中沒有一個同名的方法與變數，在這種情況下，用類別 B、C、D、E、F、G 產生物件所具有的變數與方法，用類別 A 建立的物件也會有，所以類別 A 建立的物件就會彷彿可當作類別 B～G 的物件來使用；同樣的，類別 E、F 產生物件所具有的變數與方法，類別 B 的物件也一樣有；而類別 G 產生物件所具有的變數與方法，類別 D 的物件也是同樣會有。

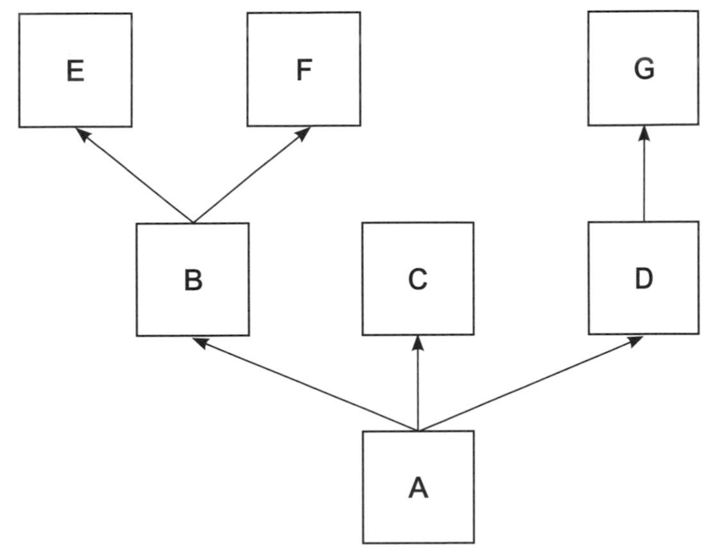

圖 15.3 繼承階層架構

以程式碼來表示的話，多重繼承的類別定義如下所示：

```
class E:
. . .
class F:
. . .
class G:
. . .
class D(G):
. . .
class C:
. . .
class B(E, F):
. . .
class A(B, C, D):
. . .
```

不過當某些類別有相同名稱的方法時，情況會比較複雜，因為 Python 必須決定應該使用哪一個類別方法。假設您要在類別 A 的物件 a 上呼叫 a.f()，而 f 方法並未在 A 中定義，但有在 F，C 和 G 中定義，此時哪一個方法會被使用呢？

答案在於 Python 在遇到物件所屬類別未定義的方法時，接下來搜尋父類別的順序，在最簡單的情況下，Python 以類別繼承定義的順序從左到右尋找父類別，例如類別 A 的繼承定義是 class A(B, C, D)，所以會優先尋找 B 類別。若 B 類別找不到，Python 會接著尋找 B 類別的父類別，還是找不到的話，就開始尋找 C 類別，後面依此類推。

因此在執行 a.f() 時，搜尋順序看起來像這樣：

1. Python 首先搜尋物件所屬的類別，本例為類別 A。
2. 因為 A 沒有定義方法 f，所以 Python 開始尋找 A 的父類別，而 A 的第一個父類別是 B，所以 Python 開始尋找 B。
3. 因為 B 也沒有定義方法 f，Python 透過 B 的父類別再繼續搜索，它首先會尋找 B 的第一個父類別，也就是類別 E。
4. E 既沒有定義方法 f，也沒有父類別，因此 E 之後就停止這個分支不再向上搜索，此時 Python 會回到 B 類別，然後到下一個 B 的父類別 F 尋找。
5. 類別 F 確實包含了方法 f，因為它是第一個找到的 f 方法，所以會使用類別 F 中的 f 方法，不再往類別 C 和 G 去尋找是否有 f 方法。

當然，使用這樣的內部邏輯不太可能讓程式變成最容易閱讀或更易於維護，然而在複雜的層次結構中，遵循上述機制可以確保每個類別只會被搜尋一次。

上面範例的層次結構可能比您在實務上所看到的要複雜得多，有些人堅信多重繼承是一件壞事，它很可能會被誤用，且 Python 中並沒有任何機制會強迫您不要使用它。但是繼承最大的危險之一似乎是建立太深的繼承層次結構，所以有時使用多重繼承可以防止這個問題的發生。

這個問題已經超出了本書的範圍，我在這裡使用的範例僅說明了 Python 中的多重繼承如何運作，並非試圖解釋它的使用案例。

LAB 15：HTML 類別

在本練習中，請建立一個輸出 HTML 文件的類別，為了簡單起見，假設每個元素最多只能包含文字與一個子元素，因此，<html> 元素只包含一個 <body> 元素，而 <body> 元素包含了文字和一個僅含文字內容的 <p> 元素

請以 __str__() 方法來實作輸出功能，該方法又會呼叫其子元素 subelement 的 __str__() 方法，所以在 <html> 元素上呼叫 str() 函式時便會傳回整個文件，您可以假設任何文字都在子元素之前出現。

以下是使用這個類別的使用與輸出範例：

```
>>> para = p(text="this is some body text")
>>> doc_body = body(text="This is the body", subelement=para)
>>> doc = html(subelement=doc_body)
>>> print(doc)
<html>
<body>
This is the body
<p>
this is some body text
</p>
</body>
</html>
```

重點整理

- 類別與物件就是將函式與變數組合在一起的結構。
- 我們需要先定義一個『類別物件』，然後才能用這個類別物件來產生自己的物件。
- 類別裡面定義的函式稱為方法（method），方法的第一個參數是 self，參照到物件本身。
- 關於 Python 類別基礎的重點複習請參見 15.8 節，下面是類別與物件各名詞的快速說明：

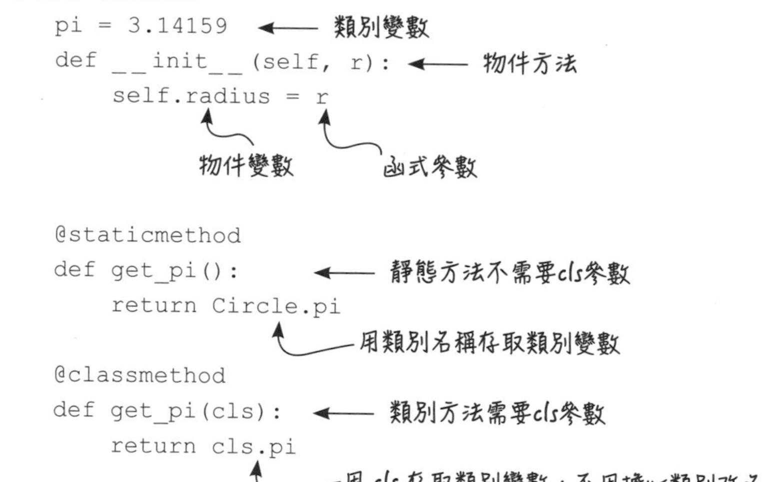

class Circle:
pi = 3.14159
類別變數
def __init__(self, r):
物件方法
self.radius = r
物件變數
函式參數
@staticmethod
def get_pi():
靜態方法不需要cls參數
return Circle.pi
用類別名稱存取類別變數
@classmethod
def get_pi(cls):
類別方法需要cls參數
return cls.pi
用 cls 存取類別變數，不用擔心類別改名

- _ 單底線開頭是約定成俗的私有變數 / 方法，__ 雙底線開頭的私有變數 / 方法會被改名為『_ 類別 __ 私有名稱』。
- @property 修飾器可以將 method 變成物件變數。
- 物件的名稱可視範圍與命名空間請參見 15.11 節。
- Python 允許多重繼承。

Chapter 16

常規表達式 regular expression

本章涵蓋

- ○ 了解常規表達式
- ○ 用特殊字元建立常規表達式
- ○ 使用 Python 原始字串定義常規表達式的樣式
- ○ 從字串中提取符合樣式的文字
- ○ 用常規表達式來搜尋取代文字

若您使用過 Perl、Tcl 或 Linux/UNIX，也許早已熟悉常規表達式，有些人可能想知道我為什麼要在本書中討論常規表達式，Python 是用一個獨立的模組來實作常規表達式，並且大到無法像 C 或 Java 等程式語言那樣成為標準函式庫的一部分，感覺這似乎不是一個必要學會的功能，但是，如果您正在進行文字處理方面的工作，那麼您會發現常規表達式實在是太有用了，以致於我們不應該忽略它。本章將會為您介紹相關概念，以及如何在 Python 中使用常規表達式。

16.1 什麼是常規表達式

常規表達式（regular expression），簡稱為 regex（編註：因為『常規表達式』有點長，本章時常會用 regex 來替代），是一種用字串樣式來搜尋字串的方法，這個搜尋的動作被稱為配對（match）。簡言之，regex 就是用字串定義出的一組樣式，其中某些特殊字元可以具有特殊含義，這使得單一 regex 能夠配對許多不同的搜尋字串。

這一點透過實際例子來解釋比較容易理解，以下是一個帶有 regex 的程式，它會計算文字檔中有幾行包含了 hello 這個單字，若一行之中有好幾個 hello，則只會算一次：

```
import re
regexp = re.compile("hello")
count = 0
file = open("textfile", 'r')
for line in file.readlines():
    if regexp.search(line):
        count = count + 1
file.close()
print(count)
```

這個程式首先匯入 Python 常規表達式模組 re，然後以字串『hello』作為文字形式的常規表達式 (textual regular expression)，並使用 re.compile() 將其轉換成編譯形式的常規表達式（compiled regular expression）。這個編譯動作並非絕對必要，但是編譯形式的常規表達式可以顯著提高文字處理的速度，因此處理大量文字時大多會使用編譯形式的常規表達式。

re.compile("hello") 傳回的一個物件，我們把他指派給 regexp 變數，您可以用 regexp.search() 來比對尋找字串中是否有包含『hello』，如果在字串中找不到『hello』，則傳回 None。如果在字串中找到『hello』，Python 將傳回一個特殊物件，該物件包含比對搜尋後的相關資訊（例如字串中出現『hello』的位置），這點將在稍後討論。

16.2 具有特殊字元的常規表達式

前面的範例有一個小缺陷：它沒有考慮大小寫，因此會忽略包含『Hello』的字串。解決方式之一是使用兩個常規表達式：一個用於『hello』，另一個用於『Hello』，然後每一行都用這兩個 regex 來搜尋看看。

真的這樣做的話，您應該會質疑何必使用常規表達式，前面 6.5.1 節介紹的 in 算符與『字串.find()』，都可以做到。

若要真正要發揮 regex 的威力，更好的方法是使用 regex 中的特殊字元功能，把程式中的第二行替換成：

```
regexp = re.compile("hello|Hello")
```

這行 regex 使用了特殊字元 |，特殊字元在 regex 中具有一些特殊的含義，此處的 | 表示『或』的意思，所以常規表達式會搜尋符合『hello』或『Hello』的字串。

另外一種常規表達式的寫法是：

```
regexp = re.compile("(h|H)ello")
```

『(h|H)ello』表示由 h 或 H 開頭，然後緊跟著 ello 的字串。

還有一種常規表達式的寫法是：

```
regexp = re.compile("[hH]ello")
```

[ ] 括號也屬於特殊字元，[ ] 中間的所有字元會任選一個，所以和 | 一樣也是『或』的概念，但是用 [ ] 就不用寫一大堆 |，例如『(a|b|c|d)』與『[abcd]』都代表 a～d 任選一個字元，所以任選一個字元時用 [ ] 會比較簡潔易懂。

另外 [ ] 還有一種特殊的簡寫方式來表示字元範圍，例如 [a-z] 代表 a 到 z 之間的任一字元，[0-9A-Z] 代表任何數字或任何大寫字元，依此類推。不過，有時您可能需要用 [ ] 來尋找 - 字元，此時應該將 - 放在第一個字元以避免誤判成範圍定義，例如 [-012] 代表 -、0、1 或 2，若是 [0-12] 則變成 0~1 或 2。

Python 常規表達式中有許多特殊字元可供使用，不過本書只會介紹一些常用的特殊字元，至於 Python 常規表達式中特殊字元的完整清單，以及它們的含義說明，可以在 re 模組文件（https://docs.python.org/3/library/re.html）中找到。

小編補充　方便測試 regex 的線上服務

pythex.org 網站提供了一個很好用的 regex 測試工具，無論在學習或應用 regex 時，都可以很方便地做測試：

使用這類測試工具可以在開始寫程式碼之前，先測試看看您的常規表達式能否正確搜尋到字串。除了 pythex.org 以外，網路上還有很多這類的服務，請搜尋『regular expression tester』即可找到。

動手試一試：常規表達式中的特殊字元

- 應該用什麼常規表達式來表示數字 -5 到 5 的字串？
- 十六進制允許數字是 1、2、3、4、5、6、7、8、9、0、A、a、B、b、C、c、D、d、E、e、F 和 f，應該用什麼常規表達式來表示十六進制數字？。

16.3 常規表達式與原始字串 (Raw Strings)

前面 6.3 節曾經介紹字串物件的轉義字元，例如 \n 表示換行字元、\t 表示 Tab 字元，在 regex 中也有相同的轉義字元，用來表示鍵盤打不出來的字元。不過當我們用字串物件來定義 regex 時，這些轉義字元會在傳遞給 regex 的函式之前，就已經先被字串物件轉換為其代表的字元了，例如：

```
regexp = re.compile("第一行\n第二行")
```

上面 \n 會先被字串物件轉換為換行字元，然後才傳遞給 re.compile() 函式，所以 regex 編譯時，看到的是真正的換行字元，而不是 \n。

就這個例子而言，轉義字元事先被轉換並不影響常規表達式的比對搜尋，因為這完全符合使用者的預期。現在來看看另一個狀況，假設想要搜尋字串『\ten』的出現位置，因為您知道必須用兩個反斜線來表示反斜線，所以您應該會這樣寫：

```
regexp = re.compile("\\ten")
```

這樣寫編譯時並不會出現錯誤訊息，但實際比對搜尋的結果卻是錯誤的。問題在於傳遞給 re.compile() 之前，字串物件會先將您輸入的字串解釋為『\ten』，所以傳給 re.compile() 的時候就會變成『\ten』，而在常規表達式中，\t 表示定位字元，因此編譯後的常規表達式會搜尋定位字元加上兩個字元 en，而不是您預期的『\ten』，也就是說字串物件和 regex 都做了轉義的動作！為了解決這個問題，您需要四個反斜線：

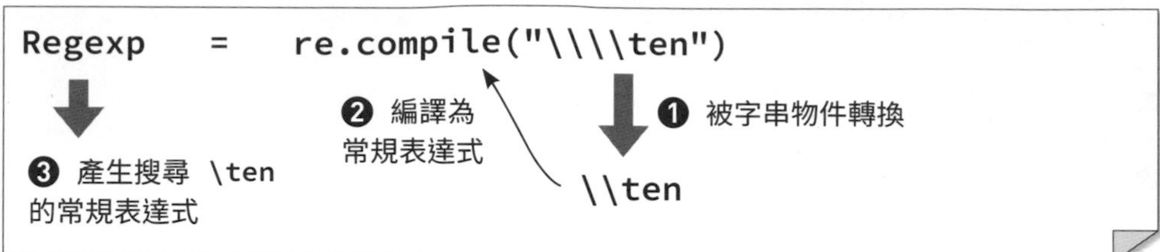

Python 字串物件會將兩個反斜線轉換為一個反斜線，所以四個反斜線的『\\\\ten』會變成兩個反斜線的『\\ten』，然後再傳給 re.compile()，因為 regex 也有相同的轉義字元功能，所以最後『\\ten』就會轉換為搜尋『\ten』的 regex。

這麼多的反斜線實在令人困擾，所以 Python 有一種方式可以定義不會被轉換的字串，稱為原始字串（Raw Strings）。

用 Python 原始字串避免轉義字元的問題

Python 原始字串（Raw Strings）用 r 做為前導字元，以下是一些原始字串的例子：

```
r"Hello"
r"""\tTo be\n\tor not to be"""
r'Goodbye'
r'''12345'''
```

如您所見，原始字串的表示法很簡單，就是在字串前面加上 r，或者大寫的 R 也可以，原始字串中的轉義字元都會被保留不會轉換。

原始字串會告訴 Python 不要轉換字串裡面的轉義字元。下面讓我們透過交談模式測試幾個例子，就可以很容易就能看出原始字串與普通字串的差異：

```
>>> r"Hello" == "Hello"
True
>>> r"\the" == "\\the"
True
>>> r"\the" == "\the"
False
>>> print(r"\the")
\the
>>> print("\the")
he
```

用原始字串來定義常規表達式就不用擔心重複轉義的問題了，前面搜尋字串『\ten』的例子可使用原始字串改寫為

```
regexp = re.compile(r"\\ten")
```

您應該養成用原始字串定義 regex 的習慣，在本章的其餘部分都會這樣做。

16.4 從字串中提取符合樣式的文字

假設有一個文字檔的內容是人名和電話號碼的清單，該檔案的每一行格式如下所示：

surname, firstname middlename: phonenumber

第一個欄位是姓氏（surname），後面跟著一個逗號和空格，接下來後面依序為名字（firstname）、一個空格、中間名（middlename）、一個冒號和空格、最後是電話號碼（phonenumber）。

但是為了增加一點複雜度，讓我們假設中間名可能不存在，而且電話號碼可能沒有區域碼（例如 800-123-4567 或 123-4567），您可以用第 6 章介紹的 Python 字串相關方法或函式來進行解析，但這樣將會很乏味而且容易出錯，而 regex 則提供了更簡單的答案。

為了簡單起見，假設名字、姓氏和中間名都由英文字母和 - 字符號組成，您可以使用上一節中介紹的 [ ] 括號來定義姓名的樣式：

```
[-a-zA-Z]
```

用 + 表示可重複

上面樣式只會對應單一字元，若是要符合全名（例如 McDonald），您需要重複此樣式，此時可以用特殊字元 + 來重複一次或多次此樣式：

```
[-a-zA-Z]+
```

+ 表示樣式可以重複一次以上，所以上面樣式便可以符合 Kenneth、McDonald 或 Perkin-Elmer，它還能 match 到一些不是姓名的字串，例如 --- 或 -a-b-c-，但在這例子中我們就先接受這樣的字串。

至於電話號碼，可以用轉義字元 \d 來表示任何數字字元，[ ] 外的 - 符號都不具備特殊意義，所以一個可以比對電話號碼的樣式為：

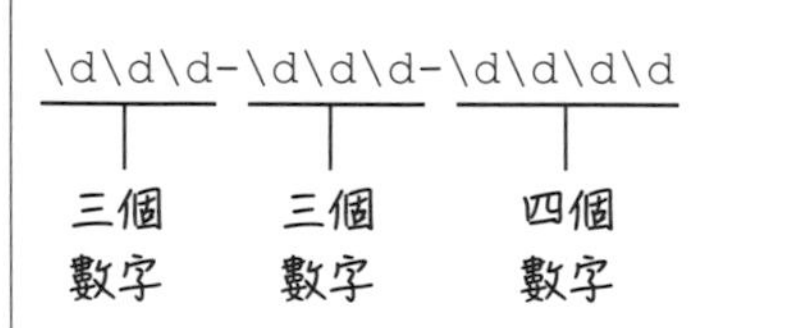

用 ? 表示非必須的字串

上面這個樣式代表用 - 符號連接的三、三、四個數字，此樣式僅符合帶有區域號碼的電話號碼，而您的清單可能包含沒有區域號碼的電話號碼，最好的解決辦法是將樣式的區域號碼分成一組並包在 ( ) 中，其後緊跟著一個特殊字元 ?，來表示在 ? 之前的字串是非必須的：

```
(\d\d\d-)?\d\d\d-\d\d\d\d
```

表示()內是非必須的

此樣式可以符合包含或不包含區域號碼的電話號碼，我們可以用相同的技巧來處理清單中有些人的姓名有中間名（或縮寫）而有些人卻沒有的情況，只要使用 ( ) 分組，並配合 ? 讓中間名成為非必需項：

```
[-a-zA-Z]+, [-a-zA-Z]+( [-a-zA-Z]+)?
```

注意！有空格

表示前面()內是非必須的

用 {} 指定重複次數

您還可以用 { } 來指定樣式應重複的次數，以電話號碼為例，可以改寫如下：

```
(\d{3}-)?\d{3}-\d{4}
```

逗號、冒號、和空格在常規表達式中沒有任何特殊含義，僅代表字元本身。所以把以上所有內容放在一起，便可以定義出樣式如下：

```
[-a-zA-Z]+, [-a-zA-Z]+( [-a-zA-Z]+)?: (\d{3}-)?\d{3}-\d{4}
```

實際應用上的樣式可能會更複雜一些，因為逗號後面可能有多個空格，也可能沒有空格，名字和中間名之間的空格、以及冒號後面的空格也可能有類似狀況，先讓我們搞懂基本樣式之後，以後就能很容易處理這些較複雜的樣式。

確定好 regex 的樣式後，我們就能寫程式來抓取所要的樣式字串了：

```
import re
regexp = re.compile(r"[-a-zA-Z]+,"                ←— 姓氏
                    r" [-a-zA-Z]+"                ←— 名字
                    r"( [-a-zA-Z]+)?"             ←— 非必需的中間名
                    r": (\d{3}-)?\d{3}-\d{4}"     ←— 電話號碼
                   )
```

```
file = open("textfile", 'r')
for line in file.readlines():
    if regexp.search(line):
        print("已經找到一行符合人名與電話的樣式了, 但是然後呢?")
file.close()
```

上面我們用了 Python 會自動把括號內空白相隔的字串連接起來的技巧來建立長字串（參見第 4.5 節），這個技巧可以讓我們將一長串的樣式字串拆為多組，未來隨著樣式字串變得更長更複雜，這種技巧不但有助於保持樣式的可維護性和可讀性，同時還解決了一行的長度可能超出螢幕寬度的問題。

除了用常規表達式比對搜尋有沒有符合的樣式外，我們還可以將符合樣式的字串提取出來使用，第一步是用 ( ) 將要提取的每個子樣式進行分組，然後再使用『?P< 名稱 >』這個語法為每個子樣式設定名稱：

```
(?P<last>[-a-zA-Z]+), (?P<first>[-a-zA-Z]+)
( (?P<middle>([-a-zA-Z]+)))?: (?P<phone>(\d{3}-)?\d{3}-\d{4})
```

請注意！ 您應該將上述樣式輸入為一行，常規表達式的樣式中間不能換行，但由於書本頁面寬度限制，所以上面樣式無法用一整行表示。

這裡有一個容易的混淆的地方：『?P< 名稱 >』中的問號，和之前提到的非必需項的問號彼此無關，他們只不過碰巧是用同一個字元表示。

將子樣式命名後，便可以用 group() 來提取這些子樣式所符合的字串。現在讓我們改寫上面的例子，從資料中提取姓名和電話號碼並列印出來，如下所示：

```
import re                    ↙ 會傳回一個具有搜尋()字串功能的物件
regexp = re.compile(r"(?P<last>[-a-zA-Z]+),"  ← 為此子樣式命名為 last
                    r" (?P<first>[-a-zA-Z]+)"
                    r"( (?P<middle>([-a-zA-Z]+)))?"
                    r": (?P<phone>(\(\d{3}-)?\d{3}-\d{4})"
                   )
```

```
file = open("textfile", 'r')
for line in file.readlines():
    result = regexp.search(line)  ← 開始搜尋
    if result == None:
        print("Oops, I don't think this is a record")
    else:
        lastname = result.group('last')  ← 從已搜尋到的資料取得 lastname
        firstname = result.group('first')
        middlename = result.group('middle')
        if middlename == None:
            middlename = ""
        phonenumber = result.group('phone')
    print('Name:', firstname, middlename, lastname,' Number:',
phonenumber)
file.close()
```

當 search() 成功找到符合樣式的字串時，它會傳回一個已配對的物件，裡面儲存了與子樣式相符的字串。最後統整幾個要點如下：

- 您可以透過檢查 search() 所傳回的值來判定比對搜尋是否成功。如果傳回值為 None，表示沒有找到；若不是 None，便代表有找到，然後您就可以從傳回的物件中提取想要的內容。
- group() 用於提取符合子樣式的資料，不過您需要先為子樣式命名，例如：?P<first>。
- 因為 middle 子樣式是可有可無的，所以即使整體樣式成功比對，也不能指望 middle 有值在裡面。如果搜尋成功，但中間名不存在，則用 group() 存取 middle 子樣式時將傳回值 None。
- 電話號碼中只有區域碼是可有可無的，如果整體樣式成功比對，則 phone 子樣式必定會有資料，因此不必擔心其值為 None。

動手試一試：提取符合樣式的文字

- 撥打國際電話通常需要 + 和國家代碼，假設國家代碼是兩位數，您應該如何修改上述的程式以提取 + 和國家代碼作為電話號碼的一部分？請注意，並非所有電話號碼都有國家代碼。
- 如何讓程式能夠處理一到三位數的國家代碼？

16.5 用常規表達式搜尋取代字串

除了從資料中提取字串之外，您還可以用 Python 常規表達式在資料中搜尋並取代字串，這個工作可以用 sub() 來完成。以下範例將文字中的『the the』替換成『the』：

```
>>> import re
>>> string = "If the the problem is textual, use the the re
module"
>>> pattern = r"the the"
>>> regexp = re.compile(pattern)
>>> regexp.sub("the", string)
'If the problem is textual, use the re module'
```

sub() 的第一個參數是要用來替換的新字串，第二個參數則是要搜尋取代的原字串，sub() 會依照本身的常規表達式來搜尋資料，找到後替換成第一個參數的新字串，然後又放回原字串。

但是，如果需要動態產生新字串，又該怎麼做？這就是 Python 真正發揮作用的地方，sub() 的第一個參數也可以是一個函式。如果它是一個函式，Python 會將成功搜尋後回傳的已配對物件作為參數呼叫它，然後讓該函式傳回一個用來替換的新字串。

以下用範例來說明這個函式如何運作，範例中定義了一個 int_match_to_float() 函式可以將整數字串加上『.0』變成為浮點數字串，然後用這個函式產生的新字串來取代原本字串：

```
>>> import re
>>> int_string = "1 2 3 4 5"
>>> def int_match_to_float(match_obj):
...         return(match_obj.group('num') + ".0")
...
>>> pattern = r"(?P<num>[0-9]+)"
>>> regexp = re.compile(pattern)
>>> regexp.sub(int_match_to_float, int_string)
'1.0 2.0 3.0 4.0 5.0'
```

找到後送入函式中處理
從原字串找出 match 的字串
用函式傳回值替換
後再放回原字串

範例中設定了一個名為 int_string 字串『1　2　3　4　5』，然後用常規表達式定義了樣式『[0-9]+』並取名為 num，sub() 方法會從 int_string 字串的第一個字元開始搜尋，每次找到與樣式相符的文字時，就會將它傳入 int_match_to_float() 函式，然後將函式回傳的新字串取代原本的文字，並放回原字串中。

動手試一試：取代文字

- 請改寫第 16.4 節的練習，用函式在沒有國別碼的電話號碼前面加上國碼 +1（美國和加拿大的國家代碼）。

LAB 16：電話號碼規範器

在美國和加拿大，電話號碼由十位數字所組成，通常分為三位數的區域號碼，三位數的交換碼和四位數的機台號碼。如第 16.4 節所述，它們的前面可能會加上國家代碼 +1。實際生活中，每個人習慣輸入的電話號碼格式可能都不相同，例如 (NNN)NNN-NNNN，NNN-NNN-NNNN，NNN NNN-NNNN，NNN.NNN.NNNN 和 NNN　NNN　NNNN，此外，國碼可能不存在，也可能沒有 + 號，而且如果有國碼的話可能會以空格或 - 號與數字分開。

您在本練習的任務是建立一個電話號碼規範器，它接受任何格式並傳回標準化的電話號碼 1-NNN-NNN-NNNN。以下是所有可能的電話號碼格式：

+1 223-456-7890	1-223-456-7890	+1 223 456-7890
(223) 456-7890	1 223 456 7890	223.456.7890

加分題：區域號碼和交換碼的第一個數字只能是 2-9，而且區域號碼的第二個數字不能是 9，以此規則檢查輸入的電話號碼，如果該號碼不符合規定，則傳回 ValueError 例外並顯示「無效的電話號碼」錯誤訊息。

小編補充： 學這一章有什麼用呢？舉例來說，市調公司進行電話調查之前，必須收集電話號碼，這些電話號碼可能有各種格式：有些有括號有些沒有、有些有 - 號有些沒有、有些有區碼有些沒有…面對這些格式，regex 就是最好用的利器。此外，當你在做大數據分析、準備機器學習資料集，面對各式各樣規格不一的資料時，就知道有沒有用了。

重點整理

- 善用 Python 原始字串 r" 字串 " 來設定常規表達式，避免轉義字元雙重轉義的問題
- 右表列出本章介紹的常規表達式：

hello|Hello (h|H)ello [hH]ello	hello 或 Hello
[a-z]	代表 a 到 z 之間的任一字元
[0-9A-Z]	代表任何數字或任何大寫字元
[-012]	代表 -、0、1 或 2
[0-12]	代表 0～1 或 2
[-a-zA-Z]+	任何 -、小寫或大寫字元重複一次以上
\d\d\d	三個數字
(\d\d\d)?	非必須的三個數字
(\d\d\d){3}	三個數字重複 3 次

Chapter 17

物件的型別與特殊 method

本章涵蓋

- 檢查物件型別 type()、__class__、__bases__、__name__
- 取得物件所屬類別與類別繼承關係
- 了解鴨子型別（Duck Typing）
- 使用特殊 method：__str__、__getitem__、__setitem__
- 繼承內建型別以自訂新的型別

老手帶路 專欄

- 鴨子型別在實際應用上的彈性

到目前為止，您已經大量使用過 Python 的內建型別，也知道如何定義類別來建立物件，許多程式語言的資料型別功能也就僅止於此。本章會說明如何自訂一個類似內建型別的新型別，然後為新型別加上自己需要的功能，這樣您就不會再被侷限於內建型別有限的功能。還會介紹 Python 的鴨子型別（Duck Typing）觀念，讓您的程式碼更具彈性。

> 本章會用到大量的物件導向程式語法，若已經有點生疏的話，請再回頭複習第 15 章。

17.1 取得物件的型別 type()

我們可以用 type() 取得物件的型別：

```
>>> type(5)
<class 'int'>
>>> type(['hello', 'goodbye'])
<class 'list'>
```

type() 函式可以傳回任何 Python 物件的型別，在上例中，type() 函式告訴您 5 是一個 int（整數），而 ['hello'，'goodbye'] 是一個 list。

您會在 type() 函式的傳回值中看到 class，這是因 Python 的內建型別就是預先定義好的一組類別 (class)，例如程式需要一個數字物件時，就用 int 這個類別來建立數字物件。

所以 type() 函式其實就是找出物件所屬的類別，換句話說，**在 Python 的型別與類別是一個同義詞**，我們會依文中情境使用其中一個詞，所以請務必記得這個觀念，後面不再贅述。

Python 2 預設的物件架構與 Python 3 不同，所以本章論述的型別只適用於 Python 3。

17.2 比較與檢查型別

我們可以用 type() 函式來比較兩個物件的型別是否相同：

```
>>> type("Hello") == type("Goodbye")
True
>>> type("Hello") == type(5)
False
```

除此之外，您還可以藉由 type() 函式來檢查某個變數的型別：

```
>>> type("")          ←── 先找出字串的型別名稱
<class 'str'>         ←── 字串的型別名稱是 str
>>> s = "Hello"
>>> type(s) == str    ←── 檢查變數的型別是不是字串 str
True
>>> type(s) == list
False
```

17.3 取得物件所屬類別與類別繼承結構

對於使用者自訂類別所產生的物件，一樣可以用 type() 函式來找出物件的型別（也就是所屬類別）。以下用一個例子來說明：首先，定義幾個空類別，以便設置一個簡單的繼承層次結構：

```
>>> class A:
...     pass
...
>>> class B(A):    ← 類別 B 繼承類別 A
...     pass
...
```

現在用類別 B 建立一個物件，然後用 type() 函式檢查該物件：

```
>>> b = B()
>>> type(b)
<class '__main__.B'>
```

上面可以看到，type() 函式告訴您 b 是在當前命名空間 __main__ 所定義的類別 B。您也可以透過物件 b 的 __class__ 屬性來取得完全相同的資訊：

```
>>> b.__class__
<class '__main__.B'>
```

我們可以測試從 b 的 __class__ 屬性取得的類別是不是我們之前定義的類別 B：

```
>>> b_class = b.__class__
>>> b_class == B
True
```

您可以透過類別的 __name__ 屬性取得該類別的名稱並以字串傳回：

```
>>> b_class.__name__
'B'
```

您也可以透過類別的 __bases__ 屬性來找出該類別繼承自哪個類別：

```
>>> b_class.__bases__
(<class '__main__.A'>,)   ← 以 tuple 傳回，若繼承多個類別，就會有多個元素值
```

所以將 __class__、__bases__、和 __name__ 一起使用，即可完整分析任何物件的類別繼承結構。

用 isinstance() 和 issubclass() 函式檢查從屬或繼承關係

isinstance() 函式可以判斷物件與某個類別是否有從屬或繼承關係：

```
isinstance(物件, 類別)
```

請參見下面範例：

```
>>> class C:          ← 類別 C 不繼承任何類別
...     pass
...
>>> class D(B):       ← 類別 D 繼承前面範例中的類別 B
...     pass
...
>>> class E(D):       ← 類別 E 繼承類別 D
...     pass
...
>>> x = 12
>>> c = C()
>>> d = D()
>>> e = E()
```

```
>>> isinstance(x, E)
False
>>> isinstance(c, E)
False
>>> isinstance(e, E)
True
>>> isinstance(e, D)
True
>>> isinstance(e, B)
True
>>> isinstance(d, E)
False
>>> y = 12
>>> isinstance(y, type(5))
True
```

物件 x 與 c 都不是由類別 E 所建立的

物件 e 是由類別 E 所建立的

e 所屬類別 E 是繼承自類別 D，所以傳回 True

e 所屬類別 E 是繼承自類別 D，類別 D 又繼承類別 B

d 與類別 E 沒有從屬或繼承關係

isinstance() 也可以拿來測試內建型別

issubclass() 函式類似 isinstance() 函式，不過它是用來判斷類別 1 與類別 2 是否有繼承關係：

```
issubclass(類別1, 類別2)
```

請如下進行測試：

```
>>> issubclass(C, D)
False
>>> issubclass(E, D)
True
>>> issubclass(E, B)
True
>>> issubclass(e.__class__, D)
True
>>> issubclass(D, D)
True
```

類別 E 繼承類別 D，類別 D 又繼承類別 B

一個類別會被視為是它自己的子類別

動手試一試：型別

- 假設您想要在執行 x.append(y) 之前先確保 x 是一個 list，您會如何進行檢查？使用 type() 和 isinstance() 兩者有什麼區別？
- 承上，這是屬於 LBYL（事先檢查避免出錯）與 EAFP（先做了出錯再處理）的程式風格 (參見第 14 章) ？想想看除了檢查型別之外，您還有什麼方式避免程式出錯？

17.4 鴨子型別（Duck Typing）

雖然使用 type()、isinstance()、和 issubclass() 可以檢查物件的型別與繼承關係，但是在 Python 中並不鼓勵您去檢查型別，而是傾向於使用另一種設計風格：鴨子型別（Duck typing）。

鴨子型別想要表達的是：『當看到一隻鳥走起來像鴨子、游泳起來像鴨子、叫起來也像鴨子，那麼這隻鳥就可以被稱為鴨子』，意思是說程式不需要去關注物件是什麼型別，只要該物件具有我們需要的功能即可。

舉例來說，有一個函式會用 for 迴圈來取出物件內的資料，此時函式不需要去檢查傳入的物件是不是 list 型別，只要這個物件能被 for 迴圈走訪，那麼不論是 list、tuple、產生器…等，都可以作為參數傳給這個函式。相較之下，在 C++/Java 中會執行嚴格的型別檢查，只要型別錯誤便無法接受。

簡而言之，鴨子型別是要求程式『不要去檢查它是不是鴨子，只要它像隻鴨子呱呱叫、像隻鴨子游泳與走路，就一律當成鴨子來用』。所以在 Python 中，不要去檢查參數的型別，而是應該依賴具有可讀性和良好註解的程式碼與徹底的測試相結合，以確保物件『像鴨子一樣呱呱叫』。鴨子型別可以提高程式碼的靈活性，而且搭配物件導向的功能後，同樣一段程式碼就能直接處理不同情況。

✪ 老手帶路　鴨子型別在實際應用上的彈性

作者只有用文字說明鴨子型別，單看文字您可能無法體會鴨子型別的意義。請如下試試看用內建函式 sorted() 排序各種型別的資料：

```
>>> sorted(['foo', 'bar', 'fox'])
['bar', 'foo', 'fox']
>>> sorted({'foo', 'bar', 'fox'})
['bar', 'foo', 'fox']
>>> sorted({'k1':'foo', 'k2':'bar', 'k3':'fox'})
['k1', 'k2', 'k3']
>>> sorted('foobarfox')
['a', 'b', 'f', 'f', 'o', 'o', 'o', 'r', 'x']
```

sorted() 函式不會去檢查傳入參數的型別，只要物件可以被 for 迴圈走訪，就可以用 sorted() 來排序，這就是鴨子型別的設計風格。

下面讓我們實際定義一個函式來體會鴨子型別：

```
>>> def calculate(x, y, z):
...     return (x+y)*z
...
>>> calculate(3, 2, 2)
10
>>> calculate('foo', 'bar', 2)
'foobarfoobar'
>>> calculate([1,2], [3,4], 2)
[1, 2, 3, 4, 1, 2, 3, 4]
```

若按照傳統程式語言的思維，calculate() 函式應該要用 type() 來確認三個參數的型別是不是數字。但是依照鴨子型別的風格，只要物件可以支援 + 與 * 算符，就可以用 calculate() 函式來處理。甚至若我們自訂一個能支援 + 與 * 的檔案物件，那麼 calculate() 函式不用修改就能用來處理檔案，這就是鴨子型別的靈活性。

可是如果傳入 calculate() 函式的物件不支援 + 與 *，那要怎麼處理錯誤呢？只要用第 14 章介紹的 EAFP 搭配例外機制來處理就可以了：

▶接下頁

```
try:
    calculate('foo', 'bar', 'fox')
except TypeError as error:
    print("calculate()發生錯誤:", error)
```

17.5 何謂物件的特殊 method

物件的特殊 method 是一組 Python 預先定義好名稱的 method，對 Python 具有特殊含義。簡單的說，特殊 method 不是給我們自己的程式使用，而是給 Python 用的，所以特殊 method 通常不會直接被呼叫，而是 Python 會自動呼叫它們（**編註：** 但是我們可以定義它）。特殊 method 都是以 2 個底線字元 __ 做開頭，2 個底線字元 __ 做結尾來命名的，例如第 15 章的 __init__。

也許最簡單的例子是 __str__ 這個特殊 method，如果類別中有定義 __str__ 這個 method，那麼每當 Python 需要以字串形式來表示該類別所產生的物件時（**編註：** 例如 print() 該物件），就會自動呼叫 __str__ 這個 method：

```
>>> class MyClass():
...     def __str__(self):
...         return "Output from __str__"
...
>>> c = MyClass()
>>> print(c)
Output from __str__  ← Python 自動呼叫__str__，然後以其傳回值作為輸出
>>> c = C()  ← 用 17.3 節範例的 C 類別重新建立物件
>>> print(c)
<__main__.C object at 0x05D1B3D0>  ← 因為 C 類別的物件沒有__str__特殊 method，所以直接顯示記憶體資訊
```

下面再用一個實際的例子來展示 __str__ 特殊 method，請建立一個 color_module 模組，模組內定義了一個包含紅、綠、藍（RGB）三色的 Color 類別如下：

color_module.py

```
class Color:
    def __init__(self, red, green, blue):
        self._red = red
        self._green = green
        self._blue = blue
    def __str__(self):
        return "Color: R={0:d}, G={1:d}, B={2:d}".format (self._red,
                                                         self._green, self._blue)
```

將此定義儲存到 color_module.py 檔，匯入後用 Color 類別建立一個新物件：

```
>>> from color_module import Color
>>> c = Color(15, 35, 3)
```

如果使用 print() 列印這個新物件，您就會看到 Python 自動呼叫 __str__ 特殊 method，然後以其傳回值作為輸出：

```
>>> print(c)
Color: R=15, G=35, B=3
```

本章接下來會以範例說明其他特殊 method，雖然無法完整介紹所有可用的特殊 method，但這些範例將會提供足夠的觀念，讓您瞭解如何使用其他特殊 method。若您想知道 Python 所有可用的特殊 method，請參見 https://docs.python.org/3/reference/datamodel.html。

17.6 用 __getitem__ 自訂可走訪與索引取值的物件

接下來要介紹的是 __getitem__ 這個特殊 method，如果類別中定義了 __getitem__()，則該類別的物件就可以用 for 來走訪。下面直接用一個簡單的範例來說明 __getitem__ 的定義方式：

```
>>> class MyList():
...     def __getitem__(self, index): ←—用 index 參數接收外部傳入的索引值
...         if index >= 5:
...             raise IndexError ←— 拋出 IndexError 例外即可讓迴圈結束走訪
...         return index
...
```

- 任何一個有 __getitem__ 特殊 method 的物件都可以像 list 一樣以索引取值，Python 會將 object[n] 形式的索引取值轉換為呼叫 object.__getitem__(n)，以上例來說 n 值會傳入 __getitem__ 成為其 index 參數。
- for 迴圈會一遍又一遍地呼叫物件的 __getitem__ 特殊 method，並同時按順序增加索引。也就是說 for 迴圈在第一次執行時會呼叫 __getitem__(0)，然後再呼叫 __getitem__(1)，依此類推。
- for 迴圈若捕獲 IndexError 例外，便表示從該物件已讀不到資料，所以此時會自動結束迴圈。

請如下進行測試：

```
>>> c = MyList()
>>> for n in c: ←— 用 for 迴圈走訪我們自訂的物件c，for迴圈會一遍又一遍地呼叫 c 的__getitem__()
...     print(n)
...
0
1
2
3
4 ←— 走訪次數超過 5 次後物件拋出 IndexError 例外，迴圈收到此例外後會自動結束
>>> c[2] ←— 除了可以被走訪取值，還能用索引取值
2
```

只要物件有 __getitem__ 這個特殊 method，那麼不論這是什麼物件，Python 都可以用 for 迴圈走訪取值，還可以用 object[n] 形式以索引取值，這就是為什麼 list、tuple、set、字典、字串等不同型別的資料，卻可

以用一樣的程式碼來取值的原因（編註：因為它們都內建了 __getitem__()）。而這也是前面所述鴨子型別的一種實作：不管是什麼型別，只要有 __getitem__ 特殊 method，就能被走訪或以索引取值。

自訂可走訪物件逐行讀取檔案內容

前面說明了 __getitem__ 特殊 method 的基本使用方式，接著我們以一個實際例子來展示其應用。假設有一個大型文字檔，每行一筆紀錄，每筆紀錄包含人名、年齡、居住地三個欄位，欄位之間以雙冒號 (::) 分隔，檔案的部分內容如下所示：

```
...
John Smith::37::Springfield, Massachusetts
Ellen Nelle::25::Springfield, Connecticut
Dale McGladdery::29::Springfield, Hawaii
...
```

假設您要收集有關檔案中的年齡資訊，一般來說會使用以下的程式碼：

```
fileobject = open(filename, 'r')
lines = fileobject.readlines()  ← 把所有行讀出，由變數 lines 接收
fileobject.close()
for line in lines:
    . . . 收集年齡資訊 . . .
```

這個方式理論上是可行的，但問題是它會將整個檔案讀入記憶體，如果檔案太大而無法整個保存在記憶體中，那麼程式將無法正常執行。另一種解決方式是一次只讀一行，這將解決了記憶體可能不足的問題，所以可以正常運作：

```
fileobject = open(filename, 'r')
for line in fileobject:  ← 由物件一次讀一行
    . . . 收集年齡資訊. . .
fileobject.close()
```

如果您想要讓開檔變得更簡單，並且只想取得檔案中每一行的前兩個欄位（名字和年齡），這時可以自訂一個 LineReader 類別如下：

```
class LineReader:
    def __init__(self, filename):
        self.fileobject = open(filename, 'r')
    def __getitem__(self, index):       ← 在類別中定義了__getitem__()
        line = self.fileobject.readline()   ← 一次只讀一行
        if line == "":    ← 讀不到資料後關閉檔案並拋出
            self.fileobject.close()   IndexError 讓迴圈結束
            raise IndexError

        else:
            return line.split("::")[:2]   ← 只取前二個元素，回傳名字和年齡
```

定義好 LineReader 類別後，就可以如下以 for 迴圈來逐行讀取並處理名字、年齡等資料：

```
for name, age in LineReader("test.txt"):   ← 建立物件後不取名，直接用於迴圈
    . . . 處理名字和年齡. . .
```

乍看之下，這個例子好像比原本的解決方案更糟糕，因為程式碼更多，而且不好理解。但是其優點是大部分程式碼都集中在一個類別中，只要將這個類別放入自己的模組中，例如 myutils 模組，以後寫程式時就會很輕鬆了：

```
import myutils
for name, age in myutils.LineReader("test.txt"):
    . . . 處理名字和年齡. . .
```

雖然 Python 本身已經有好幾種的 method 可以讀取檔案，但是這個例子主要是用來展示這個觀念：LineReader 類別負責處理開檔、它的 __getitem__() 一次讀取一行、和關檔的所有細節。它以剛開始的開發時間為代價，換來的是讓處理大型文字檔變得更容易、更不會出錯的工具。一旦您理解這個觀念，未來很多情況都能以相同原理來實際應用。

動手試一試：__getitem__

上述實作 LineReader 類別的 __getitem__ 在許多情況下無法正常運作，請問無法正常運作的情況有哪些？

17.7 用 __setitem__ 自訂可用索引賦值的物件

上一節介紹的 __getitem__ 特殊 method 可以讓我們以索引取值，而 __setitem__ 則能讓我們使用 object[n]=value 形式以索引賦值。下面範例用 __setitem__ 擴充了上一節 MyList 類別的功能，這樣我們的物件就更像 list 了：

```
>>> class MyList():
...     def __init__(self, length):
...         self.list = [None]*length
...     def __getitem__(self, index):
...         if index >= len(self.list):
...             raise IndexError
...         return self.list[index]
...     def __setitem__(self, index, element):
...         self.list[index] = element
...
>>> c = MyList(3)          ← 建立一個包含 3 個元素的物件
>>> list(c)                ← 查看物件內部的所有元素值
[None, None, None]
>>> c[1] = "One"           ← 以索引賦值
>>> c[1]                   ← 以索引取值
'One'
>>> list(c)
[None, 'One', None]
```

初始化 3 個 None 元素

Python 會將 object[n]=value 形式的索引賦值轉換為呼叫 object.__setitem__(n, value)，以上例來說 n 值會傳入 __setitem__ 成為其 index 參數，而 value 則會傳入成為其 element 參數。

17.8 賦予自訂物件更多類似 list 的功能

本節將自己建立一個類似 list 的資料型別，稱為 TypedList，與 list 相異之處在於 TypedList 內的元素必須都是同一種資料型別，例如全部都是字串或全都是數字，就像多數程式語言的陣列只能允許一種型別的元素一樣。

在大型程式中，TypedList 可以幫助您追蹤錯誤，若嘗試加入錯誤型別的元素就會導致錯誤，從而可在程式開發的早期階段就發現問題。

下面是這個 TypedList 類別的程式碼開頭部份：

```
class TypedList:
    def __init__(self, example_element, initial_list=[]):
        self.type = type(example_element)
        if not isinstance(initial_list, list):
            raise TypeError("TypedList的第2個參數必須是list.")
        for element in initial_list:
            if not isinstance(element, self.type):
                raise TypeError("新元素的型別不允許加入此TypedList.")
        self.elements = initial_list[:]
```

上面 __init__ 的 example_element 參數是用來定義 TypedList 可允許的元素型別，所以我們能夠用以下形式呼叫 TypedList 類別來建立物件：

```
x = TypedList ('Hello', ["List", "of", "strings"])
```

第一個參數 'Hello' 並不會進入物件成為元素，它只是用來讓 type() 取得型別，定義 TypedList 可允許的元素型別（在本例中為字串）。第二個參數是提供一個初始 list 的值，這個參數可用可不用，__init__ 裡面會檢查初始 list 內的元素是否都是可允許的型別，如果型別有誤，則會拋出 TypeError 例外。

接下來讓我們寫完 TypedList 類別的程式碼，因為常需要對新元素進行型別檢查，所以檢查功能被獨立出來成為私有方法 __check：

```
class TypedList:
    def __init__(self, example_element, initial_list=[]):
        self.type = type(example_element)
        if not isinstance(initial_list, list):
            raise TypeError("TypedList的第2個參數必須是list.")
        for element in initial_list:
            self.__check(element)
        self.elements = initial_list[:]

    def __check(self, element):
        if type(element) != self.type:
            raise TypeError("新元素的型別不允許加入此TypedList.")

    def __setitem__(self, i, element):
        self.__check(element)
        self.elements[i] = element

    def __getitem__(self, i):
        return self.elements[i]
```

現在，TypedList 類別所建立的物件會更像 list，請如下測試：

```
>>> x = TypedList("", 5 * [""])  ← 由字串組成的list
>>> x[2] = "Hello"
>>> x[3] = "There"
>>> print(x[2] + ' ' + x[3])
Hello There
>>> a, b, c, d, e = x  ← 用自動解包的方式取出 TypedList 的 5 個元素
>>> a, b, c, d, e
('', '', 'Hello', 'There', '')
>>> x[1] = 123  ← 若試圖將元素設定為數字，便會拋出例外異常
Traceback (most recent call last):
  File "<pyshell>", line 1, in <module>
  File "<pyshell>", line 13, in __setitem__
  File "<pyshell>", line 11, in __check
TypeError: 新元素的型別不允許加入此TypedList.
```

若想要一個更完整的 TypedList，以便在各方面都表現得和 list 一樣，還需要實作更多程式碼：

- __setitem__ 和 __getitem__ 應重新改寫，以便物件可以處理索引與切片存取。
- 定義 __add__ 特殊 method，以便讓物件支援 + 運算符，可以連接多個 TypedList。
- 定義 __mul__ 特殊 method，以便讓物件支援 × 運算符。
- 定義 __len__ 特殊 method，以便支援 len() 函式，計算目前元素個數。
- 定義 __delitem__ 特殊 method，以便支援 del 敘述，刪除其中的元素。
- 定義 append、insert、extend 等 method，才能有跟 list 一樣的方式將元素加到 TypedList 中。

前面這些範例可以讓您理解如何從零開始實作類似 list 的型別，這些是很好的練習，但這也是一項耗時的工作，下一節我們會為您介紹更輕鬆的方式。

動手試一試：實作特殊 method

- 請嘗試為本節的 TypedList 實作 __len__、__delitem__、append 等 method。

17.9 繼承內建型別來產生新的型別

在實務上，如果您的程式確實需要自行實作一個類似 list 的型別，最快的方式就是繼承 list 或 UserList，然後再重寫部份 method，這樣就能直接擁有 list 的完整功能，又可以自訂自己的功能，這可說是物件導向程式設計最方便的優點之一。

17.9.1 繼承 list

我們將重新改寫上一節的 TypedList，這次會直接繼承 list，再重寫部份 method 以檢查型別，而不是像前面那樣從零開始。這個方式的一大優點是 TypedList 會直接具備所有 list 的功能，不用自己一個一個實作所有特殊 method：

```
class TypedListList(list):                         ← 繼承自list
    def __init__(self, example_element, initial_list=[]):
        self.type = type(example_element)
        if not isinstance(initial_list, list):
            raise TypeError("TypedList的第2個參數必須是list.")
        for element in initial_list:
            self.__check(element)
        super().__init__(initial_list)  ← 呼叫父類別的 __init__ 來進行初始化

    def __check(self, element):
        if type(element) != self.type:
            raise TypeError("新元素的型別不允許加入此TypedList.")

    def __setitem__(self, i, element):
        self.__check(element)
        super().__setitem__(i, element)← 呼叫父類別的 __setitem__ 來設定元素值
```

請如下進行測試：

```
>>> x = TypedListList("", 5 * [""])
>>> x[2] = "Hello"
>>> x[3] = "There"
>>> print(x[2] + ' ' + x[3])
Hello There
>>> x + TypedListList("", 3 * ["str"])
['', '', 'Hello', 'There', '', 'str', 'str', 'str']
>>> x[:]
['', '', 'Hello', 'There', '']
>>> del x[2]
>>> x[:]
['', '', 'There', '']
>>> x.sort()
>>> x[:]
['', '', '', 'There']
>>> x[1] = 123
Traceback (most recent call last):
  File "<pyshell>", line 1, in <module>
  File "<pyshell>", line 13, in __setitem__
  File "<pyshell>", line 11, in __check
TypeError: 新元素的型別不允許加入此TypedList.
```

具備 list 的所有功能

也具備我們自訂的型別檢查功能

上面重新改寫了 __setitem__ 以便在設定元素時檢查型別，其他 method 則無需更改，直接繼承 list 原本的功能。所以如果只需要少量的變化，繼承內建型別可以節省相當多的時間，因為大部分的程式碼無需改變即可直接使用。

17.9.2 繼承 UserList

如果您需要 list 的變形，還有另一種選擇：繼承 UserList 類別，這是在 collections 模組中的類別。之所以會有 UserList 是因為 Python 早期版本無法繼承 list 型別，所以才會額外做一個 UserList 類別。

UserList 仍然很有用，它與 list 型別不同之處，在於繼承 list 型別後必須呼叫父類別的 method 才能存取 list，而繼承 UserList 後則可以直接透過 data 屬性來存取 list：

```
from collections import UserList
class TypedUserList(UserList):  ← 這次是繼承自 UserList
    def __init__(self, example_element, initial_list=[]):
        self.type = type(example_element)
        if not isinstance(initial_list, list):
            raise TypeError("TypedList的第2個參數必須是list.")
        for element in initial_list:
            self.__check(element)
        super().__init__(initial_list)

    def __check(self, element):
        if type(element) != self.type:
            raise TypeError("新元素的型別不允許加入此TypedList.")

    def __setitem__(self, i, element):
        self.__check(element)
        self.data[i] = element  ← 可以直接對 data[i] 屬性賦值

    def __getitem__(self, i):
        return self.data[i]  ← 直接由 data[i] 屬性取值而不用
                               super().__getitem__()

>>> x = TypedUserList("", 5 * [""])
>>> x[2] = "Hello"
>>> x[3] = "There"
>>> print(x[2] + ' ' + x[3])
Hello There
>>> a, b, c, d, e = x
>>> a, b, c, d
('', '', 'Hello', 'There')
>>> x[:]
['', '', 'Hello', 'There', '']
>>> del x[2]
>>> x[:]
['', '', 'There', '']
>>> x.sort()
>>> x[:]
['', '', '', 'There']
```

此範例與前面繼承 list 的範例大同小異，唯一的差別就是透過 data 屬性直接對 list 取值與賦值。在某些情況下，直接存取底層資料結構可能很有用。除了 UserList 之外，還有 UserDict 和 UserString 也具有相同的特性。

17.10 使用特殊 method 的時機

通常，使用特殊 method 時最好要謹慎一點，因為出問題的時候，維護程式碼的程式設計師可能需要花不少時間，才能找出為何一個序列物件可以正確以索引取值而另一個卻不能。

以下是我的使用準則：

- **直接實作需要的特殊 method**：如果我需要的類別和 Python 內建型別的功能不是很像，此時只好自己實作特殊 method 來讓 Python 自動呼叫，這種情況最常發生在自訂物件需要類似序列物件功能的時候。
- **繼承內建型別**：如果我的類別與內建型別的行為**幾乎相同**，我會繼承內建型別，再依照需求改寫部份 method。

這些準則不是硬性規定，例如為所有自訂類別都定義好 __str__ 是一個好主意，這樣您就可以在除錯時以 print() 輸出必要的除錯訊息。

動手試一試：繼承內建型別

- 假設您想要一個類似字典的型別，但它只允許字串作為鍵。建立這樣的類別有哪些選擇？每種選擇的優缺點是什麼？

重點整理

- Python 的型別與類別是同義詞。
- 下表列出可檢查型別與類別的函式與屬性：

type()	取得物件的型別
物件 .__class__	得物件所屬類別
類別 .__ name__	取得該類別的名稱
類別 .__ bases__	找出該類別繼承自哪個類別
isinstance(物件 , 類別)	判斷物件與某個類別是否有從屬或繼承關係
issubclass(類別 1, 類別 2)	判斷類別 1 與類別 2 是否有繼承關係

- 鴨子型別要求 Python 程式不要去檢查物件的型別，只要該物件具有我們需要的功能即可使用。
- 下表列出本章介紹的物件特殊 method：

__str__	以字串形式來表示該物件
__getitem__	讓物件可被走訪與索引取值
__setitem__	讓物件可用索引賦值

- 繼承內建型別來自訂型別可以立刻具有內建型別的完整功能，又可以自訂自己的功能。

Chapter 18

套件

本章涵蓋

- ○ 套件的定義
- ○ 套件的運作方法
- ○ 套件的具體範例
- ○ 使用 __all__ 定義 import * 要匯入的名稱
- ○ 套件的正確使用方式

想要重覆使用一小段程式碼可透過匯入模組（參見第 10 章）來達成，然而隨著專案規模變大，您想要重新使用的程式碼無論在實體上或邏輯上，可能都大到無法全部塞到一個檔案時，問題就出現了。用一個很大的模組檔無法滿足需求，那麼改用大量的小模組檔也好不到哪裡去，解決之道是將有關聯的模組合併到一個套件中。

18.1 什麼是套件

模組（module）是一個包含 Python 程式碼的**檔案**，通常模組內定義了一組相關的 Python 函式、變數或類別，而模組的名稱則就是檔案的名稱。

當您瞭解模組，那麼套件就很簡單了，因為套件是一個包含 Python 程式碼的**目錄**(資料夾)。通常套件中包含一組相關的程式檔案(模組)，套件的名稱則是最上層目錄的名稱。

套件本質上是模組概念的延伸，旨在處理非常大的專案，正如**模組把相關的函式、變數和類別聚集在一個檔案一樣，套件則是將相關的模組聚集在一個目錄**。

18.2 套件的運作方式

為了說明套件實際的運作方式，讓我們假設您正準備設計一個非常大的 mathproj 專案，這是一個沿著 Mathematica、Maple、或 MATLAB 的思路而來的通用數學套件，對於這樣的大專案，採用層次結構的設計佈局可以讓專案井然有序。下面就是 mathproj 專案的結構設計圖：

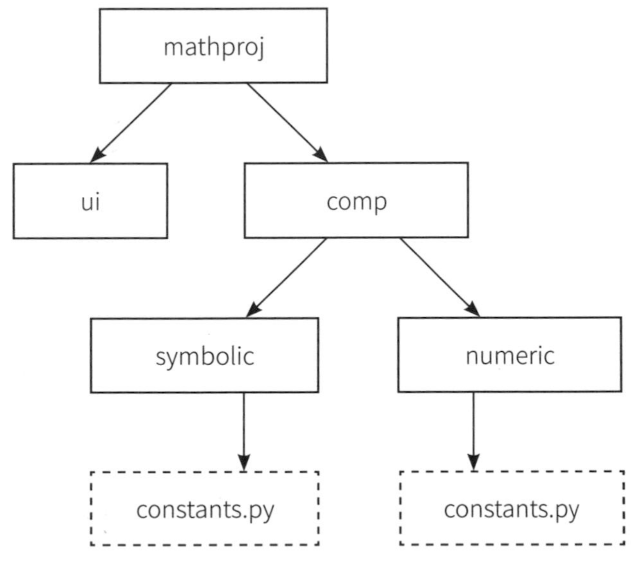

圖 18.1 mathproj 套件的階層架構

我們將這個專案分為兩個部分：ui 包含使用者介面 UI 元素，而 comp 包含數學計算元素。在 comp 中，還可以將數學計算進一步細分為 symbolic（實數和複數的符號計算，如高中代數）和 numeric（實數和複數的數值計算，如數值積分），那麼在 symbolic 和 numeric 部分都會有一個定義常數的 constants.py 檔也很合理。

專案中 numeric 部分的 constants.py 檔將 pi 定義為：

```
pi = 3.141592
```

而 symbolic 部分的 constants.py 檔則如下定義 pi：

```
class PiClass:
    def __str__(self):
        return "PI"
pi = PiClass()
```

這意味著像 pi 這樣的名稱可以同時在兩個相同名稱的 constants.py 檔案中使用（並從中匯入），symbolic 的 constants.py 檔將 pi 定義為抽象 Python 物件，它只是 PiClass 類別所建立的一個物件。隨著系統日後的開發，可以在這個類別中增加各種操作，這些操作傳回的結果都會是符號而不是數字。

這個設計結構可以很自然地對應為目錄結構，專案的最上層目錄稱為 mathproj，包含了子目錄 ui 和 comp；comp 目錄還包含 symbolic 和 numeric 的子目錄，而 symbolic 和 numeric 目錄中都有自己的 constants.py 檔案。

轉換為目錄結構之後，並假設 mathproj 目錄已經安裝在 Python 搜尋路徑中，日後您的 Python 程式碼便可以用 mathproj.symbolic.constants.pi 和 mathproj.numeric.constants.pi 來存取兩個 pi 的定義。換句話說，Python 套件中函式、變數或物件的名稱是由該套件的目錄路徑和檔案名稱所組成的。

這就是套件的基本運作方式，套件可以讓程式碼分拆在不同的檔案和目錄之間，並且把套件的目錄結構加到函式、變數或物件的名稱中，以便將大量 Python 程式碼分門別類組織在一起。不過請注意，其實套件並沒有那麼簡單，因為一些細節會讓它們實際使用起來比理論上稍微複雜一點，套件實際上的問題將是本章接下來的主要內容。

18.3 套件的具體範例

本章接下來會使用一個可執行的範例來說明套件機制的內部工作原理，這個套件的架構請參見圖 18.2：

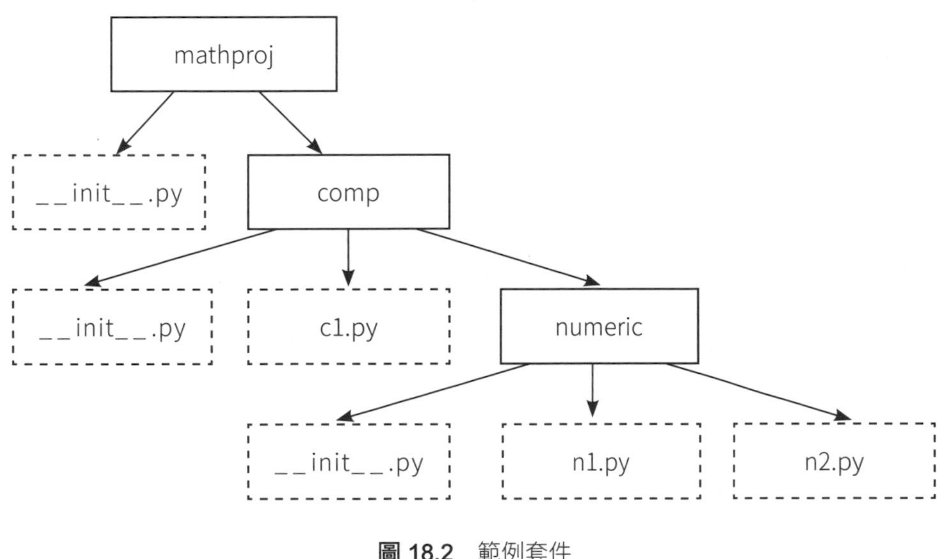

圖 18.2 範例套件

範例套件中用到的檔案內容如下：

mathproj/__init__.py

```
print("Hello from mathproj init")
__all__ = ['comp']
version = 1.03
```

mathproj/comp/__init__.py

```
__all__ = ['c1']
print("Hello from mathproj.comp init")
```

mathproj/comp/c1.py

```
x = 1.00
```

mathproj/comp/numeric/__init__.py

```
print("Hello from numeric init")
```

mathproj/comp/numeric/n1.py

```
from mathproj import version
from mathproj.comp import c1
from mathproj.comp.numeric.n2 import h
def g():
    print("version is", version)
    print(h())
```

mathproj/comp/numeric/n2.py

```
def h():
    return "Called function h in module n2"
```

為了測試本章範例，請依照上述架構建立一個 mathproj 目錄，然後將 mathproj 目錄放在 Python 搜尋路徑下（參見 10.4 節），或者放在 Python 交談模式的當前目錄也可以（參見 10.2 節）

請注意，測試本書的大多數範例時，並沒有必要為每個範例重新啟動一個新的 Python 交談模式，通常您都可以在同一個 Python 交談模式中測試多個範例，每個範例仍然可以顯示正確的結果。但是本章的範例卻並非如此，內文中有時會看到需要重新啟動交談模式，這是因為測試新範例時需要讓 Python 命名空間是全新的狀態，以確保套件沒有被上個範例的 import 敘述匯入過，這樣才能讓範例正常運作。

18.3.1 套件中的 __init__.py 檔

您會注意到套件所有的目錄中都包含一個名為 __init__.py 檔，該檔案有兩個用途：

- Python 要求目錄中必須包含 __init__.py 檔，才能將這個目錄識別為套件的目錄。這個要求可防止其他不屬於套件的 Python 程式碼目錄被意外匯入。
- 第一次匯入套件時，Python 會自動執行 __init__.py 檔，所以您可以將套件初始化的程式碼放在 __init__.py 檔。

如果套件不需要初始化的動作，那麼您不需要在 __init__.py 檔放入任何內容，只需有一個空的 __init__.py 檔即可。

18.3.2 mathproj 套件的基本用法

請啟動一個新的 Python 交談模式，並執行以下操作：

```
>>> import mathproj
Hello from mathproj init
```

如果一切順利，您應該不會看到錯誤訊息，只會看到 mathproj/__init__.py 檔案執行後顯示的『Hello from mathproj init』訊息。我很快就會進一步討論 __init__.py 檔，目前您只要知道當首次匯入套件時，都會自動執行 __init__.py 檔案。

mathproj/__init__.py 檔裡面定義了 version 變數的值為 1.03，這個 version 變數處於 mathproj 套件的命名空間內，您可以透過 mathproj 存取該變數：

```
>>> mathproj.version
1.03
```

在使用上，套件看起來很像模組，您可以透過屬性存取其中所定義的物件。這並其實不奇怪，因為套件本來就是模組的另一種應用。

18.3.3 匯入子套件和子模組

現在開始檢視 mathproj 套件中定義的檔案之間如何交互作用，為此，我們將呼叫 mathproj/comp/numeric/n1.py 檔中定義的函式 g，不過第一個顯而易見的問題是該模組是否已匯入？您已經匯入了 mathproj，但它的子套件有沒有匯入呢？要測試 Python 是否已經知道該子套件的存在，請輸入：

```
>>> mathproj.comp.numeric.n1
Traceback (most recent call last):
  File "<stdin>", line 1, in <module>
AttributeError: module 'mathproj' has no attribute 'comp'
```

換句話說，匯入套件最上層並不會匯入所有子套件，這符合 Python 的理念，也就是它不應該在您背後做事，透明性比簡潔更重要。

這個限制很容易克服，您可以如下匯入子套件中的 n1 模組，然後執行該模組中的函式 g：

```
>>> import mathproj.comp.numeric.n1
Hello from mathproj.comp init
Hello from numeric init
>>> mathproj.comp.numeric.n1.g()
version is 1.03
Called function h in module n2
```

由上層及上上層的 __init__.py 印出來的

上面可以看到匯入時會顯示兩行 Hello 開頭的訊息，這兩行訊息是由 mathproj/comp 和 mathproj/comp/numeric 中 __init__.py 檔案的 print 述所印出。

換句話說，在 Python 匯入 mathproj.comp.numeric.n1 之前，它必須先匯入上一層的 mathproj.comp 然後再匯入 mathproj.comp.numeric。而每當首次匯入套件時，都會執行其關聯的 __init__.py 檔。若要確認 mathproj.comp 和 mathproj.comp.numeric 已成為匯入 mathproj.comp.numeric.n1 過程的一部分，您可以檢查 Python 是否已經知道 mathproj.comp 和 mathproj.comp.numeric 這兩個子套件：

```
>>> mathproj.comp
<module 'mathproj.comp' from 'mathproj/comp/__init__.py'>
>>> mathproj.comp.numeric
<module 'mathproj.comp.numeric' from 'mathproj/comp/numeric/__
init__.py'>
```

Python 叫得出 mathproj.comp 的資訊

Python 叫得出 mathproj.comp.numeric s的資訊

18.3.4 從套件內部匯入其他子套件

套件中的檔案不能自動存取同一套件中其他檔案所定義的物件，與外部程式一樣，必須使用 import 述明確地匯入其他子套件或子模組後，才能存取其物件。要了解這種 import 的用法，請回顧一下 n1 子套件，下面是 n1.py 中的程式碼：

```
from mathproj import version
from mathproj.comp import c1
from mathproj.comp.numeric.n2 import h
def g():
    print("version is", version)
    print(h())
```

g() 函式會用到最上層 mathproj 套件中的 version 變數，以及來自 n2 模組的函式 h()。因此，n1 模組首先必須像外部程式匯入 mathproj 套件的 version 變數那樣，以 from mathproj import version 匯入 version。

接著 n1 模組再用 from mathproj.comp.numeric.n2 import h 將 h() 函式匯入到程式碼中，無論是套件外部或內部的任何程式檔，都要這樣做才能取得套件其他模組定義的變數、函式或類別。

用相對路徑匯入模組

因為 n2.py 與 n1.py 位於同一目錄，所以您還可以用類似相對路徑的方式來匯入，只要在子模組名稱前加一個點即可表示目前目錄。換句話說，n1.py 的第三行可以改成『from **.n2** import h』，一樣可以正常運作。

您可以用更多的點來表示套件層次結構中的上層目錄，例如 n1.py 中的前三行：

```
from mathproj import version
from mathproj.comp import c1
from mathproj.comp.numeric.n2 import h
```

可以改寫為：

```
from ... import version        ← 從上二層目錄匯入
from ..  import c1             ← 從上一層目錄匯入
from .n2 import h              ← 從目前目錄匯入
```

以相對路徑的方式匯入可以少打很多字，但請注意它們與模組的 __name__ 屬性有相關性，若是套件中的模組被當成主程式來執行，該模組的 __name__ 屬性將會是 __main__，此時便無法使用相對路徑的方式匯入。

18.4 用 __all__ 定義 import * 要匯入的名稱

如果您回頭看一下 mathproj 套件中的各個 __init__.py 檔案，您會發現其中一些定義了一個名為 __all__ 的變數，這個變數指定『from ... import *』要匯入哪些子套件、模組、函式、變數 ... 等名稱。

讓我們回頭複習一下 mathproj 套件下 __init__.py 檔案的內容：

mathproj/__init__.py

```
print("Hello from mathproj init")
__all__ = ['comp']
version = 1.03
```

mathproj/__init__.py 檔案中 __all__ 的變數值是 ['comp']，所以執行『from mathproj import *』會匯入 comp 套件，但是不會匯入 version 變數。

請重新啟動 Python 交談模式，然後如下操作：

```
>>> from mathproj import *
Hello from mathproj init
Hello from mathproj.comp init
>>> comp
<module 'mathproj.comp' from 'C:\\temp\\mathproj\\comp\\__init__.
py'>  >>> version
Traceback (most recent call last):
  File "<stdin>", line 1, in <module>
NameError: name 'version' is not defined
```

已經匯入 comp

version 並未匯入

若 __init__.py 檔案中未定義 __all__ 變數，那麼『from ... import *』就不會匯入任何名稱。另外 __all__ 變數只對『from ... import *』有效，所以您仍然可以如下匯入 __all__ 未定義的名稱：

```
>>> from mathproj import version
>>> version
1.03
>>> import mathproj
>>> mathproj.version
1.03
```

請注意，『from ... import *』並不會遞迴地往下層匯入名稱，例如『from mathproj import *』會匯入 comp 套件，雖然 comp 套件下 __init__.py 檔案的 __all__ 變數有包含 c1，但是並沒有自動地匯入 c1：

```
>>> c1
Traceback (most recent call last):
  File "<stdin>", line 1, in <module>
NameError: name 'c1' is not defined
```

您必須明確的從 mathproj.comp 匯入才會包含 c1：

```
>>> from mathproj.comp import *
>>> c1
<module 'mathproj.comp.c1' from 'mathproj/comp/c1.py'>
```

18.5 套件的正確使用方式

大多數套件不會像本章例子的結構那麼複雜，雖然套件機制允許在套件在設計時有很大的自由度，可以用來建構非常複雜的套件，但一般來說，其實並沒有那個必要。

以下是一些適用於大多數情況的建議：

- 套件不應使用太多層的目錄結構，除了非常龐大的程式碼之外，一般來說應該沒有必要這樣做，對於大多數套件而言，只需一個最上層的目錄即可，對於稍微複雜的狀況，兩層式的套件架構應該足以有效地處理，正如 Tim Peters 在『The Zen of Python』(Python 之禪，參見附錄 A) 所寫的『Flat is better than nested.』(平舖勝於嵌套)。
- 雖然您可以特意在 __all__ 屬性不列出某些名稱，以便讓『from ... import *』不會匯入名稱，但這樣做可能不是一個好主意，因為這將導致名稱不一致的問題。如果要隱藏名稱，可使用 _ 底線開頭來命名，將它們設為私有名稱。

動手試一試：套件

假設您正在設計一個處理 URL 的套件，其功能包括找出該 URL 指向頁面上所有的圖像，找出後將它們調整為標準大小並儲存起來。請暫時忽略如何撰寫這些函式的具體細節，您應該如何設計將這些功能組織到一個套件中？

LAB 18：建立套件

在第 14 章中，您已經將例外處理加入到第 11 章所建立的字數統計程式中，請將該程式改為一個套件，這個套件包含一個文字前置處理的模組、一個統計字數的模組、和一個自定例外的模組。然後寫一個會用到這三個模組的主程式。

重點整理

- 套件是包含 Python 程式碼的目錄，將相關的模組聚集在一起。
- 套件的目錄中一定要包含 __init__.py，其中可以包含載入套件的初始化動作，也可以留空。
- __init__.py 中的 __all__ 變數，是用來指定『from ... import *』這個敘述要匯入哪些子套件、模組、函式、變數 ... 等。
- 套件（子套件）、模組、函式的架構整理如下：

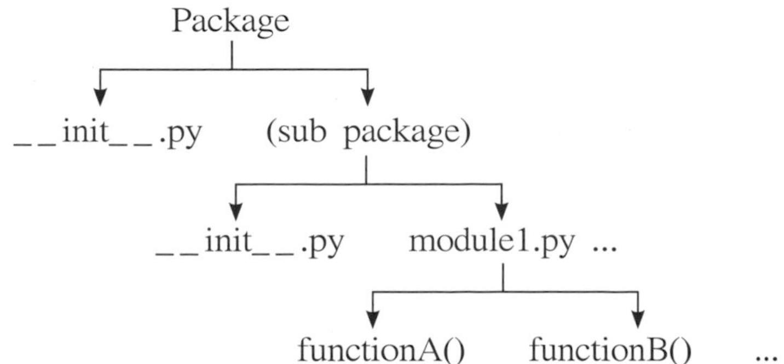

Chapter 19

使用 Python 函式庫

本章涵蓋

- 使用標準函式庫
- 使用 pip 安裝第三方套件
- 使用 virtualenv 建立虛擬環境
- 透過 PyPI 網站尋找套件

Python 長期以來主要優勢之一是其「內建電池」及「外接電源」的理念，這意味著 Python 預設已內建了一個功能極為豐富的標準函式庫，而且若不夠用，還可以另外安裝其他功能更多、更強大的第三方函式庫，因此絕對可以讓您輕鬆、快速地處理各種情況。本章將概略說明標準函式庫包含了哪些功能，並且提供如何尋找和安裝外部第三方函式庫的一些建議。

19.1 「內建電池」：標準函式庫

Python 的標準函式庫由大量的模組與套件組成，其中有一部份是內建的資料型別（例如數字和 list）、常數、函式、例外異常，這些都會直接載入到記憶體，因此不需要 import 就可以直接使用，其他大部分功能則是分門別類放在不同模組或套件中，這些則需要 import 後才能使用。

Python 標準函式庫具備豐富功能，本章會概略介紹其中五種用途的函式庫：資料處理、檔案與資料庫、作業系統、網際網路服務的伺服器和客戶端、以及程式開發與除錯工具。

Python 標準函式庫當然不只上列五種功能，關於最完整和最新的資訊，建議您花時間閱讀 Python 函式庫的參考文件（docs.python.org/zh-tw/3/library/index.html）。特別是在尋找外部函式庫之前，請務必瀏覽一下 Python 的標準函式庫，您可能會訝異原來裡面已經有您需要的函式了。

資料處理模組

標準函式庫中處理資料的模組可分為三大類：字串相關模組、資料型別模組、數值與數學模組。

表 19.1 是字串相關模組中處理字串和 bytes 物件的模組，這些模組主要有三種用途：字串和文字處理、bytes 物件、以及 Unicode 編碼。

表 19.1　字串相關模組

模組	功能與使用時機
string	存取字串常數的定義，例如 string.whitespace 定義了 Python 視為空白的字元（參見第 6 章）
re	使用常規表達式搜尋和替換文字（參見第 16 章）
struct	以結構化資料讀寫二進位檔案（參見第 13 章）
difflib	比對兩個文字檔的差異處，建立 patch 檔或 diff 檔
textwrap	透過分隔線或空格來格式化文字段落

表 19.2 是資料型別相關的模組，涵蓋各種資料型別，包括時間、日期和集合。

表 19.2　資料型別模組

模組	功能與使用時機
datetime, calendar	日期與時間（參見第 20 章）、日曆
collections	容器型別
enum	列舉型別
array	高效率的數值類型陣列
sched	事件排程器
queue	同步佇列類別
copy	淺層和深層拷貝（參見第 5 章）
pprint	資料美化列印（參見第 22 章）
typing	為變數、函式參數和傳回值加上型別宣告的提示

表 19.3 列出了數值與數學模組中常用的模組，顧名思義，這些模組可以用來處理數字和數學運算，其中包括了建立自己的數值類型、以及處理各種數學運算所需的工具。

表 19.3　數值與數學模組

模組	功能與使用時機
numbers	抽象化的數值基底類別（base class）
math, cmath	實數與複數運算的數學函式（參見第 4 章）
decimal	精準的十進制浮點數
statistics	統計相關的函式
fractions	有理數運算
random	產生隨機亂數
itertools	用來建立類似 range() 的多種產生器
functools	提供多種可將函式作為參數的函式
operator	提供一組與標準算符功能類似的函式

檔案、路徑、與資料庫

表 19.4 列出了與檔案、路徑、資料庫相關的模組，提供檔案讀寫、資料庫存取、檔案壓縮、處理特殊檔案格式等功能。

表 19.4 檔案、路徑、資料庫相關模組

模組	功能與使用時機
os.path	處理相對路徑與絕對路徑名稱（參見第 12 章）
pathlib	以物件導向的方式處理路徑名稱（參見第 12 章）
fileinput	用來逐行處理多個檔案的內容（參見第 11 章）
filecmp	比對檔案和目錄
tempfile	產生暫存檔案和目錄
glob, fnmatch	用萬用字元匹配目錄與檔案名稱（參見第 12 章）
linecache	以行為單位隨機存取文字檔內容
shutil	進階的檔案系統操作（參見第 12 章）
pickle, shelve	將 Python 物件轉換為資料結構寫入檔案（參見第 13 章）
sqlite3	使用 SQLite 資料庫（參見第 23 章）
zlib, gzip, bz2, zipfile, tarfile	檔案壓縮（參見第 20 章）
csv	讀寫 csv 檔（參見第 21 章）
configparser	讀寫 Windows 系統常用的 ini 設定檔

存取作業系統服務

表 19.5 列出了用於存取作業系統服務的模組，此類模組用於處理命令列參數、輸出入重導、寫入日誌檔、多執行緒、多行程 (多進程)、以及載入非 Python（通常為 C）函式庫的工具。

表 19.5　作業系統相關模組

模組	功能與使用時機
os	與作業系統相關的函式（參見第 12 章）
io	處理各種不同類型 I/O 的工具
time	時間存取和轉換
optparse	解析命令列參數選項
logging	Python 的日誌檔記錄工具
getpass	讓使用者輸入密碼
curses	終端機的特殊字元處理與顯示
platform	存取底層的作業系統與硬體識別資料
ctypes	載入 C 語言所寫的函式庫
select	等待 I/O 讀寫操作完成
threading	多執行緒
multiprocessing	多行程（多進程）
subprocess	呼叫外部程式並取得執行結果

網路伺服器與客戶端功能

這類模組可以用來為網路標準服務（尤其是 HTTP）編寫伺服器和客戶端，也能夠製作客製化的通訊服務，另外也包含了多種網路資料交換的標準格式編碼與解碼，例如 MIME、JSON 和 XML 等。表 19.6 列出了其中最常用的模組。

表 19.6　網際網路相關模組

模組	功能與使用時機
socket, ssl	網路客戶端、SSL 加密包裝器
email	電子郵件和 MIME 處理
json	JSON 編碼器和解碼器（參見第 22 章）
mailbox	處理各種格式的電子郵件信箱檔案
mimetypes	檔案名稱與 MIME 類型的對應表

模組	功能與使用時機
base64, binhex, binascii, quopri, uu	使用各種編碼對檔案或網路串流進行編碼 / 解碼
html.parser, html.entities	解析 HTML 和 XHTML
xml.parsers.expat, xml.dom,xml.sax, xml.etree.ElementTree	各種 XML 解析器和工具
cgi, cgitb	HTTP 伺服器執行外部程式的閘道介面
Wsgiref	HTTP 伺服器執行外部 Python 程式的閘道介面
urllib.request, urllib.parse	連線 URL，取得並解析伺服器回應的資料
ftplib, poplib, imaplib, nntplib,smtplib, telnetlib	各種網際網路協定的客戶端工具
socketserver	網路伺服器
http.server	HTTP 伺服器
xmlrpc.client, xmlrpc.server	XML-RPC 客戶端和伺服器

開發和除錯工具

表 19.7 列出了多種模組可以幫助您進行除錯、測試、修改、以及在執行時期和 Python 程式碼進行交談。

表 19.7　開發、除錯相關模組

模組	功能與使用時機
pydoc	將 docstring 彙整成純文字文件或 HTML 文件
doctest	依照 docstring 裡面的測試準則 (test case) 進行測試
unittest	單元測試 (Unit testing) 框架
test.support	用於測試的公用程式
pdb	Python 除錯器
profile, cProfile	Python 執行分析器，用來統計程式各個部分的執行次數和執行時間
timeit	測量小片段程式碼的執行時間
trace	追蹤或回溯哪一個 Python 敘述發生錯誤或異常
sys	與 Python 解譯器相關的參數和功能 (參見第 13 章)

模組	功能與使用時機
atexit	用來定義 Python 解釋器終止時會自動執行的程式
__future__	內含較新版本才有的新功能定義，可讓您在較舊版本的 Python 中使用新版 Python 才有的功能
gc	垃圾（不再使用的物件）收集器的操作介面
inspect	取得記憶體中現有物件的即時資訊
imp	存取已匯入模組的內部資訊
zipimport	從 zip 壓縮檔匯入模組
modulefinder	尋找 Python 程式檔所使用的所有模組

標準函式庫以外

儘管「內建電池」的豐富標準函式庫意味著 Python 很多功能都是匯入即用，但有時難免會需要一些 Python 未附帶的功能。當您在標準函式庫找不到想要的功能時，接下來的內容將說明您有哪些方法可「外接電源」來安裝更多的第三方套件。

19.2 用安裝檔新增 Python 函式庫

尋找 Python 第三方函式庫 (套件或模組) 最簡單的方法就是使用搜尋引擎，只要在搜尋引擎輸入需要的功能，例如輸入 "Python mp3 tags"，然後搜尋引擎就會找出可能的結果。如果幸運的話，您會直接找到已經針對作業系統預先打包好的函式庫安裝檔，例如 Windows 或 macOS 上可執行的安裝程式，或者 Linux 發行版的 rpm、deb 套件檔。

這是將函式庫增加到 Python 中最簡單的方法之一，因為安裝程式或 Linux 套件管理程式會負責處理函式庫安裝到系統的所有細節，這種方式通常用來安裝比較複雜的函式庫，例如具有複雜建構要求和相依性的科學函式庫。

不過請注意，通常除了科學函式庫之外，這些預先製作好的函式庫可能不符合 Python 軟體的原則，這些安裝檔內的函式庫版本往往不是最新版，而且要改變安裝位置或更新版本也比較不方便。

19.3 使用 pip 安裝 Python 函式庫

如果沒有找到為您的平台預先打包的函式庫，那麼勢必要下載該函式庫的原始程式碼來安裝，這會帶來一些問題：

- 首先，您必須先找到其原始碼並下載它。
- 即使是只有單一檔案 Python 模組，若要正確安裝它，您需要先花時間找出 Python 的模組搜尋路徑，然後可能還會遇到系統權限相關的麻煩。

這時候標準安裝系統就很有助益，Python 提供 pip 作為這兩個問題的解決方案。pip 會從 Python 套件索引（容後詳述）下載該套件以及與該套件相依的函式庫，並負責安裝它們。pip 的基本語法非常簡單。假設要安裝 requests 套件的最新穩定版本，只需要在文字模式 (參見 11.1.1 節) 下輸入：

輸入這些

```
$ pip install requests
```

編註： 如果執行 pip 時出現類似「'pip' 不是內部或外部命令、可執行的程式或批次檔。」的錯誤，可在 pip 之前加上 python -m 試看看，例如「python -m pip install requests」。

日後要升級版本的話，只需要加上 --upgrade 參數：

```
$ pip install --upgrade requests
```

最後，如果您需要安裝特定版本的套件，可以將版本號碼附加到 requests 後面，如下所示：

```
$ pip install requests==2.11.1 ← 安裝 2.11.1 版
$ pip install requests>=2.9 ← 安裝大於或等於 2.9 的版本
```

pip 安裝時使用 --user 參數

在許多情況下，您不能或不想在 Python 的主系統中安裝第三方套件，也許您需要一個最新版的函式庫，但其他一些應用程式（或系統本身）仍然使用舊版本。或者您可能沒有權限修改系統預設的 Python。在這種情況下，可使用 --user 參數來安裝函式庫。--user 參數會將函式庫安裝在使用者的個人目錄中：

```
$ pip install --user requests
```

正如我之前提到的，如果您沒有足夠的管理員權限來安裝，或者您想要安裝不同版本的模組（只供自己使用而不要影響整個系統），或是有其他安裝上的問題，這個方案特別有用。

如果您的需求超出了這裡所討論的基本安裝方法，或是有其他安裝上的問題，可以到 Python 文件「Installing Python Modules（https://docs.python.org/3/installing/index.html）中尋找其他可行的方案。

19.4 virtualenv 虛擬環境

如果您需要避免在系統預設的 Python 安裝函式庫，除了上一節提到 pip 的 --user 參數以外，還有另一個更好的選擇，此選項稱為 virtualenv 虛擬環境（virtual environment），虛擬環境是一個獨立的目錄結構，包含了 Python 及其附加套件的安裝。您可以同時建立多個虛擬環境，由於整個 Python 環境都包含在虛擬環境中，因此安裝在其中的函式庫不會與主系統或其他虛擬環境衝突。所以每個虛擬環境都是獨立的，可以用來測試不同版本的套件，或者讓不同的應用程式使用不同版本的 Python 與套件。

使用虛擬環境需要兩個步驟，首先，您要建立一個虛擬環境：

```
$ python -m venv test-env
```

這個指令會建立一個 test-env 目錄，然後在其中安裝一個獨立的 Python 環境。

接著，我們需要啟用這個 test-env 虛擬環境。在 Windows 上請執行以下指令：

```
> test-env\Scripts\activate.bat
```

在 Unix 或 MacOS 系統上，您可以用 source 指令來啟用：

```
$ source test-env/bin/activate
```

當您啟用這個環境之後，就可以像以前一樣使用 pip 來安裝或管理套件：

```
(test-env) $ pip install requests
```

命令提示字元前面會顯示這個虛擬環境的名稱

若要離開虛擬環境，請執行 deactivate 指令。虛擬環境對於管理專案及套件版本非常有用，特別是對於參與多個專案的開發人員，這是建議的標準做法。關於更多虛擬環境的說明，請參閱 Python 線上教學文件的「Virtual Environments and Packages」（https://docs.python.org/3/tutorial/venv.html）。

19.5 PyPI（Python 套件索引）

用 pip 安裝套件非常簡單，但有一個問題：您必須先找到符合您所需功能的套件名稱，在茫茫網海中，這可能是一件苦差事。然後在找到套件名稱之後，還要找到一個相當可靠的來源來下載該套件，否則如果下載到冒名而且**裡面有惡意程式碼的套件**，系統便有可能因此被入侵。

為了滿足上述需求，網路上有很多組織提供了各種 Python 套件儲存庫，不過目前 Python 官方預設的儲存庫是 Python 官方網站上的 Python Package Index（Python 套件索引），簡稱 PyPI（以前也稱為 The Cheese Shop，這是以 Monty Python 短劇為名）。您可以從官方網站上的連結進入，或直接連線 https://pypi.org。PyPI 包含近 20 萬個適用於各種 Python 版本的套件，您可以像使用搜尋引擎那樣，在 PyPI 輸入您需要的功能來搜尋套件。(**編註：** 即使是 PyPI 也經常會發現惡意的套件或模組，所以下載前還是要小心確認以策安全！)

重點整理

- Python 內建了常用的函式和類別，並提供大量好用的模組和套件，若仍不夠用，還可以自行安裝第三方函式庫，這三者的差異整理如下：

程式來源	要先安裝	要先 import
內建函式與類別	X	X
標準函式庫	X	○
第三方函式庫	○	○

- 建議使用 pip 來安裝第三方函式庫，操作簡單而且方便管理相關套件。
- 建立 virtualenv 虛擬環境可以創造獨立的開發目錄，減少各種版本衝突的問題。
- 建議到 PyPI 網站搜尋需要的 Python 套件，相對比較安全。

第 4 篇

實戰篇

在這一部分中，您將學到 Python 實務上的應用，特別是用它來處理資料。處理資料是 Python 的優勢之一，我將從基本檔案整理開始，然後讀取和寫入純文字檔，接著說明結構化的格式 (如 CSV、JSON 和 Excel)，最後使用資料庫來處理資料。

這些章節比本書其他部分更注重專案，旨在讓您有機會獲得以 Python 處理資料的實際經驗。本篇的章節不需要依序閱讀，您可以按照需求以任何順序來完成。

Chapter 20

基本的檔案整理

本章涵蓋

○ 移動和重新命名檔案

○ 建立資料夾

○ 壓縮檔案

○ 選擇性刪除檔案

本章說明如何管理不斷增加的檔案，這些檔案可能是日誌檔，也可能來自一般資料累積，但無論其來源如何，您都不能立即丟棄它們。如何自動妥善保存、管理它們，而不用人工手動來處理？本章將介紹如何用 Python 寫程式來完成這項任務。

20.1 問題：永無止境的資料檔案流

許多系統產生一系列連續的資料檔，這些檔案可能是來自電子商務伺服器內一般程序的日誌檔、伺服器每晚新增的產品資訊、線上廣告的自動化發送紀錄、股票交易的歷史資料，或者可能來自其他數以千計的來源。

它們通常是未壓縮的純文字檔，裡面的資料可能是某些程序的輸出或紀錄。儘管它們表面上看起來很不起眼，但它們包含的資料卻具有一定的潛在價值，不能隨便丟棄 - 這意味著它們的數量每天都在增長，隨著時間的推移，檔案會逐漸累積，直到無法以手動處理，或是它們所消耗的儲存空間爆滿為止。這是系統管理者一定會遇到的問題，刪除的話會擔心日後萬一需要，不刪除每天要手動處理又很麻煩。

20.2 場景：每天都會收到的產品資訊檔

我遇到的典型狀況是每天的產品資料，這些資料可能是從供應商輸入，或者是為了網路行銷而輸出，但基本上都是一樣的問題。

以供應商的產品輸入為例，檔案每天匯入一次，其中每個商品一行，每行的欄位包括供應商庫存單位（SKU）編號、簡要說明、物品的成本、高度 / 長度 / 寬度、物品的狀態（例如有庫存或缺貨中），可能還有其他欄位，具體情況取決於公司所經營的業務。

除了這個基本資訊檔，可能還會接收到其他資訊，包括相關產品、更詳細的項目、或其他內容。在這種情況下，您最終會收到好幾個檔案，而這些檔案每天都會儲存到同一目錄中進行處理。

現在假設每天都會收到三個相關的檔案：item_info.txt、item_attributes.txt、related_items.txt，這三個檔案每天都會出現並需要加以處理。如果只是要處理當天的資料而已，那就沒什麼好擔心的，您可以將每一天收到的檔案取代前一天的檔案即可。但是，如果您不能把資料扔掉又應該怎麼辦？您可能希望保留原始資料，日後對於處理過程的準確性有疑問時，可以回頭參考過去的檔案，也或者您可能希望追蹤資料隨著時間的變化情形。無論是什麼原因，只要您需要做進一步的處理，就有保留檔案的需求。

要解決這個問題，最簡單做法是將檔案重新命名加上接收日期，並將其移動到封存資料夾。這麼一來，每次一收到新的檔案時，只要重複接收、處理、重新命名、和移動檔案，便可以不遺失資料保留每天的檔案。

重複幾次之後，目錄結構可能如下所示：

```
working/              ◄── 主要工作資料夾，包含當前正在處理的檔案
    item_info.txt          ┐
    item_attributes.txt    ├ 當天的檔案
    related_items.txt      ┘
    archive/          ◄── 用於封存已處理檔案的目錄
        item_info_2019-08-15.txt           ┐
        item_attributes_2019-08-15.txt     │
        related_items_2019-08-15.txt       │
        item_info_2019-08-16.txt           │
        item_attributes_2019-08-16.txt     ├ 過去的檔案
        related_items_2019-08-16.txt       │
        item_info_2019-08-17.txt           │
        item_attributes_2019-08-17.txt     │
        related_items_2019-08-17.txt       │
        ...                                ┘
```

讓我們預先設想為了實現上述目的所需的步驟：首先需要重新命名檔案，以便將今天日期添加到檔名的後頭。為此，需先取得檔案名稱，然後將檔案名稱分開為主檔名與副檔名，再把今天日期加到主檔名後面，最後將副檔名加回來變成一個新檔名，然後實際更改為新檔名，並將其移動到封存目錄。

動手試一試：想想看有哪些解決方法

- 處理上述任務有哪些方法？您能想到 Python 標準函式庫中的哪些模組可以完成這項工作？建議您可以先暫停閱讀，開始動手用 Python 寫程式來完成它，然後將您的解決方案與筆者稍後為您呈現的解決方案進行比較。

Python 中有好幾種方式可以取得檔案的名稱，如果您確定檔名始終不變且檔案不多，則可以將檔名寫死到程式碼中。但是，更安全的方法是使用 pathlib 模組 Path 物件的 glob 方法，以萬用字元來搜尋檔案，如下所示：

```
>>> import pathlib
>>> cur_path = pathlib.Path(".")
>>> FILE_PATTERN = "*.txt"  ← 以萬用字元設定比對的樣式
>>> path_list = cur_path.glob(FILE_PATTERN)  ← 搜尋符合樣式的檔案
>>> print(list(path_list))
[PosixPath('item_attributes.txt'), PosixPath('related_items.txt'),
PosixPath('item_info.txt')]
```

取得所有檔名後，現在要將今天日期加入成為每個檔名的一部分，並將重新命名後的檔案移動到封存目錄。下面範例使用 pathlib 模組來完成這項工作：

files_01.py

```
import datetime  ← 本章會使用 datetime 函式庫的相關物件與方法來處理日期，範例內只會簡單說明其用途，關於 datetime 詳細的使用方式，請參見 https://docs.python.org/3/library/datetime.html。
import pathlib

FILE_PATTERN = "*.txt"  ← 以萬用字元設定比對的樣式
ARCHIVE = "archive"  ← 設定封存目錄名為 archive，請預先建立此目錄，否則程式無法運作

if __name__ == '__main__':

    date_string = datetime.date.today().strftime("%Y-%m-%d")  ← 使用 datetime 函式庫的 date 物件，建立今天的日期字串
    cur_path = pathlib.Path(".")
    paths = cur_path.glob(FILE_PATTERN)

    for path in paths:
        new_filename = "{}_{}{}".format(path.stem,  ← 設定新檔名
            date_string, path.suffix)
        new_path = cur_path.joinpath(ARCHIVE, new_filename)  ← 用封存目錄名與新檔名設定新的路徑
        path.rename(new_path)  ← 將檔案重新命名並且移動到封存目錄下
```

pathlib 模組的 Path 物件可以輕鬆完成這項工作，因為其 stem 與 suffix 屬性可以直接取得主檔名與副檔名，不需要再進行任何字串解析，加上 Path 物件的 rename() 方法除了重新命名還可以同時移動檔案，所以我們用很少的程式碼就能有效地完成這項工作。下一節中，我們將介紹如何處理更複雜的需求。

動手試一試：潛在問題

- 因為前面範例的程式碼非常簡單，所以可能會有很多情況無法很好地處理，想想看可能會出現哪些潛在問題？您要如何解決這些問題呢？
- 這個範例以年、月、日為檔案重新命名，請問這種命名方式有什麼優點？可能會有哪些缺點？您認為把日期字串放在檔案名稱中的其他地方（比如開頭）會比較好嗎？

20.3 更有組織的檔案整理方式

上一節整理檔案的解決方案可正常運作，但它確實有一些缺點。首先，隨著檔案的累積，管理它們可能會變得比較麻煩，因為經過一年之後，封存目錄中將有 365 組相關檔案，您只能透過它們的檔名來尋找。如果接收檔案的頻率更高，或者每一組有更多檔案，麻煩就更大了。

要解決這個問題，您可以更改封存的方式，為每組檔案建立一個單獨的子目錄，然後以收到日期來命名這個子目錄，而不是將收到日期加入到檔名。這樣的目錄結構如下所示：

```
working/                    ←── 主要工作資料夾，包含當前正在處理的檔案
    item_info.txt
    item_attributes.txt
    related_items.txt
    archive/                ←── 封存已處理檔案的主目錄
        2019-08-15/         ←── 以收到日期命名的封存子目錄
            item_info.txt
            item_attributes.txt
            related_items.txt
        2019-08-16/
            item_info.txt
            item_attributes.txt
            related_items.txt
        2019-08-17/
            item_info.txt
            item_attributes.txt
            related_items.txt
```

這個方案的優點是將每組檔案放在同一個資料夾，無論您接獲多少組檔案或一組檔案中有多少檔，都可以輕鬆找到特定組別的所有檔案。

動手試一試：多個封存目錄的實作

- 請修改程式碼，將每組檔案封存到以收到日期命名的子目錄中？請先花些時間實作該程式碼並對其進行測試，然後再來看本節後面的解決方案。

後面您會看到，用子目錄封存的程式碼並不會比第一個解決方案多，唯一的額外步驟是在重新命名檔案之前先建立子目錄。以下範例為您展示用子目錄封存的新解決方案：

files_02.py

```
import datetime
import pathlib

FILE_PATTERN = "*.txt"
ARCHIVE = "archive"

if __name__ == '__main__':

    date_string = datetime.date.today().strftime("%Y-%m-%d")

    cur_path = pathlib.Path(".")

    new_path = cur_path.joinpath(ARCHIVE, date_string)
    new_path.mkdir()  ◄── 請注意，在將檔案移入之前，只需建立一次封存的子目錄

    paths = cur_path.glob(FILE_PATTERN)

    for path in paths:
        path.rename(new_path.joinpath(path.name))
```

此解決方案以收到日期為相關檔案進行分組，因此日後管理會變得更加容易。

動手試一試：替代方案

- 如果不使用 pathlib 模組，如何撰寫相同功能的程式？您會使用哪些函式庫和函式？

20.4 節省儲存空間：壓縮和刪減檔案

到目前為止，我們關注的重點是如何管理已接收到的檔案群。但是，檔案數量會隨著時間而累積，佔用的儲存空間越來越多，直到儲存空間不足而造成問題。當發生這種情況時，您有幾種選擇，其中一種選擇是換一個更大的磁碟機，尤其是如果您使用的是雲端平台，採用這種策略可能是最簡單的。但請記住，增加儲存設備並不能真正解決問題，它只是延遲問題爆發的時間而已。

20.4.1 壓縮檔案

如果檔案佔用的空間是個問題，您可能會想到的下一個方法是壓縮它們。壓縮檔案的方法有很多種，方法也都很類似。在本節中，我們會把每天收到的資料檔壓縮到一個 zip 檔中，如果檔案主要是文字檔而且相當大，則透過壓縮可以節省的儲存空間將會非常可觀。

本節範例封存檔案到 zip 檔後，會以日期作為 zip 檔的主檔名，所以改用 zip 存檔的結果會變成以下這樣的目錄結構：

```
working/  ←——  主要工作資料夾，包含當前正在處理的檔案，
               這些檔案在處理後將封存並刪除
    archive/
        2016-09-15.zip ⎫ zip 壓縮檔，每個檔案內含有該日期的
        2016-09-16.zip ⎬ item_info.txt、attribute_info.text、和
        2016-09-17.zip ⎭ related_items.txt
```

顯然，要使用 zip 檔，我們需要更改之前的程式碼。

動手試一試：封存到 zip 檔

- 撰寫將資料檔封存到 zip 檔的虛擬碼（Pseudo Code，可以混用任何語法的程式碼，用來寫出程式的運作流程）。到 Python 標準函式庫中找看看，您打算使用哪些模組、函式或方法？試試看實際撰寫解決方案。

這個範例的關鍵是匯入 zipfile 函式庫，我們會用這個函式庫在封存目錄中建立 zip 檔案物件，然後便可以用這個 zip 檔案物件將資料檔壓縮到 zip 檔。最後，因為不再需要移動檔案到封存目錄，只要從工作目錄中刪除原始資料檔即可。下面範例展示如何封存檔案到 zip 檔：

files_03.py

```
import datetime
import pathlib
import zipfile          ← 匯入zipfile函式庫

FILE_PATTERN = "*.txt"
ARCHIVE = "archive"

if __name__ == '__main__':

    date_string = datetime.date.today().strftime("%Y-%m-%d")

    cur_path = pathlib.Path(".")
    paths = cur_path.glob(FILE_PATTERN)
                                                    設定 zip 檔案物件的路徑名稱
    zip_file_path = cur_path.joinpath(ARCHIVE, date_string + ".zip")
    zip_file = zipfile.ZipFile(str(zip_file_path), "w")  ← 以寫入模式建立 zip 檔案物件
                               ↑
                               將 Path 物件的路徑轉換為字串
    for path in paths:
        zip_file.write(str(path))    ← 將檔案壓縮到 zip 檔
        path.unlink()                ← 壓縮後刪除原始檔案
```

20.4.2 選擇性刪減檔案

將資料檔壓縮到 zip 檔也許可以節省大量空間，但是如果檔案數量真的非常龐大，或者您的資料壓縮後也差不了多少（例如 JPEG 圖像檔），那麼您可能還是會發現自己的儲存空間不足。此時經過權衡後，若您決定沒有必要長期保留每個資料檔，也就是說，只要保留過去一個月以內的完整資料檔就可，超過一個月以上的資料並不值得保留。對於超過一個月的資料，可以選擇每週只保留一組檔案，甚至每月只保留一組檔案。

假設每天接收一組資料檔並將其以 zip 方式封存的幾個月後，您被告知對於超過一個月的檔案，每週只保留一組檔案即可，其餘的檔案都要刪除。在設計新的程式來自動處理前，請先思考以下兩個問題：

- 因為超過一個月時每週只要保存一組檔案，所以直接選擇要保存星期幾的資料是否會比較容易？
- 您應該多久刪減一次檔案：每天、每週、或每月一次？如果您決定每天進行刪減，那麼將刪減與封存程式合併在一起可能是合理的選擇。另一方面，如果您只需要每週刪減一次或每月刪減一次，那麼刪減與封存的操作應該放在兩個不同的程式中。

為了避免增加複雜度，我們將以一個單獨只做刪減的程式來做示範，這個程式可以在任何時間間隔執行，並刪除所有不需要的檔案。下面範例會針對超過 30 天的檔案，僅保留星期二收到的檔案，其餘將被刪除：

files_04.py

```
from datetime import datetime, timedelta
import pathlib
import zipfile

FILE_PATTERN = "*.zip"
ARCHIVE = "archive"
ARCHIVE_WEEKDAY = 1  ← 設定保留星期二收到的檔案，週一是 0 週日是 6

if __name__ == '__main__':
  cur_path = pathlib.Path(".")
  zip_file_path = cur_path.joinpath(ARCHIVE)

  paths = zip_file_path.glob(FILE_PATTERN)
  current_date = datetime.today() ← 取得代表今天日期的 datetime 物件

  for path in paths:
      name = path.stem  ← 取得主檔名
      path_date = datetime.strptime(name, "%Y-%m-%d") ← 解析主檔名的日期字串轉換為接收日當天 datetime 物件
      path_timedelta = current_date - path_date ← 產生今天與接收日相差天數的 timedelta 物件

      if path_timedelta > timedelta(days=30) and \ ← 相差天數大於 30 天
          path_date.weekday() != ARCHIVE_WEEKDAY: ← weekday() 會取得接收日是星期幾
          path.unlink()
```

以上範例展示了如何將 Python 的 datetime 和 pathlib 函式庫結合起來，只需要不多的程式碼就能按日期刪減檔案。因為封存檔的主檔名就是接收的日期，所以使用 strptime() 將主檔名解析為代表接收日的 datetime 物件，接下來便可以用 weekday() 來查出接收日是星期幾，再用 timedelta 物件來計算今天與接收日相差天數，最後便能刪除不需要的檔案。

動手試一試：不同修剪方式

- 如何修改本節範例的程式碼，每月只保留一個檔案？
- 如果想要把上個月和更早以前的檔案刪減為每週只保存一個檔（注意：這與 30 天以上不一樣！），您應該要怎麼修改本節範例？

重點整理

處理大量連續產生檔案的 2 個重點：

- 檔名重複問題：

  解法 1：原檔名加上日期後重新命名。

  解法 2：用日期建立不同子目錄存放檔案。

- 佔用儲存空間問題：

  解法 1：壓縮檔案。

  解法 2：定期刪除檔案，只封存必要檔案。

本章介紹的 3 個實用的函式庫：

- pathlib 函式庫的 Path 物件可以取得檔名，也能輕易更換檔名、移動檔案或創建目錄。
- datetime 函式庫可以處理日期資料，也能輕鬆計算時間差。
- zipfile 函式庫可以幫你壓縮檔案。

Chapter 21

處理純文字、CSV、Excel 資料檔

本章涵蓋

- ○ 資料的提取、轉換、載入（Extract-Transform-Load，ETL）
- ○ 讀取文字資料檔（純文字和 CSV）
- ○ 讀取 Excel 試算表檔案
- ○ 正規化、清理和排序資料
- ○ 寫入資料檔

大部分資料會以文字格式儲存在檔案中，資料的範圍可以從非結構化文字（如詞庫或文學作品）到結構化資料（如 CSV 檔案）。這些資料檔可能很大，或者資料集可能分佈在數十個甚至數百個檔案中，甚至可能其中的資料是不完整或有很多錯誤。當你需要讀取和使用文字檔資料時，這些狀況都是無可避免的，本章將為您說明以 Python 來處理文字檔的方式。

21.1 資料的提取、轉換、載入（ETL）

只要有資料檔，就會需要從檔案中取得資料、解析資料、將其轉換為有用的格式，才能進一步應用。這個過程有一個標準術語：提取轉換載入（Extract-Transform-Load，ETL）。提取 (Extract) 是指讀取資料並在必要

時加以解析的過程；轉換 (Transform) 是清理和正規化資料，以及組合、分解、或重組其中包含的記錄；載入 (Load) 是指將轉換後的資料儲存在新位置，可以是不同的檔案或是資料庫。本章介紹 Python 中 ETL 的基礎知識，如何從一開始的文字檔，經過轉換後儲存在其他檔案中。在第 22 章中會再介紹更多種格式的資料檔，第 23 章則是探討資料庫的存取。

21.2 處理純文字檔

ETL 的第一部分「提取」，主要的動作就是開啟檔案並讀取其內容，這個過程看似簡單，但其實也會遇到一些問題，例如檔案太大而無法放入記憶體做進一步的操作，此時需要重新改寫程式碼把檔案分段來處理、或者改為一次只處理一行的資料，關於分段或分行讀取檔案的方法我們已經在第 13 章說明過了。

21.2.1 文字編碼：ASCII、Unicode、以及其他編碼方式

讀取文字檔另一個可能遇到的問題是在編碼，現實世界中所交換的大部分資料都是在文字檔中，但是文字編碼可能因應用而異、因人而異，當然還有因國家而異。

我們經常會遇到的文字編碼是 ASCII，它包含 128 個字元，其中只有 95 個是可列印的。對於 ASCII 編碼而言，好消息是 ASCII 幾乎可以被絕大多數軟體讀取，壞消息是它無法處理世界上許多字母和語言系統的複雜性，在 Python 中以 ASCII 編碼讀取資料時，若遇到該編碼無法理解的字元就會拋出錯誤，無論是德文的 ü、葡萄牙文的 ç，幾乎所有英語以外的資料皆無法以 ASCII 編碼來讀取。

出現這些錯誤的原因是 ASCII 只有使用 7 個位元來編碼，所以最多只允許 128（2^7）個值，但是通常檔案是以 8 個位元來儲存，允許 256（2^8）個

值，所以使用多出來的這些值來儲存其他字元有如家常便飯，例如額外的標點符號（例如印表機的連接符號和破折號）、特殊符號（例如商標、版權、和度數符號）到標有重音的字母等 (**編註：** 也就是 128 以後的字元值在不同編碼系統會代表不同字元)。

問題就在這裡，如果在讀取文字檔時遇到 ASCII 範圍以外的 128 個字元，則無法確定其編碼方式。例如字元值 214 是除法符號、是 Ö、或是其他符號？如果不知道該檔案建立時採用的編碼方式，則無從得知到底是代表什麼符號。

Unicode 和 UTF-8

解決這種混淆現象的一種方法是改用 Unicode，Unicode 標準下的 UTF-8 編碼不但可以相容 ASCII 編碼的字元，而且根據 Unicode 標準，它還可以處理幾乎所有語言的字元和符號集。

由於其靈活性，UTF-8 被用於 85%以上的 Web 網頁，而讀取文字檔時最佳的預設編碼就是假設它們是以 UTF-8 編碼。如果檔案只包含 ASCII 字元，它們仍然可以正確讀取，但如果是以 UTF-8 編碼的其他字元，也能被辨識出來，所以預設使用 UTF-8 編碼讀取文字檔，便可以同時囊括 ASCII 和 UTF-8 編碼系統。

Python 的 open() 函式提供了 encoding 參數，可以用來指定檔案的編碼方式，後面我們會為您示範如何以 utf-8 編碼來開啟檔案。

用 open() 函式的 errors 參數處理編碼錯誤的字元

即使是使用 Unicode，也有時候也會遇到不認得的字元。不過還好的是，open() 函式有一個 errors 參數，該參數告訴 open() 函式在讀取或寫入檔案時遇到編碼錯誤該如何處理。以下是 errors 參數可以設定的值：

- "strict"：這是 errors 參數預設值，當遇到編碼錯誤時即引發 (raise) 錯誤。
- "ignore"：忽略編碼錯誤的字元。

- "replace"：代換編碼錯誤的字元，寫入檔案時編碼錯誤的字元會代換為？字元，讀取檔案時會代換為 '\ufffd' 字元。
- "backslashreplace"：在編碼錯誤字元前面加上反斜線，使其變成原始編碼的字串。例如 '\x80' 原本是一個字元，加上反斜線後就變成 "\\x80" 包含四個字元的字串
- "surrogateescape"：讀取時將有問題的字元轉換為可自訂的私有 Unicode 編碼，並在寫入時將其轉換回原始的編碼。

如果您希望忽略任何有問題的字元，則可以使用 "ignore"，而 "replace" 主要用來標記無效字元所佔用的位置，其他參數值則是以不同方式嘗試保留無效字元而不加以解釋，請依照您的使用情境來設定應如何處理編碼錯誤的字元。

下面範例將以不同的 errors 參數值，為您示範讀取包含無效 UTF-8 字元的檔案。首先，使用二進制模式寫入一個文字檔：

```
>>> open('test.txt', 'wb').write(bytes([65, 66, 67, 255, 192,193]))
```

上面程式碼會產生一個名為 test.txt 的文字檔，其中前三個字元是『ABC』，後面跟著三個非 ASCII 字元。如果您使用文字編輯器查看該檔，您會看到：

```
ABCÿÀÁ
```

依照您系統預設編碼的不同，您看到的最後三個字元可能會有所不同。

有了這個包含無效 UTF-8 字元檔案之後，接著使用 errors 參數預設值 "strict" 進行讀取：

```
>>> x = open('test.txt', encoding='utf-8').read()
Traceback (most recent call last):
File "<stdin>", line 1, in <module>
File "/usr/local/lib/python3.6/codecs.py", line 321, in decode
(result, consumed) = self._buffer_decode(data, self.errors, final)
UnicodeDecodeError: 'utf-8' codec can't decode byte 0xff in
position 3:
invalid start byte
```

以 utf-8 編碼開啟檔案

從 0 算起

第四個字元的位元組值為 255，這並不是有效的 UTF-8 字元，因此用預設值 "strict" 讀取會引發例外 (錯誤)。接下來再看看其他 errors 參數值處理同一個檔案的效果：

```
>>> open('test.txt', encoding='utf-8', errors='ignore').read()
'ABC'
>>> open('test.txt', encoding='utf-8', errors='replace').read()
'ABC���'
>>> open('test.txt', encoding='utf-8', errors='surrogateescape').read()
'ABC\udcff\udcc0\udcc1'
>>> open('test.txt', encoding='utf-8', errors='backslashreplace').read()
'ABC\\xff\\xc0\\xc1'
>>>
```

21.2.2 非結構化文字資料

非結構化文字資料（如詞庫或文學作品）是最容易讀取的資料，但最難從中提取資訊。處理非結構化文字資料的方式可能會有很大的差異，這取決於該文字資料的類型以及您要對其執行的操作，因此本書無法一一羅列所有類型的處理方式。不過，我還是會用一份簡短的資料來舉例說明，同時也為後面討論結構化文字資料來奠定基礎。

假設您有成千上萬的推文、白鯨記（Moby Dick）的全文、或一大堆的新聞報導，處理這些非結構化文字資料最基本的是決定處理的單元。以推文為例，您可以把每筆推文放在一行，這樣每行代表一筆紀錄，就能很簡單地逐行讀取和處理資料。

就白鯨記或是新聞報導而言，問題可能比較棘手。一般來說，您應該不會將整篇小說或新聞項目視為一個處理單元，所以您必須思考對應的策略來劃分資料。可能您會想用段落來作為處理單元，在這種情況下，您需要確定檔案中段落的分隔方式，並建立相對應的程式碼。讓我們看看下面這個例子：

```
Call me Ishmael. Some years ago--never mind how long precisely--
having little or no money in my purse, and nothing particular
to interest me on shore, I thought I would sail about a little
and see the watery part of the world. It is a way I have
of driving off the spleen and regulating the circulation.
Whenever I find myself growing grim about the mouth;
whenever it is a damp, drizzly November in my soul; whenever I
find myself involuntarily pausing before coffin warehouses,
and bringing up the rear of every funeral I meet;
and especially whenever my hypos get such an upper hand of me,
that it requires a strong moral principle to prevent me from
deliberately stepping into the street, and methodically knocking
people's hats off--then, I account it high time to get to sea
as soon as I can. This is my substitute for pistol and ball.
With a philosophical flourish Cato throws himself upon his sword;
I quietly take to the ship. There is nothing surprising in this.
If they but knew it, almost all men in their degree, some time
or other, cherish very nearly the same feelings towards
the ocean with me.

There now is your insular city of the Manhattoes, belted round
by wharves as Indian isles by coral reefs--commerce surrounds it
with her surf. Right and left, the streets take you waterward. Its
extreme downtown is the battery, where that noble mole is washed by
waves, and cooled by breezes, which a few hours previous were out
of sight of land. Look at the crowds of water-gazers there.
```

這個例子是白鯨記開頭的前兩個段落，每行後面會換行，而段落是由一個空行來分隔，如果要將每個段落視為一個單元來處理，便需要以空行來分割這個資料。

這個任務可以很輕鬆地以 Python 字串的 split() 方法來完成，每行最後面的換行符號可以用 "\n" 表示，而空行沒有任何內容，所以空行的換行符號會緊鄰上一行的換行符號，所以用兩個連續的換行符號 "\n\n" 便是段落之間的空行：

```
>>> moby_text = open("moby_01.txt").read()
>>> moby_paragraphs = moby_text.split("\n\n")
>>> print(moby_paragraphs[1])
There now is your insular city of the Manhattoes, belted round by
wharves as Indian isles by coral reefs--commerce surrounds it with
her surf. Right and left, the streets take you waterward.  Its
extreme downtown is the battery, where that noble mole is washed
by waves, and cooled by breezes, which a few hours previous were
out of sight of land. Look at the crowds of water-gazers there.
newlines together
```

把整個檔案內容讀入成為一個字串

以連續兩個換行符號作為段落分隔

顯示第二段

以段落為單位分割資料是處理非結構化文字最簡單的第一步，接著您還需要對文字進行正規化以便後續處理。

假設您要計算文字檔中每個單字出現的頻率，如果您只是以空格分隔檔案，會得到文字檔的單字 list。然而，這個單字 list 並無法準確地計算單字的出現頻率，因為 This、this、this.、this, 會被視為是不一樣的單字。為了準確地計算單字的出現頻率，在處理之前必須先刪除標點符號，並且把全部的字元都轉換為大寫或小寫。以下範例會針對前述文字進行正規化：

```
把整個檔案內容讀入成為一個字串
>>> moby_text = open("moby_01.txt").read()
>>> moby_paragraphs = moby_text.split("\n\n")     以連續兩個換行符號作為段落分隔
>>> moby = moby_paragraphs[1].lower()    將第二段的所有字元轉換為小寫
>>> moby = moby.replace(".", "")         移除句點
>>> moby = moby.replace(",", "")         移除逗點
>>> moby_words = moby.split()
>>> print(moby_words)
['there', 'now', 'is', 'your', 'insular', 'city', 'of', 'the',
'manhattoes,', 'belted', 'round', 'by', 'wharves', 'as', 'indian',
'isles', 'by', 'coral', 'reefs--commerce', 'surrounds', 'it',
'with', 'her', 'surf', 'right', 'and', 'left,', 'the', 'streets',
'take', 'you', 'waterward','its', 'extreme', 'downtown', 'is',
'the', 'battery,', 'where', 'that', 'noble', 'mole', 'is',
'washed', 'by', 'waves,', 'and', 'cooled', 'by', 'breezes,',
'which', 'a', 'few', 'hours', 'previous', 'were', 'out',
'of', 'sight', 'of', 'land', 'look', 'at', 'the', 'crowds', 'of',
'water-gazers', 'there']
```

動手試一試：正規化

- 仔細查看上面範例所產生的單字 list，您是否能找出正規化的任何問題？您認為在較長的文字部分可能會遇到哪些其他問題？您認為應該如何處理這些問題？

21.2.3 CSV 文字資料

如果資料能依照結構格式儲存在文字檔中，將會有助於我們寫程式處理。最簡單的方法是檔案中每一行就是一筆資料，例如一個待處理的檔名清單、一個需要列印的人名清單、或者可能是遠端監控器所收集到的一系列溫度讀數。在這種情況下，資料解析就非常簡單，只要逐行讀取，並將其轉換為正確的型別就可以使用了。

然而，大多數情況下並非如此簡單，通常一筆紀錄可能會包含多個相關的資料，這種狀況下，一行裡面會包含多個資料，所以逐行讀取後還會需要後續的處理，才能取出所有資料。為了便於使用程式碼解析，最常用方法是將資料以特殊字元分隔，這樣一來，當您讀取檔案的每一行時，就可以用特殊字元將字串分割為不同的欄位，然後再進行後續處理。

下面是用 | 符號分隔的溫度資料檔：

```
州|觀察日期|平均溫度(° F)|紀錄數量
Illinois|1979/01/01|17.48|994
Illinois|1979/01/02|4.64|994
Illinois|1979/01/03|11.05|994
Illinois|1979/01/04|9.51|994
Illinois|1979/05/15|68.42|994
Illinois|1979/05/16|70.29|994
Illinois|1979/05/17|75.34|994
Illinois|1979/05/18|79.13|994
Illinois|1979/05/19|74.94|994
```

這些資料每一行都由 | 符號分隔成四個欄位：州名、觀察日期、平均溫度、和紀錄數量。其他常見分隔符號還有 Tab 定位字元或是逗號，逗號可能是最常見的分隔符號，但分隔符號也可能是任何您沒有預期到的字元，這個問題將在稍後討論。由於以逗號為分隔符號太常見了，因此通常將這種格式稱為 CSV（Comma-Separated Values，以逗號分隔的值），這種類型的檔案通常以 .csv 為副檔名。

無論使用什麼字元作為分隔符號，都可以用字串方法 split() 將每一行拆成數個欄位，然後以 list 型式回傳。例如上面的溫度資料可以如下處理：

```
>>> line = "Illinois|1979/01/01|17.48|994"
>>> print(line.split("|"))
['Illinois', '1979/01/01', '17.48', '994']
```

請注意，分拆後的所有值都是字串形式，所以往後的處理時，請特別注意某些欄位（例如上例中的溫度與紀錄數量）可能會需要轉換型別。

動手試一試：讀取檔案

- 寫一個程式讀取文字檔（假設為 temp_data_pipes_00a.txt，內容如本節範例所示），將檔案以行為單位拆成 list，然後再將每一行拆成數個欄位所組成的 list。
- 您在實作此程式碼時遇到了哪些問題？您如何將最後三個欄位轉換為正確的日期、浮點數、和整數型別？

21.2.4 csv 模組

如果您常常需要處理有分隔符號的 CSV 資料檔，那麼您應該要善用 csv 模組。在 Python 標準函式庫中，csv 模組是我最喜歡的模組，讓我在實務作業上少做了許多苦工，並且避免了很多自己寫程式處理時可能發生的錯誤。

csv 模組是 Python「內建電池」理念的完美案例，雖然在許多情況下自行撰寫程式來讀取 CSV 並不是非常困難，但使用 csv 模組會更容易，也更可靠。csv 模組已經過測試和優化，它有一些您在自行撰寫程式時可能沒有想到的功能，有了這些功能會非常方便並節省很多時間。

我們以上一節的溫度資料為例，示範如何用 csv 模組來讀取這些資料。自己寫程式解析資料必須做兩件事：讀取每一行並去除尾隨的換行符號，然後以 | 符號將每一行拆成數個欄位組成的 list，再將該 list 附加到儲存行的 list 中：

```
>>> results = []
>>> for line in open("temp_data_pipes_00a.txt"):
...     fields = line.strip().split("|")
...     results.append(fields)
...
>>> results
[['州', '觀察日期', '平均溫度(° F)', '紀錄數量'], ['Illinois', '1979/01/01',
'17.48', '994'], ['Illinois', '1979/01/02', '4.64', '994'], ['Illinois',
'1979/01/03', '11.05', '994'], ['Illinois', '1979/01/04', '9.51',
'994'], ['Illinois', '1979/05/15', '68.42', '994'], ['Illinois', '1979/
05/16', '70.29', '994'], ['Illinois', '1979/05/17', '75.34', '994'],
['Illinois', '1979/05/18', '79.13', '994'], ['Illinois', '1979/05/19',
'74.94', '994']]
```

若改用 csv 模組做相同的事，程式碼會像以下這樣：

```
>>> import csv
>>> results = [fields for fields in csv.reader(
open("temp_data_pipes_00a.txt", newline=''), delimiter="|")]
>>> results
[['州', '觀察日期', '平均溫度(° F)', '紀錄數量'], ['Illinois', '1979/01/01',
'17.48', '994'], ['Illinois', '1979/01/02', '4.64', '994'], ['Illinois',
'1979/01/03', '11.05', '994'], ['Illinois', '1979/01/04', '9.51',
'994'], ['Illinois', '1979/05/15', '68.42', '994'], ['Illinois', '1979/
05/16', '70.29', '994'], ['Illinois', '1979/05/17', '75.34', '994'],
['Illinois', '1979/05/18', '79.13', '994'], ['Illinois', '1979/05/19',
'74.94', '994']]
```

在這個簡單的例子中，用 csv 模組取代自己程式的效益看起來沒有差很多。儘管如此，用了 csv 模組的程式碼還是縮短了兩行並且更加清晰，也無需擔心還要自行移除換行符號。之後當您想要處理更具挑戰性的案例時，真正的優勢就會顯現出來了。

範例中的資料是真實的，不過已經過簡化和清理，真實的資料來源更為複雜，包含了更多欄位，某些欄位在引號中，但其他欄位卻不在引號中，而且第一個欄位為空字串 (**編註：** 即下列的備註欄位)。原始資料是以定位字元分隔，但為了說明，我在此處以逗號分隔：

```
"備註","州","州編號","觀察日期(英文)","觀察日期(數字)",平均溫度(° F),溫度紀錄數量,最低溫度(° F),最高溫度(° F),平均體感溫度(° F),體感溫度紀錄數量,最低體感溫度(° F),最高體感溫度(° F),體感溫度紀錄數量/溫度紀錄數量百分比
,"Illinois","17","Jan 01, 1979","1979/01/01",17.48,994,6.00,30.50,
Missing,0,Missing,Missing,0.00%
,"Illinois","17","Jan 02, 1979","1979/01/02",4.64,994,-6.40,15.80,
Missing,0,Missing,Missing,0.00%
,"Illinois","17","Jan 03, 1979","1979/01/03",11.05,994,-0.70,24.70,
Missing,0,Missing,Missing,0.00%
,"Illinois","17","Jan 04, 1979","1979/01/04",9.51,994,0.20,27.60,
Missing,0,Missing,Missing,0.00%
,"Illinois","17","May 15, 1979","1979/05/15",68.42,994,61.00,75.10,
Missing,0,Missing,Missing,0.00%
,"Illinois","17","May 16, 1979","1979/05/16",70.29,994,63.40,73.50,
Missing,0,Missing,Missing,0.00%
,"Illinois","17","May 17, 1979","1979/05/17",75.34,994,64.00,80.50,
82.60,2,82.40,82.80,0.20%
,"Illinois","17","May 18, 1979","1979/05/18",79.13,994,75.50,82.10,
81.42,349,80.20,83.40,35.11%
,"Illinois","17","May 19, 1979","1979/05/19",74.94,994,66.90,83.10,
82.87,78,81.60,85.20,7.85%
```

第一個欄位（備註欄）沒有資料，所以您會看到以逗號開頭。

您可以看到，某些欄位值包含逗號（例如英文的觀察日期），在這種情況下的慣例是在欄位值前後加上引號，以表示該欄位值內的逗號不應該被解析為分隔符號。就像上面例子一樣，只在部分欄位前後加上引號是很常見的，尤其是那些欄位內的值可能包含了分隔符號，即使某些欄位的值不太可能包括分隔符號，有時也會在前後加上引號。

在這種情況下，如果您自行撰寫程式碼會變得很麻煩。因為您不能僅用分隔符號來拆分該行，還需要確保該分隔符號不是出現在帶引號字串中。此外，您還需要刪除帶引號字串前後的引號，這可能發生在任何欄位或根本沒有發生。使用 csv 模組，則根本不需要更改程式碼。實際上，因為逗號是預設分隔符號，所以您甚至不需要特別指定分隔符號：

```
>>> results2 = [fields for fields in csv.reader(
open("temp_data_01.csv", newline='', encoding="utf-8"))]
>>> results2
[['備註', '州', '州編號', '觀察日期(英文)', '觀察日期(數字)', '平均溫度
(° F)', '溫度紀錄數量', '最低溫度(° F)', '最高溫度(° F)', '平均體感溫度
(° F)', '體感溫度紀錄數量', '最低體感溫度(° F)', '最高體感溫度(° F)', '
體感溫度紀錄數量/溫度紀錄數量百分比'], ['', 'Illinois', '17', 'Jan 01,
1979', '1979/01/01', '17.48', '994', '6.00', '30.50', 'Missing',
'0', 'Missing', 'Missing', '0.00%'], ['', 'Illinois', '17',
'Jan 02, 1979', '1979/01/02', '4.64', '994', '-6.40', '15.80',
'Missing', '0', 'Missing', 'Missing', '0.00%'], ['', 'Illinois',
'17', 'Jan 03, 1979', '1979/01/03', '11.05', '994', '-0.70',
'24.70', 'Missing', '0', 'Missing', 'Missing', '0.00%'], ['',
'Illinois', '17', 'Jan 04, 1979', '1979/01/04', '9.51', '994',
'0.20', '27.60', 'Missing', '0', 'Missing', 'Missing', '0.00%'],
['', 'Illinois', '17', 'May 15, 1979', '1979/05/15', '68.42',
'994', '61.00', '75.10', 'Missing', '0', 'Missing', 'Missing',
'0.00%'], ['', 'Illinois', '17', 'May 16, 1979', '1979/05/16',
'70.29', '994', '63.40', '73.50', 'Missing', '0', 'Missing',
'Missing', '0.00%'], ['', 'Illinois', '17', 'May 17, 1979',
'1979/05/17', '75.34', '994', '64.00', '80.50', '82.60', '2',
'82.40', '82.80', '0.20%'], ['', 'Illinois', '17', 'May 18, 1979',
'1979/05/18', '79.13', '994', '75.50', '82.10', '81.42', '349',
'80.20', '83.40', '35.11%'], ['', 'Illinois', '17', 'May 19,
1979', '1979/05/19', '74.94', '994', '66.90', '83.10', '82.87',
'78', '81.60', '85.20', '7.85%']]
```

上面可以看到，額外的引號已被刪除，並且任何帶有逗號的欄位值在欄位內部都完整的保留了逗號，很容易就能完成前述的所有任務。

動手試一試：處理引號

- 在不使用 csv 函式庫的前提下，請考慮如何處理有引號的欄位以及其內嵌的分隔符號。是處理有引號的欄位比較容易，還是處理內嵌的分隔符號比較容易？。

21.2.5 將 csv 檔每筆資料以字典傳回

在前面的範例中，我們將一行中的每個欄位分割後以 list 型別傳回，在許多情況下，這樣的方式就可以滿足需求，但有時若能傳回以欄位名稱作為鍵的字典可能會比較方便。csv 函式庫有一個 DictReader() 方法，可以用參數自訂欄位名稱，或者直接從檔案的第一行讀取它們。如果要使用 DictReader() 讀取，程式碼將如下所示：

```
>>> results = [fields for fields in csv.DictReader(
open("temp_data_01.csv", newline='', encoding="utf-8"))]
>>> results[0]
OrderedDict([('備註', ''), ('州', 'Illinois'), ('州編號', '17'), ('
觀察日期(英文)', 'Jan 01, 1979'), ('觀察日期(數字)', '1979/01/01'), ('
平均溫度(° F)', '17.48'), ('溫度紀錄數量', '994'), ('最低溫度(° F)',
'6.00'), ('最高溫度(° F)', '30.50'), ('平均體感溫度(° F)', 'Missing'),
('體感溫度紀錄數量', '0'), ('最低體感溫度(° F)', 'Missing'), ('最高體感溫
度(° F)', 'Missing'), ('體感溫度紀錄數量/溫度紀錄數量百分比', '0.00%')])
```

請注意，csv.DictReader 傳回 OrderedDicts，因此欄位會保持原始順序。雖然 OrderedDicts 與字典的表示法略有不同，但使用方法仍然與字典一樣：

```
>>> results[0]['州']
'Illinois'
>>> results[0]['平均溫度(° F)']
'17.48'
```

如果資料特別複雜，並且需要操作特定欄位，那麼 DictReader() 可以更容易確保取得正確的欄位；它還能讓您的程式碼更容易理解。但是 DictReader() 的缺點是效率較慢，如果您的資料集非常大，則要記住 DictReader() 可能需要用兩倍的時間來讀取相同數量的資料。

21.3 Excel 試算表檔案

另一種常見檔案格式是 Excel 檔 (**編註：** .xls 或 .xlsx 檔案)，它是 Microsoft Excel 的檔案格式。這裡之所以會談到 Excel 檔，是因為它們的處理方式與 CSV 檔非常相似。事實上，由於 Excel 可以讀取和寫入 CSV 檔，因此從 Excel 試算表檔案中提取資料最快速簡單的方法通常是在 Excel 中打開它，然後將其另存為 CSV 檔，就可以依照前一節介紹的方式處理。但是，這個方法並不總是有用，特別是如果您有大量檔案，用 Python 寫程式直接處理 Excel 文件可能更快。

試算表檔案可以在同一個檔案、巨集、和各種格式選項中選擇多個工作表，不過這些進階的操作已超出了本書的範圍。而在本節中，我只介紹如何從一個簡單的單一工作表提取資料。

Python 的標準函式庫沒有讀取或寫入 Excel 檔案的模組，若要讀取該格式需要安裝外部模組。有幾個模組可以完成這項工作，在本例中，我們將使用 OpenPyXL，請在命令列用 pip 安裝它：

```
$pip install openpyxl
```

把之前的溫度資料放在試算表中看起來像這樣：

	A	B	C	D	E	F	G	H	I	J	K	L	M	N	C
1	Notes	State	State Code	Month Day, Year	Month Day, Year Code	Avg Daily I	Record Co	Min Temp	Max Temp	Avg Daily I	Record Co	Min for Da	Max for Da	Daily Max	Heat Inc
2		Illinois	17	Jan 01, 1979	1979/01/01	17.48	994	6	30.5	Missing	0	Missing	Missing	0.00%	
3		Illinois	17	Jan 02, 1979	1979/01/02	4.64	994	-6.4	15.8	Missing	0	Missing	Missing	0.00%	
4		Illinois	17	Jan 03, 1979	1979/01/03	11.05	994	-0.7	24.7	Missing	0	Missing	Missing	0.00%	
5		Illinois	17	Jan 04, 1979	1979/01/04	9.51	994	0.2	27.6	Missing	0	Missing	Missing	0.00%	
6		Illinois	17	May 15, 1979	1979/05/15	68.42	994	61	75.1	Missing	0	Missing	Missing	0.00%	
7		Illinois	17	May 16, 1979	1979/05/16	70.29	994	63.4	73.5	Missing	0	Missing	Missing	0.00%	
8		Illinois	17	May 17, 1979	1979/05/17	75.34	994	64	80.5	82.6	2	82.4	82.8	0.20%	
9		Illinois	17	May 18, 1979	1979/05/18	79.13	994	75.5	82.1	81.42	349	80.2	83.4	35.11%	
10		Illinois	17	May 19, 1979	1979/05/19	74.94	994	66.9	83.1	82.87	78	81.6	85.2	7.85%	
11															
12															

讀取這個檔案並不難，只比讀取 CSV 檔稍微複雜一點。首先，您要載入試算表檔案；接下來，您需要取得特定的工作表；然後走訪每一行，並從每一行中取出儲存格裡面的值，讀取試算表的範例程式碼如下所示：

```
>>> from openpyxl import load_workbook
>>> wb = load_workbook('temp_data_01.xlsx')  ← 載入試算表檔案
>>> results = []
>>> ws = wb.worksheets[0]  ← 取得第一個工作表
>>> for row in ws.iter_rows():  ← 走訪每一行
...     results.append([cell.value for cell in row])  ← 取出儲存格裡面的值
...
>>> print(results)
[['備註', '州', '州編號', '觀察日期(英文)', '觀察日期(數字)', '平均溫度
(° F)', '溫度紀錄數量', '最低溫度(° F)', '最高溫度(° F)', '平均體感溫度
(° F)', '體感溫度紀錄數量', '最低體感溫度(° F)', '最高體感溫度(° F)', '
體感溫度紀錄數量/溫度紀錄數量百分比'], ['', 'Illinois', '17', 'Jan 01,
1979', '1979/01/01', '17.48', '994', '6.00', '30.50', 'Missing',
'0', 'Missing', 'Missing', '0.00%'], ['', 'Illinois', '17',
'Jan 02, 1979', '1979/01/02', '4.64', '994', '-6.40', '15.80',
'Missing', '0', 'Missing', 'Missing', '0.00%'], ['', 'Illinois',
'17', 'Jan 03, 1979', '1979/01/03', '11.05', '994', '-0.70',
'24.70', 'Missing', '0', 'Missing', 'Missing', '0.00%'], ['',
'Illinois', '17', 'Jan 04, 1979', '1979/01/04', '9.51', '994',
'0.20', '27.60', 'Missing', '0', 'Missing', 'Missing', '0.00%'],
['', 'Illinois', '17', 'May 15, 1979', '1979/05/15', '68.42',
'994', '61.00', '75.10', 'Missing', '0', 'Missing', 'Missing',
'0.00%'], ['', 'Illinois', '17', 'May 16, 1979', '1979/05/16',
'70.29', '994', '63.40', '73.50', 'Missing', '0', 'Missing',
'Missing', '0.00%'], ['', 'Illinois', '17', 'May 17, 1979',
'1979/05/17', '75.34', '994', '64.00', '80.50', '82.60', '2',
'82.40', '82.80', '0.20%'], ['', 'Illinois', '17', 'May 18, 1979',
'1979/05/18', '79.13', '994', '75.50', '82.10', '81.42', '349',
'80.20', '83.40', '35.11%'], ['', 'Illinois', '17', 'May 19,
1979', '1979/05/19', '74.94', '994', '66.90', '83.10', '82.87',
'78', '81.60', '85.20', '7.85%']]
```

這個程式碼所獲得的結果跟從 csv 檔獲得的結果是一樣的，由於試算表本身就是更複雜的物件，讀取試算表的程式碼更加複雜也就不足為奇了。處理前您還應確認資料在試算表中的儲存方式，如果試算表包含具有特定意義的格式、需要以不同方式處理或忽略標籤、或者需要處理公式和參照，那麼則需要深入瞭解應如何處理這些元素，並且需要撰寫更複雜的程式碼。

試算表通常還有其他可能的問題，它通常限制在大約一百萬行左右，儘管該限制聽起來很大，但是需要處理大於一百萬行資料集的情況越來越多。

此外，試算表有時會有一些不方便處理的格式，像我工作過的一家公司，零件編號就由數字和字母組成，所以有可能取得像 1E20 這樣的零件編號。但是大多數試算表會自動將 1E20 解釋為科學記數法，並將其自動轉換為 1.00E+20（1 乘上 10 的 20 次方），而若是取得的編號是 1F20 則會視為字串。要防止這種情況發生是相當困難的，特別是對於大型資料集，可能處理時直到後面才會檢測到這個問題。基於這些原因，我建議盡可能使用 CSV 檔。使用者通常可以將試算表另存為 CSV，這樣就不需要考慮試算表所涉及的額外複雜性和格式化問題。

21.4 資料清理

文字檔的資料處理會遇到的一個常見問題是「骯髒資料」(dirty data)。所謂「骯髒」的意思是資料中存在各式各樣不可預期的值，例如空值、不合法的編碼、或額外的空格，資料也可能是未經排序的，或者是難以處理的順序。處理這些情況的過程稱為資料清理（data cleaning）。

21.4.1 清理

您可能需要處理從試算表或其他財務程式所導出的檔案，貨幣相關的欄位可能包含百分比和貨幣符號（例如 %、$、£），或者包含句號或逗號。不同來源的資料可能會有不同的狀況，如果事先沒有察覺這些問題，處理起來就會變得很棘手。重新檢視之前的溫度資料後，您會看到第一行的資料如下所示：

```
[None, 'Illinois', 17, 'Jan 01, 1979', '1979/01/01', 17.48, 994, 6, 30.5,
2.89, 994, -13.6, 15.8, 'Missing', 0, 'Missing', 'Missing', '0.00%']
```

某些欄位，例如「州」(第 2 欄）和「備註」(第 1 欄），很顯然都是文字，一般不太需要對它們進行處理。後面跟著兩個不同格式的日期欄位，您很可能需要使用日期欄位進行計算，也許是需要改變資料的順序、按月 / 按日分組，或者可能要計算兩筆紀錄的時間間隔。

其餘的欄位似乎是不同類型的數字：溫度是具有小數的數字，記錄數量欄位是整數。另外，當最高溫度欄位的值低於華氏 80 度時，體感溫度相關欄位不會有值，而是列為 "Missing"，而最後一個欄位則是體感溫度紀錄數量除以溫度紀錄數量的百分比數字。

如果您想對體感溫度相關欄位進行數學計算會發生問題，因為 "Missing" 和百分比數字都會被解析為字串，而不是數字。

清理像這樣的資料可以在該處理過程的不同階段中完成，很多時候，我更喜歡在讀取資料檔時就順便清理資料，所以我可能會在讀入每一行的同時，用 None 或空字串來取代 "Missing"。您也可以保留 "Missing" 字串，但是後面的程式碼在計算時，必須判斷若遇到 "Missing" 時不執行數學運算。

動手試一試 : 清理資料

- 若要保留 "Missing" 欄位值，則進行數學計算時應該怎麼做？請寫一段程式碼計算可能會有 "Missing" 值的欄位平均值。
- 如何計算本節範例最後面一欄的平均百分比？在您看來，這個問題的解決方法是否與上一個 "Missing" 值處理方式有關？

21.4.2 排序

如前所述，在處理文字檔的資料之前先將它們排序通常會很有用，將資料排序可以更輕鬆地找出和處理重複值，還有助於將相關的記錄匯集在一起，以便更快或更輕鬆地處理。在一個案例中，我接收到一個 2000 萬筆紀錄的檔案，其中的紀錄需要與主要庫存單位（Stock Keeping Unit, SKU）清單中的項目比對。

若能依照每筆紀錄的項目 ID 進行排序，可以讓我們更快地完成處理。如何進行排序取決於資料檔大小、可用記憶體的大小以及排序的複雜性，假設記憶體足以容納檔案中所有的資料，最簡單的方法是將每一行讀到一個 list，然後使用 list 的 sort() 方法：

```
>>> lines = open("datafile").readlines()
>>> lines.sort()
```

您還可以改用 sorted() 函式來完成，例如寫成 sorted_lines = sorted(lines)，這樣能保留原始 list（雖然一般不太需要保留）。使用 sorted() 函式的缺點是它額外複製了一份 list，這個過程處理時間會稍微久一點，而且消耗的記憶體是原來的兩倍，這可能是一個比較大的問題。

如果資料集大於記憶體並且排序非常簡單（只是透過一個易於抓取的欄位來排序），那麼使用外部程式（例如 Linux/UNIX 的 sort 命令）可能更容易對資料進行預處理：

```
$ sort data > data.srt
```

您可能會需要按正向、反向、或者各式各樣的順序來排序，所以處理前最好是先研讀排序工具的說明文件。舉例來說，在 Python 中若需要讓文字不管大小寫進行排序，您可以用 sort() 方法的 key 參數提供一個排序函式，在排序前先把元素轉換成小寫：

```
>>> lines.sort(key=str.lower)
```

以下範例使用 lambda 函式來略過每個字串的前五個字元：

```
>>> lines.sort(key=lambda x: x[5:])
```

使用 key 參數來決定 sort() 的排序行為非常方便，但請注意，在排序過程中會大量呼叫排序函式，因此複雜的排序函式可能會降低實際效能，尤其是對於大型資料集會更明顯。

21.4.3 資料清理的問題與陷阱

骯髒資料的種類繁多，資料的來源和使用情境也非常複雜，加上資料處理總是會有一些狀況，因此，我無法提供可能遇到的問題以及如何處理這些問題的詳盡清單，但我可以給您一些簡單的處理要點：

- **小心空格、Tab 和空字元 (null)**：空格的問題是您可能看不到它們，但這並不意味著它們不會引起麻煩，資料每行開頭和結尾的額外空格、個別欄位前後的額外空格、以及 Tab 定位字元都會使得資料載入和處理更加麻煩，而且這些問題有時候並不容易察覺。同樣地，含有空字元（ASCII 0）的文字檔在檢查時可能看起來沒問題，但在載入和處理時可能會導致程式出錯。
- **當心標點符號**：標點符號也可能是個問題，額外的逗號或句號可能會弄亂 CSV 檔和數字欄位的處理，無法搭配成對的引號也會造成混淆。
- **分解並除錯步驟**：如果每個步驟都是獨立的，則找出問題會更容易，雖然會比較冗長，而且使用較多變數，但這項工作是值得的。首先，它使得任何引發的異常更易於理解，無論是使用 print 敘述、日誌記錄、還是 Python 除錯程式，都會讓除錯變得較容易。在每個步驟之後保存資料並將發生錯誤的那幾行切割出來成為一個小檔案來檢視也可能有所幫助。

21.5 寫入資料檔

ETL 的最後步驟可能會將轉換後的資料保存到資料庫，關於資料庫將在第 23 章討論。除此以外，也有可能會將資料寫入一般檔案，這些檔案可匯入其他應用程式，或者被用來做其他分析。寫入檔案時，您需要先訂定一個資料格式，列出應該包含的資料欄位、欄位的命名規則、每個欄位的格式和限制等。

21.5.1 寫入 CSV 檔

經過前面載入、解析、清理和轉換資料後，我們已經排除大多數問題了，最後一步將資料寫入 CSV 檔就簡單多了，使用 Python 標準函式庫中的 csv 模組可以使您的工作更輕鬆。

用 csv 模組把資料寫到 CSV 檔只需要指定分隔符號，csv 模組會自動處理欄位值可能包含分隔符號的任何情況：

```
>>> temperature_data = [['州', '觀察日期', '平均溫度(°F)', '紀錄數量'], ['Illinois', '1979/01/01', '17.48', '994'], ['Illinois', '1979/01/02', '4.64', '994'], ['Illinois', '1979/01/03', '11.05', '994'], ['Illinois', '1979/01/04', '9.51', '994'], ['Illinois', '1979/05/15', '68.42', '994'], ['Illinois', '1979/05/16', '70.29', '994'], ['Illinois', '1979/05/17', '75.34', '994'], ['Illinois', '1979/05/18', '79.13', '994'], ['Illinois', '1979/05/19', '74.94', '994']]
>>> csv.writer(open("temp_data_03.csv", "w", newline='', encoding="utf-8"), delimiter='|').writerows(temperature_data)
```

這個程式碼會產生的檔案內容如下：

```
州|觀察日期|平均溫度(°F)|紀錄數量
Illinois|1979/01/01|17.48|994
Illinois|1979/01/02|4.64|994
Illinois|1979/01/03|11.05|994
Illinois|1979/01/04|9.51|994
Illinois|1979/05/15|68.42|994
Illinois|1979/05/16|70.29|994
Illinois|1979/05/17|75.34|994
Illinois|1979/05/18|79.13|994
Illinois|1979/05/19|74.94|994
```

就像從 CSV 檔案中讀取一樣，如果使用 DictWriter，則可以用字典格式來寫入資料。如果您想要使用 DictWriter，建立寫入物件時，必須用 fieldnames 參數傳入欄位名稱的 list，並且可以使用 DictWriter 的 writeheader() 方法在檔案最前面寫入標頭。假設您手上握有這些字典格式的資料：

```
>>> data = [{'州': 'Illinois', '觀察日期': '1979/01/01', '平均溫度
(° F)': '17.48', '紀錄數量': '994'},  {'州': 'Illinois', '觀察日期':
'1979/01/02', '平均溫度(° F)': '4.64', '紀錄數量': '994'}]
```

您可以使用 csv 模組中的 DictWriter 物件將字典格式的資料寫入 CSV 檔：

```
>>> fields = ['州', '觀察日期', '平均溫度(° F)', '紀錄數量']
>>> with open('temp_data_04.csv', 'w', newline='',
        encoding="utf-8") as f:
...     dict_writer = csv.DictWriter(f, fieldnames=fields)
...     dict_writer.writeheader()
...     dict_writer.writerows(data)
```

21.5.2 寫入 Excel 檔

把資料寫到試算表檔案與讀取它們的步驟很像，您要先建立活頁簿或試算表檔案，然後至少要建立一個工作表，最後，將資料寫入適當的儲存格中。如下所示，您可以從 CSV 資料檔建立一個新的試算表：

```
>>> from openpyxl import Workbook
>>> data_rows = [fields for fields in csv.reader(
open("temp_data_01.csv"))]
>>> wb = Workbook()
>>> ws = wb.active
>>> ws.title = "temperature data"
>>> for row in data_rows:
...     ws.append(row)
...
>>> wb.save("temp_data_02.xlsx")
```

當您將資料寫到試算表檔案時，也可以為儲存格設定格式。有關如何添加格式的更多資訊，請參閱文件 https://openpyxl.readthedocs.io。

21.5.3 打包資料檔

如果您有多個相關的資料檔，或者您的檔案很大，那麼將它們打包並壓縮封存是很合理的。儘管現有的壓縮格式有很多種，但 zip 檔仍然很受歡迎，並且幾乎在每個平台上都有 zip 公用程式可供使用。有關如何將資料檔壓縮成 zip 檔，請參閱第 20 章。

LAB 21：氣象觀測

範例資料檔中提供了一份氣象觀測檔 taipei-weather.txt，這是台北市按月從 2009 年到 2019 年排序的資料。請撰寫程式處理該檔案，將資料提取到一個 CSV 或試算表檔案中。此過程包括用空字串替換 'N/A' 字串，並將百分比轉換為小數，此外，還可以考慮哪些欄位是重複的（因此可以省略或儲存在其他位置）。請將您產生的檔案載入到試算表，檢查一下程式執行結果是否正確。

重點整理

- 一般資料處理的步驟為：ETL (Extract-Transform-Load)

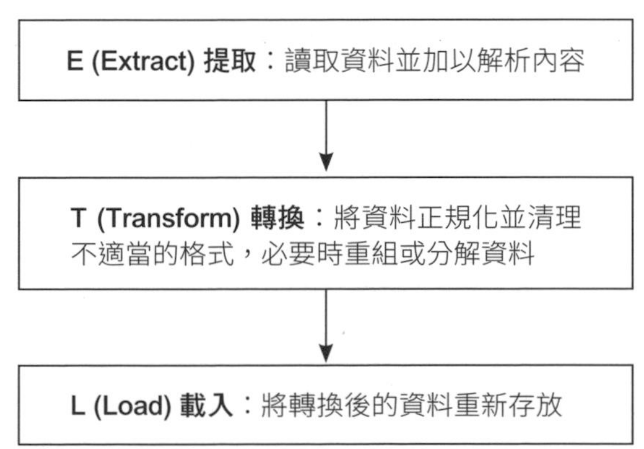
E (Extract) 提取：讀取資料並加以解析內容
T (Transform) 轉換：將資料正規化並清理不適當的格式，必要時重組或分解資料
L (Load) 載入：將轉換後的資料重新存放

▨ 提取階段

- ○ 編碼問題：採用 UTF-8 編碼、讀取錯誤字元的處理方式
- ○ 解析 / 分割：
  - ● 非結構化資料：分段落存放 → 轉小寫 → 去除標點符號 → 依字元存放
  - ● 結構化資料：

    CSV：使用 csv 模組

    Excel：使用 openpyxl 模組

▨ 轉換階段

- ○ 資料清理：整理各種符號、統一並轉換資料型別、處理缺漏值
- ○ 資料排序

▨ 載入階段

- ○ 寫入 CSV 檔
- ○ 寫入 Excel 試算表
- ○ 寫入資料庫 (參見第 23 章)

Chapter 22

網路爬蟲 - 使用 requests 和 Beautiful Soup

本章涵蓋

- 透過 FTP、SSH/SFTP 下載檔案
- 使用 requests 下載檔案
- 透過網站的 API 取得資料
- 解析 JSON 和 XML 資料
- 解析網頁的 HTML 資料
- 使用 Beautiful Soup 解析 HTML 資料
- 網路爬蟲

本章將說明如何使用 Python 從網路下載資料，這些資料可能是如第 21 章所述的純文字或試算表檔案，但也有可能是 JSON、XML 等結構化格式的資料，並且會透過 REST 或 SOAP 等 API（Application Programming Interface）來取得。有時候某些網路服務並未提供 API，此時便可能需要解析該網站的 HTML 原始碼，才能取得其中的資料。本章將討論這些狀況，並展示了一些常見的使用案例。

22.1 使用 FTP 或 requests 下載檔案

在使用資料之前，必須先取得資料檔案，有時這個過程非常簡單，比如手動下載一個 zip 壓縮檔，或者檔案已從別的地方傳送到您的電腦。然而，這個過程也有可能很麻煩，像是需要從遠端伺服器下載大量檔案、需要定期下載檔案、或者下載過程太繁瑣而不方便以手動操作。在以上任何一種情況，您可能都希望用 Python 寫程式來自動取得資料檔。

首先，我想澄清一點，使用 Python 寫程式並不是下載檔案的唯一方法，也可能不是最好的方法。以下說明了我在決定是否使用 Python 下載檔案時所考慮的因素：

- 是否有更簡單的方法？根據您的作業系統和工作經驗，您可能會發現用 shell script 或批次檔會更簡單、更快就可以寫好。如果這些工具不適用或者用不習慣，則可以考慮使用 Python。
- 下載與處理過程是不是很複雜？雖然我們並不想遇到這些情況，但它們還是可能會發生。我的原則是，如果需要寫很多行 shell script 或批次檔，或者如果我必須絞盡腦汁思考如何用 shell script 或批次檔來執行某些任務，那麼可能是切換到 Python 的時候了。

若是您遇到的狀況確實有需要使用 Python 下載檔案，本節將說明一些常見的下載方式。

22.1.1 從 FTP 伺服務器下載檔案

FTP 檔案傳輸協議已經存在了很長時間，雖然 FTP 通常是以明文來傳送帳號密碼，但是當安全性不是一個大問題時，它仍然是一種簡單易用的共享檔案方法。要使用 Python 存取 FTP 伺服器，可以使用標準函式庫中的 ftplib 模組。使用步驟很簡單：建立 FTP 物件、連接到伺服器、然後用帳號和密碼登錄（或者使用『anonymous』帳號和空密碼匿名登錄）。

例如您可以依照下面步驟連接到美國國家海洋和大氣管理局（National Oceanic and Atmospheric Administration，NOAA）的 FTP 伺服器下載天氣資料：

```
>>> import ftplib
>>> ftp = ftplib.FTP('tgftp.nws.noaa.gov')
>>> ftp.login()   ←── 匿名登錄 FTP 伺服器
'230 Login successful.'
```

連上之後，可以如下切換目錄以及顯示檔案列表：

```
>>> ftp.cwd('data')  ← 切換目錄
'250 Directory successfully changed.'
>>> ftp.nlst()       ← 顯示檔案列表
 ['climate', 'fnmoc', 'forecasts', 'hurricane_products', 'ls_SS_
services',
'marine', 'nsd_bbsss.txt', 'nsd_cccc.txt', 'observations',
'products',
'public_statement', 'raw', 'records', 'summaries', 'tampa',
'watches_warnings', 'zonecatalog.curr', 'zonecatalog.curr.tar']
```

然後，就可以使用 retrbinary() 方法下載芝加哥奧黑爾國際機場（Chicago O' Hare International Airport）的最新 METAR(航空例行天氣報告)：

```
>>> with open('KORD.TXT', 'wb') as f:
...     ftp.retrbinary('RETR observations/metar/decoded/KORD.TXT',
f.write)
```

retrbinary() 方法需要兩個參數：遠端 FTP 伺服器上的檔案路徑，以及在本機端處理該檔案資料的 method。本例的處理方式為，以二進制寫入模式開啟檔案 KORD.TXT，並將從 FTP 伺服下載的資料寫入該檔。當您檢視 KORD.TXT 時，就會看到下載回來的天氣資料：

```
CHICAGO O'HARE INTERNATIONAL, IL, United States (KORD) 41-59N 087-55W 200M
Jul 20, 2019 - 04:55 AM EDT / 2019.07.20 0855 UTC
Wind: from the E (080 degrees) at 20 MPH (17 KT) gusting to 29 MPH (25 KT):0
Visibility: 10 mile(s):0
Sky conditions: overcast
Temperature: 75.9 F (24.4 C)
Dew Point: 68.0 F (20.0 C)
Relative Humidity: 76%
Pressure (altimeter): 29.93 in. Hg (1013 hPa)
ob: KORD 200855Z 08017G25KT 10SM BKN023 OVC043 24/20 A2993 RMK AO2 T02440200
cycle: 9
```

如果 FTP 伺服器支援 TLS 加密方式的話，還可以如下透過 FTP_TLS 連接到 FTP 伺服器，這樣的話帳號密碼就會改用加密的方式傳送：

```
ftp = ftplib.FTP_TLS('tgftp.nws.noaa.gov')
```

22.1.2 以 SFTP 下載檔案

如果資料需要更高的安全性，例如需要透過網路傳輸機密的業務資料，則使用 SFTP 是相當常見的。SFTP 是一種功能齊全的協定，允許透過 SSH（Secure Shell）加密連線進行檔案存取、傳輸、和管理。儘管 SFTP 裡面有 FTP 這個字眼，但兩者並沒有相關，SFTP 不是在 SSH 上重新實作 FTP，而是專門針對 SSH 的全新設計。

使用 SFTP 傳輸檔案非常方便，因為 SSH 已經是加密存取遠端伺服器的標準之一，所以在伺服器上啟用 SFTP 服務也相當容易，甚至在預設的情況下 SFTP 就已經是啟用的。

Python 標準函式庫中沒有 SSH/SFTP 模組，不過可以使用社群開發的函式庫 paramiko 來連線 SSH/SFTP，您能透過 pip install paramiko 命令進行安裝。使用 paramiko 連線 SFTP 下載檔案的程式碼如下：

```
>>> import paramiko
>>> t = paramiko.Transport((網址, 通訊埠))
>>> t.connect(帳號, 密碼)
>>> sftp = paramiko.SFTPClient.from_transport(t)
>>> sftp.get(遠端檔案路徑, 本機端檔案路徑)
```

22.1.3 使用 requests 透過 HTTP/HTTPS 下載檔案

最後一個下載方式就是透過 HTTP 或 HTTPS 連線取得檔案，也就是直接從 Web 網站下載資料。由於支援 Web 下載的工具非常多，就算不用 Python 也可以輕鬆取得檔案，例如 Linux 上可以使用 wget 和 cual，Windows 系統則可以使用 Free Download Manager。

但是，如果您真的有需要用 Python 程式透過 HTTP/HTTPS 取得檔案，Python 也有很多 HTTP/HTTPS 的函式庫可用，其中 requests 是最簡單、可靠的函式庫。使用前您需要透過 pip install requests 命令安裝 requests。安裝完畢後，只要匯入 requests 並使用正確的 HTTP 連線方法（通常是 GET），即可連接到 Web 伺服器取得資料或檔案。

以下範例透過 HTTP 取得倫敦希思洛機場（Heathrow Airport）自 1948 年以來的每月溫度和雨量資料。您可以先試試看手動下載，只要把該網址 URL 輸入到瀏覽器、載入頁面、然後將其另存新檔即可。手動下載很簡單，但如果頁面很大或者需要抓取很多頁面，那麼使用程式自動處理會更容易：

```
>>> import requests
>>> response = requests.get("http://www.metoffice.gov.uk/pub/data/
weather/uk/climate/stationdata/heathrowdata.txt")
```

response 這個物件裡面包含大量資訊，例如 Web 伺服器傳回、可用來偵錯的標頭資訊（header）等，不過一般來說，我們要的就是下載的檔案內容。要取得檔案內容，可以透過 response 的 text 屬性或 content 屬性，text 屬性是以字串形式儲存資料，而 content 屬性則是以 bytes 形式保存資料：

```
>>> print(response.text)
Heathrow (London Airport)
Location 507800E 176700N, Lat 51.479 Lon -0.449, 25m amsl
Estimated data is marked with a * after the value.
Missing data (more than 2 days missing in month) is marked by
---.
Sunshine data taken from an automatic Kipp & Zonen sensor marked
with a #, otherwise sunshine data taken from a Campbell Stokes
recorder.
```

```
   yyyy  mm   tmax    tmin      af    rain     sun
              degC    degC    days      mm   hours
   1948   1    8.9     3.3    ---     85.0    ---
   1948   2    7.9     2.2    ---     26.0    ---
   1948   3   14.2     3.8    ---     14.0    ---
.
.
.
```

動手試一試：下載檔案

- 請用 Python 下載本節提到的倫敦希思洛機場每月溫度和雨量資料，然後清理與整理資料，將每一行資料分割。
- 承上，請計算每年平均降雨量，以及每年的最高和最低溫度。

22.2 透過網站的 API 取得資料

網路上有各式各樣的資訊，許多廠商會提供公開的服務給大家取用，這些服務會訂定存取格式，只要依照其格式便能取得其提供的資訊，這樣的存取格式稱為 API（Application Programming Interface），意思就是可用程式存取此服務的介面。

API 可以透過多種方式運作，但它們通常是以各種 HTTP 方法（GET、POST、PUT 和 DELETE）來存取，所以用 API 取得資料的方式會與第 22.1.3 節所述的 HTTP 下載非常類似，差別只在於 API 取得的通常是動態資料，而非靜態檔案。

雖然不同的服務有不同的 API 存取方式，不過目前最常見的一種是 RESTful（REpresentational State Transfer）風格的存取架構，關於 RESTful 的定義請自行參閱相關文件。API 通常是使用 GET 方法來取得資料，這也是我們在瀏覽器輸入網址瀏覽網站時的 HTTP 方式。在使用 GET 方法取得資料時，若需要傳送參數，其格式是在網址最後面以 ? 符號起頭，然後用 & 符號分隔不同的參數：

```
http://xxx.xxx/xxx?參數1=參數值1&參數2=參數值2&參數3=參數值3...
```

我們將以芝加哥市政府提供的 API 為例，假設要查詢 2019 年 1 月 10 日中午 12 點到下午 1 點之間的犯罪資料。其 API 連線的網址如下：

```
https://data.cityofchicago.org/resource/6zsd-86xi.json?$where=date
between '2019-01-10T12:00:00' and '2019-01-10T13:00:00'
```

上面可以看到我們將傳送一個名為『$where』的參數給伺服器，其參數值為『date between '2019-01-10T12:00:00' and '2019-01-10T13:00:00'』，這個參數值中的空格與單引號對於 HTTP 協定來說都是不合法的字元，HTTP 協定規定若網址需要用到這些不合法字元時需要對其進行編碼，稱為 URL encode。若您使用上節介紹的 requests 函式庫來存取 API，則不需要擔心這個問題，因為 requests 會自動為我們進行 URL encode：

```
>>> import requests
>>> response = requests.get("https://data.cityofchicago.org/
resource/6zsd-86xi.json?$where=date between '2019-01-10T12:00:00'
and '2019-01-10T13:00:00'")
>>> print(response.text)
[{"id":"11562417","case_number":"JC111532","date":"2019-
01-10T12:00:00.000","block":"079XX S COTTAGE GROVE
AVE","iucr":"0880","primary_type":"THEFT","description":"PURSE-
SNATCHING","location_description":"STREET","arrest":false,"do
mestic":false,"beat":"0624","district":"006","ward":"8","comm
unity_area":"44","fbi_code":"06","x_coordinate":"1182934","y_
coordinate":"1852471","year":"2019","updated_on":"2019-
01-18T09:37:14.000","latitude":"41.750382338","longitu
de":"-87.605215174","location":{"type":"Point","coordinat
es":[-87.605215174,41.750382338]},"location_address":"","location_
city":"","location_state":"","location_zip":""},...
```

上述例子取得的資料是 JSON 格式，目前幾乎絕大多數 API 傳回的資料都是採用 JSON 或是 XML 格式，我們將於下一節為您說明如何解析 JSON 與 XML 格式的資料。

動手試一試：存取 API

- 撰寫 Python 程式從政府資料開放平臺（https://data.gov.tw）上抓取一些資料。

22.3 解析 JSON 資料格式

目前 API 提供的資料最常見的格式是 JSON 和 XML，這兩種格式的資料都是以純文字的方式傳輸，並以結構化方式存放資料，因此可以很方便存取和解析其內容。

22.3.1 JSON 資料

JSON（JavaScript Object Notation）格式可以追溯到 1999 年，原先是用於 JavaScript 的資料交換格式，但是因為 JSON 便於傳輸，並且其格式簡單也很容易閱讀，逐漸成為一種普遍使用的資料格式，所以大多數程式語言都已經可以直接處理 JSON 格式。以 Python 為例，從 2.6 版以後就將 json 套件納入標準函式庫，2.6 以前的版本則可以使用第三方函式庫 simplejson。不過在 Python 3 之後，絕大部分的程式都會使用標準函式庫的 json 套件。

JSON 只包含兩個結構：物件與陣列 (這個 JSON 物件和 Python 的物件是不一樣的，請不要混淆)。JSON 物件是由『鍵 : 值』組成的資料，放在 { } 括號中，與 Python 字典非常相似，而 JSON 陣列則是一組有序的資料，放在 [ ] 括號中，與 Python 的 list 非常類似。請看以下的例子：

```
{
    "姓名": "John Smith",
    "年齡": 25,
    "電話":
    [
        {
          "type": "home",
          "number": "123456"
        },
        {
          "type": "mobile",
          "number": "654321"
        }
    ]
}
```


JSON 物件的鍵必須是用雙引號括起來的字串，而 JSON 物件的值則可以是雙引號字串、數字、true、false、null、陣列或物件。

請注意，JSON 的字串只能用雙引號括起來，不支援使用單引號的字串。

將 JSON 資料轉換為 Python 資料型別

在第 22.2 節中從芝加哥市 API 中取得的資料便是 JSON 格式，下面範例我們會使用 json 函式庫的 loads() 方法將 JSON 物件轉為 Python 的字典，而 JSON 陣列則轉為 Python 的 list：

```
>>> import json
>>> import requests
>>> response = requests.get("https://data.cityofchicago.org/
resource/6zsd-86xi.json?$where=date between '2019-01-10T12:00:00'
and '2019-01-10T13:00:00'")
>>> j = json.loads(response.text)
>>> j
[{'id': '11562417', 'case_number': 'JC111532', 'date': '2019-01-
10T12:00:00.000', 'block': '079XX S COTTAGE GROVE AVE', 'iucr':
'0880', 'primary_type': 'THEFT', 'description': 'PURSE-SNATCHING',
```

```
'location_description': 'STREET', 'arrest': False, 'domestic':
False, 'beat': '0624', 'district': '006', 'ward': '8', 'community_
area': '44', 'fbi_code': '06', 'x_coordinate': '1182934', 'y_
coordinate': '1852471', 'year': '2019', 'updated_on': '2019-
01-18T09:37:14.000', 'latitude': '41.750382338', 'longitude':
'-87.605215174', 'location': {'type': 'Point', 'coordinates':
[-87.605215174, 41.750382338]}, 'location_address': '', 'location_
city': '', 'location_state': '', 'location_zip': ''}, {'id':
'11562450', 'case_number': 'JC111592', 'date': '2019-01-
10T12:00:00.000',...
>>> j[0]["id"]
'11562417'
```

json.loads() 會將內含 JSON 資料的字串轉換成 Python 資料型別，而 json.load() 則可以用來載入檔案內的 JSON 資料並轉為 Python 資料型別。

json 函式庫的 load() 和 loads() 預設會如下將 JSON 資料解析為 Python 的資料型別：

表 22.1　JSON 資料轉換 Python 資料型別的對照表

JSON	Python
object	dict
array	list
string	str
number (int)	int
number (real)	float
true	True
false	False
null	None

上例中顯示的 JSON 資料看起來相當雜亂，我們可以使用 pprint 模組（pretty print）改善輸出格式，讓資料以更容易理解的格式呈現：

```
>>> from pprint import pprint as pp
>>> pp(j)
[{'arrest': False,
  'beat': '0624',
  'block': '079XX S COTTAGE GROVE AVE',
  'case_number': 'JC111532',
  'community_area': '44',
  'date': '2019-01-10T12:00:00.000',
  'description': 'PURSE-SNATCHING',
.
.
.
```

改用 requests 函式庫解析 JSON 資料

本節範例使用 requests 函式庫來取得 JSON 格式的資料，然後再用 json 函式庫的 loads() 方法將其解析為 Python 資料型別，這是目前常見的標準作法。

因為 requests 取得資料後解析 JSON 格式這個動作太常用了，所以 requests 函式庫乾脆直接提供了一個 json() 方法來解析 JSON 資料。所以在這個例子：

```
>>> j = json.loads(response.text)
```

可改寫為：

```
>>> j = response.json()
```

以上兩行的結果是一樣的，但後者更簡潔、更易讀、也更符合 Python 風格。

將 Python 資料型別轉換為 JSON 資料

json 函式庫的 load() 和 loads() 有反向函式為 dump() 和 dumps()，可以用來將 Python 的資料型別轉換為 JSON 資料 (同樣根據表 22.1 來做轉換)，json.dump() 會將轉換後的 JSON 資料寫入檔案，而 json.dumps() 則會以字串傳回轉換後的 JSON 資料。下面範例將前面解析過的芝加哥市犯罪資料轉回 JSON 資料：

```
>>> outfile = open("data_01.json", "w")
>>> json.dump(j, outfile)
>>> outfile.close()
>>> json.dumps(j)
'[{"id": "11562417", "case_number": "JC111532", "date": "2019-01-
10T12:00:00.000", "block": "079XX S COTTAGE GROVE AVE", "iucr":
"0880", "primary_type": "THEFT", "description": "PURSE-SNATCHING",
"location_description": "STREET", "arrest": false, "domestic":
false, "beat": "0624", "district": "006", "ward": "8", "community_
area": "44", "fbi_code": "06", "x_coordinate": "1182934", "y_
coordinate": "1852471", "year": "2019", "updated_on": "2019-
01-18T09:37:14.000", "latitude": "41.750382338", "longitude":
"-87.605215174", "location": {"type": "Point", "coordinates":
[-87.605215174, 41.750382338]}, "location_address": "", "location_
city": "", "location_state": "", "location_zip": ""}, {"id":
"11562450", "case_number": "JC111592", "date": "2019-01-
10T12:00:00.000",...
```

上面可以看到，json.dumps() 會將整個資料轉換為單一字串，若您希望可以像之前 pprint 模組那樣，把字串轉成更容易閱讀的格式，可以在 dump() 或 dumps() 加上 indent 參數來設定縮排的空格數，JSON 物件會按結構一行一行排列整齊：

```
>>> print(json.dumps(j, indent=2))  ← 用 2 個空格縮排
[
  {
    "id": "11562417",
    "case_number": "JC111532",
    "date": "2019-01-10T12:00:00.000",
.
.
.
```

請注意，以整體來看，一筆 JSON 資料只應該是一個 JSON 物件或是一個 JSON 陣列，所以如果重複呼叫 json.dump() 將多筆 JSON 資料寫入檔案，雖然這些 JSON 資料都是合法的 JSON 格式，但整個檔案的內容卻會變成有多個 JSON 物件或 JSON 陣列，這樣整個檔案就不是一個合法的 JSON 資料，日後若使用 json.load() 將無法讀取和解析整個檔案。所以如果您想要將多個 Python 物件轉換為 JSON 格式儲存起來，則需要先將所有 Python 物件放入一個 list，然後再用 json.dump() 將這個 list 轉為 JSON 陣列來儲存。

不過 JSON 資料最上層如果是陣列可能會存在著安全性隱憂，解決方法是將這個 list 再放入一個字典中，將這個字典轉為 JSON 的物件來儲存。舉例來說，假設 weather_lists 是一個包含多筆氣象報告紀錄的 list，則可以如下儲存為 JSON 格式的檔案：

```
>>> outfile = open("data.json", "w")
>>> weather_obj = {"reports": weather_list, "count": len(weather_list)}
>>> json.dump(weather, outfile)
>>> outfile.close()
```

日後需要讀取資料時，只要使用下面程式碼，便可以很容易地從檔案將 JSON 資料轉為 Python 資料型別：

```
>>> with open("data.json") as infile:
>>>         weather_obj = json.load(infile)
```

如果資料量不是太大，那麼這個方法是很簡便的，但對於非常大的資料來說可能就不太理想，因為發生錯誤時要找出問題可能會有點困難，而且還可能會耗盡記憶體。

若資料量很大，或者您不想要將所有資料放入一個 list，那麼其實也可以對每筆資料都使用一次 json.dump()，這將產生一個包含多筆 JSON 資料的檔案：

```
>>> outfile = open("data.json", "w")
>>> for report in weather_list:
...         json.dump(weather, outfile)
>>> outfile.close()
```

日後要讀取時，則必須將每一行視為一筆單獨的 JSON 資料來載入：

```
>>> for line in open("data.json"):
...         weather_list.append(json.loads(line))
```

動手試一試：儲存 JSON 資料

- 依照第 22.2 節的說明取得芝加哥市的犯罪資料，然後將取得的資料從 JSON 轉換為 Python 物件
- 將所有犯罪事件以一整個 JSON 資料的方式儲存到檔案。
- 以一筆犯罪事件單獨一筆 JSON 資料的方式儲存到檔案。
- 試試看要如何寫程式才能載入上述兩個檔案的 JSON 資料。

22.4 最好用的 XML 解析套件 - xmltodict

XML（eXtensible Markup Language）自 20 世紀末開始使用，XML 使用類似於 HTML 的 <> 括號來定義標籤，並且以元素嵌入元素的方式形成樹狀結構。XML 本來是希望能夠同時被機器和人類讀取，但 XML 往往太過冗長和複雜，以至於人們很難理解。不過，因為 XML 已經是一種既定標準，因此常常也會有 API 傳回 XML 格式的資料，所以我們還是會需要學習如何解析 XML 格式的資料，將其轉換為更易於處理的內容。現在先看看芝加哥氣象資料的 XML 版長什麼樣子：

```
<dwml xmlns:xsd="http://www.w3.org/2001/XMLSchema"
xmlns:xsi="http://
www.w3.org/2001/XMLSchema-instance" version="1.0"
xsi:noNamespaceSchemaLocation="http://www.nws.noaa.gov/forecasts/
xml/
DWMLgen/schema/DWML.xsd">
  <head>
    <product srsName="WGS 1984" concise-name="glance" operational-
mode="official">
      <title>
NOAA's National Weather Service Forecast at a Glance
      </title>
      <field>meteorological</field>
      <category>forecast</category>
      <creation-date refresh-frequency="PT1H">2017-01-
08T02:52:41Z</creation-
date>
    </product>
    <source>
      <more-information>http://www.nws.noaa.gov/forecasts/xml/</
more-
information>
      <production-center>
        Meteorological Development Laboratory
        <sub-center>Product Generation Branch</sub-center>
      </production-center>
      <disclaimer>http://www.nws.noaa.gov/disclaimer.html</
disclaimer>
      <credit>http://www.weather.gov/</credit>
      <credit-logo>http://www.weather.gov/images/xml_logo.gif</
credit-logo>
      <feedback>http://www.weather.gov/feedback.php</feedback>
    </source>
  </head>
  <data>
    <location>
      <location-key>point1</location-key>
      <point latitude="41.78" longitude="-88.65"/>
    </location>
    ...
  </data>
</dwml>
```

這個例子可以看到 XML 中常見的嵌套或樹狀結構，但是這僅僅是文件的第一部分，大部分資料都被省略掉了，即便如此，還是可以看出 XML 資料格式通常被人詬病的問題：首先標籤佔用的空間常常比其中包含的資料還要多、以及在實際資料開始之前常需要大量標頭定義。

使用 XML 還會遇到另一個狀況，XML 允許使用屬性來儲存資料，這表示資料可能放在標籤中，也可能放在屬性值中，增添處理的複雜度。以下面這個 point 元素舉例來看，您會發現在 <point> 將經緯度放在屬性值中：

```
<point latitude="41.78" longitude="-88.65"/>
```

上面是合法的 XML 資料，但是同樣的資料也可能用以下方式儲存：

```
<point>
   <latitude>41.78</ latitude >
   <longitude>-88.65</longitude>
</point>
```

如果不仔細檢視資料或研讀規格文件，您真的無從得知應該如何處理與解析 XML 資料，這種複雜性使得就算只想從 XML 中解析簡單的資料也變成一項挑戰。Python 中有幾種方法可以處理 XML，例如 Python 標準函式庫就已經內建解析和處理 XML 資料的套件，但我使用後認為如果只是想解析簡單資料的話，這個內建套件使用起來不是很方便。

對於簡單資料的解析，我發現最實用的函式庫是 xmltodict 套件，這個套件內部其實也是使用 Python 內建套件來處理，因此，xmltodict 解析 XML 資料後會傳回對應該 XML 資料樹狀結構的 Python 字典，並且也能將 Python 字典反過來轉換為 XML。要安裝 xmltodict，請執行 pip install xmltodict 命令即可。

要將 XML 轉換為字典，請如下匯入 xmltodict 並將 XML 格式的字串傳給 parse() 方法進行轉換：

```
>>> import xmltodict
>>> data = xmltodict.parse(open("observations_01.xml").read())
```

上面例子為了簡化程式碼，我們直接將檔案的內容傳遞給 parse() 方法，解析之後的 data 物件是一個 Python 的 OrderedDict（有序字典）：

```
{
    "dwml": {
        "@xmlns:xsd": "http://www.w3.org/2001/XMLSchema",
        "@xmlns:xsi": "http://www.w3.org/2001/XMLSchema-instance",
        "@version": "1.0",
        "@xsi:noNamespaceSchemaLocation": "http://www.nws.noaa.
gov/forecasts/xml/DWMLgen/schema/DWML.xsd",
        "head": {
            "product": {
                "@srsName": "WGS 1984",
                "@concise-name": "glance",
                "@operational-mode": "official",
                "title": "NOAA's National Weather Service Forecast
at a Glance",
                "field": "meteorological",
                "category": "forecast",
                "creation-date": {
                    "@refresh-frequency": "PT1H",
                    "#text": "2017-01-08T02:52:41Z"
                }
            },
            "source": {
                "more-information": "http://www.nws.noaa.gov/
forecasts/xml/",
                "production-center": {
                    "sub-center": "Product Generation Branch",
                    "#text": "Meteorological Development
Laboratory"
                },
```

```
                "disclaimer": "http://www.nws.noaa.gov/disclaimer.
html",
                "credit": "http://www.weather.gov/",
                "credit-logo": "http://www.weather.gov/images/xml_
logo.gif",
                "feedback": "http://www.weather.gov/feedback.php"
            }
        },
        "data": {
            "location": {
                "location-key": "point1",
                "point": {
                    "@latitude": "41.78",
                    "@longitude": "-88.65"
                }
            }
        }
    }
}
```

請注意，屬性值會在前面加上 @ 以表示它們是其父標籤的屬性。如果 XML 元素同時包含資料和標籤 (或屬性)，則資料的鍵會是『#text』，例如『production-center』之下同時有『#text』與『sub-center』。

前面提到 xmltodict 解析的結果是一個 OrderedDict，OrderedDict 會保留欄位原始順序，雖然其表示法與字典略有不同，但使用方法仍然與字典一樣：

```
>>> data["dwml"]["data"]["location"]
OrderedDict([('location-key', 'point1'), ('point', OrderedDict([('@
latitude', '41.78'), ('@longitude', '-88.65')]))])
```

如果同名標籤重複出現，xmltodict 會將重複的同名標籤解析為一個 list，假設一段 XML 資料如下：

```
<time-layout >
    <start-valid-time period-name="Monday">2017-01-
09T07:00:00-06:00</start-valid-time>
    <end-valid-time>2017-01-09T19:00:00-06:00</end-valid-time>
    <start-valid-time period-name="Tuesday">2017-01-
10T07:00:00-06:00</start-valid-time>
    <end-valid-time>2017-01-10T19:00:00-06:00</end-valid-time>
    <start-valid-time period-name="Wednesday">2017-01-
11T07:00:00-06:00</start-valid-time>
    <end-valid-time>2017-01-11T19:00:00-06:00</end-valid-time>
</time-layout>
```

上面可以看到『start-valid-time』和『end-valid-time』這兩個標籤重複而且交替出現，xmltodict 會將這兩個標籤解析依序後放入 list，:

```
"time-layout":
    {
        "start-valid-time": [
            {
                "@period-name": "Monday",
                "#text": "2017-01-09T07:00:00-06:00"
            },
            {
                "@period-name": "Tuesday",
                "#text": "2017-01-10T07:00:00-06:00"
            },
            {
                "@period-name": "Wednesday",
                "#text": "2017-01-11T07:00:00-06:00"
            }
        ],
        "end-valid-time": [
            "2017-01-09T19:00:00-06:00",
            "2017-01-10T19:00:00-06:00",
            "2017-01-11T19:00:00-06:00"
        ]
    },
```

將 XML 資料解析為字典和 list 後，在 Python 中就相當容易處理。在過去幾年裡，我已經實際用 xmltodict 來處理各種 XML 文件，從來沒有遇到過問題。

動手試一試：下載和解析 XML

- 寫程式從 http://mng.bz/103V 取得 XML 格式的 Chicago 氣象預報，然後使用 xmltodict 解析後取得明天預測的最高溫度。提示：請找出『temperature』標籤內『time-layout』屬性值，然後依照這個值即可找出溫度值的時間區間。

22.5 用 Beautiful Soup 快速解析 HTML 網頁

有時候雖然可以在網站上看到資料內容，但是該網站並未提供 API 來取得資料，這時最常見的做法就是透過網路爬蟲（crawling）或者又稱為網頁抓取（scraping）的方式直接從網頁上收集資料。

讓我先做一個免責聲明：網站進行網路爬蟲是遊走於法律的灰色地帶，除非是你自行管理的網站，否則請先確認網站的使用條款允許收集資料，而且資料沒有個資隱私保護等問題。

如果您決定要針對正在實際運作的網站進行網路爬蟲，因為收集資料時會在短暫時間內產生大量連線，請特別小心網路爬蟲對於該網站是否會造成的嚴重負載。雖然高流量的大網站通常都足以應付您的大量連線，但是對於規模較小的網站，可能會因此造成負載過重。無論如何請小心，不要在無意間讓您的網路爬蟲變成阻斷服務攻擊（Denial-of-Service attack，簡稱 DoS 攻擊）。

每個網站的 HTML 原始碼都不相同，所以用網路爬蟲取得 HTML 文件後，解析 HTML 的流程也不同，無法在此做全面的探討。本節將以一個簡單的範例，說明大致通用的基本流程，並對於更複雜的情況提出後續建議。

網路爬蟲包括兩個部分：下載取得網頁、解析 HTML 資料。透過前面提到的 requests 可以很簡單的下載一個網頁。本節將以下面這個簡單的 HTML 網頁為例：

test.html

```
<!DOCTYPE HTML PUBLIC "-//IETF//DTD HTML//EN">
<html>
  <head>
    <title>Title</title>
  </head>

  <body>
    <h1>Heading 1</h1>

    This is plan text, and is boring
    <span class="special">this is special</span>
    Here is a <a href="http://bitbucket.dev.null">link</a>

    <hr>

    <address>Ann Address, Somewhere, AState 00000</address>
  </body>
</html>
```

假設您只需要此網頁中出現的超連結、以及 CSS 類別為 special 的標籤內容。取得這些資料土法煉鋼的方式是透過字串搜尋，用『<a href』和『class="special"』來找出這些資料所在的字串，然後寫程式從中解析出資料，但就算使用常規表達式，這個過程也會很麻煩、容易出錯、並且很難維護。

Beautiful Soup 函式庫可以簡化我們解析 HTML 的步驟，請用 pip install bs4 來安裝 Beautiful Soup，接下來我將說明如何用 Beautiful Soup 解析上述的 HTML 網頁。

請依照下面步驟載入網頁檔案，然後建立一個 Beautiful Soup 解析器：

```
>>> import bs4
>>> html = open("test.html").read()
>>> bs = bs4.BeautifulSoup(html, "html.parser")
```

上面會將 HTML 轉成 Beautiful Soup 解析器物件，接著再透過 HTML 標籤以及透過 CSS 類別取得資料。

首先是找到超連結。HTML 的超連結標籤是 <a>，因此要查找所有超連結，只要用 "a" 作為參數呼叫 Beautiful Soup 解析器物件 bs：

```
>>> a_list = bs("a")
>>> print(a_list)
[<a href="http://bitbucket.dev.null">link</a>]
```

HTML 標籤可以大寫也可以小寫，預設情況下 Beautiful Soup 會將所有標籤都轉換成小寫

現在，我們已經有一個包含所有 <a> 標籤的 list，這個 list 的元素也是一個解析器物件，因此可以用下面方式來取出 <a> 標籤的文字與網址：

```
>>> a_item = a_list[0]
>>> a_item.text
'link'
>>> a_item["href"]
'http://bitbucket.dev.null'
```

最後我們要找的是 CSS 類別為 special 的資料，您可以如下用解析器物件的 select() 方法取得資料：

```
>>> special_list = bs.select(".special")
>>> print(special_list)
[<span class="special">this is special</span>]
>>> special_item = special_list[0]
>>> special_item.text
'this is special'
>>> special_item["class"]
['special']
```

解析器物件傳回之 list 的元素也會是解析器物件，遇到樹狀結構較複雜的 HTML 資料時，可以重複用解析器物件來解析多層的標籤內容，這樣您就可以從 HTML 中取得任何內容。

動手試一試：解析 HTML

- 從本書的範例資料夾中找出 forecast.html 檔案，寫程式用 Beautiful Soup 解析其資料並將其保存為 CSV 檔。

LAB 22：解析天氣預報資料

請透過政府資料開放平臺（https://data.gov.tw/dataset/9308）取得臺灣各縣市鄉鎮未來 1 週逐 12 小時天氣預報，請解析找出所有縣市未來一週的平均溫度，然後將其儲存到試算表檔案中。

重點整理

當我們需要處理網站資料時，可參考下表來選擇適用的 Python 內建套件或第三方套件：

工作	適用套件	套件類型
以 FTP 下載檔案	ftplib	內建
以 SFTP 下載檔案	paramiko	第三方
以 HTTP/HTTP 下載檔案或讀取網頁資料	requests	第三方
解析及處理 JSON 資料	json (或 requests)	內建
解析及處理 XML 資料	xmltodict	第三方
解析及處理 HTML 資料	bs4 (Beautiful Soup)	第三方

第三方套件需先用 pip 進行安裝。

Chapter 23

存取 SQLite、Redis 和 MongoDB 資料庫

本章涵蓋

- ○ 存取關聯式資料庫
- ○ 使用 Python DB-API
- ○ 透過 ORM 存取資料庫
- ○ 了解 NoSQL 資料庫以及它們與關聯式資料庫的區別
- ○ 用 Redis 儲存 Key-Value 資料庫
- ○ 用 MongoDB 儲存文件資料庫

老手帶路 專欄

- ○ 防止 SQL Injection 攻擊

當資料處理完畢後，最後一個步驟就是將資料儲存起來，而且將來還要能夠輕鬆地取出，對於這種儲存和檢索資料的需求通常會採用資料庫。長久以來，PostgreSQL、MySQL、SQL Server 等關聯式資料庫已成為資料儲存的最佳選擇，它們已經用於許多實際案例。

除了關聯式資料庫以外，近年來NoSQL 資料庫（包括 Redis 和 MongoDB）也逐漸受到大眾的青睞，並且也有了許多應用案例。如果要詳細討論資料庫將會需要好幾本書，因此在本章我將只介紹一些情境，以說明如何使用 Python 存取關聯式資料庫和 NoSQL 資料庫。

23.1 關聯式資料庫 (DB-API)

Python 基於 PEP-249（www.python.org/dev/peps/pep-0249/）中所規範的標準，制定了存取各種不同關聯式資料庫的方法，通常稱為 Database API 或簡稱 DB-API，建立這個標準的目的有二：一是讓 Python 程式碼不用更改太多即可轉換不同的資料庫，二則是讓 Python 可以存取更多種類的資料庫。

由於 Python 是以相同的方式處理關聯式資料庫，所以接著會以 SQLite 資料庫為例，說明基本的存取步驟，之後會再補充不同資料庫的差異和注意事項。您在本章中學到了存取 SQLite 資料庫的方式後，您會發現存取 PostgreSQL、MySQL 或其他資料庫的方式也非常類似。

> 存取關聯式資料庫需要使用 SQL 語法，但本書不會說明 SQL 語法，請自行參閱資料庫相關書籍。

23.2 SQLite：使用 sqlite3 資料庫

儘管 Python 有許多資料庫的模組，但本章主要是以 sqlite3 模組為例，sqlite3 有兩個優點：

- 因為 sqlite3 內建於 Python 標準函式庫，所以可以在任何有 Python 的機器上使用，而不必額外安裝。
- sqlite3 將其所有記錄儲存在本機的 SQLite 資料庫檔案中，因此不需要伺服器，而 PostgreSQL、MySQL、和其他大型資料庫就需要安裝資料庫伺服器以提供用戶端連線。

上面這些特色使得 sqlite3 成為小型應用程式最方便的資料庫選擇。

若要存取 sqlite3 (SQLite) 資料庫，首先需要建立 Connection 物件，請如下使用 sqlite3 的 connect() 來建立 Connection 物件：

```
>>> import sqlite3
>>> conn = sqlite3.connect("datafile.db")
```

上面的 "datafile.db" 是我們要儲存資料的檔案名稱，若原本沒有這個檔案，則 Python 會在目前工作目錄下另行建立。若傳給 connect() 的檔名是 ":memory:" 的話，則會在記憶體中建立資料庫。sqlite3 函式庫會自動將各欄位的資料轉換為 Python 的整數、字串、和浮點數。如果要將 sqlite3 某些欄位的查詢結果轉換為其他型別，請參閱 https://docs.python.org/3/library/sqlite3.html。

接著第二步則是建立一個 Cursor 物件：

```
>>> cursor = conn.cursor()
>>> cursor
<sqlite3.Cursor object at 0xb7a12980>
```

現在，您可以開始用 Cursor 物件對資料庫進行操作。不過目前資料庫中還沒有資料表或記錄，所以您要先用 SQL 語法建立一個資料表並新增幾筆資料：

```
>>> cursor.execute("""create table people (id integer
...                   primary key, name text, count integer)""")
>>> cursor.execute("""insert into people (name, count)
...                   values ('Bob', 1)""")
>>> username = "Jill"
>>> usercount = 15
>>> cursor.execute("""insert into people
...       (name, count) values (?, ?)""", (username, usercount))
>>> conn.commit()  ◄—— 將上面的異動儲存到資料庫
```

上面第二個 insert 敘述裡面用了佔位符號 ?，execute() method 看到這個佔位符號，就會從後面參數的 tuple 依序取值代入，這種方式稱為參數代換（parameter substitution），適合用來動態產生 SQL 敘述，而且比較安全，因為 sqlite3 函式庫會自動將 SQL 的特殊符號轉義。

您還可以在 SQL 敘述中使用『: 變數名稱』，execute() 方法看到這樣以冒號開頭的變數，就會將變數名稱當做鍵值，從後面參數的字典取值代入：

```
>>> cursor.execute("insert into people (name, count) values
(:username, :usercount)", {"username": "Joe", "usercount": 10})
```

新增資料後，就可以用其他 SQL 敘述進行查詢、修改、或刪除資料，和 insert 一樣，您也可以使用 ? 或是『: 變數名稱』：

```
>>> result = cursor.execute("select * from people")
>>> print(result.fetchall())
[(1, 'Bob', 1), (2, 'Jill', 15), (3, 'Joe', 10)]
>>> result = cursor.execute("""select * from people
...     where name like :name""", {"name": "bob"})
>>> print(result.fetchall())
[(1, 'Bob', 1)]
>>> cursor.execute("""update people
...     set count=? where name=?""", (20, "Jill"))
>>> result = cursor.execute("select * from people")
>>> print(result.fetchall())  ← 取得所有資料
[(1, 'Bob', 1), (2, 'Jill', 20), (3, 'Joe', 10)]
```

fetchall() 會一次取得 select 查詢到的所有資料，若改用 fetchone() 則只會取得一筆記錄，而 fetchmany(n) 則取得 n 筆資料。此外，您也可以像走訪檔案一樣使用 for 來逐一取出資料：

```
>>> result = cursor.execute("select * from people")
>>> for row in result:
...     print(row)
...
(1, 'Bob', 1)
(2, 'Jill', 20)
(3, 'Joe', 10)
```

老手帶路　防止 SQL Injection 攻擊

SQL Injection 攻擊的中文稱為 SQL 隱碼攻擊或 SQL 注入攻擊，是一種非常常見的攻擊入侵方法。一般如果需要動態產生 SQL 敘述，直覺的方式就是如下用字串處理的方式來產生：

```
>>> name = "Jill"
>>> result = cursor.execute("""select * from people
...     where name =  '{}'""".format(name))
>>> print(result.fetchall())
[(2, 'Jill', 15)]
```

若我們的程式允許使用者自行設定姓名，此時駭客只要在姓名欄位填入會影響 SQL 敘述的字串，就會產生意想不到的結果：

```
>>> bad_name = "1' OR '1'='1"
>>> result = cursor.execute("""select * from people
...     where name = '{}'""".format(bad_name))
>>> print(result.fetchall())
[(1, 'Bob', 1), (2, 'Jill', 15), (3, 'Joe', 10), (4, 'Jill',
15), (5, 'Jill', 15)] ←── 所有使用者的資料都被取得了
```

上面可以看到，駭客填入的字串會將原本『where name = XXX』的條件更改為『where name = 1 OR 1 = 1』，1=1 會讓這個 where 條件永遠成立，所以 SQL Injection 攻擊常被稱為駭客的填空遊戲。為了避免這樣的攻擊，對於從外部取得的資料，您應該採用參數代換的方式，用 ? 佔位符號來放入 SQL 敘述，因為 sqlite3 函式庫在將外部資料代換 ? 符號之前，會自動將外部資料內的特殊符號與語法轉義讓其失效，所以將 bad_name 代入後就不會再影響 where：

```
>>> result = cursor.execute("""select * from people
...     where name = ?""", (bad_name,))
>>> print(result.fetchall())
[]  ←── 無法取得任何資料
```

其他的 MySQL、SQL Server 等函式庫也會有類似 sqlite3 的參數代換，請自行參閱相關文件，使用佔位符號將外部資料放入 SQL 敘述，讓函式庫自動處理 SQL 的特殊符號與語法，即可防止 SQL Injection 攻擊。

預設情況下，對於 sqlite3 資料庫的任何異動不會立即儲存到資料庫，必須執行 Connection 物件的 commit() method 才會真正儲存。這意味著，如果異動失敗的話，您可以選擇回復原來的資料，但反過來說，沒有執行 commit() 就執行 close() 關閉資料庫連線的話，所有的更改都會遺失，因此應養成習慣在關閉資料庫連線之前執行 commit()：

```
>>> cursor.execute("""update people set count=?
...     where name=?""", (20, "Jill"))
>>> conn.commit()
>>> conn.close()
```

表 23.1 整理了 sqlite3 資料庫上最常見的操作。

表 23.1　常見的 sqlite3 資料庫操作

操作	sqlite3 命令
建立資料庫連線	conn = sqlite3.connect(filename)
建立 Cursor 物件	cursor = conn.cursor()
透過 Cursor 物件執行查詢	cursor.execute(query)
取得查詢結果	cursor.fetchall(), cursor.fetchmany(n), cursor.fetchone() for row in cursor: 　....
儲存資料庫異動	conn.commit()
關閉連結	conn.close()

本節大致說明了 sqlite3 資料庫常見的操作方式，若您需要更詳細的資訊，請參閱 Python 文件（https://docs.python.org/3/library/sqlite3.html）。

動手試一試 : sqlite 資料庫

- 寫一個程式將 21.2 節以純文字檔儲存的伊利諾州氣象資料轉存至 sqlite3 資料庫。

23.3 使用 MySQL、PostgreSQL 和其他關聯式資料庫

如前所述，其他幾個關聯式資料庫的函式庫也都遵循 DB-API，因此使用 Python 存取這些資料庫的方式都非常類似，但需要注意以下幾點：

- 與 SQLite 不同的是，這些函式庫需要連線資料庫伺服器，而伺服器可能位於不同的主機，因此連線的時候需要更多參數，通常包括主機、帳號、和密碼。
- 參數代換的佔位符號可能不是 ? 號，而是 %s 或其它符號。

這些變化並不大，但它們往往導致程式碼需要重新修改，才能轉換使用不同的資料庫。為了解決這個問題，您可以採用下一節將介紹的 ORM。

23.4 使用 ORM 讓資料庫更容易處理

上一節提到 DB-API 函式庫存在一些差異性的問題，除此以外，使用這些函式庫都需要撰寫 SQL 敘述，這也會造成下面的缺點：

- 不同的資料庫實作 SQL 的方式略有不同，因此如果把相同的 SQL 敘述從一個資料庫移植到另一個資料庫，可能會無法正常運作，例如，您想要在本地開發環境使用 sqlite3，然後想要在正式運行環境中使用 MySQL 或 PostgreSQL，這時候可能會需要重新修改 SQL 敘述才能運作。
- 程式碼中包含 SQL 敘述可能會使程式碼更難以維護，尤其是程式有很多 SQL 敘述的情況下，要測試或修改都會變得很麻煩。
- 撰寫 SQL 敘述意味著您需要以兩種語言進行思考，會影響程式撰寫的效率。

鑑於這些問題，我們希望能有更易於存取資料庫的方法，並且只要用 Python 語法就好，不用 SQL 語法。解決方案是 ORM（Object Relational Mapper），它將關聯式資料庫的欄位和結構轉換或映射到 Python 中的物件。

目前 Python 有很多的 ORM 函式庫，但其中最常見的兩個 ORM 是 Django ORM 和 SQLAlchemy。Django ORM 與 Django Web 框架緊密的結合在一起，因為本書沒有介紹 Django，因此後續會以 SQLAlchemy 來實作 ORM。

23.4.1 SQLAlchemy

SQLAlchemy 是 Python 中大名鼎鼎的 ORM。SQLAlchemy 除了可以簡化資料庫的操作，將資料庫的資料轉換為 Python 物件，同時仍允許開發人員以 SQL 敘述存取與控制資料庫。在本節中，我將以一些基本範例介紹如何用 SQLAlchemy 檢索資料。首先，請使用 pip 安裝 SQLAlchemy：

```
> pip install sqlalchemy
```

雖然 SQLAlchemy 允許您自行撰寫 SQL 敘述，但 ORM 的優勢在於將關聯式資料庫的資料表和欄位映射到 Python 物件。我們將使用 SQLAlchemy 重做一次 23.2 節所做的操作：建立資料表、插入三筆記錄、查詢資料表並更新一行。

將資料表對應到物件

使用 ORM 需要進行較多的設定，但在大型的專案中，ORM 帶來的便利將遠大於這些額外設定花的時間。首先請如下匯入 sqlalchemy 套件中的所需元件：

```
>>> from sqlalchemy import create_engine, select, MetaData, Table,
Column, Integer, String
>>> from sqlalchemy.orm import sessionmaker
```

然後連線到 SQLite 資料庫：

```
>>> dbPath = 'datafile2.db'
>>> engine = create_engine('sqlite:///%s' % dbPath)
>>> metadata = MetaData(engine)
>>> people  = Table('people', metadata,
...                 Column('id', Integer, primary_key=True),
...                 Column('name', String),
...                 Column('count', Integer),
...                )
>>> Session = sessionmaker(bind=engine)
>>> session = Session()
>>> metadata.create_all(engine)
```

上面粗體字的地方是您寫程式時需要依照狀況修改的地方，create_engine() 用來建立資料庫引擎物件，而 Table 物件用來對應資料庫中的資料表名稱、欄位名稱與欄位資料型別，然後產生 session 物件連線資料庫，最後一步則是使用 create_all() 在資料庫建立資料表。

建立資料表之後，接著是新增一些資料。在 SQLAlchemy 中有很多方法可以做到這一點，但在這個例子中我們將建立一個 insert 物件來新增資料：

```
>>> people_ins = people.insert().values(name='Bob', count=1)
>>> str(people_ins)
'INSERT INTO people (name, count) VALUES (?, ?)'   ← SQLAlchemy 會自動產生對應的 SQL 敘述
>>> session.execute(people_ins)
<sqlalchemy.engine.result.ResultProxy object at 0x7f126c6dd438>
>>> session.commit()
```

上面使用 insert() method 建立一個 insert 物件，同時指定要輸入的欄位與值。people_ins 是 insert 物件，您可以用 str() 函式顯示該物件背後所對應的 SQL 敘述，以確認是否建立了正確的 SQL 語法。然後使用 session 物件的 execute() method 執行資料新增的動作，並使用 commit() method 將異動儲存到資料庫。

下面程式碼透過包含多個字典的 list 來簡化操作，並執行多筆資料的新增：

```
>>> session.execute(people_ins, [
...     {'name': 'Jill', 'count':15},
...     {'name': 'Joe', 'count':10}
... ])
<sqlalchemy.engine.result.ResultProxy object at 0x7f126c6dd908>
>>> session.commit()
>>> result = session.execute(select([people]))
>>> for row in result:
...     print(row)
...
(1, 'Bob', 1)
(2, 'Jill', 15)
(3, 'Joe', 10)
```

您還可以將 select() 與 where() method 合併使用來查詢特定記錄：

```
>>> result = session.execute(
...     select([people]).where(people.c.name == 'Jill'))
>>> for row in result:
...     print(row)
...
(2, 'Jill', 15)
```

以上範例查詢 name 欄位的值等於 'Jill' 的所有資料，請注意 where() 裡面使用了 people.c.name，其中 c 表示 name 是 people 資料表中的欄位（column）。最後，我們用 updatet() 與 where() method 結合更新一筆資料：

```
>>> result = session.execute(
...     people.update().values(count=20).where(
...     people.c.name == 'Jill'))
>>> session.commit()
>>> result = session.execute(
...     select([people]).where(people.c.name == 'Jill'))
>>> for row in result:
...     print(row)
...
(2, 'Jill', 20)
```

將資料表對映到類別

前面我們是將資料表對映到物件，但 SQLAlchemy 也可以將資料表對映到類別，這個方式的優點是欄位直接對映到類別屬性，不像前面需要透過 c 來表示資料表的欄位。請執行下面程式碼將資料表對映到 People 類別：

```
>>> from sqlalchemy.ext.declarative import declarative_base
>>> Base = declarative_base()
>>> class People(Base):
...     __tablename__ = "people"
...     id = Column(Integer, primary_key=True)
...     name = Column(String)
...     count = Column(Integer)
...
>>> results = session.query(People).filter_by(name='Jill')
>>> for person in results:
...     print(person.id, person.name, person.count)
...
2 Jill 20
```

要新增資料時，用類別建立一個新的資料物件，然後加到 seesion 物件即可：

```
>>> new_person = People(name='Jane', count=5)
>>> session.add(new_person)
>>> session.commit()
>>>
>>> results = session.query(People).all()
>>> for person in results:
...     print(person.id, person.name, person.count)
...
1 Bob 1
2 Jill 20
3 Joe 10
4 Jane 5
```

更新資料也相當簡單，先以檢索的方式建立要更新的物件，再更改物件的屬性值，然後將更新後的物件加到 seesion 物件即可：

```
>>> jill = session.query(People).filter_by(name='Jill').first()
>>> print(jill.name, jill.count)
Jill 20
>>> jill.count = 22  ←—— 更新資料
>>> session.add(jill)
>>> session.commit()
>>> results = session.query(People).all()
>>> for person in results:
...     print(person.id, person.name, person.count)
...
1 Bob 1
2 Jill 22
3 Joe 10
4 Jane 5
```

刪除資料的操作和更新資料類似，先以檢索的方式取得要刪除的資料，然後使用 seesion 物件的 delete() 方法將其刪除：

```
>>> jane = session.query(People).filter_by(name='Jane').first()
>>> session.delete(jane)  ←—— 刪除資料
>>> session.commit()
>>> jane = session.query(People).filter_by(name='Jane').first()
>>> print(jane)
None        ←—— 再查一次已找不到了
```

使用 SQLAlchemy 確實比僅使用 SQL 敘述需要更多的設定，但它也有一些實際上的好處。首先，使用 ORM 便無需擔心不同資料庫 SQL 語法的差異。以上範例同樣適用於 sqlite3、MySQL、PostgreSQL，除了最開頭建立資料庫引擎時需要使用不同的參數以外，無需對其他程式碼進行任何更改。

另一個優點是透過 Python 的物件及其方法來存取和處理資料，對於資料庫管理較不熟悉的程式設計師來說，可以避免撰寫 SQL 敘述，相關的操作會容易許多。

動手試一試：ORM

▨ 使用上一節**動手試一試**建立的天氣資料庫，撰寫一個 SQLAlchemy 類別來映射到資料表，並用它來讀取資料表中的記錄。

23.4.2 使用 Alembic 追蹤資料庫版本

在開發關聯式資料庫的應用程式過程中，常常在程式寫到一半才發現必須更改資料庫欄位，例如需要新增欄位，或者需要更改其欄位型別等。

當然，可以手動直接針對資料庫和存取它們的 ORM 程式碼進行更改，但這種方法有一些缺點，首先，這類更改很難還原到之前的版本，而且很難得知程式某個版本所使用的資料庫配置。

解決的方法是使用資料庫遷移工具來幫助您進行更改與版本追蹤。資料庫遷移是以 Python 程式碼撰寫修訂檔，裡面會記錄更改和還原資料庫的程式碼，這樣日後就可以追蹤到資料庫做了哪些更改以及應如何還原，如此便可以將資料庫升級或降級到開發過程中的任何狀態。

本節將簡要介紹搭配 SQLAlchemy 的輕量級遷移工具 Alembic。首先，請開啟命令列視窗並切換到專案目錄，如下安裝 Alembic，並使用 alemic init 建立一個通用環境：

```
> pip install alembic
> alembic init alembic
```

init 命令會建立 Alembic 進行資料遷移所需的檔案結構，請開啟專案目錄中的 alembic.ini 檔，找到其中的 squalchemy.url 那一行：

```
sqlalchemy.url = driver://user:pass@localhost/dbname
```

修改成符合您的環境設定，如下所示：

```
sqlalchemy.url = sqlite:///datafile.db
```

因為您使用的是本機的 sqlite 檔案，所以不需要使用者帳號或密碼。下一步是用 Alembic 的 revision 命令建立修訂檔：

```
> alembic revision -m "create an address table"
Generating /home/naomi/qpb_testing/alembic/versions/
384ead9efdfd_create_a_test_address_table.py ... done
```

以上命令會在 alembic/versions 目錄中建立修訂檔 384ead9efdfd_create_a_test_address_table.py。這個檔案的內容如下：

```
"""create an address table
Revision ID: 384ead9efdfd
Revises:
Create Date: 2019-07-26 21:03:29.042762
"""
from alembic import op
import sqlalchemy as sa
# revision identifiers, used by Alembic.
revision = '384ead9efdfd'
down_revision = None
branch_labels = None
depends_on = None
def upgrade():
    pass
def downgrade():
    pass
```

您可以看到該檔案開頭包含修訂 ID 和日期，它還包含一個 down_revision 變數，用於引導每個版本的還原。如果進行第二次修訂，則其 down_revision 變數將設定為第一次修訂版本的 ID。

若要執行修訂，請更新修訂檔，並在 upgrade() 函式方法中加入更改資料庫欄位的程式碼，以及在 downgrade() 函式中加入復原的程式碼：

```
def upgrade():
    op.create_table(
        'address',
        sa.Column('id', sa.Integer, primary_key=True),
        sa.Column('address', sa.String(50), nullable=False),
        sa.Column('city', sa.String(50), nullable=False),
        sa.Column('state', sa.String(20), nullable=False),
    )
def downgrade():
    op.drop_table('address')
```

新增資料表

建立修訂檔後，即可實施升級來更改資料庫欄位。首先，請接續上一節的操作，在 Python 交談模式查看目前資料庫中的資料表：

```
>>> print(engine.table_names())
['people']
```

因為之前只有建立一個資料表，所以目前只看到傳回一個資料表。現在，請執行 Alembic 的 upgrade 命令來進行升級以增加新資料表。請切換到命令列視窗，然後執行下面命令：

```
> alembic upgrade head
INFO  [alembic.runtime.migration] Context impl SQLiteImpl.
INFO  [alembic.runtime.migration] Will assume non-transactional DDL.
INFO  [alembic.runtime.migration] Running upgrade  -> 384ead9efdfd,
create an address table
```

如果您回到 Python 交談模式檢查一下，您會發現資料庫多了兩個額外的資料表：

```
>>> engine.table_names()
['alembic_version', 'people', 'address'
```

第一個新資料表『alembic version』是由 Alembic 所建立，用於輔助追蹤您的資料庫目前所使用的版本（供將來升級和降級參考）。第二個『address』是透過修訂檔中的 upgrade 函式所增加的資料表。

如果要將資料庫還原到之前的狀態，只需在命令列視窗執行 Alembic 的 downgrade 命令即可，您可以將參數 -1 傳給 downgrade 命令表示您要降級一個版本：

```
> alembic downgrade -1
INFO [alembic.runtime.migration] Context impl SQLiteImpl.
INFO [alembic.runtime.migration] Will assume non-transactional DDL.
INFO [alembic.runtime.migration] Running downgrade 384ead9efdfd -> ,
create an address table
```

現在，如果您再回到 Python 交談模式檢查，會發現 address 資料表已經消失，又回到一開始只有一個 people 資料表的狀態，但版本追蹤的 alembic version 資料表仍然存在：

```
>>> engine.table_names()
['alembic_version', 'people']
```

當然，如果您想要試試看，可以再次執行升級以恢復資料表。

動手試一試：Alembic

- 請建立一個 Alembic 修訂檔，將 state 資料表新增到資料庫，state 資料表包含 ID, state, name, bbreviation. 等欄位，然後執行 upgrade 和 downgrade。如果要將 state 資料表與現有資料表一起使用，還需要進行哪些更改？

23.5 NoSQL 資料庫

儘管關聯式資料庫非常普通，但這並不是儲存資料唯一的方法，關聯式資料庫的重點在於正規化相關表格中的資料。只要不是以 SQL 這種表格結構來檢索的資料庫，就統稱為 NoSQL 資料庫。

NoSQL 資料庫不是將資料視為記錄、欄位、和表格所構成的集合來處理，而是將儲存的資料視為鍵值對 (key-value pair)、索引文件、甚至是圖形。目前可用的 NoSQL 資料庫有很多種，而處理資料的方式各有不同，通常都不會進行嚴謹的正規化處理，在特定的應用領域下，NoSQL 資料庫可以讓資訊檢索更快也更容易。

本章接下來將介紹如何用 Python 存取兩個常見的 NoSQL 資料庫：Redis 和 MongoDB，我們會各以 1 個簡單的範例來做示範，讓您大致了解 Python 存取 NoSQL 資料庫的運作方式。

23.6 用 Redis 儲存 Key-Value 資料庫

Redis 是一個網路 key-value 資料庫，因為資料保存在記憶體中，所以查詢速度非常快。Redis 被設計為透過網路存取資料，通常用於快取、作為訊息代理、以及快速查詢資訊，事實上，Redis 的名稱意指 Remote DIctionary Server（遠端字典伺服器），這已經說明了它的用途，您可以將其想像成網路版的 Python 字典。

以下範例讓您了解 Redis 如何和 Python 一起運作，如果您已熟悉 Redis 命令列界面，或者曾經在其他語言中用過 Redis 用戶端，那麼這些簡短的範例可以幫助您順利在 Python 中使用 Redis。如果您對 Redis 不熟悉，以下內容可讓您了解它的工作原理，此外，您也可以在官方網站 https://redis.io 找到更多資訊。

雖然有好幾個 Python 函式庫可連線 Redis，但在撰寫本文時，Redis 官方網站所推薦的方法是 redis-py，您可以用以下命令來安裝：

```
> pip install redis
```

執行 Redis 伺服器

您需要有 Redis 伺服器才能進行實作練習，雖然也可以使用雲端的 Redis 服務，但就實作練習而言，建議在本機上安裝伺服器。

如果您的電腦已經安裝了 Docker，那麼使用 Docker 容器（Container）可能是啟動和執行 Redis 伺服器的最快速、最簡單的方式，請在命令列視窗如下啟動 Redis：

```
> docker run -p 6379:6379 redis
```

若是想要自行安裝 Redis 伺服器，在 Linux 系統上，請使用 yum 或 apt 系統套件管理程式，就可以輕鬆安裝 Redis。而在 Mac 系統上，可以使用 Homebrew 管理程式，執行 "brew install redis" 即可。在 Windows 系統上，您需要到官方網站 https://redis.io 或其他網站，尋找可在 Windows 上執行的 Redis 安裝檔。安裝 Redis 後，請查看相關文件來配置與設定 Redis 伺服器。

存取 Redis 資料庫

當伺服器啟動之後，Python 就可以和 Redis 進行連線。首先，您需要匯入 Redis 函式庫並建立 Redis 連接物件：

```
>>> import redis
>>> r = redis.Redis(host='localhost', port=6379)
```

建立遠端 Redis 連線時需要多個參數，包括主機位址、通訊埠、密碼與 SSH 憑證。如果伺服器在本機 localhost 預設埠 6379 上執行，則不需要任何參數。連上後，就可以使用這個物件來存取 key-value 資料庫。

您可以做的第一件事就是使用 keys() method 取得資料庫中所有鍵的清單，然後您可以新增一些不同類型的鍵與值，並以鍵取值：

```
>>> r.keys()
[]
>>> r.set('a_key', 'my value')   ← 設定一組鍵值資料
True
>>> r.keys()
[b'a_key']
>>> v = r.get('a_key')   ← 以鍵取值
>>> v
b'my value'
>>> r.incr('counter')   ← 將 counter 鍵的值加 1，若 counter 鍵
>>> r.get('counter')      原本不存在，則會自動新增這個鍵
b'1'
>>> r.incr('counter')
2
>>> r.get('counter')
b'2'
```

以上例子示範如何取得 Redis 資料庫中所有鍵的清單、如何設定一個鍵的值、以及如何增加一個鍵的值。

以下範例則是將 list 儲存為 Redis 資料庫中的值：

```
>>> r.rpush("words", "one")
1
>>> r.rpush("words", "two")
2
```

剛開始資料庫中並沒有 "words" 這個鍵，但是 rpush() 會自動建立這個鍵，並且將其值設定為空 list，然後從右側（list 尾端）把值 "one" 附加上去，接著再次使用 rpush() 則會在 list 尾端添加另一個單字 "two"。

下面的 lrange() 則像是 Python 的切片功能，可以取出範圍內 list 中的值，而且跟 Python 一樣，-1 表示 list 的結尾。此外，您還可以使用 lpush() 從 list 左側（開頭）增加值，也可以使用 lindex() 以索引來取得一個值。

```
>>> r.lrange("words", 0, -1)
[b'one', b'two']
>>> r.rpush("words", "three")
3
>>> r.lrange("words", 0, -1)
[b'one', b'two', b'three']
>>> r.llen("words")
3
>>> r.lpush("words", "zero")
4
>>> r.lrange("words", 0, -1)
[b'zero', b'one', b'two', b'three']
>>> r.lrange("words", 2, 2)
[b'two']
>>> r.lindex("words", 1)
b'one'
>>> r.lindex("words", 2)
b'two'
```

值的保存期限

Redis 之所以特別適合用於快取，是因為能夠為鍵值對設定到期時間。該時間過後，鍵和值將會自動被刪除。設置一個鍵的值時，可以如下設定到期時間（以秒為單位）：

```
>>> r.setex("timed", 10, "10 seconds")←── 設定 10 秒後到期
True
>>> r.ttl("timed")    ←── 取得 "timed" 鍵到期前的剩餘時間（以秒為單位）
7
>>> r.pttl("timed")   ←── 取得 "timed" 鍵到期前的剩餘時間（以毫秒為單位）
5208
>>> r.pttl("timed")
1542
>>> r.pttl("timed")
>>>
```

上面將 "timed" 的到期時間設定為 10 秒。然後呼叫 ttl() 或 pttl() 可以看到過期前的剩餘時間。當值過期時，鍵和值都將自動從資料庫中刪除。這個功能非常有用，對於簡單的快取，您不需要撰寫太多程式碼就可以解決問題。

值得注意的是，Redis 將其資料保存在記憶體中，因此請記住，資料不是持久性的，如果伺服器當機，資料可能會遺失。為了減少資料遺失的可能性，Redis 可以將每次的變更都寫入磁碟機，以及每隔一段時間就做定期快照。您還可以使用 Python 用戶端函式庫的 save() 和 bgsave() 方法強制伺服器保存快照，執行 save() 的時候程式會暫停，直到 save() 完成保存之後才會繼續，而 bgsave() 則是在背景執行，保存資料時程式仍然繼續執行。

在本章中，我只介紹了一小部分 Redis 的功能，如果您有興趣想了解更多資訊，可以官方網站或者其他網站上取得相關文件，例如 https://redislabs.com 和 https://redis-py.readthedocs.io。

動手試一試：使用 KEY-VALUE 資料庫

- 想想看，什麼樣的資料和應用程式最適合使用像 Redis 這樣 key-value 資料庫？

23.7 用 MongoDB 儲存文件資料庫

另一個也很多人用的 NoSQL 資料庫是 MongoDB，這是一個基於文件的資料庫，它不是用表格和欄位的架構來儲存資料，MongoDB 的文件是以 BSON（二進制 JSON）的格式儲存，因此文件看起來像 JSON 物件或 Python 字典。例如一個使用者帳號在 MongoDB 中是這樣儲存的：

```
{
    username: 'flag',
    password: '123',
    age: '35',
    email: 'XXX@flag.com.tw',
    address: 'XXX',
}
```

MongoDB 使用主從式的叢集架構，只要新增多個節點就可以擴展儲存空間與處理能力，所以具有同時處理數十億個文件的速度。

本節將示範如何使用 Python 存取 MongoDB 文件，但要預先聲明，雖然 MongoDB 很適合用於需要經常擴展、散佈大量資料，而且資料欄位複雜、不固定的場合，不過除了這種狀況之外，通常不建議採用 MongoDB。

執行 MongoDB 伺服器

與 Redis 一樣，如果您想體驗一下 MongoDB，先決條件是要能存取 MongoDB 伺服器。雖然有眾多雲端的 MongoDB 服務可用，但如果您是進行實作練習，最好還是用 Docker 或直接安裝在本機上。

與 Redis 的情況一樣，最簡單的安裝方式是用 Docker 容器。如果您有 Docker，只要在命令列輸入以下指令即可：

```
> docker run -p 27017:27017 mongo
```

若要安裝在本機上，Linux 系統請使用 yum 或 apt 工具即可安裝好 MongoDB，而 Mac 系統上請執行 brew install mongodb。至於在 Windows 系統上，請到 www.mongodb.com 取得 Windows 版本安裝檔和安裝說明。與 Redis 一樣，請自行參閱文件配置和設定 MongoDB 伺服器。

存取 MongoDB 伺服器

我們將使用 pymongo 函式庫來存取 MongoDB 資料庫，請先用 pip 來安裝 pymongo：

```
> pip install pymongo
```

安裝 pymongo 後，請如下匯入函式庫並連線到 MongoDB 伺服器：

```
>>> from pymongo import MongoClient
>>> mongo = MongoClient(host='localhost', port=27017)
```

MongoDB 內可以有多個資料庫，稱為 db，一個 db 是由一個以上的 collection 所組織而成，每個 collection 都可以包含文件。MongoDB 的 collection 有點像關聯式資料庫的表格，但是，在存取資料之前不需要事先建立 collection。如果 collection 不存在，則會在您新增資料時建立，若您嘗試從不存在的 collection 中檢索記錄，也不會出現錯誤，只是不會傳回任何結果。

下面範例會將 Python 字典儲存到 MongoDB 內成為一個文件：

```
>>> import datetime
>>> a_document = {'name': 'Jane',
...               'age': 34,
...               'interests': ['Python', 'databases', 'statistics'],
...               'date_added': datetime.datetime.now()
... }
>>> db = mongo.my_data             ← 選擇一個尚未建立的 db
>>> collection = db.docs           ← 選擇一個尚未建立的 collection
>>> collection.find_one()          ← 尋找資料，即使資料庫或資料不存在
                                     也不會產生例外異常
>>> db.list_collection_names()     ← 列出目前 db 內所有的 collection
[]
```

上例中，即使 db 與 collection 不存在，存取時也不會引發例外異常。接著請如下使用 collection 的 insert_one() method 儲存文件，如果成功，會傳回一個唯一的文件 ObjectId：

```
>>> collection.insert_one(a_document)
ObjectId('59701cc4f5ef0516e1da0dec') ←—— 文件 ObjectId
>>> db.list_collection_names()
['docs'] ←—— 儲存文件前會自動建立其所屬的 collection
```

現在您已將文件儲存在名為 docs 的 collection 中，您可以如下尋找資料：

```
>>> collection.find_one() ←—— 不設條件尋找一筆資料
{'_id': ObjectId('5d5e5bb1db3c71b0a9d0792f'), 'name': 'Jane',
'age': 34, 'interests': ['Python', 'databases', 'statistics'],
'date_added': datetime.datetime(2019, 8, 22, 17, 2, 53, 953000)}
>>> collection.find_one({'name': 'Jane'}) ←—— 依照條件尋找一筆資料
{'_id': ObjectId('5d5e5bb1db3c71b0a9d0792f'), 'name': 'Jane',
'age': 34, 'interests': ['Python', 'databases', 'statistics'],
'date_added': datetime.datetime(2019, 8, 22, 17, 2, 53, 953000)}
```

請注意，MongoDB 是用字典（鍵加上值）來進行搜尋以找出文件。若要更新、替換、或刪除資料，可以使用下面程式：

```
>>> collection.update_one({'name': 'Jane'}, {"$set": {'age': 29}})
<pymongo.results.UpdateResult object at 0x0000013CEAB21248>
>>> collection.find_one()
{'_id': ObjectId('5d5e5bb1db3c71b0a9d0792f'), 'name': 'Jane',
'age': 29, 'interests': ['Python', 'databases', 'statistics'],
'date_added': datetime.datetime(2019, 8, 22, 17, 2, 53, 953000)}

>>> collection.replace_one({'name': 'Jane'},
...     {'username': 'flag', 'date_added': datetime.datetime.
now()})
<pymongo.results.UpdateResult object at 0x0000013CEAB0D388>
>>> collection.find_one()
```

```
{'_id': ObjectId('5d5e5bb1db3c71b0a9d0792f'), 'username': 'flag',
'date_added': datetime.datetime(2019, 8, 22, 17, 30, 59, 397000)}

>>> collection.delete_one({'username': 'flag'})
<pymongo.results.DeleteResult object at 0x0000013CEAADE048>
>>> collection.find_one()
>>>
```

另一個需要注意的是，即使文件被刪除導致 collection 是空的，但是 collection 仍然會存在，除非特別把它刪除：

```
>>> db.list_collection_names()
['docs']
>>> collection.drop()
>>> db.list_collection_names()
[]
```

當然，MongoDB 還可以做很多其他事情，除了每次處理一筆資料之外，同一個命令還可涵蓋處理多筆資料，例如 find_many() 和 update_many()。MongoDB 還支援索引以提高效能，並且有多種方法可以對資料進行分組、計數、和聚合，此外還有內建的 mapreduce() 方法可以使用。詳細使用方式，請參見 PyMongo 的線上文件（https://api.mongodb.com/python/current/）。

動手試一試：MongoDB

- 回顧一下到目前為止已經看過的各種資料樣本以及您經驗中其他類型的資料，您認為哪些資料非常適合儲存在像 MongoDB 這樣的資料庫中？如果適合 MongoDB 但是不適合其他資料庫，請說明不適合的原因？

LAB23：建立資料庫

選一個過去幾章中討論過的資料集，並決定哪種類型的資料庫最適合儲存該資料。然後建立資料庫，並撰寫程式以將資料儲存到其中，最後選擇兩種最常見搜尋條件和 / 或可能的搜尋條件類型，並撰寫程式以檢索單筆和多筆符合條件的記錄。

重點整理

當我們需要存取各種資料庫時，可參考下表來選擇適用的 Python 內建套件或第三方套件：

資料庫種類	適用套件	套件類型
SQLite 資料庫	sqlite3	內建
以 ORM 存取多種關連式資料庫	SQLAlchemy	第三方
搭配 ORM 追踪關連式資料庫的版本	Alembic	第三方
Redis 資料庫	redis	第三方
MongonDB 資料庫	pymongo	第三方

第三方套件需先用 pip 進行安裝。

Chapter 24

用 pandas 和 matplotlib 進行資料分析

本章涵蓋

- ○ Python 處理資料的優勢
- ○ 使用 Jupyter Notebook
- ○ 使用 pandas 彙總數據
- ○ 快速學會 pandas 的 DataFrame
- ○ 使用 matplotlib 繪圖

在過去的幾章中討論了使用 Python 取得、整理與儲存資料，本章將說明如何使用 Python 分析資料。

24.1 用於資料分析的 Python 工具

在本章中，我們將介紹一些常見的 Python 資料分析工具：Jupyter Notebook、pandas、和 matplotlib。我只會簡單地介紹這些工具的功能，目的是讓您了解這些工具的用途，若是想要瞭解更詳細的資料，請參閱各工具的相關文件。

24.1.1 Python 在資料科學方面的優勢

Python 已成為資料科學的主要語言之一，並在該領域持續發展。以執行效能而言，Python 並不是最快的語言，然而，Python 的一些資料處理與分析函式庫（如 NumPy）主要是用 C 語言編寫，並且經過大量優化，所以只要使用這些函式庫，速度就可以大幅提昇。

此外，由於目前硬體的進步，程式的可讀性和易學易用等因素往往比起速度問題來得重要，如何讓開發人員更快地寫出程式通常更為重要。而 Python 具有良好的可讀性和易學易用的特性，所以 Python 才會成為資料處理與分析的強大工具。

24.1.2 Python 比試算表好用

數十年來，試算表一直是許多人處理與分析資料的首選工具，熟悉試算表的人可以做出真正令人印象深刻的技巧，試算表可以組合多個資料集、樞紐分析表、使用查找表 (lookup tables) 來連接資料集等。雖然世界各地的人每天都用試算表來完成大量工作，但試算表確實有其侷限性，而 Python 可以幫助您超越這些限制。

我已經提到過的一個限制是，大多數的試算表軟體都有列數限制，通常大約 100 萬行左右，這對於許多資料集來說是不夠的。另一個限制來自試算表本身的核心架構，試算表是由二維的行和列所組成的表格，或者頂多是表格的堆疊，這限制了您操作和思考複雜資料的方式。

使用 Python，您可以突破試算表的限制，並按照您希望的方式處理資料，您可以用無限靈活的方式組合 Python 資料結構（例如 list、tuple、set 和字典），或者您可以建立自己的類別，以便按照您需要的方式打包資料及其行為。

24.2 Jupyter Notebook

Jupyter Notebook 是一個 Web 應用程式，雖然現在 Jupyter 也支援幾種其他語言，但它起源於 IPython，是科學界為 Python 開發的網頁式程式編寫與執行環境，Jupyter Notebook 被廣泛使用於資料科學和機器學習領域。

Jupyter Notebook 的特色是提供各式各樣的純文字編輯功能，不但可以編寫 Python 程式碼，還可以直接執行 Python 程式。Jupyter Notebook 所產生的文件稱為 notebook，您可以在瀏覽器中開啟並編輯文件內容。notebook 檔案允許將一長串的程式分解為一個一個小區塊程式碼獨立執行，如果在實作後期才發生錯誤，也不必重新執行以前的所有程式碼。您不僅可以分區塊來執行和修改程式碼，還可以與其他人一起保存和共享 notebook 檔案。

24.2.1 使用線上版 Jupyter Notebook

Jupyter Notebook 是一個網頁式的 IDE，所以直接使用線上版的 Jupyter 是最簡單的入門方式，在 Jupyter 社群 (https://jupyter.org/try) 就有免費的線上版 IDE 可以使用。另外 Google（https://colab.research.google.com）與微軟（https://notebooks.azure.com）也有提供免費 Jupyter Notebook 可供使用。

24.2.2 安裝 Jupyter Notebook

如果您比較喜歡直接在您的系統上執行，那麼也可以在自己電腦上安裝 Jupyter Notebook。若您是依照 2.1 節的說明安裝 Anaconda，因為 Anaconda 已經包含 Jupyter Notebook，所以您可以直接執行開始功能表的『**Anaconda3(64-bit)/Jupyter Notebook**』來啟動 Jupyter Notebook。

如果您的電腦有 Docker，請執行下面指令來建立與執行 Jupyter Notebook 的 Container：

```
docker run -it --rm -p 8888:8888 jupyter/datascience-notebook
```

若您安裝的是 Python 官方網站的 Python，或者使用 Linux、MAC 系統上預設已經有的 Python，可以在 virtualenv 中安裝和執行 Jupyter。Linux、MAC 系統的用戶請執行以下指令：

```
> python -m venv jupyter
> cd jupyter
> source bin/activate
> pip install jupyter
> jupyter-notebook
```

Windows 系統的用戶則請執行下面指令：

```
> python -m venv jupyter
> jupyter\Scripts\activate.bat
> pip install jupyter
> Scripts\jupyter-notebook
```

上面的最後一個命令會打開一個瀏覽器，並連線到 Jupyter 的本機網址：http://localhost:8888。

若要結束虛擬環境，請在原命令列視窗按 Ctrl + C，然後再輸入 deactivate 即可。

24.2.3 啟動 Python 3 核心

Jupyter 的一個好處是它允許同時執行不同版本的 Python 和其他程式語言（例如 R、Julia、甚至 Ruby），這些程式語言在 Jupyter 被稱為核心（kernel）。請按 Jupyter 網頁上的 **New** 按鈕 (目前版本是在右上方)，再選擇 **Python 3** 即可啟動 Python 3 的核心。

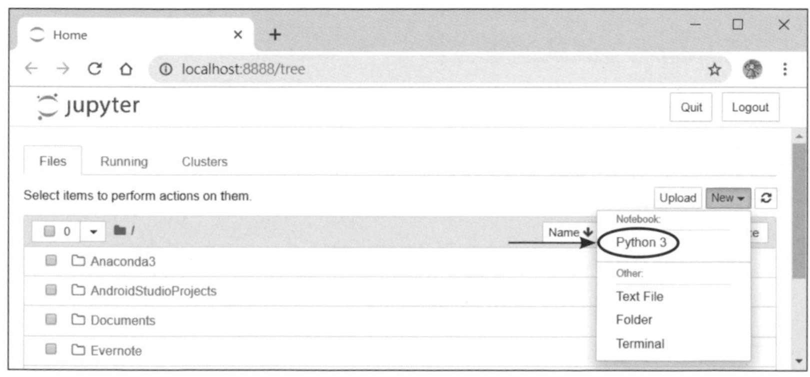

圖 24.1 啟動一個 Python 3 核心

24.2.4 在 cell 中執行程式

啟動核心之後便可以開始輸入和執行 Python 程式碼，Jupyter 網頁上會有儲存格，每一格就是一個可編輯的區塊，稱為 cell。請在第一個 cell 中輸入 Python 程式碼，您可以按 Enter 斷行以便輸入多行程式，輸入完畢後請按 Alt + Enter 即可執行剛剛輸入的程式碼：

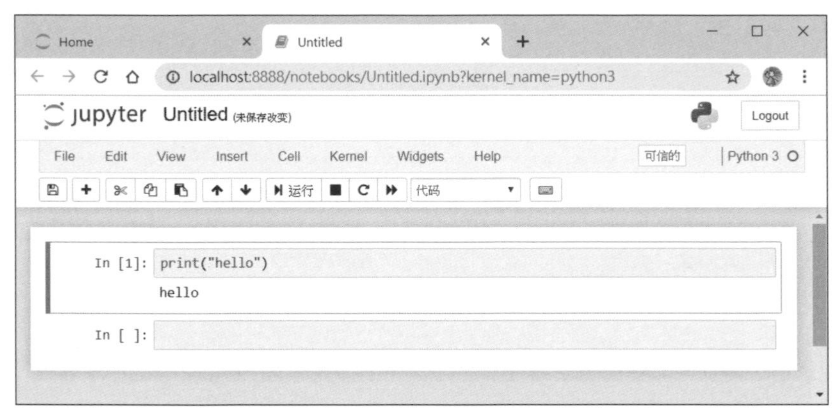

圖 24.2　在 Jupyter Notebook 中執行程式碼

如上所見，任何程式輸出都會立即顯示在 cell 下方，並建立一個新的 cell 以準備好接受下一次輸入，而且每個 cell 都會按其執行順序編號。

動手試一試：使用 Jupyter Notebook

- 在 Jupyter Notebook 中輸入一些程式碼並試著執行，然後拉下 Edit、Cell、Kernel 等選單看看並測試這些功能。

24.3 Python 和 pandas

pandas 是目前用於 Python 處理資料的標準工具之一，以一個簡化的概念來說，您可以將 pandas 想像成 **Python 的試算表**，可以讓您完成處理資料集的繁瑣工作，甚至加以自動化。

24.3.1 使用 pandas 的理由

pandas 主要是用來維護與分析表格或關聯式資料，並提供了許多便捷工具來幫助您完成資料轉換、處理與分析的繁瑣工作。pandas 幾乎全面擴展了 Python 的功能而不只是一個函式庫。在您了解 pandas 如何運作之後，您可以做出一些令人印象深刻的資料處理技巧並節省大量時間。

然而，學習如何從 pandas 中獲得最大收益確實需要時間。在您全心投入之前，我會以簡單的範例讓您大致了解 pandas 是否適合您的需求。所有的工具都是一樣的，必須將 pandas 用於它原本設計的目的，才能充份發揮它的特長。

24.3.2 安裝 pandas

pandas 可以很容易地透過 pip 來安裝，它通常與 matplotlib 搭配用於繪圖，因此您可以用下面指令安裝這兩個工具：

```
> pip install pandas matplotlib
```

編註： 如果你在第 2 章已安裝 Anaconda，則就已安裝好 pandas 和 mataplotlib，以下 pip 動作都不用做了，直接可以 import 來用哦！

從 Jupyter Notebook 中，您也可以直接用以下指令來安裝：

```
In [ ]: !pip install pandas matplotlib
```

pip 會自動安裝 pandas 以及 pandas 需要的 numpy 函式庫，安裝後請如下匯入：

```
import pandas as pd
import numpy as np
```

上面匯入 pandas 與 numpy 時另外取一個簡單的別名，以方便之後使用時可以少打幾個字。pandas 內部會使用 numpy 進行運算，雖然您在本章後面的例子中看起來不需要 numpy，但是無論如何都養成把 numpy 也匯入的習慣就對了。

若您使用 Jupyter Notebook，請額外在 cell 執行下面程式：

```
%matplotlib inline
```

這行是 Jupyter 的「神奇」函式（magic function），它賦予 matplotlib 在程式碼所在的儲存格中繪製資料的能力，這會非常有用，隨後我們會為您展示這個功能。

24.3.3 DataFrame

pandas 的基本結構是 DataFrame，這是一個二維的資料結構，有點像二維陣列，也有點像試算表中的表格，不過卻是儲存在記憶體中。

為了便於示範，以下用一個 3x3 的純數字表格為例。在 Python 中，如果要做出一個表格的結構，必須使用兩層的 list：

```
grid = [[1,2,3], [4,5,6], [7,8,9]]
print(grid)
[[1, 2, 3], [4, 5, 6], [7, 8, 9]]
```

本章建議您都在 Jupyter Notebook 中執行程式做練習，因此在程式碼前都不加 >>> 提示號。

可惜的是，這個兩層的 list 看起來一點也不像表格，除非您用額外的程式碼一層一層的印出來。那麼再來看看改用 pandas 的 DataFrame 的效果如何：

```
import pandas as pd
df = pd.DataFrame(grid)
print(df)
   0  1  2
0  1  2  3
1  4  5  6
2  7  8  9
```

編註：這是延續上面的操作，也就是必須先定義 grid 二維陣列才行以上程式碼相當簡單，只需將兩層 list 轉換為 DataFrame，就能看到更像表格的輸出，而且還會有行號和列號。您還可以為每個欄位命名：

```
df = pd.DataFrame(grid, columns=["one", "two", "three"] )
print(df)
   one  two  three
0    1    2      3
1    4    5      6
2    7    8      9
```

為欄位命名的好處是能夠按名稱選擇您想要的欄位。例如，如果您只想要『two』這一欄的內容，可以非常容易地取得它：

```
print(df["two"])
0    2
1    5
2    8
Name: two, dtype: int64
```

到這裡，與單純用 Python 相比，您已經節省了一些時間。若只想要取得表格的第二欄，純粹用 Python 來寫需要使用 list 生成式，同時還要記住索引是從零開始起算，而且也無法以良好的格式輸出：

```
print([x[1] for x in grid])
[2, 5, 8]  ←── 顯然 df["two"] 比較容易理解，而且印出來也比較像表格
```

DataFrame 也可以用 for 迴圈來走訪：

```
for x in df["two"]:
    print(x)
2
5
8
```

您也可以一次取得多個欄位的資料，此時取出的資料會產生一個新的 DataFrame：

```
edges = df[["one", "three"]]
print(edges)
   one  three
0    1      3
1    4      6
2    7      9
```

DataFrame 還有幾種 method，這些 method 會以相同的操作處理 DataFrame 中的每個元素。例如要把 DataFrame 中的每個項目都加 2，可以使用 add()：

```
print(edges.add(2))
   one  three
0    3      5
1    6      8
2    9     11
```

雖然使用生成式和迴圈也可以得到相同的結果，但並不像 pandas 那樣方便。相比之下，pandas DataFrame 可以讓工作更得心應手。

24.4 將資料轉換成方便整理的 DataFrame 結構

在第 21 章我討論了如何使用 Python 進行資料的提取轉換載入（ETL），本節我將相同沿用第 21 章的資料與情境，示範如何使用 pandas 的功能來進行資料 ETL，藉此讓您比較這兩種方式有什麼不同。

24.4.1 用 pandas 載入及儲存資料

pandas 針對各種不同的資料來源，提供對應的讀取和儲存方法 (method) 包括支援 CSV 檔、試算表、JSON、XML、HTML 等多種檔案格式，也可以存取 SQL 資料庫、Google BiqQuery、HDF、甚至從剪貼簿讀取資料。

您應該要知道，這些操作有很多實際上並不屬於 pandas 的一部分；pandas 依賴其他函式庫來處理這些操作，例如 SQLAlchemy 是用來讀取 SQL 資料庫。如果載入資料時出現問題，這種觀念很重要，因為很多時候問題並不是在於 pandas，這時應該從底層的函式庫來找出問題。

您可以使用 pandas 的 read_json() 讀取 JSON 檔：

```
mars = pd.read_json("mars_data_01.json")
```

執行後會得到如下的 DataFrame：

```
                                          report
abs_humidity                                None
atmo_opacity                               Sunny
ls                                           296
max_temp                                      -1
max_temp_fahrenheit                         30.2
min_temp                                     -72
min_temp_fahrenheit                        -97.6
pressure                                     869
pressure_string                           Higher
season                                  Month 10
sol                                         1576
sunrise                     2017-01-11T12:31:00Z
sunset                      2017-01-12T00:46:00Z
terrestrial_date                      2017-01-11
wind_direction                                --
wind_speed                                  None
```

您也可以用 read_csv() 讀取 CSV 檔：

```
 temp = pd.read_csv("temp_data_01.csv")
           4       5    6     7     8      9   10
0  1979/01/01  17.48  994   6.0  30.5   2.89  994
1  1979/01/02   4.64  994  -6.4  15.8  -9.03  994
2  1979/01/03  11.05  994  -0.7  24.7  -2.17  994
3  1979/01/04   9.51  994   0.2  27.6  -0.43  994
4  1979/05/15  68.42  994  61.0  75.1  51.30  994
```

```
5  1979/05/16  70.29  994  63.4  73.5  48.09  994
6  1979/05/17  75.34  994  64.0  80.5  50.84  994
7  1979/05/18  79.13  994  75.5  82.1  55.68  994
8  1979/05/19  74.94  994  66.9  83.1  58.59  994

     11    12     13   14    15    16      17
0  -13.6  15.8    NaN    0   NaN   NaN  0.0000
1  -23.6   6.6    NaN    0   NaN   NaN  0.0000
2  -18.3  12.9    NaN    0   NaN   NaN  0.0000
3  -16.3  16.3    NaN    0   NaN   NaN  0.0000
4   43.3  57.0    NaN    0   NaN   NaN  0.0000
5   41.1  53.0    NaN    0   NaN   NaN  0.0000
6   44.3  55.7  82.60    2  82.4  82.8  0.0020
7   50.0  61.1  81.42  349  80.2  83.4  0.3511
8   50.9  63.2  82.87   78  81.6  85.2  0.0785
```

這個表格太寬而無法在書面完整列出，所以把表格的11~17欄位拆到下方顯示

一個步驟就能載入檔案可說是非常方便。從上面可以看到某些沒有資料的欄位會被轉換為 NaN（Not a Number，不是數字）。如同第 21 章提到的，某些欄位值會是『Missing』，您可以如下將這些『Missing』的值轉換為 NaN：

```
temp = pd.read_csv("temp_data_01.csv", na_values=['Missing'])
```

假設原本取得的內容如下：

```
NaN  Illinois  17  Jan 01, 1979  1979/01/01  17.48  994  6.0  30.5
2.89994
-13.6  15.8  Missing  0  Missing  Missing  0.00%
```

轉換後就變成了：

```
NaN  Illinois  17  Jan 01, 1979  1979/01/01  17.48  994  6.0  30.5
2.89994
-13.6  15.8  NaN  0  NaN  NaN  0.00%
```

不論原始資料是用什麼方式來表示『無資料』，例如 NA、N/A、?、-…等，只要用 na_values 參數即可將其標準化為 NaN。

儲存資料

接著要說明如何儲存 pandas DataFrame 的內容，如果是簡單的 DataFrame，有幾種方式可以把它寫到檔案，例如：

```
df.to_csv("df_out.csv", index=False)
```

上面程式將 index 參數設為 False 表示不會寫入列索引，儲存的檔案內容看起來像這樣：

```
one,two,three
1,2,3
4,5,6
7,8,9
```

編註： 有索引的是這樣（最前面多了列索引）
,one,two,three
0,1,2,3
1,4,5,6
2,7,8,9

您也可以將 DataFrame 轉換為 JSON 物件：

```
df.to_json()
'{"one":{"0":1,"1":4,"2":7},"two":{"0":2,"1":5,"2":8},
"three":{"0":3,"1":6,"2
":9}}'
```

若是執行『df.to_json("data.json")』則會將轉換後的 JSON 物件寫到 data.json 檔案。

24.4.2 用 DataFrame 來整理資料

在載入時將一組特定的值轉換為 NaN 是一個非常簡單的資料整理，這對 pandas 而言是微不足道的任務。除此之外，read_csv() 還支援多種參數，以減少繁瑣的資料清理工作：

- header=0：讓 pandas 不要讀取 CSV 的欄位名稱。
- names=range(18)：用 range() 函式產生的數字來設定欄位名稱為 0～17。

- usecols=range(4,18)：用 range() 函式產生的數字讓 read_csv() 只讀取 4～17 欄位。

使用上面參數的執行結果如下：

```
temp = pd.read_csv("temp_data_01.csv", na_values=['Missing'],
header=0,
names=range(18), usecols=range(4,18))
print(temp)
           4      5    6     7     8      9   10
0  1979/01/01  17.48  994   6.0  30.5   2.89  994
1  1979/01/02   4.64  994  -6.4  15.8  -9.03  994
2  1979/01/03  11.05  994  -0.7  24.7  -2.17  994
3  1979/01/04   9.51  994   0.2  27.6  -0.43  994
4  1979/05/15  68.42  994  61.0  75.1  51.30  994
5  1979/05/16  70.29  994  63.4  73.5  48.09  994
6  1979/05/17  75.34  994  64.0  80.5  50.84  994
7  1979/05/18  79.13  994  75.5  82.1  55.68  994
8  1979/05/19  74.94  994  66.9  83.1  58.59  994

     11    12     13   14    15    16      17
0 -13.6  15.8    NaN    0   NaN   NaN   0.00%
1 -23.6   6.6    NaN    0   NaN   NaN   0.00%
2 -18.3  12.9    NaN    0   NaN   NaN   0.00%
3 -16.3  16.3    NaN    0   NaN   NaN   0.00%
4  43.3  57.0    NaN    0   NaN   NaN   0.00%
5  41.1  53.0    NaN    0   NaN   NaN   0.00%
6  44.3  55.7  82.60    2  82.4  82.8   0.20%
7  50.0  61.1  81.42  349  80.2  83.4  35.11%
8  50.9  63.2  82.87   78  81.6  85.2   7.85%
```

這個表格太寬而無法在書面完整列出，所以拆成兩段顯示

現在，DataFrame 只包含您會用到的欄位，但是仍然有一個問題：編號 17 的欄位是以百分比符號結束的字串，而不是真正的數字百分比。如果您查看該欄位的第 0 列的值，就會明顯發現這個問題：

```
temp[17][0]
'0.00%'
```

要解決此問題，您需要做兩件事：把字串尾端的 % 刪除，然後將字串轉換為數字。

第一步很簡單，因為 pandas 允許您對某個欄位的資料做一致性的處理：

```
temp[17] = temp[17].str.strip("%")
temp[17][0]
'0.00'
```

編註： 使用 .str 屬性後就可以直接呼叫 Python 內建的字串 method，此處使用 strip() method 後，會自動走訪編號 17 欄位中的每一筆資料，將 % 一一刪除，最後再將處理好的資料重新寫入同一欄位中。

以上程式針對指定的欄位呼叫 strip() 以刪除字串後面的 %。當您再次檢視該欄位中的值，您會看到百分比符號已經消失。此外，您也可以改用『replace("%", "")』來達成相同的效果。

第二個步驟是將字串轉換為數字。同樣地，只要一行敘述就能完成整個操作：

```
temp[17] = pd.to_numeric(temp[17])
temp[17][0]
0.0
```

現在，編號 17 的欄位值已經是數字，如果您需要的話，可以用 div() 將這些值轉換為分數 (fraction)：

```
temp[17] = temp[17].div(100)
temp[17]
0     0.0000
1     0.0000
2     0.0000
3     0.0000
4     0.0000
5     0.0000
6     0.0020
7     0.3511
8     0.0785
Name: 17, dtype: float64
```

實際上，如果把以上三個操作連接起來，也可以用一行敘述來得到相同的結果：

```
temp[17] = pd.to_numeric(temp[17].str.strip("%")).div(100)
```

這個例子非常簡單，但它可以讓您了解 pandas 為資料整理帶來的便利。pandas 有各式各樣資料的轉換方法，甚至還可以自定函式來進行轉換，因此很難想像您無法用 pandas 來整理資料的情境。

pandas 的功能相當多，您可以透過各式各樣的教學文件和影片來了解這些功能，另外在 http://pandas.pydata.org 上也有很棒的文件說明。

動手試一試：比較使用與不使用 pandas 的差別

- 本節範例將最後一欄轉換為分數後，請想看看如何將其轉換回帶有百分比符號的字串？
- 為了對照不同作法的差異，請改成以 csv 模組將相同的資料載入到 Python 的 list 中，並用一般的 Python 函式來完成相同的工作。

24.5 DataFrame 的處理與彙總

前面的例子已經讓您了解到 pandas 只需幾個命令就可以執行相當複雜的資料處理，這樣的功能也可用於彙總資料。本節將介紹一些彙總資料的簡單範例，我會將重點擺在合併 DataFrame、執行簡單的資料彙總、以及資料分組和篩選。

24.5.1 合併 DataFrame

在處理資料的過程中，您通常會需要讓兩個資料集產生關聯。假設您有一個檔案內含銷售團隊成員每月撥打銷售電話的次數，而另一個檔案是每個地區的銷售額：

```
calls = pd.read_csv("sales_calls.csv")
print(calls)
   Team member  Territory  Month  Calls
0        Jorge          3      1    107
1        Jorge          3      2     88
2        Jorge          3      3     84
3        Jorge          3      4    113
4          Ana          1      1     91
5          Ana          1      2    129
6          Ana          1      3     96
7          Ana          1      4    128
8          Ali          2      1    120
9          Ali          2      2     85
10         Ali          2      3     87
11         Ali          2      4     87
revenue = pd.read_csv("sales_revenue.csv")
print(revenue)
    Territory  Month  Amount
0           1      1   54228
1           1      2   61640
2           1      3   43491
3           1      4   52173
4           2      1   36061
5           2      2   44957
6           2      3   35058
7           2      4   33855
8           3      1   50876
9           3      2   57682
10          3      3   53689
11          3      4   49173
```

顯然，將收入與團隊成員的活動聯繫起來會非常有用。雖然這兩個檔案非常簡單，但純粹用 Python 將它們合併並沒有像表面上那麼簡單，此時可使用 pandas 的 DataFrame 合併函式：

```
calls_revenue = pd.merge(calls, revenue, on=['Territory',
'Month'])
```

merge() 函式透過指定欄位連結兩個 DataFrame 來建立新的 DataFrame。merge() 函式的運作方式就和關聯式資料庫的 join 命令類似，執行後您會得到一個結合兩個欄位的表格：

```
print(calls_revenue)
   Team member  Territory  Month  Calls  Amount
0        Jorge          3      1    107   50876
1        Jorge          3      2     88   57682
2        Jorge          3      3     84   53689
3        Jorge          3      4    113   49173
4          Ana          1      1     91   54228
5          Ana          1      2    129   61640
6          Ana          1      3     96   43491
7          Ana          1      4    128   52173
8          Ali          2      1    120   36061
9          Ali          2      2     85   44957
10         Ali          2      3     87   35058
11         Ali          2      4     87   33855
```

在本例中，兩個欄位中的列之間存在一對一的對應關係，但 merge() 函式也可以執行一對多合併、多對多合併、左合併、以及右合併，詳細說明請參閱 pandas 文件。

動手試一試：合併資料集

- 想看看如何用 Python 函式來合併本節範例的資料集？

24.5.2 選取資料

有時候我們會需要根據某些條件選擇或篩選 DataFrame 中的列資料，在上節的銷售範例中，您可能只想查看區域 3，這也很容易：

```
print(calls_revenue[calls_revenue.Territory==3])
  Team member  Territory  Month  Calls  Amount
0       Jorge          3      1    107   50876
1       Jorge          3      2     88   57682
2       Jorge          3      3     84   53689
3       Jorge          3      4    113   49173
```

上面用 revenue.Territory == 3 作為 DataFrame 的篩選條件，從純粹 Python 的角度來看，這種用法不但毫無意義而且不合語法，但對於 pandas DataFrame 而言，它不但可以正常運作而且更為簡潔。

當然，pandas 也允許使用更複雜的篩選方式。如果您只想選擇平均每次撥打電話的銷售金額大於 500 的列，可以使用以下表達式：

```
print(calls_revenue[calls_revenue.Amount/calls_revenue.Calls>500])
  Team member  Territory  Month  Calls  Amount
1       Jorge          3      2     88   57682
2       Jorge          3      3     84   53689
4         Ana          1      1     91   54228
9         Ali          2      2     85   44957
```

更好的作法是，把每次撥打電話的銷售金額加到 DataFrame 中變成一個新的欄位：

```
calls_revenue['Call_Amount'] = calls_revenue.Amount/calls_revenue.Calls
print(calls_revenue)
   Team member  Territory  Month  Calls  Amount  Call_Amount
0        Jorge          3      1    107   50876   475.476636
1        Jorge          3      2     88   57682   655.477273
2        Jorge          3      3     84   53689   639.154762
3        Jorge          3      4    113   49173   435.159292
4          Ana          1      1     91   54228   595.912088
5          Ana          1      2    129   61640   477.829457
6          Ana          1      3     96   43491   453.031250
7          Ana          1      4    128   52173   407.601562
8          Ali          2      1    120   36061   300.508333
9          Ali          2      2     85   44957   528.905882
10         Ali          2      3     87   35058   402.965517
11         Ali          2      4     87   33855   389.137931
```

以上再次展示了pandas的內建邏輯如何取代Python中較為繁瑣的結構。

動手試一試：單純 Pyhon 中如何選擇資料

▨ 若不使用 pandas，您將如何用 Python 來做列資料的條件篩選？

24.5.3 分組與彙總

pandas 也有很多工具來彙總資料，您可以如下從特定欄位中取得其總和 (sum)、平均 (mean)、中位數 (median)、最小 (minimum)、和最大值 (maximum)：

```
print(calls_revenue.Calls.sum())
print(calls_revenue.Calls.mean())
print(calls_revenue.Calls.median())
print(calls_revenue.Calls.max())
print(calls_revenue.Calls.min())
1215
101.25
93.5
129
84
```

例如，如果您希望取得每次撥打電話銷售金額高於中位數的列，則可以將此技巧與前面的選取操作結合使用：

```
print(calls_revenue.Call_Amount.median())
print(calls_revenue[calls_revenue.Call_Amount >=
calls_revenue.Call_Amount.median()])
464.2539427570093
  Team member  Territory  Month  Calls  Amount  Call_Amount
0       Jorge          3      1    107   50876   475.476636
1       Jorge          3      2     88   57682   655.477273
2       Jorge          3      3     84   53689   639.154762
4         Ana          1      1     91   54228   595.912088
5         Ana          1      2    129   61640   477.829457
9         Ali          2      2     85   44957   528.905882
```

除了能夠彙總資料之外，pandas 也可以用 groupby() 基於某個欄位對資料進行分組。例如，您可能想知道按月或按地區劃分的撥打電話總次數和金額，可以如下執行：

```
print(calls_revenue[['Month', 'Calls', 'Amount']].
groupby(['Month']).sum())
       Calls  Amount
Month
1        318  141165
2        302  164279
3        267  132238
4        328  135201
print(calls_revenue[['Territory', 'Calls',
      'Amount']].groupby(['Territory']).sum())
           Calls  Amount
Territory
1            444  211532
2            379  149931
3            392  211420
```

在每種情況下，您都可以選擇要彙總的欄位，按照其中一欄的值對它們進行分組，並對每個組的值求和。

本節簡單的例子示範了 pandas 處理資料時的一些方法，如果您想要瞭解更多資訊，請參見 http://pandas.pydata.org。

動手試一試：分組與彙總

- 請使用 pandas 和前面範例中的資料，取得以團隊成員和月份分組的每月撥打電話次數和銷售金額。

24.6 用 matplotlib 進行資料視覺化

pandas 另一個非常吸引人的特點，就是能夠非常容易地用 DataFrame 中的資料來繪製圖表。雖然 Python 中其他函式庫也可以繪製資料，但是

pandas 可以直接在 DataFrame 中使用 matplotlib。您可能還記得，前面我們使用過 Jupyter 的「神奇」指令，以啟用 matplotlib 進行內嵌式繪圖：

```
%matplotlib inline
```

啟用內嵌式繪圖之後，接著就來看看如何以前述銷售範例的資料來繪製圖表。如果您想按地區繪製季度的平均銷售金額，只需如下在 DataFrame 加上 plot.bar() 即可在 Jupyter Notebook 中看到圖表：

```
calls_revenue[['Territory', 'Calls']].groupby(['Territory']).
sum().plot.bar()
```

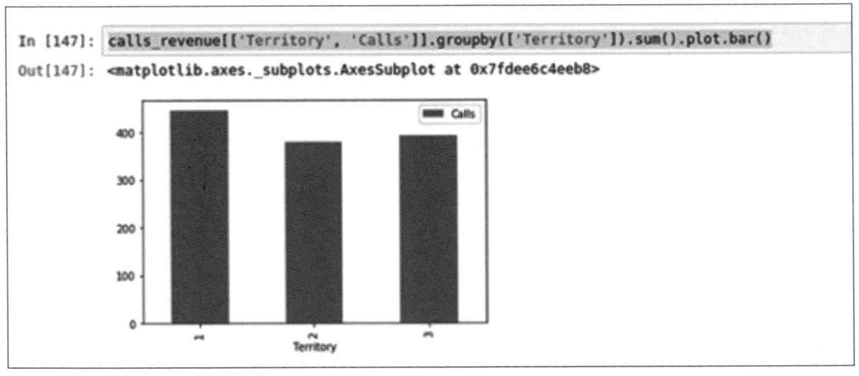

圖 24.3 在 Jupyter Notebook 中繪製 pandas DataFrame 的直條圖

其他可繪製圖表的功能還包括：plot() 或 plot.line() 會建立折線圖、plot.pie() 會建立圓餅圖等。由於 pandas 可以輕易和 matplotlib 結合，在 Jupyter Notebook 中繪製資料變得非常容易。不過我要提醒的是，上述只是展現基本的繪製功能，實務上還需要很多細節的設定，才能繪製出具有分析價值的圖表。

動手試一試：繪製資料圖表

- 請繪製每次通話月平均金額的折線圖。

24.7 pandas 的使用時機

前面的例子簡單說明了 pandas 如何處理資料，正如我在本章開頭所提到的，pandas 是一個出色的工具集，如果您用對地方，就能充份發揮它的特長，然而，這並不意味著 pandas 適用於所有情況或所有人。

您可能會選擇使用一般的 Python（或其他工具）是有原因的。首先，正如我前面提到的，要學會充分利用 pandas 有點像學習另一種語言，您可能沒有時間或不想再學新的語言。此外，pandas 並無法適用實務上所有資料分析的情境，特別是遇到不須數學運算的龐大資料集，其資料通常不易放入 pandas 的格式中，pandas 就幫不上忙了。包括像是清理 (munging) 大量的產品資訊 (如：清除異常資料、處理缺漏資料)，或資料串流的異動處理等都非 pandas 的強項。

關鍵是您應該根據手頭的問題仔細選擇您的工具。在許多情況下，pandas 會在您處理資料時真正讓您更輕鬆自在，但在其他情況下，一般傳統的 Python 可能會是您最好的選擇。

重點整理

下表列出 Pandas DataFrame 的常用功能，以方便複習或查詢：

功能	DataFrame 的相關 method
建立 DataFrame	pd.DataFrame()
將所有項目加一個值	df.add()
處理 CSV 資料	pd.read_csv()、pd.to_csv()
處理 JSON 資料	pd.read_json()、pd.to_json()
轉換為數值	pd.to_numeric()
合併 DataFrame	pd.merge()
加總、平均、中位數、最大值、最小值	sum()、mean()、median()、max()、min()
依欄位值分組	df.groupby()
呼叫 matplotlib 來繪圖	df.plot.bar()、df.plot.line()、df.plot.pie()

假設 pd 為 Pandas 套件，而 df 為 DataFrame 物件

Chapter 25

實例研究：收集、處理與製作氣溫長期變化圖

這一章會結合前幾章介紹過的觀念：用 Python 取得和解析資料，然後擷取所需的部分並轉換成適當的結構（也就是第 21 章 ETL 的步驟），最後再將資料繪製成圖表。

> 本章的程式碼較長，您可以透過本書範例程式碼直接複製程式碼，這樣就不用自己打字。另外本章會用到 requests 、pandas 和 matplotlib 等第三方函式庫，請參見前幾章的說明先安裝這些函式庫。

25.1 挑選合適的氣象站

全球氣溫變化是許多人關注的議題，我們可以先取得某地點長期以來溫度變化的歷史資料，經過處理之後，再把該資料繪製成圖表，以確切了解近年來的氣溫變化。

本章將使用 NOAA（美國國家海洋暨大氣總署）的 Global Historical Climatology Network 的資料集，這個資料集收集許多氣象站的天氣歷史資料。我們準備從中挑選一個合適的氣象站，然後再下載該氣象站的歷史資料來繪製氣溫變化圖。

下載氣象站資料

請連到 https://www1.ncdc.noaa.gov/pub/data/ghcn/daily/，資料集通常會包含許多檔案，這時可以先看一下 readme.txt，了解這個資料集的相關資訊。

以此處的資料集為例，readme.txt 的第 II 部份就列出了各檔案所包含的資料：

```
II. CONTENTS OF ftp://ftp.ncdc.noaa.gov/pub/data/ghcn/daily

...
ghcnd-inventory.txt:  File listing the periods of record for each
station and element
```

其中 ghcnd-inventory.txt 列出了每個氣象站的紀錄週期，所以我們可以透過這個檔案找到有足夠長期紀錄的氣象站。我們先用 Python 取得這個檔案的內容：

```
>>> import requests
>>> r = requests.get(
...     'https://www1.ncdc.noaa.gov/pub/data/ghcn/daily/ghcnd-
inventory.txt')
>>> inventory_txt = r.text   ← 將 ghcnd-inventory.txt 的內容指派到 inventory_txt
```

取得 ghcnd-inventory.txt 檔案的內容後，我們將其內容指派到 inventory_txt 變數，所以後面將以 inventory_txt 變數來讀取其內容。此外，您也可以如下將內容儲存到自己的電腦上，這樣未來使用時就不用每次都要重新下載：

```
>>> with open("inventory.txt", "w", encoding='utf-8') as
inventory_file:
...     inventory_file.write(inventory_txt)
...
31317674   ← 檔案儲存後的大小（單位是byte）
```

瞭解資料格式

我們先來看看 inventory_txt 的內容，下面是前 137 個字元的內容：

```
>>> print(inventory_txt[:137])
ACW00011604 17.1167 -61.7833 TMAX 1949 1949
ACW00011604 17.1167 -61.7833 TMIN 1949 1949
ACW00011604 17.1167 -61.7833 PRCP 1949 1949
```

上面可以看到 inventory_txt 每一行就是一筆資料，讓我們回頭看一下 readme.txt，在第 VII 部份可以看到 ghcnd-inventory.txt（也就是 inventory_txt）內的格式說明：：

```
VII. FORMAT OF "ghcnd-inventory.txt"

------------------------------
Variable   Columns   Type
------------------------------
ID           1-11    Character
LATITUDE    13-20    Real
LONGITUDE   22-30    Real
ELEMENT     32-35    Character
FIRSTYEAR   37-40    Integer
LASTYEAR    42-45    Integer
------------------------------

These variables have the following definitions:

ID          is the station identification code.  Please see "ghcnd-
            stations.txt"
            for a complete list of stations and their metadata.

LATITUDE    is the latitude of the station (in decimal degrees).

LONGITUDE   is the longitude of the station (in decimal degrees).

ELEMENT     is the element type.  See section III for a definition of
            elements.

FIRSTYEAR   is the first year of unflagged data for the given element.

LASTYEAR    is the last year of unflagged data for the given element.
```

以上說明了 inventory_txt 每行的第 1～11 的字元是 ID 欄位，第 13～20 的字元是 LATITUDE 欄位，第 22～30 的字元是 LONGITUDE 欄位，所以前 3 個欄位是氣象站的 ID 編號、經度、緯度。

第 4 個欄位 ELEMENT 需要參考 readme.txt 第 III 部份，在其中可以找到以下對於 ELEMENT 的說明：

```
ELEMENT    is the element type.   There are five core elements as
           well as a number of addition elements.

           The five core elements are:

           PRCP = Precipitation (tenths of mm)
           SNOW = Snowfall  (mm)
           SNWD = Snow depth  (mm)
           TMAX = Maximum temperature (tenths of degrees C)
           TMIN = Minimum temperature (tenths of degrees C)
```

從說明中可得知 ELEMENT 欄位標示了每一筆紀錄的氣象資料類型（例如：降雨量、氣溫 ...），此處要了解溫度變化，所以需要擷取 TMAX（最高溫）與 TMIN（最低溫）這兩個紀錄類型的資料。現在再回到 inventory_txt，其第一行的內容為：

```
ACW00011604 17.1167 -61.7833 TMAX 1949 1949
```

所以 inventory_txt 每行共有 6 個欄位，第 1 欄是氣象站編號 ACW00011604，第 2、3 欄則是經度 17.1167 與緯度 -61.7833，第 4 欄表示此氣象站所紀錄的 TMAX（最高溫）資料，第一年是 1949（第 5 欄），最後一年是 1949（第 6 欄），也就是說該氣象站只紀錄了一年的最高溫資料。

解析資料

我們已經了解 inventory_txt 的資料格式，接下來就可以準備解析資料了。我們將每列資料解析為 tuple，然後所有 tuple 再組成一個 list。

▌另一個處理方法是將整個檔案的資料解析後，放到兩層的 list 中。

不過 tuple 只能使用數字編號為索引來存取裡面的元素，這一點不太方便，我們會用一個改良版的 tuple：namedtuple 來放資料。namedtuple 的特點是可以用字串來定義欄位名稱，然後就能夠以欄位名稱來存取元素裡面的元素。定義 namedtuple 的語法如下：

```
from collections import namedtuple
名稱 = namedtuple('名稱', ['欄位名稱1', '欄位名稱2'...])
```

從 collections 函式庫匯入 namedtuple

現在就讓我們定義一個名為 Inventory 的 namedtuple，其中有 6 個欄位名稱，以對應 inventory_txt 每行的 6 個欄位：

```
>>> from collections import namedtuple
>>> Inventory = namedtuple("Inventory",
...   ['station', 'latitude', 'longitude', 'element', 'start', 'end'])
```

然後如下用 list 生成式的語法來解析 inventory_txt：

```
>>> inventory = [Inventory(x[0:11], float(x[12:20]),
         float(x[21:30]), x[31:35], int(x[36:40]), int(x[41:45]))
...              for x in inventory_txt.split("\n") if x.strip()]
```

▌如果不熟悉 list 生成式的語法，請再回頭複習 8.4 節。

上面程式碼的流程如下：

1. inventory_txt 內一行就是一筆資料，所以上面用 split("\n") 以換行字元來分割 inventory_txt，然後以 for 迴圈逐行取出資料。

2. if x.strip() 是用來判斷是不是空行，若不是空行才會處理。

3. 用字元位置取出各欄位的資料，經緯度欄位再用 float() 轉為浮點數，最後兩個年份資料則以 int() 轉為整數。

所以上面程式碼會將 inventory_txt 的內容解析為下面形式，每個 nametuple 內會包含 6 個欄位的資料：

```
[ 第1行namedtuple, 第2行namedtuple, 第3行namedtuple...]

station='ACW00011604'    station='ACW00011604'    station='ACW00011604'
latitude=17.1167         latitude=17.1167         latitude=17.1167
longitude=-61.7833       longitude=-61.7833       longitude=-61.7833
element='TMAX'           element='TMIN'           element='PRCP'
start=1949               start=1949               start=1949
end=1949                 end=1949                 end=1949
```

我們可以如下取出 inventory_txt 前 3 行的資料，以及第 1 行的 station 欄位值：

```
>>> for line in inventory[:3]:
...     print(line)
...
Inventory(station='ACW00011604', latitude=17.1167,
longitude=-61.7833, element='TMAX', start=1949, end=1949)
Inventory(station='ACW00011604', latitude=17.1167,
longitude=-61.7833, element='TMIN', start=1949, end=1949)
Inventory(station='ACW00011604', latitude=17.1167,
longitude=-61.7833, element='PRCP', start=1949, end=1949)

>>> print(inventory[0].station)
'ACW00011604'
```

篩選具有較長時間氣溫紀錄的氣象站

現在已經解析好 inventory_txt，接著要用下面兩個條件來篩選合適的氣象站：

- element 欄位列出了各種氣象資料類型，不過我們只需要 TMAX（最高溫）與 TMIN（最低溫）這兩個紀錄類型。
- start 與 end 欄位代表資料開始紀錄與結束紀錄的年份，我們想要統計長期的溫度變化，所以 start 欄位要在 1920 年之前，而 end 欄位至少要到 2015 年，以確保資料的紀錄時間至少有 95 年。

我們可以用下面程式來完成以上兩個條件的篩選：

```
>>> inventory_temps = [x for x in inventory
...                     if x.element in ['TMIN', 'TMAX'] and
...                     x.end >= 2015 and x.start < 1920]
```

inventory_temps 是篩選過的氣象站 list，以下列出 inventory_temps 前 5 筆資料：

```
>>> from pprint import pprint as pp  ← 匯入prettyprint模組（參見22.3節）
>>> pp(inventory_temps[:5])
[Inventory(station='AG000060590', latitude=30.5667,
longitude=2.8667, element='TMAX', start=1892, end=2019),
 Inventory(station='AG000060590', latitude=30.5667,
longitude=2.8667, element='TMIN', start=1892, end=2019),
 Inventory(station='AGE00147708', latitude=36.72, longitude=4.05,
element='TMAX', start=1886, end=2019),
 Inventory(station='AGE00147708', latitude=36.72, longitude=4.05,
element='TMIN', start=1886, end=2019),
 Inventory(station='AGE00147716', latitude=35.1, longitude=-1.85,
element='TMAX', start=1878, end=2019)]
```

執行後就會篩選出擁有 TMAX 與 TMIN 兩種紀錄，而且紀錄時間長達 95 年以上的氣象站。

根據經緯度選擇最近的氣象站

現在問題只剩下如何選擇距離要分析地點最近的氣象站，我們可以用氣象站與該地點所在位置經緯度來計算兩點距離，然後加以比較後即可找出距離最近的氣象站。由於此處選用的 NOAA 資料集中，並沒有包含台灣附近的氣象站，因此我們會以美國芝加哥為例，找出最近的氣象站。

小編補充　如何找出經緯度

為了計算距離，首先要先找出該地點的經緯度，請連線 https://google.com.tw/maps/，然後如下操作：

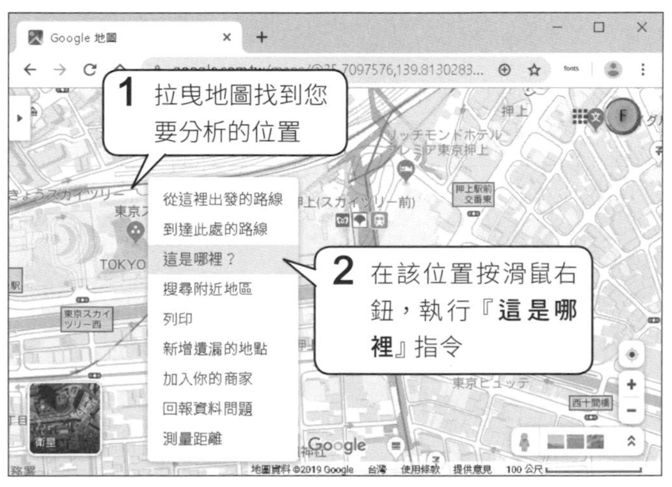

找出經緯度後，便可以如下計算每個氣象站與您的距離，然後排序找出最短距離：

```
>>> mylatitude, mylongitude = 41.882, -87.629  ← 此處設定芝加哥市的經緯度
>>> inventory_temps.sort(key=lambda n:
...     abs(mylatitude-n.latitude) + abs(mylongitude-n.longitude))
```

上面用了 list 的自定義排序，若感到生疏的話請參見 5.4.1 節。

我們不是真的需要精確的兩點距離，只需要大略值來比較遠近而已，所以上面將兩點距離的公式 $\sqrt{(x1-x2)^2+(y1-y2)^2}$ 簡化為 $|x1-x2|+|y1-y2|$。排序後可以如下列出最近的前 5 個氣象站：

```
>>> pp(inventory_temps[:5])
[Inventory(station='USC00110338', latitude=41.7806, longitude=-88.3092,
element='TMAX', start=1893, end=2017),
 Inventory(station='USC00110338', latitude=41.7806, longitude=-88.3092,
element='TMIN', start=1893, end=2017),
 Inventory(station='USC00112736', latitude=42.0628, longitude=-88.2861,
element='TMAX', start=1897, end=2017),
 Inventory(station='USC00112736', latitude=42.0628, longitude=-88.2861,
element='TMIN', start=1897, end=2017),
 Inventory(station='USC00476922', latitude=42.7022, longitude=-87.7861,
element='TMAX', start=1896, end=2017)]
```

以此處為例，最接近的是編號 USC00110338 的氣象站，稍後我們將以這個氣象站的氣溫資料來繪製氣溫變化圖。

25.2 下載資料繪製氣溫變化圖

目前已經選好氣象站了，接下來就是下載該站的氣象資料來繪製氣溫變化圖。

下載氣象資料

再回頭看一下 readme.txt，可以在第 II 部份看到下面內容：

```
II. CONTENTS OF ftp://ftp.ncdc.noaa.gov/pub/data/ghcn/daily

all:                    Directory with ".dly" files for all of GHCN-Daily
...
```

所以在網站的 all 資料夾內附檔名為 dly 的檔案，就是氣象站每日紀錄的氣象資料。讓我們先將檔案下載回自己的電腦：

```
>>> station_id = 'USC00110338'
>>> r = requests.get(
...     'https://www1.ncdc.noaa.gov/pub/data/ghcn/daily/all/{}.dly'.
...     format(station_id))
>>> weather = r.text
>>> with open('weather_{}.txt'.format(station_id), "w",
...         encoding='utf-8') as weather_file:
...         weather_file.write(weather)
```

下載氣象資料後，看一下前 540 字元的內容：

```
>>> print(weather[:540])
USC00110338189301TMAX  -11  6  -44  6 -139  6  -83  6 -100  6  -83  6  -72  6
-83  6  -33  6 -178  6 -150  6 -128  6 -172  6 -200  6 -189  6 -150  6 -
106  6  -61  6  -94  6  -33  6  -33  6  -33  6  -33  6      6  6  -33  6
-78  6  -33  6   44  6  -89 I6  -22  6      6  6
USC00110338189301TMIN  -50  6 -139  6 -250  6 -144  6 -178  6 -228  6 -144  6
-222  6 -178  6 -250  6 -200  6 -206  6 -267  6 -272  6 -294  6 -294  6
-311  6 -200  6 -233  6 -178  6 -156  6  -89  6 -200  6 -194  6 -194  6
-178  6 -200  6  -33 I6 -156  6 -139  6 -167  6
```

看來也是每行一筆紀錄，而且欄位比之前的 inventory_txt 複雜多了。

瞭解氣象資料的欄位格式

為了解析剛剛下載回來的氣象資料，我們可以從 readme.txt 檔的第 III 部分找到氣象資料的欄位格式：

```
III. FORMAT OF DATA FILES (".dly" FILES)

Each ".dly" file contains data for one station.  The name of the
file corresponds to a station's identification code.  For example,
"USC00026481.dly" contains the data for the station with the
identification code USC00026481).

Each record in a file contains one month of daily data.  The
variables on each line include the following:

------------------------------
Variable   Columns   Type
------------------------------
ID            1-11   Character
YEAR         12-15   Integer
MONTH        16-17   Integer
ELEMENT      18-21   Character
VALUE1       22-26   Integer
MFLAG1       27-27   Character
QFLAG1       28-28   Character
SFLAG1       29-29   Character
VALUE2       30-34   Integer
MFLAG2       35-35   Character
QFLAG2       36-36   Character
SFLAG2       37-37   Character
  .            .           .
  .            .           .
  .            .           .
VALUE31    262-266   Integer
MFLAG31    267-267   Character
QFLAG31    268-268   Character
SFLAG31    269-269   Character
------------------------------
```

```
These variables have the following definitions:

ID          is the station identification code.  Please see "ghcnd-
            stations.txt"
            for a complete list of stations and their metadata.
YEAR        is the year of the record.
MONTH       is the month of the record.
ELEMENT     is the element type.   There are five core elements as
            well as a number of addition elements.

            The five core elements are:

            PRCP = Precipitation (tenths of mm)
            SNOW = Snowfall (mm)
            SNWD = Snow depth (mm)
            TMAX = Maximum temperature (tenths of degrees C)
            TMIN = Minimum temperature (tenths of degrees C)
...
VALUE1      is the value on the first day of the month (missing =
            -9999).
MFLAG1      is the measurement flag for the first day of the month.
QFLAG1      is the quality flag for the first day of the month.
SFLAG1      is the source flag for the first day of the month.
VALUE2      is the value on the second day of the month
MFLAG2      is the measurement flag for the second day of the
month.
QFLAG2      is the quality flag for the second day of the month.
SFLAG2      is the source flag for the second day of the month.

... and so on through the 31st day of the month.  Note: If the
month has less
than 31 days, then the remaining variables are set to missing
(e.g., for April,
VALUE31 = -9999, MFLAG31 = blank, QFLAG31 = blank, SFLAG31 =
blank).
```

從上面的說明，可以得知每筆紀錄的欄位格式如下：

- 第 1~11 個字元：氣象站 ID
- 第 12~15 個字元：此筆紀錄的年份
- 第 16~17 個字元：此筆紀錄的月份
- 第 18~21 個字元：此筆紀錄的天氣類型，也就是前面提到的 TMAX（最高溫）、TMIN（最低溫）等
- 第 22~29 個字元：該月 1 日的紀錄值，共 8 個字元 (含旗標)
- 第 30~37 個字元：該月 2 日的紀錄值，共 8 個字元 (含旗標)
- …
- 第 262~269 個字元：該月 31 日的紀錄值，共 8 個字元 (含旗標)

所以第 1~21 個字元是 ID、年、月、類型，然後從第 22~269 個字元則被分成 31 個區段，用來存放每日紀錄值。舉例說明如下：

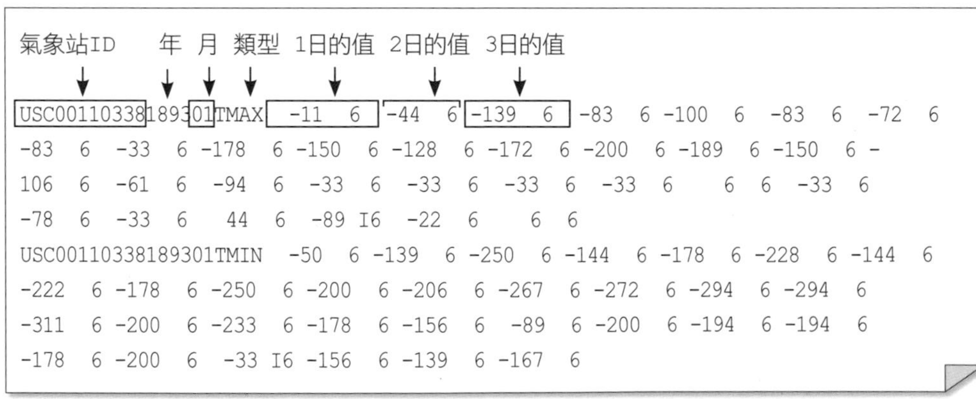

以 TMIN 最低溫紀錄來說，每個區段前 5 個字元是溫度值，以攝氏溫度 ×10 來表示，-13.9℃ 會表示為 -139，若沒有觀測值則記為 -9999，例如 6 月只有 30 天，所以第 31 個區段的溫度值就會是 -9999。至於每個區段最後 3 個字元是旗標，此處用不到可以忽略。

解析氣象資料

瞭解資料格式後，就可以開始解析資料了。我們取得的是氣象站每日的觀測紀錄值，不過我們的目的是繪製長期的氣溫變化圖（此處共有 123 年的資料），所以其實不用精細到使用每日紀錄值，只要找到該月的平均值、最大值、最小值、讓足以供我們繪製氣溫變化圖。

我們將使用下面 parse_line 模組的 parse_line() 函式來執行資料解析：

parse_line.py

```
def parse_line(line):
    """ 解析氣象資料的每行紀錄
        並移除代表無紀錄值的-9999
    """

    # 若遇到空行則回傳None
    if not line:
        return None

    # 將前4個欄位放到record變數，每日紀錄值放到temperature_string變數
    record, temperature_string = (line[:11], int(line[11:15]),
        int(line[15:17]), line[17:21]), line[21:]

    # 檢查若temperature_string長度太短則拋出例外
    if len(temperature_string) < 248:
        raise ValueError("字串長度不足 - {} {}".format(
            temperature_string, str(line)))

    # 將每日紀錄的溫度值轉為浮點數，並且剔除沒有觀測值的-9999
    values = [float(temperature_string[i:i + 5])/10
              for i in range(0, 248, 8)
              if not temperature_string[i:i + 5].startswith("-9999")]

    # 計算該月有紀錄的天數，以及最大值、最小值、平均值
    count = len(values)
    tmax = round(max(values), 1)
    tmin = round(min(values), 1)
    mean = round(sum(values)/count, 1)

    # 回傳解析後的資料
    return record + (tmax, tmin, mean, count)
```

下面用原始資料的前兩筆來測試看看 parse_line() 函式是否正常運作：

```
>>> from parse_line import parse_line
>>> parse_line(weather.split("\n")[0])
('USC00110338', 1893, 1, 'TMAX', 4.4, -20.0, -7.8, 31)
>>> parse_line(weather.split("\n")[1])
('USC00110338', 1893, 1, 'TMIN', -3.3, -31.1, -19.2, 31)
```

確認 parse_line() 函式可以正常運作後，就讓我們開始解析整份天氣資料：

```
>>> weather_data = [parse_line(x)
...      for x in weather.split("\n") if x]
>>> len(weather_data)
10637
>>> pp(weather_data[:10])
[('USC00110338', 1893, 1, 'TMAX', 4.4, -20.0, -7.8, 31),
 ('USC00110338', 1893, 1, 'TMIN', -3.3, -31.1, -19.2, 31),
 ('USC00110338', 1893, 1, 'PRCP', 8.9, 0.0, 1.1, 31),
 ('USC00110338', 1893, 1, 'SNOW', 10.2, 0.0, 1.0, 31),
 ('USC00110338', 1893, 1, 'WT16', 0.1, 0.1, 0.1, 2),
 ('USC00110338', 1893, 1, 'WT18', 0.1, 0.1, 0.1, 11),
 ('USC00110338', 1893, 2, 'TMAX', 5.6, -17.2, -0.9, 27),
 ('USC00110338', 1893, 2, 'TMIN', 0.6, -26.1, -11.7, 27),
 ('USC00110338', 1893, 2, 'PRCP', 15.0, 0.0, 2.0, 28),
 ('USC00110338', 1893, 2, 'SNOW', 12.7, 0.0, 0.6, 28)]
```

現在我們已經有整份解析完成的天氣資料，放在 weather_data 這個 list 中。

將天氣資料保存在資料庫中 (非必要)

您可以將解析完成的天氣資料保存在資料庫中，這樣未來若有需要可以直接取用，而不必再重新下載或解析資料。

下面程式會將天氣資料保存在 sqlite3 資料庫中：

```
>>> import sqlite3
>>> conn = sqlite3.connect("weather_data.db")
>>> cursor = conn.cursor()
>>> create_weather = """CREATE TABLE "weather" (   ← 建立資料表
...     "id" text NOT NULL,
...     "year" integer NOT NULL,
...     "month" integer NOT NULL,
...     "element" text NOT NULL,
...     "max" real,
...     "min" real,
...     "mean" real,
...     "count" integer)"""
>>> cursor.execute(create_weather)
<sqlite3.Cursor object at 0x00000174245FCF80>
>>> conn.commit()

>>> for record in weather_data:   ← 將資料儲存到資料表中
...     cursor.execute("""insert into weather (
...         id, year, month, element, max, min, mean, count
...         ) values (?,?,?,?,?,?,?,?) """, record)
>>> conn.commit()
```

儲存到資料庫後，日後可以用以下程式檢索資料庫取得 TMAX 記錄：

```
>>> cursor.execute("""select * from weather
...     where element='TMAX' order by year,month""")
<sqlite3.Cursor object at 0x00000174245FCF80>
>>> tmax_data = cursor.fetchall()
>>> pp(tmax_data[:5])
[('USC00110338', 1893, 1, 'TMAX', 4.4, -20.0, -7.8, 31),
 ('USC00110338', 1893, 2, 'TMAX', 5.6, -17.2, -0.9, 27),
 ('USC00110338', 1893, 3, 'TMAX', 20.6, -7.2, 5.6, 30),
 ('USC00110338', 1893, 4, 'TMAX', 28.9, 3.3, 13.5, 30),
 ('USC00110338', 1893, 5, 'TMAX', 30.6, 7.2, 19.2, 31)]
```

過濾資料

weather_data 中包含所有類型的天氣資料，因為我們只需要溫度資料，所以用下面程式來過濾並取出 TMAX 與 TMIX 兩種溫度記錄：

```
>>> tmax_data = [x for x in weather_data if x[3] == 'TMAX']
>>> tmin_data = [x for x in weather_data if x[3] == 'TMIN']
>>> pp(tmin_data[:5])
[('USC00110338', 1893, 1, 'TMIN', -3.3, -31.1, -19.2, 31),
 ('USC00110338', 1893, 2, 'TMIN', 0.6, -26.1, -11.7, 27),
 ('USC00110338', 1893, 3, 'TMIN', 3.3, -13.3, -4.6, 31),
 ('USC00110338', 1893, 4, 'TMIN', 12.2, -5.6, 2.2, 30),
 ('USC00110338', 1893, 5, 'TMIN', 14.4, -0.6, 5.7, 31)]
```

用 pandas 與 matplotlib 繪製圖表

現在我們已經準備好資料，可以繪製圖表了。請如下匯入第 24 章介紹的 pandas 和 matplotlib：

```
>>> import pandas as pd
>>> import matplotlib.pyplot as plt
```

若您使用 Jupyter 記事本，請再執行以下命令，讓 matplotlib 可以直接在程式碼所在的儲存格繪製圖表：

```
%matplotlib inline
```

接著用 pandas 為 TMAX 和 TMIN 建立 DataFrame：

```
>>> tmax_df = pd.DataFrame(tmax_data, columns=['Station', 'Year',
... 'Month', 'Element', 'Max', 'Min', 'Mean', 'Days'])
>>> tmin_df = pd.DataFrame(tmin_data, columns=['Station', 'Year',
... 'Month', 'Element', 'Max', 'Min', 'Mean', 'Days'])
```

上面的 DataFrame 已經可以用來繪製圖表，但超過 120 年乘上 12 個月的資料將近 1500 筆，資料數量有點過多，對於我們的用途而言，將每月的值算出其平均值作為年度資料，並繪製這些值可能更有意義。您可以在 Python 中執行此操作，但由於您已將資料載入到 pandas 的 DataFrame 中，因此您可以直接按年份分組並取得平均值：

```
>>> tmin_df[['Year','Min', 'Mean', 'Max']].groupby('Year').mean().
plot(kind='line', figsize=(16, 4))
<matplotlib.axes._subplots.AxesSubplot object at
0x0000017429CB0048>
>>> plt.show()  ←—— 繪製圖表
```

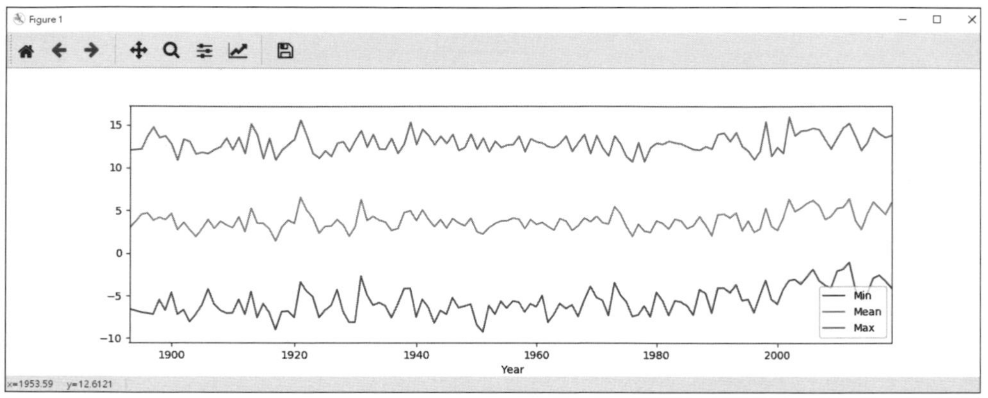

除了直接用 matplotlib 繪製圖表，您也可以用 DataFrame 的 to_csv() 或 to_excel() 將資料存成 CSV 或 Excel 檔案，然後再將檔案載入到試算表中繪圖。

本書尚有附錄章節，以及中文版獨家 / 旗標特製的 Bonus，
均以電子書的方式提供給讀者，請至以下網站下載：

http://www.flag.com.tw/bk/t/f9749

MEMO